数值计算基础

主　编　张达治
副主编　吴勃英　孙杰宝　郭志昌

科学出版社
北　京

内 容 简 介

本书介绍了与大规模工程计算相关的经典数值计算方法的构造、理论及应用. 内容包括非线性方程和方程组的数值解法、线性代数方程组数值解法、插值法与数值逼近、数值积分、矩阵特征值计算、常微分方程数值解法等. 同时, 对数值计算方法的误差分析、计算效率、收敛性、稳定性、适用范围及优缺点也做了必要的分析与介绍.

本书可作为高等院校各类工科专业本科生、研究生和数学各专业本科生的教材或参考用书, 也可供从事科学与工程计算的科研工作者参考.

图书在版编目(CIP)数据

数值计算基础/张达治主编. —北京：科学出版社，2022. 3

ISBN 978-7-03-071641-5

Ⅰ. ①数… Ⅱ. ①张… Ⅲ. ①数值计算-高等学校-教材 Ⅳ. ①O241

中国版本图书馆 CIP 数据核字（2022）第 033895 号

责任编辑: 张中兴 梁 清 孙翠勤 / 责任校对: 杨聪敏

责任印制: 张 伟 / 封面设计: 蓝正设计

科学出版社 出版

北京东黄城根北街 16 号

邮政编码：100717

http://www.sciencep.com

北京虎彩文化传播有限公司 印刷

科学出版社发行 各地新华书店经销

*

2022 年 3 月第 一 版 开本: 720 × 1000 1/16

2023 年11月第三次印刷 印张: 18 1/2

字数：373 000

定价: 69.00 元

(如有印装质量问题, 我社负责调换)

前言

PREFACE

数值计算是以数学分析、高等代数等数学理论为基础，提出、发展、分析和应用适合于计算机上使用的科学计算方法的重要数学分支. 随着科学技术的发展和计算机性能的提高，工程、数学和计算机的结合愈来愈紧密，科学与工程计算愈来愈显示出其重要性，成为继理论和实验之后的第三种重要科学研究手段，其应用范围也渗透到所有的科学活动领域. 科学与工程计算的发展水平也成为衡量一个国家综合国力的重要标志之一，熟练地运用计算机进行科学计算，已成为科技工作者的一项基本技能. 作为科学与工程计算的重要工具，数值计算从 20 世纪 80 年代起，就相继成为各高等院校理工科本科生和硕士研究生学位公共必修课.

考虑到工科各专业对数值计算的实际需求以及近年计算机硬件及软件环境的快速发展，本教材力求重点突出学以致用的原则，着重介绍在计算机上常用的以及对本学科发展有重要影响的数值计算方法的构造和使用. 在数值计算方法的误差分析、计算效率、收敛性、稳定性、适用范围及优缺点等方面，根据非数学专业的特点，在保证数学理论准确性的同时，删减不必要的证明过程，只给出简洁、必要的分析与介绍，使学生既对算法的基本原理和基本思想有所了解，又不被繁琐的数学理论推导所束缚. 教材中每章都配有难易程度不等的习题，以便学生通过习题来消化课堂内容. 习题中包含上机实验内容，该部分内容需要学生通过上机实践来完成，以便学生熟悉数值计算方法在计算机上的具体实现过程，加深对所学内容的理解.

由于编者水平所限，教材中难免有不妥之处，恳请读者指正，以便今后做进一步的修改.

作　者

2021 年 12 月

目 录

CONTENTS

绪　论

NTRODUCTION

随着科学技术的发展，科学与工程计算已被推向科研领域的前沿. 实验方法与理论方法是推动科学计算的两大基本方法，但它们也有局限性. 许多研究对象，由于受到时间和空间的限制，既不可能用理论精确描述，也不可能用实验手段来准确模拟. 因此，熟练地使用计算机进行科学计算已经成为科技工作者的一项基本技能，这就要求人们去研究掌握适用于计算机实现的数值计算方法及相关理论.

计算数学的研究是科学计算的主要组成部分，而数值分析则是计算数学的核心. 它以纯数学为基础，但不只研究数学理论本身，而着重研究求解实际问题的数值方法及效果，如怎样使计算速度最快、储存量最少等问题，以及数值方法的收敛性、稳定性及误差分析等. 虽然有些方法在理论上还不够完善与严密，但通过对比分析、实际计算和实验检验等手段，可以验证方法的有效性. 因此，数值分析这门课程既带有纯数学高度抽象性和严密科学性的特点，又具有应用的广泛性和实际实验的高度技术性特点，是一门与计算机技术密切相连的实用性很强的计算数学课程.

0.1　数值分析的特点

数值分析 (numerical analysis) 是研究数值求解各类数学问题的方法和相应数学理论的一门学科. 研究的对象是数学问题，所用的方法是数学方法，因此也称为数值数学 (numerical mathematics). 一般来说运用数值分析解决问题要经过以下过程:

实际问题 → 数学模型 → 数值计算方法 → 算法研制 → 软件实现 → 程序的执行、分析 → 验证及结果的可视化.

数值分析这门课程有如下特点:

(1) 面向计算机;

(2) 可靠的理论分析;

(3) 较好的计算复杂性;

(4) 数值实验;

(5) 对算法进行误差分析.

本书主要介绍数值代数、数值逼近、常微分方程数值解法及相应的误差理论以及收敛性分析. 其他内容将在后续课程中介绍.

0.2　数值计算的误差

对数学问题进行数值求解，求解的结果一般都包含误差. 即数值计算绝大多数情况是近似计算. 因此，误差计算及误差估计是数值计算过程中的重要内容，进而可以确切地知道误差的性态和误差的界.

0.2.1　误差与有效数字

定义 0.1　设 x 为准确值，x^* 为 x 的一个近似值，称 $e^* = x^* - x$ 为近似值的**绝对误差**，简称**误差**.

通常我们不能算出准确值，只能根据测量工具或计算情况估计出绝对误差的绝对值不超过某正数 ε^*，也就是误差绝对值的一个上限. ε^* 叫做近似值的**误差限**.

记 $\delta = \dfrac{x - x^*}{x}$，称 δ 为近似值 x^* 的**相对误差**. 若

$$\left|\frac{x - x^*}{x}\right| \leqslant \Delta$$

则称 Δ 为 x^* 的**相对误差限**.

定义 0.2　若近似值 x^* 的误差限是某一位的半个单位，该位到 x^* 的第一位非零数字共有 n 位，就说 x^* 有 n 位**有效数字**. 它可表示为

$$x^* = \pm 10^m \times (a_1 \times 10^{-1} + a_2 \times 10^{-2} + \cdots + a_n \times 10^{-n}) \tag{0.2.1}$$

其中 $a_i (i = 1, \cdots, n)$ 是 0 到 9 中的一个数字，$a_1 \neq 0$，m 为整数，且

$$|x - x^*| \leqslant \frac{1}{2} \times 10^{m-n}$$

如取 $x^* = 3.14$ 作 π 的近似值，x^* 就有 3 位有效数字，取 $x^* = 3.1416 \approx \pi$，x^* 就有 5 位有效数字.

命题 0.1　设近似值 $x = \pm 0.d_1 d_2 \cdots d_n \times 10^p$.

(1) 若 x 有 k 位有效数字，则其相对误差限为 $\dfrac{1}{2d_1} \times 10^{-k+1}$；

(2) 若 x 的相对误差限为 $\dfrac{1}{2(d_1+1)} \times 10^{-m+1}$，则 x 有 m 位有效数字.

证明　(1) 若 x 有 k 位有效数字，则

$$|x - x^*| \leqslant \frac{1}{2} \times 10^{p-k}$$

而

$$|x| \geqslant d_1 \times 10^{p-1}$$

所以

$$\frac{|x-x^*|}{x} \leqslant \frac{\frac{1}{2} \times 10^{p-k}}{d_1 \times 10^{p-1}} = \frac{1}{2d_1} \times 10^{-k+1}$$

(2) 由于

$$|x| \leqslant (d_1+1) \times 10^{p-1}$$

由题设有

$$|x-x^*| = \frac{|x-x^*|}{|x|} \cdot |x| \leqslant \frac{1}{2(d_1+1)} \times 10^{-m+1} \times (d_1+1) \times 10^{p-1} = \frac{1}{2} \times 10^{p-m}$$

因此 x 有 m 位有效数字.

例 0.1 按四舍五入原则写出下列各数具有 5 位有效数字的近似数: 294.9325, 0.007786551, 8.000033, 2.7182818.

按定义, 上述各数具有 5 位有效数字的近似数分别是: 294.93, 0.0077866, 8.0000, 2.7183.

注意 $x = 8.000033$ 的 5 位有效数字近似数是 8.0000 而不是 8，因为 8 只有 1 位有效数字.

例 0.2 重力常数 g，如果以 $\mathrm{m/s^2}$ 为单位，$g \approx 9.80\mathrm{m/s^2}$；若以 $\mathrm{km/s^2}$ 为单位，$g = 0.00980\mathrm{km/s^2}$，它们都具有 3 位有效数字，因为按第一种写法

$$|g-9.80| \leqslant \frac{1}{2} \times 10^{-2}$$

据 (0.2.1) 式，这里 $m=0, n=3$；按第二种写法

$$|g-0.00980| \leqslant \frac{1}{2} \times 10^{-5}$$

这里 $m=-3, n=3$. 它们虽然写法不同，但都具有 3 位有效数字. 至于绝对误差限，由于单位不同结果也不同，$\varepsilon_1^* = \frac{1}{2} \times 10^{-2}\mathrm{m/s^2}$，$\varepsilon_2^*=\frac{1}{2} \times 10^{-5}\mathrm{km/s^2}$，而相对误差都是

$$\varepsilon_r^* = \frac{0.005}{9.80} = \frac{0.000005}{0.00980}$$

注意相对误差与相对误差限是无量纲的，而绝对误差与误差限是有量纲的. 例 2 说明有效位数与小数点后有多少位数无关. 然而，我们可以得到 n 位有效数字的近似数 x^*，其绝对误差限为

$$\varepsilon^* = \frac{1}{2} \times 10^{m-n}$$

在 m 相同的情况下，n 越大则 10^{m-n} 越小，故有效位数越多，绝对误差限越小.

0.2.2 数值运算的误差估计

设两个近似数 x_1^* 与 x_2^* 的误差限分别为 $\varepsilon(x_1^*)$ 及 $\varepsilon(x_2^*)$，则它们进行加、减、乘、除运算得到的误差限分别满足不等式

$$\varepsilon(x_1^*+x_2^*)\leqslant\varepsilon(x_1^*)+\varepsilon(x_2^*)$$

$$\varepsilon(x_1^*x_2^*)\leqslant|x_2^*|\,\varepsilon(x_1^*)+|x_1^*|\,\varepsilon(x_2^*)$$

$$\varepsilon\left(\frac{x_1^*}{x_2^*}\right)\leqslant\frac{|x_1^*|\,\varepsilon(x_2^*)+|x_2^*|\,\varepsilon(x_1^*)}{|x_2^*|^2},\quad x_2^*\neq 0$$

更一般的情况是，当自变量有误差时计算函数值也产生误差，其误差限可利用函数的泰勒展开式进行估计. 设 $f(x)$ 是一元函数，x 的近似值为 x^*，以 $f(x^*)$ 近似 $f(x)$，其误差界记作 $\varepsilon(f(x^*))$，可用泰勒展开

$$f(x)-f(x^*)=f'(x^*)(x-x^*)+\frac{f''(\xi)}{2}(x-x^*)^2,\quad \xi\text{介于}x,x^*\text{之间},$$

取绝对值得

$$|f(x)-f(x^*)|\leqslant|f'(x^*)|\,\varepsilon(x^*)+\frac{|f''(\xi)|}{2}\varepsilon^2(x^*)$$

假定 $f'(x^*)$ 与 $f''(x^*)$ 的比值不太大，可忽略 $\varepsilon(x^*)$ 的高阶项，于是可得到计算函数的误差限

$$\varepsilon(f(x^*))\approx|f'(x)|\,\varepsilon(x^*)$$

当 f 为多元函数时，例如计算 $A=f(x_1,\cdots,x_n)$，如果 $x_1,\cdots,x_n$ 的近似值为 $x_1^*,\cdots,x_n^*$，则 A 的近似值为 $A=f(x_1^*,\cdots,x_n^*)$，于是由泰勒展开得函数值 A^* 的误差 $e(A^*)$ 为

$$\begin{aligned}e(A^*)=A^*-A&=f(x_1^*,\cdots,x_n^*)-f(x_1,\cdots,x_n)\\&\approx\sum_{k=1}^{n}\left(\frac{\partial f(x_1^*,\cdots,x_n^*)}{\partial x_k}\right)(x_k^*-x_k)\\&=\sum_{k=1}^{n}\left(\frac{\partial f}{\partial x_k}\right)e_k^*\end{aligned}$$

于是误差限

$$\varepsilon(A^*)\approx\sum_{k=1}^{n}\left|\left(\frac{\partial f}{\partial x_k}\right)\right|\varepsilon(x_k^*)\tag{0.2.2}$$

而 A^* 的相对误差限为

$$\varepsilon_r^*=\varepsilon_r(A^*)=\frac{\varepsilon(A^*)}{|A^*|}\approx\sum_{k=1}^{n}\left|\left(\frac{\partial f}{\partial x_k}\right)^*\right|\frac{\varepsilon(x_k^*)}{|A^*|}$$

例 0.3　已测得某场地长 l 的值为 $l^*=110\text{m}$，宽 d 的值为 $d^*=80\text{m}$，已知 $|l-l^*|\leqslant 0.2\text{m}$，$|d-d^*|\leqslant 0.1\text{m}$. 试求面积 $s=ld$ 的绝对误差限与相对误差限.

解　因 $s=ld$，$\dfrac{\partial s}{\partial l}=d, \dfrac{\partial s}{\partial d}=l$，由 (0.2.2) 式知

$$\varepsilon(s^*)\approx\left|\left(\frac{\partial s}{\partial l}\right)^*\right|\varepsilon(l^*)+\left|\left(\frac{\partial s}{\partial d}\right)^*\right|\varepsilon(d^*)$$

其中，$\left(\dfrac{\partial s}{\partial l}\right)^*=d^*=80\text{m}$，$\left(\dfrac{\partial s}{\partial d}\right)^*=l^*=110\text{m}$，而 $\varepsilon(l^*)=0.2\text{m}$，$\varepsilon(d^*)=0.1\text{m}$，于是误差限 $\varepsilon(s^*)\approx 80\times(0.2)+110\times(0.1)=27(\text{m}^2)$. 相对误差限

$$\varepsilon_r(s^*)=\frac{\varepsilon(s^*)}{|s^*|}=\frac{\varepsilon(s^*)}{l^*d^*}\approx\frac{27}{8800}=0.31\%$$

0.3　避免误差危害的原则

0.3.1　要避免两相近数相减

在数值计算中两相近数相减有效数字会严重损失. 例如，$x=532.65$，$y=532.52$ 都具有 5 位有效数字，但 $x-y=0.13$ 只有 2 位有效数字，这说明必须尽量避免出现这类运算. 最好是改变计算方法，防止这种现象发生. 现举例说明.

例 0.4　求 $x^2-16x+1=0$ 的最小正根.

解　方程两根分别为 $x_1=8+\sqrt{63}, x_2=8-\sqrt{63}\approx 8-7.94=0.06=x_2^*$. 考虑最小正根 x_2^*, 此时 x_2^* 只有 1 位有效数字. 若改用

$$x_2=8-\sqrt{63}=\frac{1}{8+\sqrt{63}}\approx\frac{1}{15.94}\approx 0.0627$$

则具有 3 位有效数字.

0.3.2　防止大数“吃掉”小数

例 0.5　在计算机上求二次方程 $ax^2+bx+c=0$ 的根.

解　由求根公式，得

$$x_1=\frac{-b+\sqrt{b^2-4ac}}{2a},\quad x_2=\frac{-b-\sqrt{b^2-4ac}}{2a}$$

如果 $b^2\gg|ac|$，则 $\sqrt{b^2-4ac}\approx|b|$，若用上面公式计算 x_1 和 x_2，其中之一会损失有效数字. 原因就是由于 b^2-4ac 中，大数 b^2 “吃掉了” 小数 $4ac$，并且公式之一

出现两个相近的数相减，如果改用公式

$$x_1 = \frac{-b - \operatorname{sign}(b)\sqrt{b^2 - 4ac}}{2a}, \quad x_2 = \frac{c}{ax_1}$$

就可以得到好的结果. 其中 $\operatorname{sign}(b)$ 是 b 的符号函数.

出现大数"吃"小数的现象，主要是参与计算的数之间量级相差太大造成的. 在有些情形下，大数"吃掉"小数不会引起结果的太大变化，如在计算 x_1 时，这些情形允许大数吃掉小数. 但是，在另一些情形不允许. 为避免大数"吃掉"小数，一定要注意安排计算次序，使计算始终在数量级相差不大的数之间进行.

0.3.3 减少计算次数

对于计算 n 次多项式$P_n(x) = a_n x^n + \cdots + a_1 x + a_0$ 在某一点 x_0 的值 $P_n(x_0)$. 如果直接计算，需要计算 $n + n - 1 + \cdots + 1 = \dfrac{n(n-1)}{2}$ 次乘法和 n 次加法. 如果把它写成

$$P_n(x_0) = ((\cdots(a_n x_0 + a_{n-1})x_0 + a_{n-2})x_0 + \cdots + a_1)x_0 + a_0$$

记 $s_n = a_n, s_k = s_{k+1}x_0 + a_k, k = n-1, n-2, \cdots, 1, 0$, 则只需要做 n 次乘法和 n 次加法就可以计算出 $s_0 = P_n(x_0)$, 大大减少了计算次数. 这就是计算多项式的著名的**秦九韶算法**.

例 0.6 利用 $\ln(1+x) = \sum\limits_{n=1}^{\infty}(-1)^{n+1}\dfrac{x^n}{n}$ 计算 $\ln 2$，要求精确到 10^{-5}.

解 如果直接计算，这需要计算 10 万项求和才能达到精度要求，不仅计算量很大，而且舍入误差的积累也十分严重. 如果改用级数

$$\ln\frac{1+x}{1-x} = 2\left(x + \frac{x^3}{3!} + \frac{x^5}{5!} + \cdots + \frac{x^{2n+1}}{(2n+1)!} + \cdots\right)$$

取 $x = \dfrac{1}{3}$，只需计算前九项，截断误差便小于 10^{-10}.

0.3.4 避免使用不稳定的数值方法

一个数值方法如果输入数据有扰动 (即误差)，而在计算过程中，舍入误差的传播造成计算结果与真值相差甚远，则称这个数值方法为**不稳定**或者是**病态的**. 反之，如果在计算过程中舍入误差能得到控制，不增长，则称该数值方法是**稳定的**或**良态的**.

例 0.7 计算 $y_n = 10y_{n-1} - 1, n = 1, 2, \cdots$，并估计误差. 其中 $y_0 = \sqrt{3}$.

解 由于 $y_0 = \sqrt{3}$ 是无限不循环小数，计算机只能截取其前有限位数，这样得到 y_0 经机器舍入的近似值 $\widetilde{y_0}$，记 $\widetilde{y_n}$ 为利用初值 $\widetilde{y_0}$ 按所给公式计算的值，并记

$e_n = y_n - \widetilde{y_n}$，则

$$y_n = 10^n y_0 - 10^{n-1} - 10^{n-2} - \cdots - 1$$

$$\widetilde{y_n} = 10^n \widetilde{y_0} - 10^{n-1} - 10^{n-2} - \cdots - 1$$

$$e_n = y_n - \widetilde{y_n} = 10^n (y_0 - \widetilde{y_0}) = 10^n e_0$$

这个结果表明，当初始值存在误差 e_0 时，经 n 次计算后，误差将扩大为 10^n 倍，这说明计算是不稳定的. 这种不稳定现象在数值计算中经常会遇到，特别是在微分方程的差分计算中. 因此，我们在实际应用中要选择稳定的数值方法，不稳定的数值方法是不能使用的.

在实际计算中，对任何输入数据都是稳定的数值方法，称为**无条件稳定**；对某些数据稳定，而对另一些数据不稳定的数值方法，称为**条件稳定**.

第 1 章　非线性方程和方程组的数值解法

CHAPTER

非线性方程求解是科学计算中最基本的问题之一. 本章主要讨论求解非线性方程 $f(x)=0$ 的数值方法，包括二分法、Newton 法及割线法等; 再简单介绍非线性方程组 $\boldsymbol{F}(\boldsymbol{x})=\boldsymbol{0}$ 的数值方法，其中 $\boldsymbol{F}$ 是 n 维向量函数，$\boldsymbol{x}$ 以及 $\boldsymbol{0}$ 都是 n 维向量.

多项式是非线性方程的一种最简单形式，当次数 $n \leqslant 4$ 时，多项式方程的根可用求根公式表示，而次数 $n \geqslant 5$ 时，其根一般不能用公式或者解析形式表示. 可见非线性方程求解并不是一件容易的事情. 在实际应用中，通常希望得到满足一定精度要求的根的近似值，现代计算机技术的发展也为这样的求解方法提供了支持.

1.1　二　分　法

本节利用二分法求方程

$$f(x)=0 \tag{1.1.1}$$

单实根 α.

为了保证根的存在性，在实轴上选取某一区间 $[a,b]$，使得 $\{f(a),f(b)\}$ 中有一个为正，另一个为负，即 $f(a)f(b)<0$. 若函数 $f(x)$ 在 $[a,b]$ 上连续，不妨假设 $f(a)<0$，$f(b)>0$，则由连续函数根的存在性定理知道，方程 (1.1.1) 在 (a,b) 区间上一定有实根，称 (a,b) 是**方程的有根区间**. 这里假设 (a,b) 区间内只有一个根 α.

如图 1.1 所示，考察区间 $[a,b]$，取中间点 $x_0=\dfrac{a+b}{2}$，计算并判断 $f(x_0)$ 符号.

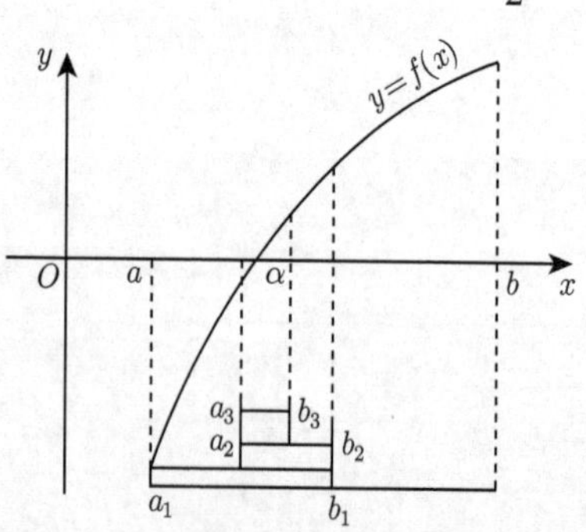

图 1.1　二分法

若 $f(x_0)>0$, 则 $f(a)f(x_0)<0$. 取 $a_1=a$, $b_1=\dfrac{a+b}{2}$, 新的有根区间为 $[a_1,b_1]$. 若 $f(x_0)=0$, 则 x_0 为所求的根 α; 若 $f(x_0)<0$, 则取新的有根区间为 $[a_1,b_1]=\left[\dfrac{a+b}{2},b\right]$. 无论 $f(x_0)$ 大于 0 与否，新的有根区间长度为原来的一半. 对压缩的有根区间 $[a_1,b_1]$ 进行与上述相同的操作，取中间点，判断中间点函数值符号，若此中心点不为根 α，可以得到新的有根区间 $[a_2,b_2]$. 如此二分下去，则可得到一系列有根区间

$$[a,b]\supset[a_1,b_1]\supset[a_2,b_2]\supset\cdots\supset[a_n,b_n]\supset\cdots$$

$[a_n,b_n]$ 的区间长度为

$$b_n-a_n=\frac{b_{n-1}-a_{n-1}}{2}=\cdots=\frac{b-a}{2^n}$$

如果二分过程无限进行下去，取每次二分后有根区间中点作为根的近似值，则可以得到近似根的序列

$$x_0,x_1,x_2,\cdots,x_n,\cdots$$

该序列以根 α 为极限. 实际的运算过程中，我们取 $x_n=\dfrac{b_n+a_n}{2}$ 作为 α 的近似，因此误差估计为

$$|\alpha-x_n|\leqslant\frac{b_n-a_n}{2}=\frac{b-a}{2^{n+1}} \tag{1.1.2}$$

对给定误差界为 $\varepsilon>0$, 可以预先确定二分法的步数 n. 只需令

$$\frac{b-a}{2^{n+1}}<\varepsilon$$

可得满足条件最小的 n 为

$$n=\left[\frac{(\ln(b-a)-\ln\varepsilon)}{\ln 2}\right] \tag{1.1.3}$$

其中, $[x]$ 表示取小于等于 x 的最大整数.

例 1.1 用二分法求方程 $f(x)=x^3+x+1$ 在 $[-1,\ 0]$ 中的根，精确到小数点后二位.

解 首先计算 $f(0)=1$ 和 $f(-1)=-1$, $f(0)f(-1)=-1<0$, 有根区间为 $[a_0,\ b_0]=[-1,0]$. 取中点 $x_0=\dfrac{a_0+b_0}{2}=-\dfrac{1}{2}$ 计算 $f(x_0)=\dfrac{3}{8}>0$, 有根区间为 $[a_1,\ b_1]=\left[-1,-\dfrac{1}{2}\right]$.

按照误差估计式 (1.1.3)，可以计算出所需的二分法步数为 $n = 6$. 再继续上面的过程，可以得到表 1.1 中的结果. 由表格可得，−0.6797 就是我们想要的函数 $f(x)$ 在 $[-1, 0]$ 中的根的估计.

二分法的优点是计算过程简单，收敛性可保证，只要求函数连续；它的缺点是计算收敛的速度慢，不能求偶数重根，也不能求复根和虚根.

表 1.1　二分法估计例 1.1 方程根的过程

n	a_n	$f(a_n)$	b_n	$f(b_n)$	x_n	$f(x_n)$
0	−1	−	0	+	−0.5	+
1	−1	−	−0.5	+	−0.75	−
2	−0.75	−	−0.5	+	−0.625	+
3	−0.75	−	−0.625	+	−0.6875	−
4	−0.6875	−	−0.625	+	−0.6563	+
5	−0.6875	−	−0.6563	+	−0.6719	+
6	−0.6875	−	−0.6719	+	−0.6797	+

1.2　迭代法及其收敛性质

一般来讲，我们总可将方程 $f(x) = 0$ 转化成一个同解方程

$$x = \varphi(x) \tag{1.2.1}$$

选择一个初始近似值 x_0，代入 (1.2.1) 式的右端，有

$$x_1 = \varphi(x_0)$$

反复迭代计算，可得

$$x_{i+1} = \varphi(x_i), \quad i = 0, 1, 2, \cdots \tag{1.2.2}$$

$\varphi(x)$ 称为**迭代函数**. 由 (1.2.2) 式产生的序列记为 $\{x_i\}$. 若该序列有极限

$$\lim_{i\to\infty} x_{i+1} = \alpha$$

则 α 满足方程 (1.2.1).

利用迭代法求方程 (1.2.1) 根的思路是构造一个递推关系式，即迭代格式，计算出一个根的近似值序列，并希望该序列能收敛于方程 (1.2.1) 的根. 由此可见，迭代法求解方程的基本步骤就是迭代格式的构造. 迭代法的最一般形式为

$$x_{i+1} = \varphi_i(x_i, x_{i-1}, \cdots, x_{i-n+1}), \quad i = 0, 1, 2, \cdots$$

若迭代函数 φ_i 随迭代次数 i 变化，则称迭代为**非定常迭代**；若 φ_i 不随迭代次数 i 变化，即 $\varphi_i=\varphi$, 则称迭代为**定常迭代**.

迭代法中常用的有单点迭代法和多点迭代法两种形式. 单点迭代法的一般形式为 (1.2.2)，仅需初值 x_0 和迭代函数 $\varphi(x)$ 便可进行迭代求解. 多点迭代法的一般形式为

$$x_{i+1}=\varphi(x_i,x_{i-1},\cdots,x_{i-n+1}),\quad i=0,1,2,\cdots$$

其中 $x_0,x_{-1},\cdots,x_{-n+1}$ 作为初始近似值.

有了最基本的迭代形式后，在实际计算中判断迭代格式是否收敛，对迭代格式十分重要. 通常我们需要在实际的计算过程中保证迭代格式的收敛，来求得正确的数值结果. 而一种迭代法要具有实用价值，不但需要迭代收敛，还要求迭代有较快的收敛速度，因此就引出了收敛阶的概念.

1.2.1 收敛阶

定义 1.1 设 α 是方程 $f(x)=0$ 的根，若存在 α 的一个邻域 Δ，当初值属于 Δ 时，迭代序列属于 Δ 且收敛到 α，则称该迭代过程具有**局部收敛性**.

定义 1.2 设迭代过程收敛于方程 $f(x)=0$ 的根 α，$\varepsilon_i=\alpha-x_i$ 为第 i 次迭代的迭代误差，若

$$\lim_{i\to\infty}\frac{|\varepsilon_{i+1}|}{|\varepsilon_i|^p}=c\neq 0$$

则称迭代是 $p(p\geqslant 1)$ 阶**收敛**的，c 称为**渐近误差常数**. 特别地，$p=1\ (c<1)$ 称为**线性收敛**，$p>1$ 称为**超线性收敛**，$p=2$ 称为**平方收敛**.

可见，收敛阶描述了迭代接近收敛时迭代误差下降的速度，即迭代收敛速度. 一般来说，p 越大，收敛速度越快.

1.2.2 计算效率

虽然收敛阶能刻画迭代收敛于根 α 的速度，但不能明确说明迭代到收敛时实际所需的时间. 因为这还需要看每一步迭代所需计算量的大小，为此给出效率指数的概念.

定义 1.3 称

$$EI=p^{\frac{1}{\theta}}$$

为迭代格式的**效率指数**. 其中 θ 和 p 分别代表每次迭代的计算量和迭代的收敛阶.

需要指出的是，每次迭代的计算量 θ 主要依赖于每次迭代中所需的函数计算量及其各阶导数的计算量，而不依赖于迭代中的算术运算. 迭代方法的收敛阶 p 是局限于根的邻域的性质，相应方法的计算效率也是局限于根的邻域.

1.3　单点迭代法 —— 不动点迭代

一般来讲，非线性方程 $f(x)=0$ 总可以转化为一个同解方程

$$x=\varphi(x)$$

建立迭代格式为

$$x_{i+1}=\varphi(x_i),\quad i=0,1,2,\cdots \tag{1.3.1}$$

若迭代收敛于根 α，则称 α 为方程 $x=\varphi(x)$ 的不动点，称 (1.3.1) 式为**不动点迭代法**.

1.3.1　不动点迭代的几何原理

例 1.2　求方程

$$9x^2-\sin x-1=0$$

在 $[0,1]$ 内的根.

解　首先将方程转化为等价形式

$$x=\frac{1}{3}\sqrt{\sin x+1}$$

于是迭代公式为

$$x_{i+1}=\frac{1}{3}\sqrt{\sin x_i+1},\quad i=0,1,2,\cdots$$

迭代函数 $\varphi(x)=\frac{1}{3}\sqrt{\sin x+1}$. 选取初始值 $x_0=0.4\in[0,\ 1]$，表 1.2 给出了各步的迭代结果，迭代可以收敛于根 $\alpha=0.391846912$.

表 1.2　使用迭代函数 $\varphi(x)=\frac{1}{3}\sqrt{\sin x+1}$ 的各步迭代结果

n	x_n	n	x_n
0	0.400000000	4	0.391849302
1	0.392911970	5	0.391847221
2	0.391986409	6	0.391846948
3	0.391865185	7	0.391846912

同样地，原方程还可以写成如下形式：

$$x=\arcsin(9x^2-1)$$

迭代公式为

$$x_{i+1}=\arcsin(9x_i^2-1)$$

初值选取为 $x_0 = 0.4 \in [0,1]$，表 1.3 给出了各步的迭代结果.

表 1.3 使用迭代函数 $\varphi(x) = \arcsin(9x^2 - 1)$ 的各步迭代结果

n	x_n	n	x_n
0	0.4000 + 0.0000i	4	−0.5812 − 5.2729i
1	0.4556 + 0.0000i	5	−1.3521 − 6.2314i
2	1.0514 + 0.0000i	6	−1.1446 − 6.5981i
3	1.5708−2.8816i	7	−1.2281 + 6.6959i

观察到序列不可能趋于某个极限，这种不收敛过程称为发散. 发散的迭代格式，即使迭代很多次，其结果在数值计算中也是没有意义的.

因此，可以看出，迭代格式是否收敛与迭代函数 $\varphi(x)$ 的形式有关，$\varphi(x)$ 选取不同，所产生的迭代序列敛散性也不同. 什么情况下迭代收敛呢？让我们先从几何意义上加以分析.

如图 1.2 所示，对每一个 $\varphi(x)$，不动点 α 是相同的. 用 $y = x$ 和 $y = \varphi(x)$ 的交点表示它. 在图 1.2(a) 和 (b) 中，从 x_0 出发，向上移动到函数，然后水平的移到对角线上的点 (x_1, x_1). 接着将 x_1 代入函数 $\varphi(x)$，垂直移动到函数，得到 x_2. 可以观察到迭代序列离不动点 α 越来越远. 类似地，在图 1.2(c) 和 (d) 中，选取初值

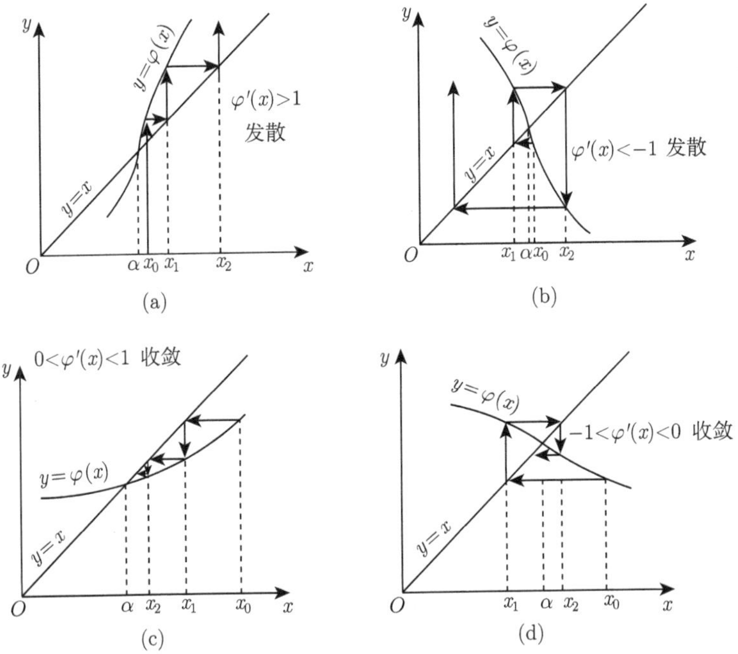

图 1.2 不动点迭代过程的几何意义分析

为 x_0，$\varphi(x)$ 产生的迭代序列是收敛的. 由此可见，不同斜率的函数具有不同的迭代敛散性，当 $|\varphi'(x)| \leqslant L < 1, x \in [a,b]$，迭代收敛.

1.3.2　不动点迭代的收敛性

在上述的不动点迭代过程中，除了对迭代函数导数的要求以外. 为了使迭代过程不致中断，同时要求序列 $\{x_i\}$ 的任一项 x_i 落在函数 $\varphi(x)$ 的定义域内. 即对任一 $x \in [a,b]$，必有 $\varphi(x) \in [a,b]$.

定理 1.1　若 $\varphi(x)$ 满足

(1) 当 $x \in [a,b]$ 时，$\varphi(x) \in [a,b]$；

(2) $\varphi(x) \in C[a,b]$，$\varphi'(x)$ 在 (a,b) 上存在；

(3) 存在常数 $0 < L < 1$ 使得 $|\varphi'(x)| \leqslant L, \forall\, x \in [a,b]$.

则对任意的 $x_0 \in [a,b]$ 不动点迭代过程 (1.3.1) 收敛于唯一根 α.

证明　**存在性**　作函数 $g(x) = x - \varphi(x)$，则 $g(x)$ 在 $[a,b]$ 上连续，由条件可知：$g(a) = a - \varphi(a) \leqslant 0$，$g(b) = b - \varphi(b) \geqslant 0$. 由介值定理知，存在 $\alpha \in [a,b]$ 使得 $g(\alpha) = 0$，即 $\alpha = \varphi(\alpha)$.

唯一性　若 $\varphi(x)$ 存在两个根 α_1, α_2，由条件及微分中值定理得

$$\begin{aligned}|\alpha_1 - \alpha_2| &= |\varphi(\alpha_1) - \varphi(\alpha_2)| = |\varphi'(\xi)(\alpha_1 - \alpha_2)| \\ &\leqslant L|\alpha_1 - \alpha_2|\end{aligned}$$

因为 $L < 1$，所以必有 $\alpha_1 = \alpha_2$.

收敛性　由迭代格式 (1.3.1) 有

$$\begin{aligned}|\alpha - x_{i+1}| &= |\varphi(\alpha) - \varphi(x_i)| = |\varphi'(\xi)(\alpha - x_i)| \\ &\leqslant L|\alpha - x_i| \leqslant L^2|\alpha - x_{i-1}| \\ &\leqslant \cdots \leqslant L^{i+1}|\alpha - x_0|\end{aligned}$$

所以

$$\lim_{i \to +\infty} |\alpha - x_{i+1}| = 0$$

即

$$\lim_{i \to +\infty} x_i = \alpha$$

证毕.

例 1.3　求方程 $x\mathrm{e}^x - 1 = 0$ 在 $\left[\dfrac{1}{2}, \ln 2\right]$ 中的根.

解　将方程改写为 $x = \mathrm{e}^{-x}$，构造迭代格式 $x_{i+1} = \mathrm{e}^{-x_i}$，迭代函数 $\varphi(x) = \mathrm{e}^{-x}$.

由于 $\varphi'(x) = -\mathrm{e}^{-x} < 0$，故 $\varphi(x)$ 单调下降. 当 $x \in \left[\frac{1}{2}, \ln 2\right]$ 时，有

$$\frac{1}{2} = \varphi(\ln 2) \leqslant \varphi(x) \leqslant \varphi\left(\frac{1}{2}\right) < \ln 2,$$

即

$$\varphi(x) \in \left[\frac{1}{2}, \ln 2\right], \quad x \in \left[\frac{1}{2}, \ln 2\right]$$

同时 $\varphi(x)$ 的导数满足

$$|\varphi'(x)| = |-\mathrm{e}^{-x}| \leqslant \mathrm{e}^{-\frac{1}{2}} < 1$$

故根据定理 1.1，方程在 $x = \mathrm{e}^{-x}$ 在 $\left[\frac{1}{2}, \ln 2\right]$ 上存在唯一的根，且迭代收敛.

取初值 $x_0 = 0.5$，用迭代公式

$$x_{i+1} = \mathrm{e}^{-x_i}, \quad i = 0, 1, 2, \cdots$$

计算结果为

$$x_0 = 0.50000,\ x_1 = 0.606531,\ x_2 = 0.545239,\ \cdots,\ x_{22} = 0.567143,\ x_{23} = 0.567143$$

故选取方程在区间 $\left[\frac{1}{2}, \ln 2\right]$ 上的根的近似值为 0.567143.

事实上，不动点迭代 (1.3.1) 对函数 $\varphi(x)$ 的要求还可降低，总结为如下定理.

定理 1.2 设 $\varphi(x)$ 满足条件

(1) 当 $x \in [a, b]$ 时，$\varphi(x) \in [a, b]$；

(2) 对任何 $x_1, x_2 \in [a, b]$，有

$$|\varphi(x_1) - \varphi(x_2)| \leqslant L|x_1 - x_2|, \quad L < 1$$

则对任意初值 $x_0 \in [a, b]$，迭代过程 (1.3.1) 收敛于唯一的不动点 α，且有如下误差估计式：

$$|\alpha - x_i| \leqslant \frac{1}{1-L}|x_{i+1} - x_i| \tag{1.3.2}$$

$$|\alpha - x_i| \leqslant \frac{L^i}{1-L}|x_1 - x_0| \tag{1.3.3}$$

证明 不动点的存在唯一及收敛性与定理 1.1 类似，下面给出误差估计的证明. 利用条件 (2) 有

$$\begin{aligned}|\alpha - x_i| &= |\alpha - x_{i+1} + x_{i+1} - x_i| \\ &\leqslant |\alpha - x_{i+1}| + |x_{i+1} - x_i| \\ &\leqslant L\,|\alpha - x_i| + |x_{i+1} - x_i|\end{aligned}$$

整理可得 (1.3.2) 式. 再由 (1.3.2) 式反复递推可得 (1.3.3) 式, 即

$$\begin{aligned}
|\alpha - x_i| &\leqslant \frac{1}{1-L}|x_{i+1}-x_i| \\
&= \frac{1}{1-L}|\varphi(x_i)-\varphi(x_{i-1})| \\
&\leqslant \frac{L}{1-L}|x_i - x_{i-1}| \\
&\cdots\cdots \\
&\leqslant \frac{L^i}{1-L}|x_1 - x_0|
\end{aligned}$$

证毕.

误差估计 (1.3.3) 显示, 序列 $\{x_i\}$ 收敛速度与 L 有关, L 越小, 收敛速度越快. 同时若 L 已知, 则对预先给定的精度可估计出迭代次数. 但实际计算中, L 不易求得. 于是由 (1.3.2) 式, 只要相邻两次迭代值之差充分小, 就能保证近似值 x_i 充分精确. 所以, 在事先给出精度 ε 的情况下, 即当 $|x_{i+1}-x_i|<\varepsilon$ 时, 结束迭代过程, 可得 x_{i+1} 为根的近似值. 但需要注意的是, 当 $L\approx 1$ 时, 收敛可能会特别慢, 这个方法并不十分可靠.

一般说来, 定理 1.1 和定理 1.2 的条件是难于验证的, 对于大范围的含根区间, 此条件不一定成立. 实际上, 使用迭代法总是在根 α 的邻域内进行, 所以我们给出局部收敛性条件.

定理 1.3　若 $\varphi(x)$ 满足在 $x=\varphi(x)$ 的根 α 的邻域内具有连续的一阶导数, 且 $|\varphi'(\alpha)|<1$, 则不动点迭代 (1.3.1) 具有局部收敛性.

由连续函数的性质, 存在一个邻域 $\Delta=[\alpha-\delta,\alpha+\delta]$, 使得 $\max\limits_{x\in\Delta}|\varphi'(x)|\leqslant L<1$, 从而由定理 1.1 即得结论.

1.3.3　不动点迭代的收敛阶

在 1.2 节中, 我们给出了收敛阶的概念, 用来描述迭代接近收敛时迭代误差下降的速度. 下面给出不动点迭代法的收敛阶.

定理 1.4　设迭代函数 $\varphi(x)$ 在方程 $x=\varphi(x)$ 根 α 的邻域内有 $p\geqslant 2$ 阶连续导数, 那么迭代法 (1.3.1) 关于 α 是 p 阶收敛的充分必要条件是

$$\begin{aligned}
&\varphi^{(j)}(\alpha)=0, \quad j=1,2,\cdots,p-1, \\
&\varphi^{(p)}(\alpha)\neq 0
\end{aligned} \tag{1.3.4}$$

证明　**充分性**　设 $\varphi^{(j)}(\alpha)=0,\ j=1,2,\cdots,p-1$, 且 $\varphi^{(p)}(\alpha)\neq 0$, 利用 Taylor

展开有

$$
\begin{aligned}
x_{i+1} = \varphi(x_i) &= \varphi(\alpha) + \varphi'(\alpha)(x_i - \alpha) + \cdots \\
&+ \frac{1}{(p-1)!}\varphi^{(p-1)}(\alpha)(x_i - \alpha)^{p-1} \\
&+ \frac{1}{p!}\varphi^{(p)}(\alpha + \theta_i(x_i - \alpha))(x_i - \alpha)^p, \quad 0 < \theta_i < 1
\end{aligned}
$$

根据条件有

$$
|x_{i+1} - \alpha| = \frac{1}{p!}|\varphi^{(p)}(\alpha + \theta_i(x_i - \alpha))||(x_i - \alpha)^p|
$$

所以

$$
\begin{aligned}
\lim_{i\to\infty}\frac{|\varepsilon_{i+1}|}{|\varepsilon_i|^p} = \lim_{i\to\infty}\frac{|x_{i+1} - \alpha|}{|x_i - \alpha|^p} &= \lim_{i\to\infty}\frac{1}{p!}|\varphi^{(p)}(\alpha + \theta_i(x_i - \alpha))| \\
&= \frac{1}{p!}|\varphi^{(p)}(\alpha)| \neq 0
\end{aligned}
$$

由此可得不动点迭代法 (1.3.1) 是 p 阶收敛的.

必要性　如果 (1.3.4) 式不成立，且迭代法 (1.3.1) 是 p 阶的，那么必有最小正整数 $p_0 \neq p$，使得

$$
\begin{aligned}
&\varphi^{(j)}(\alpha) = 0, \quad j = 1, 2, \cdots, p_0 - 1 \\
&\varphi^{(p_0)}(\alpha) \neq 0
\end{aligned}
$$

而由充分性的证明知 $\varphi(x)$ 是 p_0 阶的，矛盾，故 (1.3.4) 式成立. 证毕.

上述定理说明，迭代过程的收敛速度依赖于迭代函数 $\varphi(x)$ 的选取.

1.4　单点迭代法 ——Newton 迭代法

本节基本的假定为 α 是满足非线性方程 $f(x) = 0$ 的单根. 首先给出基于反函数的 Taylor 展开构造的一类单点迭代方法，使其具有任意的整数收敛阶，再在此基础上引出 Newton 法及其两种常用的修正算法.

1.4.1　基于反函数 Taylor 展开的迭代法构造

假设 $y = f(x)$ 有反函数 $x = g(y)$，则在 $f(x) = 0$ 的根 α 的邻域内，$g(y)$ 关于点 $y_i = f(x_i)$ 的 Taylor 展开式为

$$
x = g(y) = \sum_{j=0}^{m+1}\frac{(y - y_i)^j}{j!}g^{(j)}(y_i) + \frac{(y - y_i)^{m+2}}{(m+2)!}g^{(m+2)}(\eta_i), \quad \eta_i \in (y, y_i)
$$

因为 $\alpha = g(0)$，可得

$$
\alpha = x_i + \sum_{j=1}^{m+1}\frac{(-1)^j}{j!}[f(x_i)]^j g^{(j)}(y_i)
$$

$$
\begin{aligned}
&+\frac{(-1)^{m+2}}{(m+2)!}[f(x_i)]^{m+2}g^{(m+2)}(\eta_i)\\
&\approx x_i-\frac{f(x_i)}{f'(x_i)}+\sum_{j=2}^{m+1}\frac{(-1)^j}{j!}[f(x_i)]^j g^{(j)}(y_i)
\end{aligned}
\tag{1.4.1}
$$

在此基础上构造迭代公式:

$$
x_{i+1}=x_i-\frac{f(x_i)}{f'(x_i)}+\sum_{j=2}^{m+1}\frac{(-1)^j}{j!}[f(x_i)]^j g^{(j)}(y_i)
\tag{1.4.2}
$$

其中，$g^{(j)}(y_i)$ 可用 $f(x_i), f'(x_i), \cdots, f^{(j)}(x_i)$ 来表示. 记

$$
\varphi(x)=x-\frac{f(x)}{f'(x)}+\sum_{j=2}^{m+1}\frac{(-1)^j}{j!}[f(x)]^j g^{(j)}(y)
$$

α 是 $f(x)=0$ 的单根，有 $\alpha=\varphi(\alpha)$. 于是 (1.4.2) 定义了一类求 $f(x)=0$ 的根 α 的单点迭代公式.

利用 (1.4.1) 式和 (1.4.2) 式，容易得到 (1.4.2) 的收敛阶.

$$
\begin{aligned}
|\varepsilon_{i+1}|&=\frac{1}{m+2!}|f(x_i)|^{m+2}|g^{(m+2)}(\eta_i)|\\
&=\frac{1}{m+2!}|f'(\xi_i)|^{m+2}|g^{(m+2)}(\eta_i)||\varepsilon_i|^{m+2},\quad \xi_i\in(a,x_i),\quad \eta_i\in(0,y)
\end{aligned}
$$

α 是单根，则 $|f'(\xi_i)|^{m+2}|g^{(m+2)}(\eta_i)|$ 在 α 的某邻域内是有界的，且当 $i\to\infty$ 时，$\xi_i\to\alpha, \eta_i\to 0$，所以

$$
\lim_{i\to\infty}\frac{|\varepsilon_{i+1}|}{|\varepsilon_i|^{m+2}}=\frac{1}{(m+2)!}|f'(\alpha)|^{m+2}|g^{(m+2)}(0)|\neq 0
\tag{1.4.3}
$$

即 (1.4.2) 式的收敛阶为 $p=m+2$.

如果记计算 $f(x_i)$ 的计算量为 1 个单位，计算 $f^{(j)}(x_i)$ 的计算量相对于计算 $f(x_i)$ 的计算量为 θ_j，则 (1.4.2) 式的每一步计算量为

$$
\theta=1+\sum_{j=1}^{m+1}\theta_j
$$

因此，(1.4.2) 式的计算效率为

$$
EI=p^{\frac{1}{\theta}}=(m+2)^{1\Big/\left(1+\sum\limits_{j=1}^{m+1}\theta_j\right)}
$$

1.4.2 Newton 迭代法

在 (1.4.2) 中最简单情形是取 $m=0$，此时迭代公式为

$$x_{i+1}=x_i-\frac{f(x_i)}{f'(x_i)},\quad i=0,1,2,\cdots \tag{1.4.4}$$

这就是著名的 **Newton 迭代公式**. 本质上 Newton 迭代法是一种线性化方法，将非线性化方程 $f(x)=0$ 逐步转化为某种线性方程来进行求解.

从 (1.4.3) 式知，当 α 是非线性方程 $f(x)=0$ 的单根时，它的收敛阶为 $p=2$ 且满足

$$\lim_{i\to\infty}\frac{|\varepsilon_{i+1}|}{|\varepsilon_i|^2}=\frac{|f''(\alpha)|}{2|f'(\alpha)|} \tag{1.4.5}$$

计算效率为

$$EI=2^{\frac{1}{1+\theta_1}}$$

其中 θ_1 为 $f'(x_i)$ 的计算量相对 $f(x_i)$ 的计算量的比值.

Newton 迭代法的几何意义是明显的. 如图 1.3 所示. 方程 $f(x)=0$ 的根 α 是曲线 $y=f(x)$ 与直线 $y=0$ 的交点的横坐标. 取过 $(x_i,f(x_i))$ 点的切线形式为

$$y=f(x_i)+f'(x_i)(x-x_i)$$

找到切线与 $y=0$ 的交点的横坐标$x_{i+1}=x_i-\dfrac{f(x_i)}{f'(x_i)}$ 作为方程根新的近似值，这样求得的结果满足 (1.4.4) 式，也就是 Newton 迭代公式. 接着取过点 $(x_{i+1},f(x_{i+1}))$ 作切线与 x 轴的相交点，可得 x_{i+2}，重复上面的步骤. 因此，由上述几何意义，Newton 迭代法在单个方程情况下又称为切线法.

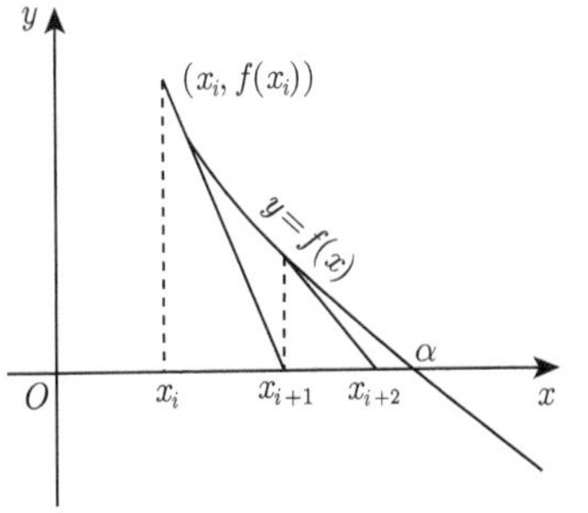

图 1.3 Newton 迭代法

由图 1.3 可以看出，当 Newton 迭代法初值取值充分接近根 α，序列就会很快收敛于 α. 应该指出，Newton 迭代法是局部收敛的方法. 它是否收敛，与初值的选取有关.

例 1.4　利用 Newton 迭代法求方程 $f(x)=x^3+x+1$ 在 $[-1,\ 0]$ 中的根.

解　首先可以求得 $f'(x)=3x^2+1$，利用 Newton 迭代法的迭代公式可以得到

$$x_{i+1}=x_i-\frac{x_i^3+x_i+1}{3x_i^2+1}=\frac{2x_i^3-1}{3x_i^2+1}$$

初始点选取为 $x_0=-0.9$，代入 Newton 迭代公式有

$$x_1=\frac{2x_0^3-1}{3x_0^2+1}\approx -0.716618076$$

$$x_2=\frac{2x_1^3-1}{3x_1^2+1}\approx -0.683306905$$

表 1.4 给出了以后几步. 仅仅 5 步之后，根达到 8 位精确数字. 由于 Newton 迭代法具有二阶收敛的性质，在表中可以观察到误差变小的速度满足 (1.4.5) 式. 已知 $f'(x)=3x^2+1$，$f''(x)=6x$，在 $\alpha\approx -0.6823$ 处求得 $\dfrac{\varepsilon_{i+1}}{\varepsilon_i^2}=\dfrac{|f''(\alpha)|}{2|f'(\alpha)|}\approx 0.85$.

表 1.4　各步 Newton 迭代法迭代过程的结果

i	x_i	$\lvert\varepsilon_i\rvert=\lvert x_i-\alpha\rvert$	$\lvert\varepsilon_{i+1}\rvert/\lvert\varepsilon_i\rvert^2$
0	−0.900000000	0.217672196	
1	−0.716618076	0.034290272	0.723710732
2	−0.683306905	0.000979101	0.832694381
3	−0.682328622	0.000000818	0.853293260
4	−0.682327804	0.000000000	0.854147551
5	−0.682327804	0.000000000	

定理 1.5　设 $f(x)$ 在有根区间 $[a,b]$ 上二阶导数存在，且满足

(1) $f(a)f(b)<0$；

(2) $f'(x)\neq 0,\ x\in[a,b]$；

(3) $f''(x)$ 不变号，$x\in[a,b]$；

(4) 初值 $x_0\in[a,b]$ 且使 $f''(x_0)f(x_0)>0$.

则 Newton 迭代序列 $\{x_i\}$ 收敛于 $f(x)=0$ 在 $[a,b]$ 内的唯一根.

定理 1.5 考虑的是 Newton 迭代法的非局部收敛性. 条件 (1) 保证了根的存在；条件 (2) 表明函数单调，根唯一；条件 (3) 表示 $f(x)$ 的图形在 $[a,b]$ 内凹向不变；条件 (4) 保证了 $x\in[a,b]$ 时 $\varphi(x)=x-\dfrac{f(x)}{f'(x)}\in[a,b]$. 对此定理我们不作分析证明，图 1.4 的四种情况都满足定理条件.

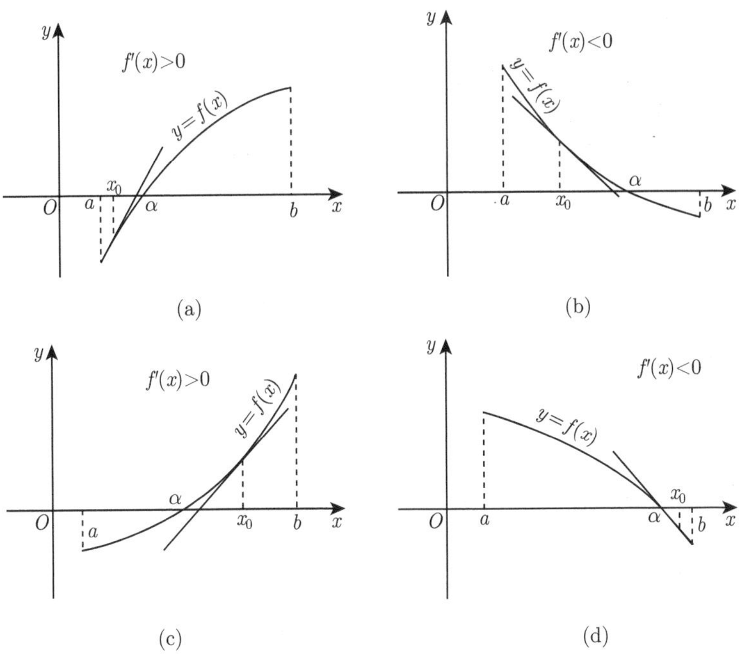

图 1.4 定理 1.5 的几何解释

1.4.3 简化 Newton 迭代法与 Newton 下山法

Newton 法是一种很有力的求解方法，但在实际应用中，常根据具体问题的情况作适当的修正. 下面介绍两种常用的修正算法.

1. 简化 Newton 迭代法

采用 Newton 迭代法进行计算时，需要计算 $f'(x_i)$. 故可用固定常数来代替导数 $f'(x_i)$，简化计算，迭代公式为

$$x_{i+1} = x_i - \frac{f(x_i)}{C}, \quad i = 0, 1, 2, \cdots \tag{1.4.6}$$

其中 C 为常数.

一般可取 $C = f'(x_0)$，此时称 (1.4.6) 式为**简化的 Newton 迭代法**. 计算过程为在每一次的迭代过程中，选取过点 $(x_i, f(x_i))$ 且斜率为 $f'(x_0)$ 的直线

$$y = f(x_i) + f'(x_0)(x - x_i)$$

找该直线与 $y = 0$ 的交点的横坐标 x_{i+1}作为根 α 的新的近似值，如图 1.5 所示. 对 (1.4.6) 式中迭代函数求导为 $\varphi'(x) = 1 - \dfrac{f'(x)}{C} \neq 0$，因为 $f'(x)$ 不恒等于 C. 由定

理 1.4, 简化的 Newton 迭代法一般为一阶收敛.

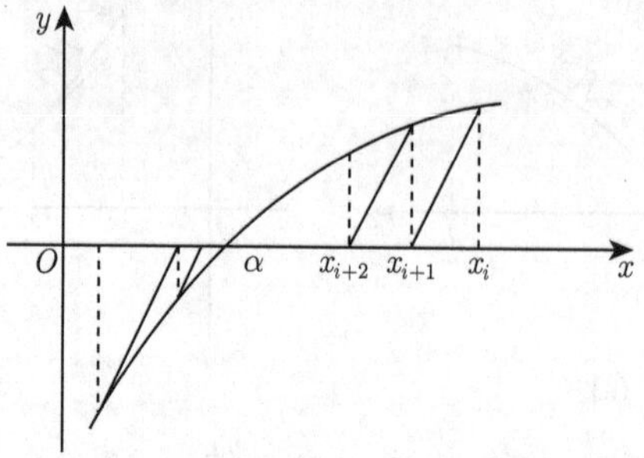

图 1.5　简化 Newton 迭代法

2. Newton 下山法

在 Newton 迭代公式 (1.4.4) 中, 当选取的初值满足一定条件时, 迭代收敛. 为了放宽对初值 x_0 的选择范围, 可将 (1.4.4) 式修改为

$$x_{i+1} = x_i - \lambda \frac{f(x_i)}{f'(x_i)}, \quad i = 0, 1, 2, \cdots \tag{1.4.7}$$

称 (1.4.7) 式为**Newton 下山法**, λ 为下山因子. 在实际计算时, λ 的选择应使

$$|f(x_{i+1})| < |f(x_i)|, \quad i = 0, 1, 2, \cdots$$

这时, (1.4.7) 式的迭代函数为

$$\varphi(x) = x - \lambda \frac{f(x)}{f'(x)}$$

而

$$\varphi'(x) = 1 - \lambda \frac{(f'(x))^2 - f''(x)f(x)}{(f'(x))^2}$$

所以有

$$\varphi'(\alpha) = 1 - \lambda$$

当 $\lambda \neq 1$ 时, 显然迭代公式 (1.4.7) 是一阶收敛的.

在实际应用时, 可选择 $\lambda = \lambda_i$, $0 < \lambda_i < 1$, 也就是每迭代一次, 就改变一次下山因子, 使迭代法收敛速度更快, 这时迭代公式属于单点非定常迭代.

1.5　多点迭代法 —— 割线法

之前所讨论的单点迭代法, 在计算新的迭代值 x_{i+1} 时, 仅用到了 x_i 点上的信息, 浪费了旧的有价值的信息, 即函数 $f(x)$ 在 $x_i, x_{i-1}, x_{i-2}, \cdots$ 处的值等. 自然的想法是，通过充分利用这些旧的有价值的信息减少计算量，提高迭代收敛速度. 以 Newton 迭代法为例，由于其导数信息即函数切线信息的应用，其收敛速度优于二分法和不动点迭代. 因此这里，我们利用差商来代替导数，介绍最简单的多点迭代法 —— 割线法.

1.5.1 割线法

将 Newton 迭代公式 (1.4.4) 中 $f'(x_i)$ 用 $(f(x_i)-f(x_{i-1}))/(x_i-x_{i-1})$ 近似代替，则迭代公式变为

$$x_{i+1}=x_i-\frac{f(x_i)(x_i-x_{i-1})}{f(x_i)-f(x_{i-1})}$$

进一步改写为

$$x_{i+1}=\frac{f(x_i)}{f(x_i)-f(x_{i-1})}x_{i-1}+\frac{f(x_{i-1})}{f(x_{i-1})-f(x_i)}x_i \tag{1.5.1}$$

称这个方法为**割线法**.

下面介绍割线法的几何意义. 如图 1.6 所示，过点 $(x_{i-1},f(x_{i-1}))$ 和 $(x_i,f(x_i))$ 作直线，直线方程为

$$\frac{y-f(x_i)}{x-x_i}=\frac{f(x_i)-f(x_{i-1})}{x_i-x_{i-1}}$$

用此直线代替曲线 $f(x)$，且以此直线与 x 轴的交点的横坐标

$$x_{i+1}=x_i-\frac{x_i-x_{i-1}}{f(x_i)-f(x_{i-1})}f(x_i)$$

重复上面的计算，最后选取满足一定精度的值 x_{i+2} 作为 α 的近似值. 如图 1.6 所示.

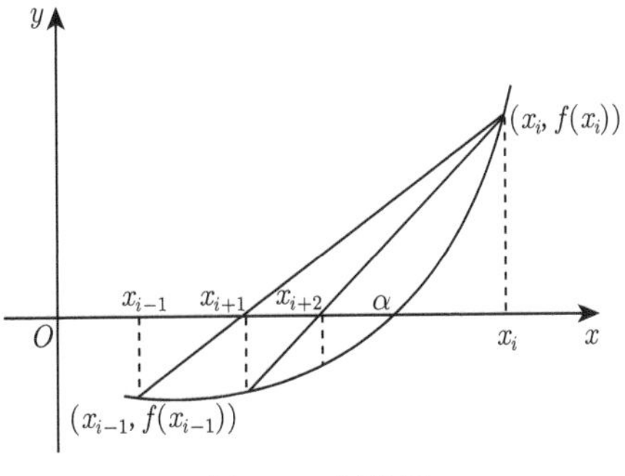

图 1.6 割线法

可以看出 Newton 迭代法在计算时，计算 x_{i+1} 时只用到了前一步的值，而割线法在计算 x_{i+1} 时需要前两步的值，因此在使用割线法时需要给定两个初始值.

下面给出割线法局部收敛性和收敛速度.

定理 1.6　设 $f(x)$ 在包含方程 $f(x)=0$ 的根 α 的某个邻域上具有二阶连续导数且 $f'(\alpha)\neq 0$. 选取初始值 x_0 和 x_1 包含在根 α 的邻域内，则由割线法产生的迭代序列收敛于根 α，收敛阶

$$p=\frac{1+\sqrt{5}}{2}\approx 1.618$$

且有

$$\lim_{i\to\infty}\frac{|\varepsilon_{i+1}|}{|\varepsilon_i|^p}=\left|\frac{f''(\alpha)}{2f'(\alpha)}\right|^{p-1}$$

其中 p 为方程 $\lambda^2-\lambda-1=0$ 的正根. 割线法对单根的收敛性称为超线性的，位于线性收敛和二次收敛之间.

例 1.5　利用割线法求方程 $f(x)=x^3+x+1$ 在 $[-1,\ 0]$ 中的根，并与例 1.4 中用 Newton 迭代法求解此方程的结果进行对比.

解　选取初始值为 $x_0=-1$ 和 $x_1=0$，利用割线法的迭代公式进行计算

$$x_{i+1}=x_i-\frac{f(x_i)(x_i-x_{i-1})}{f(x_i)-f(x_{i-1})},\quad i=1,2,\cdots$$

迭代结果列为表 1.5.

表 1.5　割线法迭代结果

i	x_i	i	x_i
0	−1.000000000	5	−0.680531894
1	0.000000000	6	−0.682356502
2	−0.500000000	7	−0.68232776
3	−0.800000000	8	−0.682327804
4	−0.663755459	9	−0.682327804

比较表中的割线法和 Newton 迭代法的结果，我们看到割线法在迭代 9 步之后近似值达到 8 位精确数字，而 Newton 迭代法通过 5 步得到了这个精度. 这说明割线法收敛确实比 Newton 迭代法稍慢.

由于割线法的收敛阶为 $\dfrac{1+\sqrt{5}}{2}$ 且每次迭代仅计算一次 $f(x)$，其效率指数为

$$EI_1=\frac{1+\sqrt{5}}{2}$$

而 Newton 迭代法的效率指数为

$$EI_2=2^{\frac{1}{1+\theta_1}}$$

由直接计算容易知道，若 $\theta_1<0.44$，则 Newton 迭代法的效率大于割线法. 反之 Newton 迭代法的效率小于等于割线法. 因此，对给定的 $f(x)$，是用割线法还是 Newton 迭代法去解方程 $f(x)=0$? 这取决于 θ_1 的估计值.

割线法的优点是迭代过程中不用计算函数的导数值. 例如，求方程 $f(x;y_1, y_2,\cdots,y_k)=0$ 的根，其中 $y_i=g_j(x), j=1,\cdots,k$. 在这种情况下计算 f 对 x 的导数很难. 割线法的缺点是当迭代收敛时需高精度运算，因为迭代格式中含有两个数值相近的 $f(x_i)$ 与 $f(x_{i-1})$，当近似值接近于收敛时，只能要求很少有效数字.

1.5.2 虚位法

由于割线法仅具有局部收敛性，当初值选得不好时，方法可能不收敛. 因此，在每次迭代之前，先判断有根区间，确定出包含根的两点，然后将这两点代入割线法，保证迭代的收敛性. 这种方法称为**虚位法**或**试位法**.

如图 1.7 所示. 设能找到 x_1 与 x_2 使得 $f(x_1)f(x_2)<0$. 则连接点 $(x_1, f(x_1))$ 和 $(x_2, f(x_2))$，找到其交 x 轴于点 $(x_3, 0), x_3$ 可表示为

$$x_3=\frac{f(x_2)}{f(x_2)-f(x_1)}x_1+\frac{f(x_1)}{f(x_1)-f(x_2)}x_2$$

然后选 x_3 与 $x_i(i=1,2)$ 使得 $f(x_i)f(x_3)<0$，重复上述过程得 x_4，以此类推.

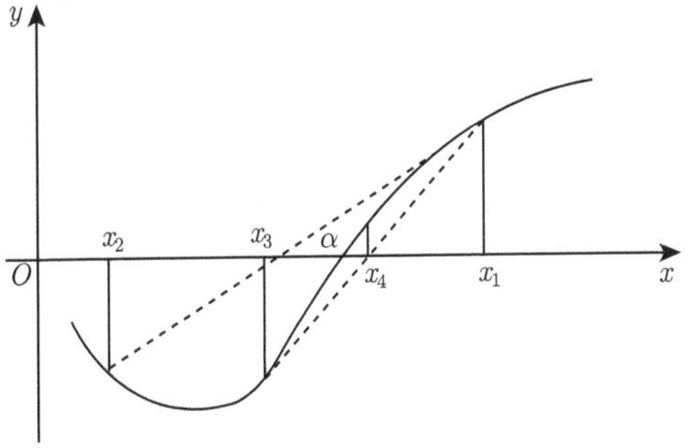

图 1.7 虚位法

显然虚位法是一个非定常迭代过程，类似于二分法，这里的中点被类割线法近似所代替. 对任何连续函数 $f(x)$，方法均收敛. 若 $f(x)$ 是 x_1, x_2 之间的凸函数，则虚位法是一个定常迭代，迭代公式为

$$x_{i+1}=\frac{f(x_i)}{f(x_i)-f(x_1)}x_1+\frac{f(x_1)}{f(x_1)-f(x_i)}x_i$$

此时虚位法变成了单点迭代公式，可以证明其收敛阶为 $p=1$. 于是虚位法对凸函数来讲是线性收敛的，因为几乎所有函数在根附近都是凸或凹函数. 所以，虚位法几乎对所有函数都是局部线性收敛的.

若虚位法收敛速度较慢，则主要原因在于，相继的迭代结果均在根的同侧. 因此，对虚位法进行改进，将新的迭代值搬到根的另一侧. 若相继的三个迭代值

x_{i-1}, x_i, x_{i+1} 满足

$$f(x_{i-1})f(x_i) < 0$$

$$f(x_i)f(x_{i+1}) > 0$$

此时，因为 x_i, x_{i+1} 中间不夹根，如再用 x_i, x_{i+1} 代入割线法 (1.5.1) 计算 x_{i+2}，显然会减慢迭代的速度. 因此我们用含根的点 x_{i-1}, x_{i+1} 来计算 x_{i+2}. 最简单的方法是用二分法，取

$$x_{i+2} = \frac{1}{2}(x_{i-1} + x_{i+1}) \tag{1.5.2}$$

或取下面的修正公式：

$$x_{i+2} = \frac{\beta f(x_{i-1})}{\beta f(x_{i-1}) - f(x_{i+1})} x_{i+1} + \frac{\beta f(x_{i+1})}{\beta f(x_{i+1}) - f(x_{i-1})} x_{i-1} \tag{1.5.3}$$

其中，$\beta \in (0, 1]$. 若 x_{i+1}, x_{i+2} 夹根，则用虚位法计算，否则再用 (1.5.2) 式或 (1.5.3) 式作一次修正.

在 (1.5.3) 式中，若取 $\beta = \frac{1}{2}$，则称方法为 Illinois(伊利诺斯) 方法，其平均收敛阶为 $p = 1.442$；若取 $\beta = f(x_i)/(f(x_i) + f(x_{i+1}))$，则称方法为 Pagasus(佩格塞斯) 方法，其平均收敛阶为 $p = 1.642$.

1.6 重根上的迭代法

我们已经证明 Newton 迭代在单根处是二阶收敛的，但在重根处的收敛性却未知. 因为若根 α 的重数 $r > 1, r \in \mathbb{Z}$，则所有建立在反函数基础上的推导均归无效，在 $x = \alpha$ 的任何邻域内不存在反函数. 因此我们首先给出一个例子来说明 Newton 迭代法在重根处的收敛性无法达到二阶.

例 1.6 用 Newton 迭代法求 $f(x) = x^2$ 的根.

解 我们已经知道方程有一个根为 $\alpha = 0$. Newton 迭代法的迭代公式为

$$x_{i+1} = x_i - \frac{f(x_i)}{f'(x_i)} = x_i - \frac{x_i^2}{2x_i} = \frac{x_i}{2}$$

Newton 迭代法化简为 x_i 除以 2，迭代结果如表 1.6 所示. 迭代序列确实收敛到 $\alpha = 0$，但收敛到根的速度为线性收敛.

理论上我们可以证明 Newton 迭代在重根邻域是线性收敛的. 假定 α 为 $f(x)$ 的 r 重根，则 $f(x) = (\alpha - x)^r g(x)$, $g(\alpha) \neq 0$，且满足 $f(\alpha) = f'(\alpha) = \cdots = f^{(r-1)}(\alpha) = 0$ 但 $f^{(r)}(\alpha) \neq 0$. 对于 Newton 迭代公式中的迭代函数，利用 Taylor 展开有

$$\varphi(x) = x - \frac{f(x)}{f'(x)}$$

$$= x - \frac{f(\alpha) + f'(\alpha)(x-\alpha) + \cdots + \frac{1}{r!}f^{(r)}(\xi_1)(x-\alpha)^r}{f'(\alpha) + f''(\alpha)(x-\alpha) + \cdots + \frac{1}{(r-1)!}f^{(r)}(\xi_2)(x-\alpha)^{r-1}}$$

$$= x - \frac{1}{r}\frac{f^{(r)}(\xi_1)}{f^{(r)}(\xi_2)}(x-\alpha), \quad \xi_1, \xi_2 \in (x, \alpha)$$

表 1.6 各步迭代结果

i	x_i	$\lvert\varepsilon_i\rvert$	$\lvert\varepsilon_i\rvert/\lvert\varepsilon_{i-1}\rvert$
0	1.000	0.000	
1	0.500	0.500	0.500
2	0.250	0.250	0.500
3	0.125	0.125	0.500
⋮	⋮	⋮	⋮

考虑到 $\varphi(\alpha) = \alpha$，于是有

$$\varphi'(\alpha) = \lim_{x\to\alpha}\frac{\varphi(x) - \varphi(\alpha)}{x - \alpha} = 1 - \frac{1}{r} \neq 0, \quad r \neq 1$$

由于 $r > 1$，$\varphi'(\alpha) = 1 - \dfrac{1}{r} < 1$，所以由定理 1.3 知，Newton 迭代法对 r 重根只是线性收敛的.

对 Newton 迭代法加以修正，可以使其对重根应用时仍具有二阶收敛性.

1. **已知根的重数 r**

已知根的重数 r 时，可将 Newton 迭代法修正为

$$x_{i+1} = x_i - r\frac{f(x_i)}{f'(x_i)}, \quad i = 0, 1, 2, \cdots \tag{1.6.1}$$

此公式对 r 重根 α 是二阶收敛的. 事实上，因为

$$\varepsilon_{i+1} = \alpha - x_{i+1} = \alpha - x_i + r\frac{f(x_i)}{f'(x_i)}$$

$$= \alpha - x_i + r\frac{(\alpha - x_i)^r g(x_i)}{-r(\alpha - x_i)^{r-1}g(x_i) + (\alpha - x_i)^r g'(x_i)}$$

$$= \frac{(\alpha - x_i)^2 g'(x_i)}{-rg(x_i) + (\alpha - x_i)g'(x_i)}$$

于是，得

$$\lim_{i\to\infty}\frac{|\varepsilon_{i+1}|}{\varepsilon_i^2}=\frac{1}{r}\left|\frac{g'(\alpha)}{g(\alpha)}\right|\neq 0$$

从而证明了 (1.6.1) 式是 r 重根 α 的二阶公式.

2. 根的重数未知

另外，还可令 $u(x)=\dfrac{f(x)}{f'(x)}$. 当根的重数 r 未知时，Newton 迭代法可修正为

$$x_{i+1}=x_i-\frac{u(x_i)}{u'(x_i)},\quad i=0,1,2,\cdots \tag{1.6.2}$$

显然，该公式是用来求 $u(x)=0$ 的单根 α 的二阶方法. 因为 $u(x)=0$ 的单根 α 就是 $f(x)=0$ 的 r 重根. 事实上，利用在根 α 附近的 Taylor 展开，有

$$u(x)=\frac{f(x)}{f'(x)}=\frac{1}{r}\frac{f^{(r)}(\xi_1)}{f^{(r)}(\xi_2)}(x-\alpha),\quad \xi_1,\xi_2\in(x,\alpha)$$

所以，α 也就是 $u(x)=0$ 的单根.

由该方法可看出，只要令 $u(x)=\dfrac{f(x)}{f'(x)}$，则方程 $f(x)=0$ 的任何重根都可转化为求 $u(x)=0$ 的单根. 因此可应用前面以单根为条件的各种方法，其收敛阶与根的重数无关. 例如可应用割线法

$$x_{i+1}=\frac{u(x_i)}{u(x_i)-u(x_{i-1})}x_{i-1}+\frac{u(x_{i-1})}{u(x_{i-1})-u(x_i)}x_i \tag{1.6.3}$$

然而，方法 (1.6.2) 和 (1.6.3) 的计算效率比 Newton 迭代法和割线法的计算效率要低. 因为在每个情况中都需要计算高一阶的导数，并且 $u(x)$ 在那些为 $f'(x)$ 的但非 $f(x)$ 的根上将出现极点，$u(x)$ 可能不再是一个连续函数.

例 1.7　用下列方法求方程 $\left(\sin x-\dfrac{x}{2}\right)^2=0$ 的正根.

(1) Newton 迭代法：$x_{i+1}=x_i-\left(\sin x-\dfrac{x}{2}\right)\Big/(2\cos x-1)$；

(2) 修正的 Newton 迭代法：$x_{i+1}=x_i-2\left(\sin x-\dfrac{x}{2}\right)\Big/(2\cos x-1)$；

(3) 修正的 Newton 迭代法：$u(x)=\left(\sin x-\dfrac{x}{2}\right)^2$，

$$x_{i+1}=x_i-\frac{u(x_i)}{u'(x_i)}$$

在三个方法中，初值均取为 $x_0=\dfrac{\pi}{2}$，结果如表 1.7 所示：可以观察到，方法 (2) 和方法 (3) 确实比方法 (1) 要收敛得快.

表 1.7 三种迭代方法的迭代过程比较

x_i	方法 (1)	方法 (2)	方法 (3)
x_0	$\frac{\pi}{2}$	$\frac{\pi}{2}$	$\frac{\pi}{2}$
x_1	1.4456	1.90100	1.88963
x_2	1.87083	1.95510	1.89547
x_3	1.88335	1.89549	1.89549
x_4	1.88946		
$\vdots$	$\vdots$		
x_{13}	1.89548		
x_{14}	1.89549		

1.7 迭代加速收敛的方法

已知在单点迭代方法中，要达到二阶收敛要求其实很高，如定理 1.4 所示. 所以针对线性收敛的序列，我们可以采取加速的方法.

1. Aitken 加速收敛方法

序列 $\{x_i\}$ 线性收敛到 α，当 n 足够大的时候，我们可以假定

$$\frac{\alpha - x_{i+1}}{\alpha - x_i} \approx \frac{\alpha - x_{i+2}}{\alpha - x_{i+1}}$$

有

$$\alpha \approx \frac{x_i x_{i+2} - x_{i+1}^2}{x_{i+2} - 2x_{i+1} + x_i} \tag{1.7.1}$$

将 (1.7.1) 式中的右端项作为新的根的近似值. 记

$$\bar{x}_{i+1} = \frac{x_i x_{i+2} - x_{i+1}^2}{x_{i+2} - 2x_{i+1} + x_i} \tag{1.7.2}$$

是 α 新的近似值. 称利用 (1.7.2) 式构造序列 $\{\bar{x}_i\}$ 的方法为**Aitken 加速收敛方法**.

定理 1.7 序列 $\{x_i\}$ 线性收敛到 α 且满足

$$\lim_{i\to\infty} \frac{\alpha - x_{i+1}}{\alpha - x_i} = C, \quad 0 < |C| < 1$$

那么 Aitken 序列 $\{\bar{x}_i\}$ 比原序列 $\{x_i\}$ 更快收敛到 α，满足以下条件:

$$\lim_{i\to\infty} \frac{\alpha - \bar{x}_i}{\alpha - x_i} = 0$$

2. Steffensen 加速收敛法

通过将 Aitken 加速方法的修改应用于从不动点迭代获得的线性收敛序列，我们可以将收敛速度加速到二阶，这种方法被称为**Steffensen 方法**，与应用 Aitken 方法到不动点序列略有不同.

应用 Aitken 的方法到不动点序列的迭代过程为

$$x_0, \quad x_1=\varphi(x_0), \quad x_2=\varphi(x_1), \quad \bar{x}_0=\mathrm{Atiken}(x_0,\ x_1,x_2)$$
$$x_3=\varphi(x_2), \quad \bar{x}_1=\mathrm{Atiken}(x_1,\ x_2,x_3),\cdots$$

而 Steffensen 加速收敛法的迭代过程为

$$x_0, \quad y_0=\varphi(x_0), \quad z_0=\varphi(y_0), \quad x_1=\mathrm{Atiken}(x_0,\ y_0,z_0),$$
$$y_1=\varphi(x_1), \quad z_1=\varphi(y_1), \quad x_2=\mathrm{Atiken}(x_1,\ y_1,z_1),\cdots$$

前四项的计算方式相同，接下来 x_1 被认为是对 α 更好的近似而不是 z_0，并将不动点迭代应用于 x_1 而不是 z_0. Steffensen 迭代的每个第三项都由 Aitken 迭代得到，其他项利用不动点迭代得到.

可以证明，当不动点迭代函数 $\varphi(x)$ 在 α 的某个邻域内具有二阶导数，$\varphi'(\alpha)=L\neq 1$ 且 $L\neq 0$，则 Steffensen 迭代法平方收敛到 α. Steffensen 迭代不仅能使原来的迭代加速，有时还可将发散的迭代变为收敛的.

例 1.8　求方程

$$x^3-x-1=0$$

在 1.5 附近的根.

解　易知不动点迭代格式

$$x_{i+1}=x_i^3-1$$

是发散的，若用 Steffensen 加速

$$y_i=x_i^3-1$$
$$z_i=y_i^3-1$$
$$x_{i+1}=\frac{x_iz_i-y_i^2}{x_i-2y_i+z_i}$$

却是收敛的. 当初值 $x_0=1.5$ 时，结果如表 1.8 所示 (第 4 次开始加速)

表 1.8 使用 Steffensen 加速的迭代过程

i	x_i	$\varepsilon_i/\varepsilon_{i-1}^2$
0	1.50000	
1	1.41629	2.9806
2	1.35565	3.6886
3	1.32894	4.4218
4	1.32480	4.8342
5	1.32472	4.9020
6	1.32472	

值得说明的是，使用加速方法还可用来确定根的重数 r. 例如，当 Newton 迭代法收敛较慢时，方程可能存在重根，由定理 1.4 有

$$\lim_{x\to\infty}\frac{\varepsilon_{i+1}}{\varepsilon_i}=1-\frac{1}{r}$$

当接近于收敛时，有

$$1-\frac{1}{r}\approx\frac{\alpha-x_{i+2}}{\alpha-x_{i+1}}\approx\frac{\varepsilon_{i+2}}{\varepsilon_{i+1}}$$

即

$$r\approx\frac{\alpha-x_{i+1}}{x_{i+2}-x_{i+1}}$$

由 (1.7.2) 式得

$$r\approx\frac{x_ix_{i+2}-x_{i+1}^2}{x_{i+2}-2x_{i+1}+x_i}\cdot\frac{1}{x_{i+2}-x_{i+1}}-\frac{x_{i+1}}{x_{i+2}-x_{i+1}} \tag{1.7.3}$$

可以利用 (1.7.3) 式估计出方程根的重数 r，进而使用修正的 Newton 迭代法 (1.6.1) 来代替 Newton 法. 其计算效率显然比 Newton 迭代法 (1.4.4) 要高. 例如，在例 1.7 中方法 (1) 的数据中，取 x_6, x_7, x_8 算得 $r\approx 2.027$，即根的重数为 2.

1.8 拟 Newton 法

非线性方程组是非线性科学中的重要组成部分. 非线性方程组

$$\boldsymbol{F}(\boldsymbol{x})=\mathbf{0},\quad \boldsymbol{F}(x)=(f_1,f_2,\cdots,f_n)^{\mathrm{T}},\quad \boldsymbol{x}=(x_1,x_2,\cdots,x_n)^{\mathrm{T}} \tag{1.8.1}$$

的数值求解方法比单个方程求解要困难得多，可能无解，也可能存在一个解或多个解. 首先介绍 Newton 法的思想，在此基础上给出拟 Newton 法.

1.8.1　拟 Newton 法

类似于单个方程的 Newton 法，不难得到求解方程组 (1.8.1) 的 Newton 法为

$$\boldsymbol{x}^{i+1} = \boldsymbol{x}^i - \boldsymbol{A}_i^{-1}\boldsymbol{F}(\boldsymbol{x}^i), \quad i = 0, 1, 2, \cdots \tag{1.8.2}$$

其中

$$\boldsymbol{A}_i = \boldsymbol{F}'(\boldsymbol{x}^i) = \begin{bmatrix} \dfrac{\partial f_1}{\partial x_1^i} & \dfrac{\partial f_1}{\partial x_2^i} & \cdots & \dfrac{\partial f_1}{\partial x_n^i} \\ \dfrac{\partial f_2}{\partial x_1^i} & \dfrac{\partial f_2}{\partial x_2^i} & \cdots & \dfrac{\partial f_2}{\partial x_n^i} \\ \vdots & \vdots & & \vdots \\ \dfrac{\partial f_n}{\partial x_1^i} & \dfrac{\partial f_n}{\partial x_2^i} & \cdots & \dfrac{\partial f_n}{\partial x_n^i} \end{bmatrix} \in \mathbb{R}^{n\times n}$$

为 $\boldsymbol{F}(\boldsymbol{x})$ 的 Jacobi 矩阵在 $\boldsymbol{x}^i$ 处的值.

当 $\boldsymbol{F}(\boldsymbol{x})$ 的形式复杂时，$\boldsymbol{A}_i$ 计算量较大，且求解困难. 因此在实际计算中，为避免每步都重新计算 $\boldsymbol{A}_i$，类似割线法的思想，要求新的 $\boldsymbol{A}_{i+1}$ 满足方程

$$\boldsymbol{A}_{i+1}(\boldsymbol{x}^{i+1} - \boldsymbol{x}^i) = \boldsymbol{F}(\boldsymbol{x}^{i+1}) - \boldsymbol{F}(x^i) \tag{1.8.3}$$

但当 $n > 1$ 时，$\boldsymbol{A}_{i+1}$ 并不确定，为此限制 $\boldsymbol{A}_{i+1}$ 是由 $\boldsymbol{A}_i$ 的一个低秩修正矩阵得到，即

$$\boldsymbol{A}_{i+1} = \boldsymbol{A}_i + \Delta\boldsymbol{A}_i, \quad \mathrm{rank}(\Delta\boldsymbol{A}_i) = m \geqslant 1 \tag{1.8.4}$$

其中 $\Delta\boldsymbol{A}_i$ 是秩 m 的修正矩阵，称由 (1.8.2)~(1.8.4) 组成的迭代法为拟 Newton 法. 拟 Newton 法避免了每步计算 $\boldsymbol{F}(\boldsymbol{x})$ 的 Jacobi 阵，减少了计算量. 根据 $\Delta\boldsymbol{A}_i$ 的取法不同，可得到许多不同的拟 Newton 法.

在拟 Newton 法中，若矩阵 $\boldsymbol{A}_i(i = 0, 1, 2, \cdots)$ 非奇异，令 $\boldsymbol{H}_i = \boldsymbol{A}_i^{-1}$，可得到与 (1.8.2)~(1.8.4) 互逆的方法

$$\begin{cases} \boldsymbol{x}^{i+1} = \boldsymbol{x}^i - \boldsymbol{H}_i\boldsymbol{F}(\boldsymbol{x}^i) \\ \boldsymbol{H}_{i+1}(\boldsymbol{F}(\boldsymbol{x}^{i+1}) - \boldsymbol{F}(\boldsymbol{x}^i)) = \boldsymbol{x}^{i+1} - \boldsymbol{x}^i \\ \boldsymbol{H}_{i+1} = \boldsymbol{H}_i + \Delta\boldsymbol{H}_i, \quad i = 0, 1, 2, \cdots \end{cases} \tag{1.8.5}$$

迭代格式 (1.8.5) 不用求矩阵的逆 (除 $\boldsymbol{H}_0$ 外) 就能逐次递推出 $\boldsymbol{H}_i$，可节省很多计算量. 在实际计算中可根据具体情况选用拟 Newton 法或互逆的方法.

1.8.2　秩 1 的拟 Newton 法

使用拟 Newton 法是，需要确定修正矩阵 $\Delta\boldsymbol{A}_i$ 和 $\Delta\boldsymbol{H}_i$，在此只介绍秩 1 的拟 Newton 法，即要求 $\mathrm{rank}(\Delta\boldsymbol{A}_i) = \mathrm{rank}(\Delta\boldsymbol{H}_i) = 1$.

设 $\Delta\boldsymbol{A}_i=\boldsymbol{u}_i\boldsymbol{v}_i^{\mathrm{T}}$，$\boldsymbol{u}_i,\boldsymbol{v}_i\in\mathbf{R}^n$ 且非 $\mathbf{0}$ 向量，记 $\boldsymbol{r}^i=\boldsymbol{x}^{i+1}-\boldsymbol{x}^i,\boldsymbol{y}^i=\boldsymbol{F}(\boldsymbol{x}^{i+1})-\boldsymbol{F}(\boldsymbol{x}^i)$，则 (1.8.3) 式变为

$$\boldsymbol{A}_{i+1}\boldsymbol{r}^i=\boldsymbol{y}^i \tag{1.8.6}$$

将 $\Delta\boldsymbol{A}_i=\boldsymbol{u}_i\boldsymbol{v}_i^{\mathrm{T}}$ 代入 (1.8.4) 式得

$$\boldsymbol{A}_{i+1}=\boldsymbol{A}_i+\boldsymbol{u}_i\boldsymbol{v}_i^{\mathrm{T}}$$

再代入 (1.8.6) 式得

$$\boldsymbol{u}_i\boldsymbol{v}_i^{\mathrm{T}}\boldsymbol{r}^i=\boldsymbol{y}^i-\boldsymbol{A}_i\boldsymbol{r}^i$$

若 $\boldsymbol{v}_i^{\mathrm{T}}\boldsymbol{r}^i\neq\mathbf{0}$，那么有

$$\boldsymbol{u}_i=\frac{1}{\boldsymbol{v}_i^{\mathrm{T}}\boldsymbol{r}^i}[\boldsymbol{y}_{_i}-\boldsymbol{A}_i\boldsymbol{r}^i]$$

则有

$$\Delta\boldsymbol{A}_i=\frac{1}{\boldsymbol{v}_i^{\mathrm{T}}\boldsymbol{r}^i}[\boldsymbol{y}_{_i}-\boldsymbol{A}_i\boldsymbol{r}^i]\boldsymbol{v}_i^{\mathrm{T}} \tag{1.8.7}$$

若取 $\boldsymbol{v}_i=\boldsymbol{r}^i\neq\mathbf{0}$，即 $(\boldsymbol{r}^i)^{\mathrm{T}}\boldsymbol{r}^i\neq\mathbf{0}$，则由 (1.8.7) 式得

$$\Delta\boldsymbol{A}_i=[\boldsymbol{y}^i-\boldsymbol{A}_i\boldsymbol{r}^i]\frac{(\boldsymbol{r}^i)^{\mathrm{T}}}{(\boldsymbol{r}^i)^{\mathrm{T}}\boldsymbol{r}^i}$$

于是得到秩 1 的拟 Newton 法，又称为 Broyden 秩 1 法

$$\begin{cases}\boldsymbol{x}^{i+1}=\boldsymbol{x}^i-\boldsymbol{A}_i^{-1}\boldsymbol{F}(\boldsymbol{x}^i)\\[2mm] \boldsymbol{A}_{i+1}=\boldsymbol{A}_i+[\boldsymbol{y}^i-\boldsymbol{A}_i\boldsymbol{r}^i]\dfrac{(\boldsymbol{r}^i)^{\mathrm{T}}}{(\boldsymbol{r}^i)^{\mathrm{T}}\boldsymbol{r}^i},\quad i=0,1,2,\cdots\end{cases} \tag{1.8.8}$$

同理，若取 $\Delta\boldsymbol{H}_i=\boldsymbol{u}_i\boldsymbol{v}_i^{\mathrm{T}}$，由 (1.8.5) 式有

$$(\boldsymbol{H}_i+\boldsymbol{u}_i\boldsymbol{v}_i^{\mathrm{T}})\boldsymbol{y}^i=\boldsymbol{r}^i$$

则得到

$$\boldsymbol{u}_i=\frac{\boldsymbol{r}^i-\boldsymbol{H}_i\boldsymbol{y}^i}{\boldsymbol{v}_i^{\mathrm{T}}\boldsymbol{y}^i}$$

若取 $\boldsymbol{v}_i^{\mathrm{T}}=(\boldsymbol{r}^i)^{\mathrm{T}}\boldsymbol{H}_i$，可得到

$$\Delta\boldsymbol{H}_i=\frac{\boldsymbol{r}^i-\boldsymbol{H}_i\boldsymbol{y}^i}{(\boldsymbol{r}^i)^{\mathrm{T}}\boldsymbol{H}_i\boldsymbol{y}^i}(\boldsymbol{r}^i)^{\mathrm{T}}\boldsymbol{H}_i$$

则可得到与 (1.8.8) 式互逆的 Broyden 秩 1 方法

$$\begin{cases}\boldsymbol{x}^{i+1}=\boldsymbol{x}^i-\boldsymbol{H}_i\boldsymbol{F}(\boldsymbol{x}^i)\\[2mm] \boldsymbol{H}_{i+1}=\boldsymbol{H}_i+\dfrac{\boldsymbol{r}^i-\boldsymbol{H}_i\boldsymbol{y}^i}{(\boldsymbol{r}^i)^{\mathrm{T}}\boldsymbol{H}_i\boldsymbol{y}^i}(\boldsymbol{r}^i)^{\mathrm{T}}\boldsymbol{H}_i,\quad(\boldsymbol{r}^i)^{\mathrm{T}}\boldsymbol{H}_i\boldsymbol{y}^i\neq\mathbf{0}\end{cases} \tag{1.8.9}$$

若在 (1.8.7) 式中选取 $\boldsymbol{v}_i = \boldsymbol{F}(\boldsymbol{x}^{i+1})$，由 (1.8.2) 式知

$$\boldsymbol{y}^i - \boldsymbol{A}_i\boldsymbol{r}^i = \boldsymbol{F}(\boldsymbol{x}^{i+1}) - \boldsymbol{F}(\boldsymbol{x}^i) - \boldsymbol{A}_i\boldsymbol{r}^i = \boldsymbol{F}(\boldsymbol{x}^{i+1}) = \boldsymbol{v}_i$$

于是由 (1.8.7) 式可得秩 1 修正矩阵

$$\Delta\boldsymbol{A}_i = [\boldsymbol{y}^i - \boldsymbol{A}_i\boldsymbol{r}^i]\frac{(\boldsymbol{y}^i - \boldsymbol{A}_i\boldsymbol{r}^i)^{\mathrm{T}}}{(\boldsymbol{y}^i - \boldsymbol{A}_i\boldsymbol{r}^i)^{\mathrm{T}}\boldsymbol{r}^i}$$

可见 $\Delta\boldsymbol{A}_i$ 对称，故若 $\boldsymbol{A}_0$ 对称，则所有 $\boldsymbol{A}_{i+1}(i = 0,1,\cdots)$ 也对称，于是可得到 $\boldsymbol{F}(\boldsymbol{x})$ 的 Jacobi 矩阵对称时的秩 1 方法：

$$\begin{cases} \boldsymbol{x}^{i+1} = \boldsymbol{x}^i - \boldsymbol{A}_i^{-1}\boldsymbol{F}(\boldsymbol{x}^i) \\ \boldsymbol{A}_{i+1} = \boldsymbol{A}_i + [\boldsymbol{y}^i - \boldsymbol{A}_i\boldsymbol{r}^i]\dfrac{(\boldsymbol{y}^i - \boldsymbol{A}_i\boldsymbol{r}^i)^{\mathrm{T}}}{(\boldsymbol{y}^i - \boldsymbol{A}_i\boldsymbol{r}^i)^{\mathrm{T}}\boldsymbol{r}^i}, \quad i = 0,1,\cdots \end{cases}$$

与此方法互逆的秩 1 方法是

$$\begin{cases} \boldsymbol{x}^{i+1} = \boldsymbol{x}^i - \boldsymbol{H}_i\boldsymbol{F}(\boldsymbol{x}^i) \\ \boldsymbol{H}_{i+1} = \boldsymbol{H}_i + [\boldsymbol{r}^i - \boldsymbol{H}_i\boldsymbol{y}^i]\dfrac{(\boldsymbol{r}^i - \boldsymbol{H}_i\boldsymbol{y}^i)^{\mathrm{T}}\boldsymbol{H}_i}{(\boldsymbol{r}^i - \boldsymbol{H}_i\boldsymbol{y}^i)^{\mathrm{T}}\boldsymbol{H}_i\boldsymbol{y}^i}, \quad i = 0,1,\cdots \end{cases}$$

秩 1 的拟 Newton 法有很多，它们可由 (1.8.7) 式中取不同的 $\boldsymbol{v}^i$ 得到.

例 1.9 用逆 Broyden 方法 (1.8.8) 求方程组

$$\boldsymbol{F}(\boldsymbol{x}) = \begin{bmatrix} \boldsymbol{x}_1^2 - \boldsymbol{x}_2 - 1 \\ \boldsymbol{x}_1^2 - 4\boldsymbol{x}_1 + \boldsymbol{x}_2^2 - \boldsymbol{x}_2 + 3.25 \end{bmatrix} = \boldsymbol{0}$$

的解，取 $\boldsymbol{x}^0 = (0,0)^{\mathrm{T}}$.

解 $\boldsymbol{F}(\boldsymbol{x}^0) = (-1, 3.25)^{\mathrm{T}}$，由于

$$\boldsymbol{A} = \boldsymbol{F}'(x) = \begin{bmatrix} 2\boldsymbol{x}_1 & -1 \\ 2\boldsymbol{x}_1 - 4 & 2\boldsymbol{x}_2 - 1 \end{bmatrix}$$

故

$$\boldsymbol{A}_0 = \boldsymbol{F}'(\boldsymbol{x}^0) = \begin{bmatrix} 0 & -1 \\ -4 & -1 \end{bmatrix}$$

取

$$\boldsymbol{H}_0 = \boldsymbol{F}'(\boldsymbol{x}^0)^{-1} = \begin{bmatrix} 0.25 & -0.25 \\ -1 & 0 \end{bmatrix}$$

用 (1.8.9) 迭代可求得

$$\boldsymbol{x}^1 = (1.0625, -1)^{\mathrm{T}}, \quad \boldsymbol{r}^0 = (1.0625, -1)^{\mathrm{T}}$$

$$\boldsymbol{F}(x^1) = (1.12890625, 2.1289.625)^{\mathrm{T}}$$

$$\boldsymbol{y}^0 = (2.12890625, -1.1210937)^{\mathrm{T}}$$

$$\boldsymbol{H}_1 = \begin{bmatrix} 0.3557441 & -0.2721932 \\ -0.5224991 & -0.1002162 \end{bmatrix}$$

重复以上步骤，共迭代 11 次得解 $\boldsymbol{x}^{11} = (1.54634088332, 1.39117631279)^{\mathrm{T}}$. 若用 Newton 法 (1.8.2)，取相同的初始近似 $\boldsymbol{x}^0$，达到同一精度只需迭代 7 次，但它每步计算量比 Broyden 大得多.

习 题 1

1. 证明方程 $1 - x - \sin x = 0$ 在 $[0,1]$ 上有一个根，并指出用二分法求误差不大于 0.5×10^{-4} 的根需二分多少次?

2. 使用二分法求 $x^3 - 2x - 5 = 0$ 在区间 $[2,3]$ 上的根，要求误差不超过 0.5×10^{-3}.

3. 已知 $x = \varphi(x)$ 在 $[a,b]$ 内仅有一个根，而当 $x \in [a,b]$ 时，$|\varphi'(x)| \geqslant L > 1$($L$ 为常数)，试问如何将 $x = \varphi(x)$ 化为适合于迭代的形式.

4. 将 $x = -\ln x$ 化为适合迭代的形式，并求其在 0.5 附近的根.

5. 求方程 $x^3 - x^2 - 1 = 0$ 在 1.5 附近的一个根，现将方程写成三种不同的等价形式，并建立相应的迭代公式:

(1) $x = 1 + \dfrac{1}{x^2}$，迭代公式 $x_{i+1} = 1 + \dfrac{1}{x_i^2}$；

(2) $x = (1 + x^2)^{\frac{1}{3}}$，迭代公式 $x_{i+1} = (1 + x_i^2)^{\frac{1}{3}}$；

(3) $x = (x-1)^{-\frac{1}{2}}$，迭代公式 $x_{i+1} = (x_{i-1})^{-\frac{1}{2}}$.

试判断各迭代公式在 1.5 附近的收敛性，并选一种收敛的迭代式计算 1.5 附近的根，要求精确到 $|x_{i+1} - x_i| < 10^{-5}$.

6. 设 $\varphi(x) = x + c(x^2 - 3)$，应如何选取 c 才能使迭代 $x_{i+1} = \varphi(x_i)$ 具有局部收敛性? c 取何值时，这个迭代收敛最快?

7. 设 $f(x) = 0$ 有根，且 $M \geqslant f'(x) \geqslant m > 0$，求证用迭代式

$$x_{i+1} = x_i - \lambda f(x_i), \quad i = 0, 1, \cdots$$

取任意初值 x_0，当 λ 满足 $0 < \lambda < \dfrac{2}{M}$ 时，迭代序列 $\{x_i\}$ 收敛于 $f(x) = 0$ 的根.

8. 求方程 $x^3 - 3x^2 - x + 9 = 0$ 在 $(-2, -1.5)$ 内的根，要求精确到 $|x_{i+1} - x_i| < 10^{-6}$.

9. 设 $f(x)=0$ 有单根 α，$x=\varphi(x)$ 是 $f(x)=0$ 的等价方程，则 $\varphi(x)$ 可表示为

$$\varphi(x)=x-m(x)f(x).$$

证明：当 $m(\alpha)\neq\dfrac{1}{[f'(\alpha)]}$ 时，迭代公式 $x_{i+1}=\varphi(x_i)$ 是一阶收敛的；当 $m(\alpha)=\dfrac{1}{[f'(\alpha)]}$ 时，迭代公式 $x_{i+1}=\varphi(x_i)$ 至少是二阶收敛的.

10. $\varphi(x)=x+x^3, x=0$ 为 $\varphi(x)$ 的一个不动点，验证不动点迭代对 $x_0\neq 0$ 不收敛，而 Steffensen 迭代法收敛.

11. 设 $f(x)$ 在其零点 α 附近满足 $f'(x)\neq 0, f''(x)$ 连续，证明 Steffensen 迭代法在 α 附近是平方收敛的.

12. 应用 Newton 迭代法于方程 $f(x)=x^n-a=0$ 和 $f(x)=1-\dfrac{a}{x^n}=0$，分别导出求 $\sqrt[n]{a}(a>0)$ 的迭代公式，并求极限 $\lim\limits_{i\to\infty}\dfrac{\varepsilon_{i+1}}{\varepsilon_i^2}$.

13. 对下列函数应用 Newton 法求根，并讨论其收敛性和收敛速度.

(1) $f(x)=\begin{cases}\sqrt{x}, & x\geqslant 0,\\ -\sqrt{-x}, & x<0;\end{cases}$

(2) $f(x)=\begin{cases}3\sqrt{x^2}, & x\geqslant 0,\\ -3\sqrt{-x^2}, & x<0.\end{cases}$

14. 证明:

(1) 求 $\sqrt{a}(a>0)$ 的近似值的 Newton 迭代公式

$$x_{i+1}=\frac{1}{2}\left(x_i+\frac{a}{x_i}\right),\quad x_0>0$$

对一切 $i=1,2,\cdots,x_i\geqslant\sqrt{a}$，且序列 $\{x_i\}$ 是递减的；

(2) 对任意初值 $x_0>0$，此 Newton 迭代公式收敛到 $\sqrt{a}$.

15. 证明迭代公式

$$x_{i+1}=\frac{x_i(x_i^2+3a)}{3x_i^2+a},\quad x_0>0, i=0,1,\cdots$$

是计算 $\sqrt{a}(a>0)$ 的 3 阶方法. 并求极限

$$\lim_{i\to\infty}\frac{x_{i+1}-\sqrt{a}}{(x_i-\sqrt{a})^3}$$

16. 用 Newton 下山法求方程 $x^3-x-1=0$ 的根.

17. 设 α 是 $f(x)=0$ 的单根，$f''(x)$ 连续，证明迭代公式

$$\begin{cases}y_i=x_i-\dfrac{f(x_i)}{f'(x_i)},\\[2ex] x_{i+1}=y_i-\dfrac{f(y_i)}{f'(x_i)},\end{cases}\quad i=0,1,\cdots$$

产生的序列至少三阶收敛到 α.

18. 用下列方法求方程 $\cos x - x\mathrm{e}^x = 0$ 的最小正根，取初值 $x_0 = 0$，当 $|x_{i+1} - x_i| < 10^{-6}$ 时迭代结束.

(1) Newton 迭代法;

(2) 割线法;

(3) 虚位法.

19. 用逆 Broyden 方法求方程组

$$\begin{cases} 4x_1^2 + x_2^2 + 2x_1x_2 - x_2 - 2 = 0 \\ 2x_1^2 + 3x_1x_2 + x_2^2 - 3 = 0 \end{cases}$$

的近似解，迭代到 $\max\limits_{1\leqslant j\leqslant n} |x_j^{i+1} - x_j^i| \leqslant \frac{1}{2} \times 10^{-5}$ 时结束. 精确解 $x = (0.5, 1)^{\mathrm{T}}$.

第 2 章　线性代数方程组数值解法

CHAPTER

在自然科学与工程技术中，很多问题归结为解线性方程组. 一些问题的数学模型中虽不直接显含线性方程组，但在它的数值解法中会将问题“离散化”为线性方程组. 因此线性方程组的求解方法是数值分析课程中最基本的内容之一. 本章将研究 n 阶线性方程组

$$\begin{cases} a_{11}x_1 + a_{12}x_2 + \cdots + a_{1n}x_n = b_1 \\ a_{21}x_1 + a_{22}x_2 + \cdots + a_{2n}x_n = b_2 \\ \qquad\qquad \cdots\cdots \\ a_{n1}x_1 + a_{n2}x_2 + \cdots + a_{nn}x_n = b_n \end{cases}$$

对应矩阵形式

$$\boldsymbol{A}\boldsymbol{x} = \boldsymbol{b}$$

的数值解法. 此时 $\boldsymbol{A}$ 是 $n\times n$ 阶非奇异矩阵，$\boldsymbol{x} = (x_1, x_2, \cdots, x_n)^{\mathrm{T}}$，$\boldsymbol{b} = (b_1, b_2, \cdots, b_n)^{\mathrm{T}}$ 是 n 维列向量. 根据线性代数知识，可知其解存在且唯一.

关于线性方程组的解法一般分为两大类. 一类是直接法，即经过有限次的算术运算，可以求得方程组的精确解 (前提是计算过程中没有舍入误差). 例如线性代数课程中提到的 Cramer 算法就是一种直接法，用它来求解一个 n 阶线性方程组所需的乘法运算次数超过 $(n+1)!$. 当 n 稍大时，其计算量非常大，因此 Cramer 算法作为一个低效的算法在实际工作中很少使用. 实用的直接法中具有代表性的是 Gauss 消元法，其他方法都是它的变形和应用.

另一类方法是迭代法，即构造一个无限的向量序列，使它的极限是线性方程组的解向量. 给出初始解 $\boldsymbol{x}_0$，由迭代公式得到近似解的序列 $\boldsymbol{x}_k$，$k = 0, 1, 2, \cdots$，在一定的条件下，$\boldsymbol{x}_k \to \boldsymbol{x}^*$(精确解)，$k \to \infty$. 但即使上述求解过程是精确进行的，迭代法也不能通过有限次算术运算求得方程组的精确解，只能逐步逼近它. 因此，凡是迭代法都存在收敛性与精度控制问题.

以上两类解法都有广泛的应用，我们将分别给出讨论.

2.1　Gauss 消元法

Gauss 消元法是一种古老的方法. 我们在中学学过消元法，Gauss 消元法就是它的标准化的、适合在计算机上自动计算的一种方法.

2.1.1 Gauss 消元法

例 2.1 解方程组

$$\begin{cases} x_1+2x_2+3x_3=1 \\ 2x_1+7x_2+5x_3=6 \\ x_1+4x_2+9x_3=-3 \end{cases} \tag{2.1.1}$$

解 第一步 将 (2.1.1) 式中第一个方程先乘以 -2 加到第二个方程，再乘以 -1 加到第三个方程，可得

$$\begin{cases} x_1+2x_2+3x_3=1 \\ 3x_2-x_3=4 \\ 2x_2+6x_3=-4 \end{cases} \tag{2.1.2}$$

第二步 将 (2.1.2) 式中第二个方程乘以 $-\dfrac{2}{3}$ 加到第三个方程，可得

$$\begin{cases} x_1+2x_2+3x_3=1 \\ 3x_2-x_3=4 \\ \dfrac{20}{3}x_3=-\dfrac{20}{3} \end{cases} \tag{2.1.3}$$

回代解 (2.1.3) 式中第三个方程可得 x_3，将 x_3 代入第二个方程可得 x_2，将 x_2，x_3 代入第一个方程可得 x_1，从而方程组的解为

$$\boldsymbol{x}^*=(2,1,-1)^{\mathrm{T}}$$

容易看出第一步和第二步相当于对增广矩阵 $[\boldsymbol{A}:\boldsymbol{b}]$ 作行变换，用 r_i 表示增广阵 $[\boldsymbol{A}:\boldsymbol{b}]$ 的第 i 行

$$[\boldsymbol{A}:\boldsymbol{b}]=\left[\begin{array}{ccc:c} 1 & 2 & 3 & 1 \\ 2 & 7 & 5 & 6 \\ 1 & 4 & 9 & -3 \end{array}\right] \xrightarrow[r_3=-r_1+r_3]{r_2=-2r_1+r_2} \left[\begin{array}{ccc:c} 1 & 2 & 3 & 1 \\ 0 & 3 & -1 & 4 \\ 0 & 2 & 6 & -4 \end{array}\right]$$

$$\xrightarrow{r_3=-\frac{2}{3}\times r_2+r_3} \left[\begin{array}{ccc:c} 1 & 2 & 3 & 1 \\ 0 & 3 & -1 & 4 \\ 0 & 0 & \dfrac{20}{3} & -\dfrac{20}{3} \end{array}\right]$$

由此可见上述过程是逐次消去未知数的系数，将 $\boldsymbol{Ax}=\boldsymbol{b}$ 化为等价的三角形方程组，然后回代解之，这就是 Gauss 消元法.

综上，Gauss 消元法解线性方程组的公式为

1) 消元

(1) 令

$$a_{ij}^{(1)} = a_{ij} \quad (i, j = 1, 2, \cdots, n)$$

$$b_i^{(1)} = b_i \quad (i = 1, 2, \cdots, n)$$

(2) 对 $k = 1$ 到 $n-1$，若 $a_{kk}^{(k)} \neq 0$，进行

$$l_{ik} = \frac{a_{ik}^{(k)}}{a_{kk}^{(k)}} \quad (i = k+1, k+2, \cdots, n)$$

$$a_{ik}^{(k+1)} = 0 \quad (i = k+1, k+2, \cdots, n)$$

$$a_{ij}^{(k+1)} = a_{ij}^{(k)} - l_{ik} \times a_{kj}^{(k)} \quad (i = k+1, k+2, \cdots, n)$$

$$b_i^{(k+1)} = b_i^{(k)} - l_{ik} \times b_k^{(k)} \quad (i = k+1, k+2, \cdots, n)$$

2) 回代，若 $a_{nn}^{(n)} \neq 0$，

$$x_n = \frac{b_n^{(n)}}{a_{nn}^{(n)}}$$

$$x_i = \left(b_i^{(i)} - \sum_{j=i+1}^{n} a_{ij}^{(i)} \times x_j \right) \Big/ a_{ii}^{(i)} \quad (i = n-1, n-2, \cdots, 1)$$

以上过程中，消元步骤要求 $a_{ii}^{(i)} \neq 0 (i = 1, 2, \cdots, n-1)$，回代步骤则进一步要求 $a_{nn}^{(n)} \neq 0$，但就方程组 $\boldsymbol{Ax} = \boldsymbol{b}$ 而言，$a_{ii}^{(i)}$ 是不是 0 无法事先看出.

注　Gauss 消元法的消元过程能进行到底的充要条件是系数矩阵 $\boldsymbol{A}$ 的 1 到 $n-1$ 阶顺序主子式不为零；$\boldsymbol{Ax} = \boldsymbol{b}$ 能用 Gauss 消元法求解的充要条件是 $\boldsymbol{A}$ 的各阶顺序主子式都不为零.

现统计 Gauss 消元法的计算量. 按常规把乘除法的计算次数合在一起作为 Gauss 消元法的总计算量，而忽略加减法的计算次数. 在消元过程中，对于固定的消元次数 $k(k = 1, 2, \cdots, n-1)$，计算 $l_{ik}(i = k+1, \cdots, n)$ 需要 $n-k$ 次除法；计算 $a_{ij}^{(k+1)}(i, j = k+1, \cdots, n)$ 需要 $(n-k)^2$ 次乘法；计算 $b_i^{(k+1)}$ 需要 $n-k$ 次乘法，合计，乘除法次数为

$$\sum_{k=1}^{n-1} (n-k)^2 + 2\sum_{k=1}^{n-1} (n-k) = \frac{n(n-1)(2n-1)}{6} + n(n-1)$$

在回代过程中，求 x_k 需 $n-k$ 次乘法和 1 次除法，合计乘除法次数为

$$\sum_{k=1}^{n} (n-k+1) = \frac{n(n+1)}{2}$$

因此 Gauss 消元法的计算量为

$$\frac{n^3}{3}+n^2-\frac{n}{3}\approx\frac{n^3}{3}\quad(\text{当 } n \text{ 较大时})$$

2.1.2 列选主元的 Gauss 消元法

在上节的算法中，消元时可能出现 $a_{kk}^{(k)}=0$ 的情况，Gauss 消元法将无法继续；即使 $a_{kk}^{(k)}\neq 0$，但 $\left|a_{kk}^{(k)}\right|\ll 1$，此时用它作除数，也会导致其他元素数量级的严重增加，带来舍入误差的扩散，使解严重失真.

例如，假设计算机可保证 10 位有效数字，用 Gauss 消元法解方程

$$\begin{cases}0.3\times 10^{-11}x_1+x_2=0.7\\ x_1+x_2=0.9\end{cases}\tag{2.1.4}$$

经过第一次消元：(2.1.4) 式中第二个方程减去第一个方程乘以 $l_{21}=a_{21}/a_{11}$ 得

$$\begin{cases}0.3\times 10^{-11}x_1+x_2=0.7\\ a_{22}^{(1)}x_2=a_{23}^{(1)}\end{cases}\tag{2.1.5}$$

其中

$$a_{22}^{(1)}=a_{22}-\frac{a_{21}}{a_{11}}=-0.3333333333\times 10^{12}$$

$$a_{23}^{(1)}=a_{23}-\frac{a_{21}}{a_{11}}\cdot a_{13}=-0.2333333333\times 10^{12}$$

于是，由 (2.1.5) 式解得

$$\begin{cases}x_2=\dfrac{a_{23}^{(1)}}{a_{22}^{(1)}}=0.7000000000\\ x_1=0.0000000000\end{cases}$$

而真解为

$$x_1=0.2,\quad x_2=0.7$$

造成结果失真的主要因素是主元素 a_{11} 太小，而且在消元过程中作了分母，为避免这个情况发生，应在消元之前，列选主元.

设已用列选主元消元法完成 $\boldsymbol{Ax}=\boldsymbol{b}$ 的第 $k-1(1\leqslant k\leqslant n-1)$ 次消元，此时方程组 $\boldsymbol{Ax}=\boldsymbol{b}\to\boldsymbol{A}^{(k)}\boldsymbol{x}=\boldsymbol{b}^{(k)}$，有如下形式：

$$[\boldsymbol{A}^{(k)}\vdots\boldsymbol{b}^{(k)}]=\begin{bmatrix} a_{11}^{(1)} & a_{12}^{(1)} & \cdots & \cdots & \cdots & b_1^{(1)} \\ & a_{22}^{(2)} & \cdots & \cdots & \cdots & b_2^{(2)} \\ & & & & & \vdots \\ & & \cdots & \cdots & \cdots & \\ & & a_{kk}^{(k)} & \cdots & a_{kn}^{(k)} & b_k^{(k)} \\ & & \vdots & & \vdots & \vdots \\ & & a_{nk}^{(k)} & \cdots & a_{nn}^{(k)} & b_n^{(k)} \end{bmatrix} \tag{2.1.6}$$

进行第 k 次消元前，先进行 (1), (2) 两个步骤.

(1) 在 $a_{kk}^{(k)},\cdots,a_{nk}^{(k)}$ 中选出绝对值最大者，即

$$\left|a_{i_k,k}^{(k)}\right|=\max_{k\leqslant i\leqslant n}\left|a_{ik}^{(k)}\right|$$

确定 i_k. 若 $a_{i_k,k}^{(k)}=0$，则必有 $a_{kk}^{(k)},\cdots,a_{nk}^{(k)}$ 全为零，于是可知 $|\boldsymbol{A}|=\left|\boldsymbol{A}^{(k)}\right|=0$，即方程组 $\boldsymbol{Ax}=\boldsymbol{b}$ 无确定解，应给出提示并退出计算.

(2) 若 $a_{i_k,k}^{(k)}\neq 0$，则交换 i_k 行和 k 行元素，即

$$a_{kj}^{(k)}\leftrightarrow a_{i_k,j}^{(k)}\quad(k\leqslant j\leqslant n)$$

$$b_k^{(k)}\leftrightarrow b_{i_k}^{(k)}$$

然后用 Gauss 消元法进行消元.

这样从 $k=1$ 做到 $n-1$，就完成了消元过程. 只要 $|\boldsymbol{A}|\neq 0$，列选主元的 Gauss 消元法必然可以进行下去.

例 2.2　应用列选主元的 Gauss 消元法解 (2.1.4) 式.

解　因为 $a_{21}>a_{11}$，所以先交换第 1 行与第 2 行，得

$$\begin{cases} x_1+x_2=0.9 \\ 0.3\times 10^{-11}x_1+x_2=0.7 \end{cases}$$

然后再应用 Gauss 消元法，得到消元后的方程组为

$$\begin{cases} x_1+x_2=0.9 \\ \qquad\ \ x_2=0.7 \end{cases} \tag{2.1.7}$$

利用 (2.1.7) 式回代求解，可以得到正确的结果. 即 $x_1=0.2, x_2=0.7$.

2.1.3　全主元 Gauss 消元法

在 (2.1.6) 式中，若每次选主元不局限在 $a_{kk}^{(k)},\cdots,a_{nk}^{(k)}$ 中，而是在整个主子矩阵

$$\begin{bmatrix} a_{kk}^{(k)} & \cdots & a_{kn}^{(k)} \\ \vdots & & \vdots \\ a_{nk}^{(k)} & \cdots & a_{nn}^{(k)} \end{bmatrix}$$

中选取，便称为全主元 Gauss 消元法，则在第 k 次消元前，增加的步骤为

(1)
$$\left|a_{i_k,j_k}^{(k)}\right| = \max_{k \leqslant i,j \leqslant n} \left|a_{ij}^{(k)}\right|$$

确定 i_k，j_k，若 $a_{i_k,j_k}^{(k)} = 0$，给出 $|\boldsymbol{A}| = 0$ 的信息，退出计算，否则转 (2).

(2) 作如下行交换和列交换：

行交换

$$a_{kj}^{(k)} \leftrightarrow a_{i_k,j}^{(k)} \quad (k \leqslant j \leqslant n)$$
$$b_k^{(k)} \leftrightarrow b_{i_k}^{(k)}$$

列交换

$$a_{ik}^{(k)} \leftrightarrow a_{i,j_k}^{(k)} \quad (k \leqslant i \leqslant n)$$

值得注意的是，在全主元的 Gauss 消元法中，由于进行了列交换，$\boldsymbol{x}$ 各分量的顺序已被打乱. 因此必须在每次列交换的同时，让计算机 “留意” 作了一次怎样的交换，在回代得到解后将 $\boldsymbol{x}$ 各分量换到原来相应的位置，这样增加了程序设计的复杂性. 但全主元消元法的数值稳定性确实更好一些. 在实际应用中，列选主元法使用较多，全选主元法使用相对较少.

2.1.4 Gauss-Jordan 消元法

在实际问题中，有很多求矩阵的逆的需求. 线性代数中有多种求逆方法，本节讨论对给定的非奇异阶方阵 $\boldsymbol{A}$，求 $\boldsymbol{A}^{-1}$ 的数值方法.

设 $\boldsymbol{X} = \boldsymbol{A}^{-1}$，$\boldsymbol{AX} = \boldsymbol{I}$，这里 $\boldsymbol{I}$ 是 n 阶单位阵. 将 $\boldsymbol{X}$ 和 $\boldsymbol{I}$ 列分块，可得 n 个方程的线性方程组

$$\boldsymbol{A}\boldsymbol{x}_i = \boldsymbol{e}_i, \quad i = 1, 2, \cdots, n$$

解这个线性方程组得到 n 个列向量 $\boldsymbol{x}_i$，合起来即可求得 $\boldsymbol{A}^{-1}$. 原则上，所有解线性方程组的方法都能求 $\boldsymbol{A}^{-1}$. 实际计算中使用较多的是 Gauss-Jordan 消元法，它是 Gauss 消元法的一种变形. Gauss 消元法是消去对角元下方的元素. 若同时消去对角元上方和下方的元素，并将对角元化为 1，就是 Gauss-Jordan 消元法.

设 Gauss-Jordan 消元法已完成 $k-1$ 步，于是 $\boldsymbol{Ax} = \boldsymbol{b}$ 化为等价方程组 $\boldsymbol{A}^{(k)}\boldsymbol{x} =$

$\boldsymbol{b}^{(k)}$，增广矩阵为

$$[\boldsymbol{A}^{(k)}:\boldsymbol{b}^{(k)}]=\begin{bmatrix} 1 & & & a_{1,k} & \cdots & a_{1,n} & b_1 \\ & \ddots & & \vdots & & \vdots & \vdots \\ & & 1 & a_{k-1,k} & \cdots & a_{k-1,n} & b_{k-1} \\ & & & a_{kk} & \cdots & a_{kn} & b_k \\ & & & \vdots & & \vdots & \vdots \\ & & & a_{nk} & \cdots & a_{nn} & b_n \end{bmatrix}$$

在第 k 步计算时，考虑将第 k 行上下的第 k 列元素都化为零，且 a_{kk} 化为 1. 对 $k=1,2,\cdots,n$.

(1) 按列选主元，确定 i_k，使

$$|a_{i_k,k}|=\max_{k\leqslant i\leqslant n}|a_{ik}|$$

(2) 换行，交换增广矩阵第 k 行和第 i_k 行

$$\begin{aligned} &a_{kj}\leftrightarrow a_{i_k,j},\quad k\leqslant j\leqslant n \\ &b_k\leftrightarrow b_{i_k} \end{aligned}$$

(3) 计算乘数

$$m_{ik}=\frac{-a_{ik}}{a_{kk}},\quad i=1,2,\cdots,n,i\neq k$$

$$m_{kk}=\frac{1}{a_{kk}}$$

(4) 消元

$$a_{ij}=a_{ij}+m_{ik}a_{kj},\quad i=1,2,\cdots,n,i\neq k;j=k+1,\cdots,n$$

$$b_i=b_i+m_{ik}b_k,\quad i=1,2,\cdots,n,i\neq k$$

(5) 主行计算

$$\begin{aligned} &a_{kj}=a_{kj}\times m_{kk},\quad j=k,k+1,\cdots,n \\ &b_k=b_k\times m_{kk} \end{aligned}$$

当 $k=n$ 时,

$$[\boldsymbol{A}:\boldsymbol{b}]\rightarrow[\boldsymbol{A}^{(n)}:\boldsymbol{b}^{(n)}]=\begin{bmatrix} 1 & & & & b_1 \\ & 1 & & & b_2 \\ & & \ddots & & \vdots \\ & & & \ddots & \vdots \\ & & & 1 & b_n \end{bmatrix}$$

显然 $x_i = b_i, i = 1, 2, \cdots, n$ 就是 $\boldsymbol{Ax} = \boldsymbol{b}$ 的解.

分别取 $\boldsymbol{b} = \boldsymbol{e}_i, i = 1, 2, \cdots, n$ 就可求得矩阵 $\boldsymbol{A}$ 的逆：$\boldsymbol{A}^{-1} = (x_{ij})_{n\times n}$. 其中 $\boldsymbol{e}_i = (0, \cdots, 1, \cdots, 0), i = 1, 2, \cdots, n$，第 i 个分量值为 1.

Gauss-Jordan 消元法的消元过程比 Gauss 消元法略复杂，它的计算量约为 $\dfrac{n^3}{2}$，大于 Gauss 消元法，因此这种方法用来解方程组并不比 Gauss 消元法优越，但用于矩阵求逆是合适的. 因其省去了回代过程，故也称为无回代的 Gauss 消元法.

例 2.3 用 Gauss-Jordan 消元法求 $\boldsymbol{A}$ 的逆.

$$\boldsymbol{A} = \begin{bmatrix} 1 & 2 & 3 \\ 2 & 4 & 5 \\ 3 & 5 & 6 \end{bmatrix}$$

解 设

$$\boldsymbol{C} = \left[\begin{array}{ccc:ccc} 1 & 2 & 3 & 1 & 0 & 0 \\ 2 & 4 & 5 & 0 & 1 & 0 \\ 3 & 5 & 6 & 0 & 0 & 1 \end{array}\right] \xrightarrow{r_1 \to r_3} \left[\begin{array}{ccc:ccc} \boxed{3} & 5 & 6 & 0 & 0 & 1 \\ 2 & 4 & 5 & 0 & 1 & 0 \\ 1 & 2 & 3 & 1 & 0 & 0 \end{array}\right]$$

$$\xrightarrow{\text{第一次消元}} \left[\begin{array}{ccc:ccc} 1 & 5/3 & 2 & 0 & 0 & 1/3 \\ 0 & \boxed{2/3} & 1 & 0 & 1 & -2/3 \\ 0 & \boxed{1/3} & 1 & 1 & 0 & -1/3 \end{array}\right]$$

$$\underbrace{\qquad}_{\boldsymbol{C}_3}$$

$$\xrightarrow{\text{第二次消元}} \left[\begin{array}{ccc:ccc} 1 & 0 & -1/2 & 0 & -5/2 & 2 \\ 0 & 1 & 3/2 & 0 & 2/3 & -1 \\ 0 & 0 & \boxed{1/2} & 1 & -1/2 & 0 \end{array}\right]$$

$$\underbrace{\qquad}_{\boldsymbol{C}_2}$$

$$\xrightarrow{\text{第三次消元}} \left[\begin{array}{ccc:ccc} 1 & 0 & 0 & 1 & -3 & 2 \\ 0 & 1 & 0 & -3 & 3 & -1 \\ 0 & 0 & 1 & 2 & -1 & 0 \end{array}\right] = (\boldsymbol{I}_3 : \boldsymbol{A}^{-1})$$

$$\underbrace{\qquad}_{\boldsymbol{C}_1}$$

于是，得

$$\boldsymbol{A}^{-1} = \begin{bmatrix} 1 & -3 & 2 \\ -3 & 3 & -1 \\ 2 & -1 & 0 \end{bmatrix}$$

小方框内为每次按列选的主元素. 为了节省内存单元，可不必将单位矩阵存放起来. 在计算过程中，不断将 $\boldsymbol{C}_3$ 存放在 $\boldsymbol{A}$ 的第 1 列位置，$\boldsymbol{C}_2$ 存放在 $\boldsymbol{A}$ 的第 2

列位置，$\boldsymbol{C}_1$ 存放在 $\boldsymbol{A}$ 的第 3 列位置，经消元计算，最后再交换一下列 (按换行的相反顺序)，就可在 $\boldsymbol{A}$ 的位置得到 $\boldsymbol{A}^{-1}$.

应该注意到，在上述求逆过程中加入了列选主元的步骤，这样做可以保证在方阵 $\boldsymbol{A}$ 为非奇异阵的情况下都能求得 $\boldsymbol{A}^{-1}$. 同样地，若在求逆算法中使用全选主元，会改变逆阵元素的排列，增加程序设计的复杂性.

2.2　三角分解法

下面用矩阵语言来描述 Gauss 消元法的消元过程.

设方程组 $\boldsymbol{Ax}=\boldsymbol{b}$ 的系数矩阵 $\boldsymbol{A}$ 的各阶顺序主子式均不为零. 即

$$\Delta_k=\begin{vmatrix} a_{11} & a_{12} & \cdots & a_{1k} \\ a_{21} & a_{22} & \cdots & a_{2k} \\ \vdots & \vdots & & \vdots \\ a_{k1} & a_{k1} & \cdots & a_{kk} \end{vmatrix}\neq 0,\quad k=1,2,\cdots,n$$

在 Gauss 消元法中，令 $\boldsymbol{A}^{(1)}=\boldsymbol{A}$. 第一次消元时，相当于用一个初等矩阵

$$\boldsymbol{L}_1=\begin{bmatrix} 1 & & & & \\ -l_{21} & 1 & & & \\ -l_{31} & 0 & 1 & & \\ \vdots & \vdots & \vdots & \ddots & \\ -l_{n1} & 0 & 0 & \cdots & 1 \end{bmatrix}$$

左乘 $\boldsymbol{A}^{(1)}$，其中 $l_{i1}=\dfrac{a_{i1}^{(1)}}{a_{11}^{(1)}}(i=2,3,\cdots,n)$，即

$$\boldsymbol{A}^{(2)}=\boldsymbol{L}_1\boldsymbol{A}^{(1)},\quad \boldsymbol{b}^{(2)}=\boldsymbol{L}_1\boldsymbol{b}^{(1)}$$

同样在第 k 次消元时有

$$\boldsymbol{A}^{(k+1)}=\boldsymbol{L}_k\boldsymbol{A}^{(k)},\quad \boldsymbol{b}^{(k+1)}=\boldsymbol{L}_k\boldsymbol{b}^{(k)}$$

$$\boldsymbol{L}_k=\begin{bmatrix} 1 & & & & \\ & \ddots & & & \\ & & 1 & & \\ & & -l_{k+1,k} & & \\ & & \vdots & \ddots & \\ & & -l_{nk} & \cdots & 1 \end{bmatrix}$$

以上过程重复进行 $n-1$ 次后，得到 $\boldsymbol{A}^{(n)}$. 记 $\boldsymbol{U}=\boldsymbol{A}^{(n)}$，显然 $\boldsymbol{U}$ 的下三角部分元素均已化为零，即 $\boldsymbol{U}$ 是一个上三角阵. 整个消元过程可表达如下：

$$\boldsymbol{L}_{n-1}\boldsymbol{L}_{n-2}\cdots\boldsymbol{L}_2\boldsymbol{L}_1\boldsymbol{A}=\boldsymbol{U}$$

$$\boldsymbol{L}_{n-1}\boldsymbol{L}_{n-2}\cdots\boldsymbol{L}_2\boldsymbol{L}_1\boldsymbol{b}=\boldsymbol{b}^{(n)}$$

则

$$\boldsymbol{A}=\boldsymbol{L}_1^{-1}\boldsymbol{L}_2^{-1}\cdots\boldsymbol{L}_{n-2}^{-1}\boldsymbol{L}_{n-1}^{-1}\boldsymbol{U}$$

记

$$\boldsymbol{L}=\boldsymbol{L}_1^{-1}\boldsymbol{L}_2^{-1}\cdots\boldsymbol{L}_{n-2}^{-1}\boldsymbol{L}_{n-1}^{-1}$$

有

$$\boldsymbol{A}=\boldsymbol{L}\boldsymbol{U}$$

现已知 $\boldsymbol{U}$ 是上三角矩阵，下面讨论 $\boldsymbol{L}$ 的性质.

首先，根据 $\boldsymbol{L}_k$ 的定义可知

$$\boldsymbol{L}_k^{-1}=\begin{bmatrix}1 & & & & \\ & \ddots & & & \\ & & 1 & & \\ & & l_{k+1,k} & & \\ & & \vdots & \ddots & \\ & & l_{nk} & \cdots & 1\end{bmatrix}$$

其次，不难验证

$$\boldsymbol{L}=\begin{bmatrix}1 & & & & & \\ l_{21} & 1 & & & & \\ l_{31} & l_{32} & 1 & & & \\ \vdots & \vdots & \vdots & \ddots & & \\ \vdots & \vdots & \vdots & & 1 & \\ l_{n1} & l_{n2} & l_{n3} & \cdots & l_{n,n-1} & 1\end{bmatrix}$$

其中$l_{ij}=\dfrac{a_{ik}^{(k)}}{a_{kk}^{(k)}}(i=2,3,\cdots,n;j=1,2,\cdots,n-1)$. 显然，$\boldsymbol{L}$ 为单位下三角阵，于是称 $\boldsymbol{A}=\boldsymbol{L}\boldsymbol{U}$ 为 $\boldsymbol{A}$ 的 **$\boldsymbol{LU}$分解或三角分解**.

定理 2.1　矩阵 $\boldsymbol{A}_{n\times n}$，只要 $\boldsymbol{A}$ 的各阶顺序主子式非零，则 $\boldsymbol{A}$ 可以分解为一个单位下三角阵 $\boldsymbol{L}$ 和一个上三角阵 $\boldsymbol{U}$ 的乘积，即 $\boldsymbol{A}=\boldsymbol{L}\boldsymbol{U}$，且这种分解是唯一的.

对系数矩阵 $\boldsymbol{A}$ 进行 $\boldsymbol{LU}$ 分解后，$\boldsymbol{Ax}=\boldsymbol{b}$ 就容易解了. 这时可将其改写为 $\boldsymbol{LUx}=\boldsymbol{b}$，令 $\boldsymbol{Ux}=\boldsymbol{y}$，就有 $\boldsymbol{Ly}=\boldsymbol{b}$. 即 $\boldsymbol{Ax}=\boldsymbol{b}$ 等价于

$$\begin{cases}\boldsymbol{Ly}=\boldsymbol{b}\\ \boldsymbol{Ux}=\boldsymbol{y}\end{cases}$$

若只有系数矩阵 $\boldsymbol{A}$ 非奇异的条件，由线性代数的基础知识可知，可以利用初等行变换使得 $\boldsymbol{A}$ 在左乘一个初等矩阵后满足分解条件，即有以下定理.

定理 2.2　若 $\boldsymbol{A}$ 非奇异，则一定存在初等矩阵 $\boldsymbol{P}$，使得 $\boldsymbol{PA}$ 被分解为一个单位下三角阵和一个上三角阵的乘积，即 $\boldsymbol{PA}=\boldsymbol{LU}$ 成立.

这时原方程组 $\boldsymbol{Ax}=\boldsymbol{b}$ 等价于

$$\boldsymbol{PAx}=\boldsymbol{Pb}$$

即等价于求解

$$\boldsymbol{LUx}=\boldsymbol{Pb}$$

再令 $\boldsymbol{Ux}=\boldsymbol{y}$，则有 $\boldsymbol{Ly}=\boldsymbol{Pb}$. 于是求解 $\boldsymbol{Ax}=\boldsymbol{b}$ 转化为求解

$$\begin{cases}\boldsymbol{Ly}=\boldsymbol{Pb}\\ \boldsymbol{Ux}=\boldsymbol{y}\end{cases}$$

这样，只要系数矩阵 $\boldsymbol{A}$ 非奇异，$\boldsymbol{Ax}=\boldsymbol{b}$ 就可以被分解为两个三角形方程组，而三角形方程组是极易求解的. 这种求解方法称为**三角分解法**.

2.2.1　Doolittle 分解方法

$\boldsymbol{A}$ 的 $\boldsymbol{LU}$ 分解可以用 Gauss 消元法完成，但也可以用矩阵乘法原理推出另一种方法. 设

$$\boldsymbol{L}=\begin{bmatrix}1 & & & & & \\ l_{21} & 1 & & & 0 & \\ l_{31} & l_{32} & 1 & & & \\ \vdots & \vdots & \vdots & \ddots & & \\ \vdots & \vdots & \vdots & & 1 & \\ l_{n1} & l_{n2} & l_{n3} & \cdots & l_{n,n-1} & 1\end{bmatrix},\quad \boldsymbol{U}=\begin{bmatrix}u_{11} & u_{12} & \cdots & \cdots & u_{1n}\\ & u_{22} & \cdots & \cdots & u_{2n}\\ & & \ddots & & \vdots\\ 0 & & & \ddots & \vdots\\ & & & & u_{nn}\end{bmatrix}$$

$\boldsymbol{A}=\boldsymbol{LU}$，由矩阵乘法公式

$$a_{1j}=u_{1j},\quad j=1,2,\cdots,n$$

$$a_{i1}=l_{i1}u_{11},\quad i=2,3,\cdots,n$$

推出

$$u_{1j} = a_{1j}, \quad j = 1, 2, \cdots, n$$

$$l_{i1} = a_{i1}/u_{11}, \quad i = 2, 3, \cdots, n$$

这样就确定了 $\boldsymbol{U}$ 的第一行元素和 $\boldsymbol{L}$ 的第一列元素.

设已确定出 $\boldsymbol{U}$ 的前 $k-1$ 行和 $\boldsymbol{L}$ 的前 $k-1$ 列，现确定 $\boldsymbol{U}$ 的第 k 行和 $\boldsymbol{L}$ 的第 k 列. 由矩阵乘法

$$a_{kj} = \sum_{r=1}^{n} l_{kr} u_{rj}$$

当 $r > k$ 时，$l_{kr} = 0$ 且 $l_{kk} = 1$.

因为

$$a_{kj} = u_{kj} + \sum_{r=1}^{k-1} l_{kr} u_{rj}$$

所以

$$u_{kj} = a_{kj} - \sum_{r=1}^{k-1} l_{kr} u_{rj}, \quad j = k, k+1, \cdots, n$$

这是计算 $\boldsymbol{U}$ 的第 k 行的公式.

同理可推出计算 $\boldsymbol{L}$ 的第 k 列的公式

$$l_{ik} = \left(a_{ik} - \sum_{r=1}^{k-1} l_{ir} u_{rk}\right) \Big/ u_{kk}, \quad i = k, k+1, \cdots, n$$

按上述步骤进行 n 次可全部算出 $\boldsymbol{L}$ 和 $\boldsymbol{U}$ 的元素，与之对应的方法称为 Doolittle 分解法，现总结如下.

(1) 矩阵分解 $\boldsymbol{A} = \boldsymbol{L}\boldsymbol{U}$.

对 $k = 1, 2, \cdots, n$,

$$u_{kj} = a_{kj} - \sum_{r=1}^{k-1} l_{kr} u_{rj}, \quad j = k, k+1, \cdots, n \tag{2.2.1}$$

$$l_{ik} = \left(a_{ik} - \sum_{r=1}^{k-1} l_{ir} u_{rk}\right) \Big/ u_{kk}, \quad i = k+1, \cdots, n \tag{2.2.2}$$

$$l_{kk} = 1$$

(2) 解 $\boldsymbol{L}\boldsymbol{y} = \boldsymbol{b}$.

$$y_k = b_k - \sum_{r=1}^{k-1} l_{kr} y_r, \quad k = 1, 2, \cdots, n$$

(3) 解 $\boldsymbol{U}\boldsymbol{x}=\boldsymbol{y}$.

$$x_k=\left(y_k-\sum_{r=k+1}^{n}u_{kr}x_r\right)\Big/u_{kk},\quad k=n,n-1,\cdots,1$$

Doolittle 方法实际上就是 Gauss 消元法的另一种形式. 它的计算量与 Gauss 消元法一样. 但它不是逐次对系数矩阵 $\boldsymbol{A}$ 进行变换，而是利用矩阵乘法原理一次性地算出 $\boldsymbol{L}$ 和 $\boldsymbol{U}$ 的元素. 应用计算机求解时，$\boldsymbol{L}$ 和 $\boldsymbol{U}$ 的存储可利用原来的系数矩阵 $\boldsymbol{A}$ 的存储单元. 因为从 (2.2.1) 式和 (2.2.2) 式中可以看出，一旦 u_{kj},l_{ik} 算出来，a_{kj},a_{ik} 就不再使用了. 这里，$i=k+1,k+2,\cdots,n$；$j=k,k+1,\cdots,n$；$k=1,2,\cdots,n$. 所以，u_{kj}, l_{ik} 可直接放在 a_{kj}, a_{ik} 的存储单元上. 存储的形式如下：

$$\boldsymbol{A}=\begin{bmatrix} u_{11} & u_{12} & \cdots & u_{1n}\\ l_{21} & u_{22} & \cdots & u_{2n}\\ \vdots & \vdots & & \vdots\\ l_{n1} & l_{n2} & \cdots & u_{nn}\end{bmatrix}$$

例 2.4 应用 Doolittle 分解方法解线性方程组

$$\begin{cases} x_1+2x_2+\ \ x_3=0\\ 2x_1+2x_2+3x_3=3\\ -x_1-3x_2\qquad\ \ =2\end{cases}$$

解 我们用箭头表示 $\boldsymbol{A}$ 作 $\boldsymbol{LU}$ 分解的过程

$$\begin{bmatrix} 1 & 2 & 1\\ 2 & 2 & 3\\ -1 & -3 & 0\end{bmatrix}\to\begin{bmatrix} 1 & 2 & 1\\ 2 & -2 & 1\\ -1 & \frac{1}{2} & 0\end{bmatrix}\to\begin{bmatrix} 1 & 2 & 1\\ 2 & -2 & 1\\ -1 & \frac{1}{2} & \frac{1}{2}\end{bmatrix}$$

于是有

$$\boldsymbol{L}=\begin{bmatrix} 1 & 0 & 0\\ 2 & 1 & 0\\ -1 & \frac{1}{2} & 1\end{bmatrix},\quad \boldsymbol{U}=\begin{bmatrix} 1 & 2 & 1\\ 0 & -2 & 1\\ 0 & 0 & \frac{1}{2}\end{bmatrix}$$

先解 $\boldsymbol{L}\boldsymbol{y}=\boldsymbol{b}$, 即解方程

$$\begin{bmatrix} 1 & 0 & 0\\ 2 & 1 & 0\\ -1 & \frac{1}{2} & 1\end{bmatrix}\begin{bmatrix} y_1\\ y_2\\ y_3\end{bmatrix}=\begin{bmatrix} 0\\ 3\\ 2\end{bmatrix}$$

得 $y_1=0, y_2=3, y_3=\dfrac{1}{2}$，再解 $\boldsymbol{Ux}=\boldsymbol{y}$，即解方程

$$\begin{bmatrix} 1 & 2 & 1 \\ 0 & -2 & 1 \\ 0 & 0 & \dfrac{1}{2} \end{bmatrix}\begin{bmatrix} x_1 \\ x_2 \\ x_3 \end{bmatrix}=\begin{bmatrix} 0 \\ 3 \\ \dfrac{1}{2} \end{bmatrix}$$

得 $x_3=1, x_2=-1, x_1=1$. 故方程组 $\boldsymbol{Ax}=\boldsymbol{b}$ 的解为

$$\boldsymbol{x}=(1,-1,1)^{\mathrm{T}}$$

2.2.2 Crout 分解方法

将 $\boldsymbol{LU}$ 分解换个提法：要求 $\boldsymbol{L}$ 为一般下三角阵，$\boldsymbol{U}$ 为单位上三角阵，这就是 Crout 分解. 实际上将 $\boldsymbol{A}$ 转置为 $\boldsymbol{A}^{\mathrm{T}}$，进行 $\boldsymbol{LU}$ 分解

$$\boldsymbol{A}^{\mathrm{T}}=\boldsymbol{LU}$$

则

$$\boldsymbol{A}=\boldsymbol{U}^{\mathrm{T}}\boldsymbol{L}^{\mathrm{T}}$$

$\boldsymbol{U}^{\mathrm{T}}$ 显然是一般下三角阵，记 $\overline{\boldsymbol{L}}=\boldsymbol{U}^{\mathrm{T}}$，$\boldsymbol{L}^{\mathrm{T}}$ 显然是单位上三角阵，记 $\overline{\boldsymbol{U}}=\boldsymbol{L}^{\mathrm{T}}$，有

$$\boldsymbol{A}=\overline{\boldsymbol{L}\boldsymbol{U}}$$

即为 Crout 分解. 显然当 $\boldsymbol{A}$ 的各阶顺序主子式非零时，它是存在且唯一的. Crout 分解方法的特点是在回代过程中不作除法，现给出用它解线性方程组的具体步骤如下.

(1) 矩阵分解 $\boldsymbol{A}=\overline{\boldsymbol{L}\boldsymbol{U}}$.

对 $k=1,2,\cdots,n$,

$$\bar{l}_{ik}=a_{ik}-\sum_{r=1}^{k-1}\bar{u}_{rk}\bar{l}_{ir},\quad i=k,k+1,\cdots,n$$

$$\bar{u}_{kj}=\left(a_{kj}-\sum_{r=1}^{k-1}\bar{l}_{kr}\bar{u}_{rj}\right)\Big/\bar{l}_{kk},\quad i=k+1,\cdots,n$$

$$\bar{u}_{kk}=1$$

(2) 解 $\overline{\boldsymbol{L}}\boldsymbol{y}=\boldsymbol{b}$.

$$\begin{cases} y_1=b_1/\bar{l}_{11} \\ y_k=\left(b_k-\displaystyle\sum_{r=1}^{k-1}\bar{l}_{kr}y_r\right), \quad k=2,\cdots,n \end{cases}$$

(3) 解 $\overline{\boldsymbol{U}}\boldsymbol{x}=\boldsymbol{y}$.

$$\begin{cases} x_n = y_n \\ x_k = y_k - \sum\limits_{r=k+1}^{n} \overline{u}_{kr}x_r, \quad k=n-1,\cdots,2,1 \end{cases}$$

在应用计算机求解时，Crout 方法的存储方式与 Doolittle 分解方法是类似的，只是此时 $\boldsymbol{A}$ 的对角线元素为 $\overline{\boldsymbol{L}}$ 阵的对角线元素. 其存储形式如下：

$$\boldsymbol{A}=\begin{bmatrix} \overline{l}_{11} & \overline{u}_{12} & \cdots & \overline{u}_{1n} \\ \overline{l}_{21} & \overline{l}_{22} & \cdots & \overline{u}_{2n} \\ \vdots & \vdots & & \vdots \\ \overline{l}_{n1} & \overline{l}_{n2} & \cdots & \overline{l}_{nn} \end{bmatrix}$$

2.2.3 Cholesky 分解方法

显然，Doolittle 分解方法与 Crout 分解方法中的对角线元素是相等的，即

$$\overline{l}_{kk}=u_{kk}, \quad k=1,2,\cdots,n$$

于是，若记

$$\boldsymbol{D}=\operatorname{diag}(u_{11},u_{22},\cdots,u_{nn})$$

则有

$$\boldsymbol{A}=\boldsymbol{L}\boldsymbol{U}=(\boldsymbol{L}\boldsymbol{D})(\boldsymbol{D}^{-1}\boldsymbol{U}) \tag{2.2.3}$$

容易看出，$\boldsymbol{D}^{-1}\boldsymbol{U}$ 是单位上三角阵，所以，(2.2.3) 式也是 $\boldsymbol{A}$ 的 Crout 分解. 由三角分解的唯一性可知，应有 $\overline{\boldsymbol{L}}=\boldsymbol{L}\boldsymbol{D}$，$\overline{\boldsymbol{U}}=\boldsymbol{D}^{-1}\boldsymbol{U}$. 从而我们可把 $\boldsymbol{A}$ 的分解写成

$$\boldsymbol{A}=\boldsymbol{L}\boldsymbol{D}\overline{\boldsymbol{U}}$$

其中 $\boldsymbol{L}$ 是单位下三角阵，$\overline{\boldsymbol{U}}$ 是单位上三角阵，$\boldsymbol{D}$ 是对角阵. 显然这种分解也是唯一的.

若 $\boldsymbol{A}$ 为对称正定矩阵，则有 $\overline{\boldsymbol{U}}=\boldsymbol{L}^{\mathrm{T}}$，所以

$$\boldsymbol{A}=\boldsymbol{L}\boldsymbol{D}\boldsymbol{L}^{\mathrm{T}}=(\boldsymbol{L}\boldsymbol{D}^{\frac{1}{2}})(\boldsymbol{L}\boldsymbol{D}^{\frac{1}{2}})^{\mathrm{T}}=\tilde{\boldsymbol{L}}\tilde{\boldsymbol{L}}^{\mathrm{T}} \tag{2.2.4}$$

其中 $\tilde{\boldsymbol{L}}$ 为下三角阵.

将 (2.2.4) 式展开，有

$$\begin{bmatrix} a_{11} & a_{12} & \cdots & a_{1n} \\ a_{21} & a_{22} & \cdots & a_{2n} \\ \vdots & \vdots & & \vdots \\ a_{n1} & a_{n1} & \cdots & a_{nn} \end{bmatrix} = \begin{bmatrix} \tilde{l}_{11} & & & 0 \\ \tilde{l}_{21} & \tilde{l}_{22} & & \\ \vdots & \vdots & \ddots & \\ \tilde{l}_{n1} & \tilde{l}_{n2} & \cdots & \tilde{l}_{nn} \end{bmatrix} \begin{bmatrix} \tilde{l}_{11} & \tilde{l}_{21} & \cdots & \tilde{l}_{n1} \\ & \tilde{l}_{22} & \cdots & \tilde{l}_{n2} \\ & & \ddots & \vdots \\ 0 & & & \tilde{l}_{nn} \end{bmatrix} \tag{2.2.5}$$

比较 (2.2.5) 式两端对应位置上的元素，容易得到

$$\tilde{l}_{kk} = \left(a_{kk} - \sum_{r=1}^{k-1} \tilde{l}_{kr}^2\right)^{\frac{1}{2}}$$

$$\tilde{l}_{ik} = \left(a_{ik} - \sum_{r=1}^{k-1} \tilde{l}_{ir}\tilde{l}_{kr}\right) \Big/ \tilde{l}_{kk}$$

这里，$k = 1, 2, \cdots, n; i = k+1, k+2, \cdots, n$. 称 A 的这种分解为**Cholesky 分解**.

但 Cholesky 分解的缺点是需要作开方运算. 现改为使用分解

$$\boldsymbol{A} = \boldsymbol{L}\boldsymbol{D}\boldsymbol{L}^{\mathrm{T}}$$

即

$$\begin{aligned} &\begin{bmatrix} a_{11} & a_{12} & \cdots & a_{1n} \\ a_{21} & a_{22} & \cdots & a_{2n} \\ \vdots & \vdots & & \vdots \\ a_{n1} & a_{n2} & \cdots & a_{nn} \end{bmatrix} \\ &= \begin{bmatrix} 1 & & & \\ l_{21} & 1 & & \\ \vdots & \vdots & \ddots & \\ l_{n1} & l_{n2} & \cdots & 1 \end{bmatrix} \begin{bmatrix} d_1 & & & \\ & d_2 & & \\ & & \ddots & \\ & & & d_n \end{bmatrix} \begin{bmatrix} 1 & l_{21} & \cdots & l_{n1} \\ & 1 & \cdots & l_{n2} \\ & & \ddots & \vdots \\ & & & 1 \end{bmatrix} \end{aligned} \tag{2.2.6}$$

通过比较 (2.2.6) 式两端对应位置上的元素，有

$$a_{ik} = \sum_{r=1}^{k-1} l_{ir}d_r l_{kr} + l_{ik}d_k l_{kk}$$

注意到 $l_{kk} = 1$，则容易得到

$$\begin{cases} d_k = a_{kk} - \displaystyle\sum_{r=1}^{k-1} l_{kr}^2 d_r \\ l_{ik} = \left(a_{ik} - \displaystyle\sum_{r=1}^{k-1} l_{ir}d_r l_{kr}\right) \Big/ d_k \end{cases}$$

其中，$k = 1, 2, \cdots, n; i = k+1, k+2, \cdots, n$．称这种分解为**改进的 Cholesky 分解**.

应用 Cholesky 分解可将 $\boldsymbol{Ax} = \boldsymbol{b}$ 分解为两个三角形方程组

$$\begin{cases} \tilde{\boldsymbol{L}}\boldsymbol{y} = \boldsymbol{b} \\ \tilde{\boldsymbol{L}}^{\mathrm{T}}\boldsymbol{x} = \boldsymbol{y} \end{cases}$$

由 $\tilde{\boldsymbol{L}}\boldsymbol{y} = \boldsymbol{b}$ 可解得

$$\begin{cases} y_1 = b_1/\tilde{l}_{11} \\ y_k = \left(b_k - \sum\limits_{r=1}^{k-1} \bar{l}_{kr} y_r\right) \Big/ \tilde{l}_{kk}, \quad k = 2, 3, \cdots, n \end{cases}$$

再由 $\tilde{\boldsymbol{L}}^{\mathrm{T}}\boldsymbol{x} = \boldsymbol{y}$ 可解得

$$\begin{cases} x_n = y_n/\tilde{l}_{nn} \\ x_k = \left(y_k - \sum\limits_{r=k+1}^{n} \tilde{l}_{rk} x_r\right) \Big/ \tilde{l}_{kk}, \quad k = n-1, n-2, \cdots, 2, 1 \end{cases}$$

而应用改进的 Cholesky 分解时，是将方程组 $\boldsymbol{Ax} = \boldsymbol{b}$ 分解为下面的方程组:

$$\begin{cases} \boldsymbol{Ly} = \boldsymbol{b} \\ \boldsymbol{L}^{\mathrm{T}}\boldsymbol{x} = \boldsymbol{D}^{-1}\boldsymbol{y} \end{cases}$$

类似地，由 $\boldsymbol{Ly} = \boldsymbol{b}$ 可解得

$$\begin{cases} y_1 = b_1 \\ y_k = b_k - \sum\limits_{r=1}^{k-1} l_{rk} y_r, \quad k = 2, 3, \cdots, n \end{cases}$$

再由 $\boldsymbol{L}^{\mathrm{T}}\boldsymbol{x} = \boldsymbol{D}^{-1}\boldsymbol{y}$ 可解得

$$\begin{cases} x_n = y_n/d_n \\ x_k = y_k/d_k - \sum\limits_{r=k+1}^{n} l_{rk} x_r, \quad k = n-1, n-2, \cdots, 2, 1 \end{cases}$$

Cholesky 分解方法的优点是不用选主元，显然 $a_{kk} = \sum\limits_{r=1}^{k} \tilde{l}_{kr}^2$，由此可知

$$|\tilde{l}_{kr}| \leqslant \sqrt{a_{kk}}, \quad r = 1, 2, \cdots, k$$

这表明中间量 $\tilde{l}_{kr}$ 得以控制，因此不会产生由于中间量放大而使计算不稳定的现象.

可以证明，若 $\boldsymbol{A}$ 为对称正定矩阵，由 Gauss 消元法求解 $\boldsymbol{Ax}=\boldsymbol{b}$ 时，有

$$\max_{1\leqslant i,j\leqslant n}|a_{ij}^{(k)}|\leqslant \max_{1\leqslant i,j\leqslant n}|a_{ij}|,\quad k=1,2,\cdots,n$$

其中，$a_{ij}^{(k)}$ 是 $\boldsymbol{A}_k$ 的元素. 这说明 $\boldsymbol{A}_k$ 元素的大小得以控制. 因此，在消元过程中不必加入选主元步骤. Cholesky 分解方法与其改进方法的运算量以乘除法计均为 $\dfrac{n^3}{6}$ 左右，只有 Gauss 消元法的一半，显然这是因为在分解过程中只计算 $\boldsymbol{L}$ 不计算 $\boldsymbol{U}$ 的缘故. 上述两种方法也称为**平方根法**与**改进的平方根法**.

例 2.5 用改进的平方根法解方程组 $\boldsymbol{Ax}=\boldsymbol{b}$，其中

$$\boldsymbol{A}=\begin{bmatrix}1&2&1&-3\\2&5&0&-5\\1&0&14&1\\-3&-5&1&15\end{bmatrix},\quad \boldsymbol{b}=\begin{bmatrix}1\\2\\16\\8\end{bmatrix}$$

解 根据计算公式，当 $r=1$ 时

$$d_1=a_{11}=1$$
$$l_{21}=\frac{a_{21}}{d_1}=2$$
$$l_{31}=\frac{a_{31}}{d_1}=1$$
$$l_{41}=\frac{a_{41}}{d_1}=-3$$

当 $r=2$ 时，

$$d_2=a_{22}-l_{21}^2d_1=1$$
$$l_{32}=\frac{a_{32}-l_{31}d_1l_{21}}{d_2}=-2$$
$$l_{42}=\frac{a_{42}-l_{41}d_1l_{21}}{d_2}=1$$

当 $r=3$ 时，

$$d_3=a_{33}-l_{31}^2d_1-l_{32}^2d_2=9$$
$$l_{43}=\frac{a_{43}-l_{41}d_1l_{31}-l_{42}d_2l_{32}}{d_3}=\frac{2}{3}$$

当 $r=4$ 时，

$$d_4=a_{44}-l_{41}^2d_1-l_{42}^2d_2-l_{43}^2d_3=1$$

因此，得到

$$L=\begin{bmatrix}1&0&0&0\\2&1&0&0\\1&-2&1&0\\-3&1&\dfrac{2}{3}&1\end{bmatrix},\quad D=\begin{bmatrix}1&0&0&0\\0&1&0&0\\0&0&9&0\\0&0&0&1\end{bmatrix}$$

解方程组 $\boldsymbol{Ly}=\boldsymbol{b}$，可得

$$\begin{cases}y_1=b_1=1\\y_2=b_2-l_{21}y_1=0\\y_3=b_3-l_{31}y_1-l_{32}y_2=15\\y_4=b_4-l_{41}y_1-l_{42}y_2-l_{43}y_3=1\end{cases}$$

再解方程组 $L^{\mathrm{T}}\boldsymbol{x}=\boldsymbol{D}^{-1}\boldsymbol{y}$，可得

$$\begin{cases}x_4=\dfrac{y_4}{d_4}=1\\x_3=\dfrac{y_3}{d_3}-l_{43}x_4=1\\x_2=\dfrac{y_2}{d_2}-l_{32}x_3-l_{42}x_4=1\\x_1=\dfrac{y_1}{d_1}-l_{21}x_2-l_{31}x_3-l_{41}x_4=1\end{cases}$$

最终求得方程组 $\boldsymbol{Ax}=\boldsymbol{b}$ 的解为

$$\boldsymbol{x}=(1,1,1,1)^{\mathrm{T}}$$

2.2.4　解三对角方程组的追赶法

在很多其他数学问题中，例如三次样条插值，常微分方程的边值问题等都归结为求解系数矩阵为对角占优的三对角方程组 $\boldsymbol{Ax}=\boldsymbol{f}$，即

$$\boldsymbol{Ax}=\begin{bmatrix}b_1&c_1&&&\\a_2&b_2&c_2&&\\&\ddots&\ddots&\ddots&\\&&a_{n-1}&b_{n-1}&c_{n-1}\\&&&a_n&b_n\end{bmatrix}\begin{bmatrix}x_1\\x_2\\\vdots\\x_{n-1}\\x_n\end{bmatrix}=\begin{bmatrix}f_1\\f_2\\\vdots\\f_{n-1}\\f_n\end{bmatrix}$$

其中 $|i-j|>1$ 时，$a_{ij}=0$，且满足如下的对角占优条件：

(1) $|b_1|>|c_1|>0,\quad |b_n|>|a_n|>0$

(2) $|b_i|\geqslant|a_i|+|c_i|,\quad a_ic_i\neq0,\ i=2,3,\cdots,n-1$

对 $\boldsymbol{A}$ 作 Crout 分解 $\boldsymbol{A}=\boldsymbol{L}\boldsymbol{U}$，即

$$\boldsymbol{A}=\boldsymbol{L}\boldsymbol{U}=\begin{bmatrix}\alpha_1 & & & & \\ \gamma_2 & \alpha_2 & & & \\ & \ddots & \ddots & & \\ & & \ddots & \ddots & \\ & & & \gamma_n & \alpha_n\end{bmatrix}\begin{bmatrix}1 & \beta_1 & & & \\ & 1 & \beta_2 & & \\ & & \ddots & \ddots & \\ & & & 1 & \beta_{n-1} \\ & & & & 1\end{bmatrix}$$

由矩阵乘法原理可得

$$\begin{aligned}&b_1=\alpha_1,\quad c_1=\alpha_1\beta_1\\&a_i=\gamma_i,\quad b_i=\gamma_i\beta_{i-1}+\alpha_i,\quad i=2,3,\cdots,n\\&c_i=\alpha_i\beta_i,\quad i=2,3,\cdots,n-1\end{aligned}$$

解得

$$\begin{aligned}&\gamma_i=a_i\quad i=2,3,\cdots,n\\&\alpha_1=b_1,\quad \alpha_i=b_i-a_i\beta_{i-1},\quad i=2,3,\cdots,n\\&\beta_i=\frac{c_i}{\alpha_i},\quad i=1,2,\cdots,n-1\end{aligned}$$

我们指出，当 $\boldsymbol{A}$ 满足对角占优条件时，以上分解能够进行到底.

这样 $\boldsymbol{A}\boldsymbol{x}=\boldsymbol{f}$ 改写为 $\boldsymbol{L}\boldsymbol{U}\boldsymbol{x}=\boldsymbol{f}$ 等价于

$$\begin{cases}\boldsymbol{L}\boldsymbol{y}=\boldsymbol{f}\\ \boldsymbol{U}\boldsymbol{x}=\boldsymbol{y}\end{cases}$$

从而得到解三对角方程组的追赶法公式.

(1) 计算 α_i,β_i.

$$\begin{cases}\beta_1=\dfrac{c_1}{b_1},\ \alpha_1=b_1\\ \alpha_i=b_i-a_i\beta_{i-1}, & i=2,3,\cdots,n\\ \beta_i=\dfrac{c_i}{\alpha_i}, & i=2,3,\cdots,n-1\end{cases}$$

(2) 解方程组 $\boldsymbol{L}\boldsymbol{y}=\boldsymbol{f}$.

$$\begin{cases}y_1=\dfrac{f_1}{b_1},\\ y_i=\dfrac{f_i-a_ic_{i-1}}{\alpha_i}, \quad i=2,3,\cdots,n\end{cases}$$

(3) 解方程组 $\boldsymbol{U}\boldsymbol{x}=\boldsymbol{y}$.

$$\begin{cases} x_n = y_n, \\ x_i = y_i - \beta_i x_{i+1}, \quad i=n-1,n-2,\cdots,1 \end{cases}$$

追赶法的乘除法次数是 $5n-5$ 次. 我们将计算 $\beta_1 \to \beta_2 \to \cdots \to \beta_{n-1}$ 及 $y_1 \to y_2 \to \cdots \to y_n$ 的过程称为“追”的过程，将计算方程组 $\boldsymbol{A}\boldsymbol{x}=\boldsymbol{f}$ 的解 $x_n \to x_{n-1} \to \cdots \to x_2 \to x_1$ 的过程称为“赶”的过程. 实际计算中 $\boldsymbol{A}\boldsymbol{x}=\boldsymbol{f}$ 的阶数往往很高，应注意 $\boldsymbol{A}$ 的存储技术. 已知数据只用 4 个一维数组就可存完. 即 $\{a_i\},\{b_i\},\{c_i\},\{f_i\}$ 各占一个一维数组，$\{\alpha_i\}$ 和 $\{\beta_i\}$ 可存放在 $\{b_i\},\{c_i\}$ 的位置，$\{y_i\}$ 和 $\{x_i\}$ 可存放在 $\{f_i\}$ 的位置，整个运算可在 4 个一维数组中运行. 追赶法也不需要列选主元素.

例 2.6　方程组

$$\begin{bmatrix} 6 & 1 & 0 \\ 1 & 4 & 1 \\ 0 & 1 & 14 \end{bmatrix}\begin{bmatrix} x_1 \\ x_2 \\ x_3 \end{bmatrix} = \begin{bmatrix} 6 \\ 24 \\ 322 \end{bmatrix}$$

试用平方根法、改进的平方根法和追赶法分别解之.

解　(1) 平方根法 $\boldsymbol{A}=\boldsymbol{L}\boldsymbol{L}^{\mathrm{T}}$

$$l_{11}=\sqrt{a_{11}}=\sqrt{6}=2.4495$$

$$l_{21}=\frac{a_{12}}{\sqrt{6}}=\frac{\sqrt{6}}{6}=0.40825$$

$$l_{31}=\frac{a_{13}}{\sqrt{6}}=0$$

$$l_{22}=\sqrt{a_{22}-l_{21}^2}=\sqrt{\frac{23}{6}}=1.9579$$

$$l_{32}=\frac{a_{32}-l_{31}\times l_{21}}{l_{22}}=\sqrt{\frac{6}{23}}=0.51075$$

$$l_{33}=\sqrt{a_{33}-l_{31}^2-l_{32}^2}=\sqrt{14-\frac{6}{23}}=3.7066$$

所以

$$\boldsymbol{A}=\boldsymbol{L}\boldsymbol{U}=\begin{bmatrix} 2.4495 & 0 & 0 \\ 0.40825 & 1.9579 & 0 \\ 0 & 0.51075 & 3.7066 \end{bmatrix}\begin{bmatrix} 2.4495 & 0.40825 & 0 \\ 0 & 1.9579 & 0.51075 \\ 0 & 0 & 3.7066 \end{bmatrix}$$

由

$$\begin{bmatrix} 2.4495 & 0 & 0 \\ 0.40825 & 1.9579 & 0 \\ 0 & 0.51075 & 3.7066 \end{bmatrix} \begin{bmatrix} y_1 \\ y_2 \\ y_3 \end{bmatrix} = \begin{bmatrix} 6 \\ 24 \\ 322 \end{bmatrix}$$

解得

$$y = (2.4495, 11.747, 85.254)^{\mathrm{T}}$$

由

$$\begin{bmatrix} 2.4495 & 0.40825 & 0 \\ 0 & 1.9579 & 0.51075 \\ 0 & 0 & 3.7066 \end{bmatrix} \begin{bmatrix} x_1 \\ x_2 \\ x_3 \end{bmatrix} = \begin{bmatrix} 2.4495 \\ 11.747 \\ 85.254 \end{bmatrix}$$

解得

$$x = (1, 0, 23)^{\mathrm{T}}$$

(2) 改进的平方根法 $\boldsymbol{A} = \boldsymbol{LDL}^{\mathrm{T}}$

$$\begin{aligned} &t_{31} = a_{31} = 0, \quad t_{32} = a_{32} - t_{31} \times l_{21} = 1 \\ &l_{31} = \frac{t_{31}}{d_2} = 0, \quad l_{32} = \frac{t_{32}}{d_2} = 0.26087 \\ &d_3 = a_{33} - t_{31}l_{31} - t_{32}l_{32} = 14 - 0.26087 = 13.739 \end{aligned}$$

$$\begin{bmatrix} 1 & 0 & 0 \\ 0.16667 & 1 & 0 \\ 0 & 0.26087 & 1 \end{bmatrix} \begin{bmatrix} 6 & 0 & 0 \\ 0 & 3.8333 & 0 \\ 0 & 0 & 13.739 \end{bmatrix} \begin{bmatrix} 1 & 0.16667 & 0 \\ 0 & 1 & 0.26087 \\ 0 & 0 & 1 \end{bmatrix}$$

解 $\boldsymbol{Ly} = \boldsymbol{b}$

$$\begin{aligned} y_1 &= b_1 = 6 \\ y_2 &= b_2 - l_{21}y_1 = 23 \\ y_3 &= b_3 - l_{31}y_2 = 322 \end{aligned}$$

解 $\boldsymbol{DL}^{\mathrm{T}}\boldsymbol{x} = \boldsymbol{y}$

$$\begin{aligned} x_3 &= \frac{y_3}{d_3} = 23 \\ x_2 &= \frac{y_2}{d_2} - l_{32}x_3 = 0 \\ x_1 &= \frac{y_1}{d_1} - l_{21}x_2 - l_{31}x_3 = 1 \end{aligned}$$

(3) 追赶法，此方程组系数矩阵是三对角阵，且满足对角占优条件.

$$\alpha_1 = b_1 = 6, \quad \beta_1 = \frac{c_1}{b_1} = 0.16667$$

$$\alpha_2 = b_2 - a_2\beta_1 = \frac{23}{6} = 3.8333, \quad \beta_2 = \frac{c_2}{\alpha_2} = \frac{6}{23} = 0.26087$$

$$\alpha_3 = b_3 - a_3\beta_2 = 13.739$$

所以

$$\boldsymbol{A} = \boldsymbol{LU} = \begin{bmatrix} 6 & 0 & 0 \\ 1 & 3.8333 & 0 \\ 0 & 1 & 13.739 \end{bmatrix} \begin{bmatrix} 1 & 0.16667 & 0 \\ 0 & 1 & 0.26087 \\ 0 & 0 & 1 \end{bmatrix}$$

解 $\boldsymbol{Ly} = \boldsymbol{b}$

$$\begin{bmatrix} 6 & 0 & 0 \\ 1 & 3.8333 & 0 \\ 0 & 1 & 13.739 \end{bmatrix} \begin{bmatrix} y_1 \\ y_2 \\ y_3 \end{bmatrix} = \begin{bmatrix} 6 \\ 24 \\ 322 \end{bmatrix}$$

得

$$y = (1, 6, 23)^{\mathrm{T}}$$

解 $\boldsymbol{Ux} = \boldsymbol{y}$

$$\begin{bmatrix} 1 & 0.16667 & 0 \\ 0 & 1 & 0.26087 \\ 0 & 0 & 1 \end{bmatrix} \begin{bmatrix} x_1 \\ x_2 \\ x_3 \end{bmatrix} = \begin{bmatrix} 1 \\ 6 \\ 23 \end{bmatrix}$$

得

$$\boldsymbol{x} = (1, 0, 23)^{\mathrm{T}}$$

2.3 向量范数与矩阵范数

用直接法求解线性方程组，由于有舍入误差，只能得到近似解. 为了分析解的误差和后面即将介绍的迭代法的收敛性，我们需要对 n 维向量及 n 阶方阵引进某种判断其大小的量 —— 向量范数与矩阵范数.

2.3.1 向量范数

设 $\mathbb{R}$ 为实数域空间, $\mathbb{C}$ 为复数域空间. 我们记 K^n 为 n 维实向量空间 $\mathbb{R}^n$ 或 n 维复向量空间 $\mathbb{C}^n$；记 $K^{n\times n}$ 为 n 阶实矩阵空间 $\mathbb{R}^{n\times n}$ 或 n 阶复矩阵空间 $\mathbb{C}^{n\times n}$, K 为 $\mathbb{R}$ 或 $\mathbb{C}$.

定义 2.1 $\boldsymbol{x}$ 和 $\boldsymbol{y}$ 是 K^n 中的任意向量，向量范数 $\|\cdot\|$ 是定义在 K^n 上的实值函数，它满足

(1) 非负性：$\|\boldsymbol{x}\| \geqslant 0$，$\|\boldsymbol{x}\| = 0$ 当且仅当 $\boldsymbol{x} = \boldsymbol{0}$；

(2) 正齐次性：对任意数 $k \in K$，$\|k\boldsymbol{x}\| = |k|\,\|\boldsymbol{x}\|$；

(3) 三角不等式：$\|\boldsymbol{x}+\boldsymbol{y}\| \leqslant \|\boldsymbol{x}\| + \|\boldsymbol{y}\|$.

上述三个条件也称为**向量范数公理**. 容易看出，实数的绝对值、复数的模，三维向量的模都满足以上三条，可见 n 维向量范数的概念是它们的自然推广.

常用的向量范数有三种，设 $\boldsymbol{x} = (x_1, x_2, \cdots, x_n)^{\mathrm{T}}$, 其范数为

(1) 1-范数：

$$\|\boldsymbol{x}\|_1 = \sum_{i=1}^{n} |x_i|$$

(2) 2-范数：

$$\|\boldsymbol{x}\|_2 = \left(\sum_{i=1}^{n} |x_i|^2\right)^{\frac{1}{2}}$$

(3) ∞-范数：

$$\|\boldsymbol{x}\|_\infty = \max_{1 \leqslant i \leqslant n} |x_i|$$

一般的 p-范数定义为

$$\|\boldsymbol{x}\|_p = \left(\sum_{i=1}^{n} |x_i|^p\right)^{\frac{1}{p}}$$

2.3.2 矩阵范数

从向量范数出发，可以定义 n 阶方阵的范数.

定义 2.2 定义在 $K^{n\times n}$ 上的实值函数 $\|\cdot\|$ 称为**矩阵范数**，如果对于 $K^{n\times n}$ 中的任意矩阵 $\boldsymbol{A}$ 和 $\boldsymbol{B}$，它满足

(1) 非负性：$\|\boldsymbol{A}\| \geqslant 0$，$\|\boldsymbol{A}\| = 0$ 当且仅当 $\boldsymbol{A} = \boldsymbol{0}$；

(2) 正齐次性：对任意数 $k \in K$，$\|k\boldsymbol{A}\| = |k|\,\|\boldsymbol{A}\|$；

(3) 三角不等式：$\|\boldsymbol{A}+\boldsymbol{B}\| \leqslant \|\boldsymbol{A}\| + \|\boldsymbol{B}\|$；

(4) 乘法不等式：$\|\boldsymbol{A}\boldsymbol{B}\| \leqslant \|\boldsymbol{A}\|\,\|\boldsymbol{B}\|$.

上述四个条件也称为**矩阵范数公理**.

例 2.7 对于实数

$$\|\boldsymbol{A}\|_{\mathrm{F}} = \left(\sum_{i=1}^{n}\sum_{j=1}^{n} |a_{ij}|^2\right)^{\frac{1}{2}}$$

可以看成 n^2 维向量的 2- 范数，因此满足矩阵范数定义的条件 (1)~(3)，再利用矩阵乘法性质及 Cauchy 不等式易证它同时也满足条件 (4). 所以 $\|\boldsymbol{A}\|_{\mathrm{F}}$ 是一种矩阵范数，称它是**矩阵的 Frobenius 范数**，简称 **F-范数**.

在矩阵计算中，矩阵和向量范数的乘积经常出现，因而应让所用的矩阵范数与向量范数有某种关系.

定义 2.3 对于任意给定向量 $\boldsymbol{x}=(x_1,x_2,\cdots,x_n)^{\mathrm{T}}$ 的范数 $\|\boldsymbol{x}\|$ 和矩阵 $\boldsymbol{A}=(a_{ij})_{n\times n}$ 的范数 $\|\boldsymbol{A}\|$，若满足

$$\|\boldsymbol{A}\boldsymbol{x}\| \leqslant \|\boldsymbol{A}\|\,\|\boldsymbol{x}\|$$

则称所给的矩阵范数与向量范数是**相容的**.

定义 2.4 设 $\|\cdot\|$ 为 K^n 上任意一种向量范数，称

$$\|\boldsymbol{A}\| = \sup_{\|x\|\neq 0}\frac{\|\boldsymbol{A}\boldsymbol{x}\|}{\|\boldsymbol{x}\|} = \sup_{\|x\|=1}\|\boldsymbol{A}\boldsymbol{x}\|$$

为矩阵 $\boldsymbol{A}$ 的范数. 也称为由向量范数产生的**从属范数**或**算子范数**.

可以证明从属范数一定与所给定的向量范数相容. 但反之不然，例如 $\|\boldsymbol{A}\|_{\mathrm{F}}$ 与 $\|\boldsymbol{x}\|_2$ 相容，即 $\|\boldsymbol{A}\boldsymbol{x}\|_2 \leqslant \|\boldsymbol{A}\|_{\mathrm{F}}\|\boldsymbol{x}\|_2$，而 $\|\boldsymbol{A}\|_{\mathrm{F}}$ 不从属于 $\|\boldsymbol{x}\|_2$. 所以当 $n \geqslant 2$ 时，$\|\boldsymbol{A}\|_{\mathrm{F}}$ 不是从属范数.

矩阵 $\boldsymbol{A}=(a_{ij})_{n\times n}$ 的几种常见从属范数为

(1) 1-范数：

$$\|\boldsymbol{A}\|_1 = \max_{1\leqslant j\leqslant n}\sum_{i=1}^{n}|a_{ij}|$$

(2) 2-范数：

$$\|\boldsymbol{A}\|_2 = \sqrt{\lambda_{\max}(\boldsymbol{A}^{\mathrm{H}}\boldsymbol{A})}$$

(3) ∞-范数：

$$\|\boldsymbol{A}\|_\infty = \max_{1\leqslant i\leqslant n}\sum_{j=1}^{n}|a_{ij}|$$

其中 $\lambda_{\max}(\boldsymbol{A}^{\mathrm{H}}\boldsymbol{A})$ 表示矩阵 $\boldsymbol{A}^{\mathrm{H}}\boldsymbol{A}$ 的最大特征值，$\boldsymbol{A}^{\mathrm{H}}$ 是 $\boldsymbol{A}$ 的共轭转置.

下面，我们对 1-范数、2-范数和 ∞-范数给出证明.

证明 对于 1-范数，设 $\|\boldsymbol{x}\|_1=\sum_{i=1}^{n}|x_i|=1$. 矩阵 $\boldsymbol{A}$ 可以表示为

$$\boldsymbol{A} = [\boldsymbol{\alpha}_1 \quad \boldsymbol{\alpha}_2 \quad \cdots \quad \boldsymbol{\alpha}_n]$$

其中 $\boldsymbol{\alpha}_j=(a_{1j},a_{2j},\cdots,a_{nj})^{\mathrm{T}}$, $j=1,2,\cdots,n$.

设 $\|\boldsymbol{\alpha}_r\|_1 = \max\limits_{1\leqslant j\leqslant n} \|\boldsymbol{\alpha}_j\|$，则

$$\begin{aligned}\|\boldsymbol{A}\boldsymbol{x}\|_1 &= \left\|\sum_{j=1}^{n} x_j \boldsymbol{\alpha}_j\right\|_1 \leqslant \sum_{j=1}^{n} |x_j| \, \|\boldsymbol{\alpha}_j\|_1 \leqslant \left(\sum_{j=1}^{n} |x_j|\right) \max_{1\leqslant j\leqslant n} \|\boldsymbol{\alpha}_j\|_1 \\ &= \max_{1\leqslant j\leqslant n} \|\boldsymbol{\alpha}_j\|_1\end{aligned}$$

取 $\boldsymbol{e}_r = (0, \cdots, 0, 1, 0, \cdots, 0)^{\mathrm{T}}$，它的第 r 个分量为元素 1，显然 $\|\boldsymbol{e}_r\| = 1$，且

$$\|\boldsymbol{A}\boldsymbol{e}_r\|_1 = \|\boldsymbol{\alpha}_r\|_1 = \max_{1\leqslant j\leqslant n} \|\boldsymbol{\alpha}_j\|_1$$

于是有

$$\|\boldsymbol{A}\|_1 = \max_{\|x\|_1=1} \|\boldsymbol{A}\boldsymbol{x}\|_1 = \max_{1\leqslant j\leqslant n} \|\boldsymbol{\alpha}_j\|_1 = \max_{1\leqslant j\leqslant n} \sum_{i=1}^{n} |a_{ij}|$$

对于 2-范数，仅考虑 $A \in \mathbb{R}^{n\times n}$ 的情形，此时 $\boldsymbol{A}^{\mathrm{H}} = \boldsymbol{A}^{\mathrm{T}}$. 设向量 $x \in \mathbb{R}^n$ 满足 $\|\boldsymbol{x}\|_2 = 1$. 注意到

$$\|\boldsymbol{A}\boldsymbol{x}\|_2^2 = (\boldsymbol{A}\boldsymbol{x})^{\mathrm{T}}(\boldsymbol{A}\boldsymbol{x}) = \boldsymbol{x}^{\mathrm{T}}\boldsymbol{A}^{\mathrm{T}}\boldsymbol{A}\boldsymbol{x}$$

因为 $\boldsymbol{A}^{\mathrm{T}}\boldsymbol{A}$ 是正定或半正定矩阵，所以它的全部特征值 $\lambda_i (i = 1, 2, \cdots, n)$ 非负，设

$$\lambda_1 \geqslant \lambda_2 \geqslant \cdots \geqslant \lambda_n \geqslant 0$$

并设相应的标准正交特征向量为 $\boldsymbol{u}_1, \boldsymbol{u}_2, \cdots, \boldsymbol{u}_n$. 因而存在实数 $k_1, k_2, \cdots, k_n$ 使得

$$\boldsymbol{x} = \sum_{i=1}^{n} k_i \boldsymbol{u}_i$$

并且有

$$\|\boldsymbol{x}\|_2^2 = \boldsymbol{x}^{\mathrm{T}}\boldsymbol{x} = \sum_{i=1}^{n} k_i^2 = 1$$

由此可推出

$$\|\boldsymbol{A}\boldsymbol{x}\|_2^2 = \boldsymbol{x}^{\mathrm{T}}\boldsymbol{A}^{\mathrm{T}}\boldsymbol{A}\boldsymbol{x} = \sum_{i=1}^{n} \lambda_i k_i^2 \leqslant \lambda_1$$

取 $\boldsymbol{x} = \boldsymbol{u}_1$，则有 $\|\boldsymbol{u}_1\|_2 = 1$，以及

$$\|\boldsymbol{A}\boldsymbol{u}_1\|_2^2 = \boldsymbol{u}_1^{\mathrm{T}}\boldsymbol{A}^{\mathrm{T}}\boldsymbol{A}\boldsymbol{u}_1 = \lambda_1$$

所以

$$\|\boldsymbol{A}\|_2 = \max_{\|x\|_2=1} \|\boldsymbol{A}\boldsymbol{x}\|_2 = \sqrt{\lambda_1} = \sqrt{\lambda_{\max}(\boldsymbol{A}^{\mathrm{T}}\boldsymbol{A})}$$

对于 ∞-范数，设向量 $\boldsymbol{x}=(x_1,x_2,\cdots,x_n)^{\mathrm{T}}$ 满足 $\|\boldsymbol{x}\|_\infty=1$，又设 $\omega=\max\limits_{1\leqslant i\leqslant n}\sum\limits_{j=1}^{n}|a_{ij}|$ $=\sum\limits_{j=1}^{n}|a_{rj}|$，则

$$\|\boldsymbol{A}\boldsymbol{x}\|_\infty=\max_{1\leqslant i\leqslant n}\left|\sum_{j=1}^{n}a_{ij}x_j\right|\leqslant\max_{1\leqslant i\leqslant n}\left(\sum_{j=1}^{n}|a_{ij}|\,|x_j|\right)\leqslant\left(\max_{1\leqslant i\leqslant n}\sum_{j=1}^{n}|a_{ij}|\right)\|\boldsymbol{x}\|_\infty=\omega$$

取向量 $\tilde{\boldsymbol{x}}=(\mathrm{sgn}a_{r1},\mathrm{sgn}a_{r2},\cdots,\mathrm{sgn}a_{rn})^{\mathrm{T}}$，其中 sgn 是符号函数. 于是有 $\|\tilde{\boldsymbol{x}}\|_\infty=1$ 以及 $\|\boldsymbol{A}\tilde{\boldsymbol{x}}\|_\infty=\sum\limits_{j=1}^{n}|a_{rj}|=\omega$，所以

$$\|\boldsymbol{A}\|_\infty=\max_{\|x\|_\infty=1}\|\boldsymbol{A}\boldsymbol{x}\|_\infty=\max_{1\leqslant i\leqslant n}\sum_{j=1}^{n}|a_{ij}|$$

证毕.

2.3.3　有关定理

定理 2.3 (范数连续性定理)　设 $f(\boldsymbol{x})=\|\boldsymbol{x}\|$ 为 $\mathbb{R}^n$ 上的任意向量范数，则 $f(\boldsymbol{x})$ 是 $\boldsymbol{x}$ 的连续函数.

证明　只需证明当 $\boldsymbol{x}\to\boldsymbol{y}$ 时，有 $f(\boldsymbol{x})\to f(\boldsymbol{y})$，这里 $\boldsymbol{x},\boldsymbol{y}\in\mathbb{R}^n$. 取

$$\boldsymbol{x}=\sum_{i=1}^{n}x_i\boldsymbol{e}_i,\quad \boldsymbol{y}=\sum_{i=1}^{n}y_i\boldsymbol{e}_i$$

其中，$\boldsymbol{e}_i$ 为 $\mathbb{R}^n$ 中基向量，它的元素 1 位于第 i 个分量，其他各分量均为 0. 由范数三角不等式的性质，有

$$\|\boldsymbol{x}\|=\|\boldsymbol{x}-\boldsymbol{y}+\boldsymbol{y}\|\leqslant\|\boldsymbol{x}-\boldsymbol{y}\|+\|\boldsymbol{y}\|$$

$$\|\boldsymbol{y}\|=\|\boldsymbol{y}-\boldsymbol{x}+\boldsymbol{x}\|\leqslant\|\boldsymbol{y}-\boldsymbol{x}\|+\|\boldsymbol{x}\|$$

所以

$$|\|\boldsymbol{x}\|-\|\boldsymbol{y}\||\leqslant\|\boldsymbol{x}-\boldsymbol{y}\|$$

于是有

$$|f(\boldsymbol{x})-f(\boldsymbol{y})|\leqslant\|\boldsymbol{x}-\boldsymbol{y}\|=\left\|\sum_{i=1}^{n}(x_i-y_i)\boldsymbol{e}_i\right\|$$

进一步推导有

$$|f(\boldsymbol{x})-f(\boldsymbol{y})|\leqslant\left\|\sum_{i=1}^{n}(x_i-y_i)\boldsymbol{e}_i\right\|$$

$$
\begin{aligned}
&= \sum_{i=1}^{n} |x_i - y_i| \, \|\boldsymbol{e}_i\| \\
&\leqslant \max_{1\leqslant i\leqslant n} |x_i - y_i| \cdot \sum_{i=1}^{n} \|\boldsymbol{e}_i\|
\end{aligned}
$$

所以

$$
|f(\boldsymbol{x}) - f(\boldsymbol{y})| \leqslant \boldsymbol{c} \, \|\boldsymbol{x} - \boldsymbol{y}\|_\infty, \quad \boldsymbol{c} = \sum_{i=1}^{n} \|\boldsymbol{e}_i\|
$$

而当 $\boldsymbol{x} \to \boldsymbol{y}$ 时，$\|\boldsymbol{x} - \boldsymbol{y}\|_\infty \to 0$. 故当 $\boldsymbol{x} \to \boldsymbol{y}$ 时，

$$
|f(\boldsymbol{x}) - f(\boldsymbol{y})| \to 0
$$

即 $f(\boldsymbol{x})$ 是连续的.

定理 2.4 (范数等价性定理) 设 $\|\boldsymbol{x}\|_s, \|\boldsymbol{x}\|_t$ 为 $\mathbb{R}^n$ 上向量的任意两种范数，则存在常数 $c_1, c_2 > 0$，使得

$$
c_1 \|\boldsymbol{x}\|_s \leqslant \|\boldsymbol{x}\|_t \leqslant c_2 \|\boldsymbol{x}\|_s, \quad \forall \boldsymbol{x} \in \mathbb{R}^n
$$

证明 设 $f(\boldsymbol{x}) = ||\boldsymbol{x}||_t, \boldsymbol{x} \in \mathbb{R}^n$. 记

$$
S = \{\boldsymbol{x} \,|\, \|\boldsymbol{x}\|_s = 1, \boldsymbol{x} \in \mathbb{R}^n\}
$$

因为 $f(\boldsymbol{x})$ 是 S 上的连续函数，S 为有界闭集，所以 $f(\boldsymbol{x})$ 在 S 上的最大值和最小值是可达的. 而对任何 $\boldsymbol{x} \in \mathbb{R}^n, \boldsymbol{x} \neq 0$，有

$$
\frac{\boldsymbol{x}}{||\boldsymbol{x}||_s} \in S
$$

所以

$$
\min_{x\in S} f(\boldsymbol{x}) \leqslant f\left(\frac{\boldsymbol{x}}{||\boldsymbol{x}||_s}\right) \leqslant \max_{\boldsymbol{x}\in S} f(\boldsymbol{x})
$$

记

$$
c_1 = \min_{x\in S} f(\boldsymbol{x}), \quad c_2 = \max_{\boldsymbol{x}\in S} f(\boldsymbol{x})
$$

则有

$$
c_1 \leqslant \left\|\frac{\boldsymbol{x}}{||\boldsymbol{x}||_s}\right\|_t \leqslant c_2
$$

所以

$$
c_1 \leqslant \frac{||\boldsymbol{x}||_t}{||\boldsymbol{x}||_s} \leqslant c_2
$$

即

$$c_1\|\boldsymbol{x}\|_s \leqslant \|\boldsymbol{x}\|_t \leqslant c_2\|\boldsymbol{x}\|_s$$

证毕.

定理 2.5　向量序列 $\boldsymbol{x}^{(k)}$ 收敛于向量 $\boldsymbol{x}^*$ 的充要条件是

$$\left\|\boldsymbol{x}^{(k)} - \boldsymbol{x}^*\right\| \to 0, \quad k \to \infty$$

其中 $\|\cdot\|$ 是任一向量范数.

对于矩阵范数，也有相应于定理 2.3~ 定理 2.5 的结论成立.

定义 2.5　设 n 阶方阵 $\boldsymbol{A}$ 的特征值为 $\lambda_i(i = 1, 2, \cdots, n)$，则称

$$\rho(\boldsymbol{A}) = \max_{1\leqslant i\leqslant n} |\lambda_i|$$

为 A 的谱半径.

定理 2.6　矩阵谱半径和矩阵范数有如下关系：

$$\rho(\boldsymbol{A}) \leqslant \|\boldsymbol{A}\|$$

证明　设 λ_i 是 $\boldsymbol{A}$ 的任一特征值，$\boldsymbol{x}_i$ 为对应的特征向量

$$\boldsymbol{A}\boldsymbol{x}_i = \lambda_i \boldsymbol{x}_i$$

两边取范数，由正齐次性和相容性可得

$$|\lambda_i|\,\|\boldsymbol{x}_i\| \leqslant \|\boldsymbol{A}\|\,\|\boldsymbol{x}_i\|$$

因为 $\boldsymbol{x}_i \neq \boldsymbol{0}$，所以 $\|\boldsymbol{x}_i\| > 0$，于是有

$$|\lambda_i| \leqslant \|\boldsymbol{A}\|, \quad i = 1, 2, \cdots, n$$

从而得到

$$\max_{1\leqslant i\leqslant n} |\lambda_i| \leqslant \|\boldsymbol{A}\|$$

定理 2.7　设 $\boldsymbol{A}$ 是 n 阶方阵，$\boldsymbol{A}$ 的各次幂组成的矩阵序列 $\boldsymbol{I}, \boldsymbol{A}, \boldsymbol{A}^2, \cdots, \boldsymbol{A}^k, \cdots$ 收敛于零，即

$$\lim_{k\to\infty} \boldsymbol{A}^k = 0\text{的充要条件是}\rho(\boldsymbol{A}) < 1$$

例 2.8　设 $\boldsymbol{A} = \begin{bmatrix} 1 & -3 \\ -2 & 4 \end{bmatrix}$，计算 $\|\boldsymbol{A}\|_1, \|\boldsymbol{A}\|_\infty, \|\boldsymbol{A}\|_\mathrm{F}$ 及 $\|\boldsymbol{A}\|_2$.

解

$$\|\boldsymbol{A}\|_1 = \max(3,7) = 7$$

$$\|\boldsymbol{A}\|_\infty = \max(4,6) = 6$$

$$\|\boldsymbol{A}\|_{\mathrm{F}} = (1^2 + 2^2 + 3^3 + 4^2)^{\frac{1}{2}} = \sqrt{30} \approx 5.4772$$

为了计算 $\|\boldsymbol{A}\|_2$，先计算

$$\boldsymbol{A}^{\mathrm{T}}\boldsymbol{A} = \begin{bmatrix} 5 & -11 \\ -11 & 25 \end{bmatrix}$$

由 $\boldsymbol{A}^{\mathrm{T}}\boldsymbol{A}$ 的特征方程

$$\lambda^2 - 30\lambda + 4 = 0$$

得 $\boldsymbol{A}^{\mathrm{T}}\boldsymbol{A}$ 的特征值为

$$\lambda_{1,2} = 15 \pm \sqrt{221}$$

于是求得

$$\|\boldsymbol{A}\|_2 = \sqrt{\lambda_{\max}(\boldsymbol{A}^{\mathrm{T}}\boldsymbol{A})} = \sqrt{15 + \sqrt{211}} = 5.4650$$

2.4 矩阵的条件数与病态线性方程组

线性方程组 $\boldsymbol{Ax} = \boldsymbol{b}$ 的系数矩阵 $\boldsymbol{A}$ 与右端向量 $\boldsymbol{b}$ 的元素往往是通过观测或计算获得的，因而会带有误差. 即使原始数据是精确的，但存放在计算机中由于受字长的限制也会变为近似数. 这样，即使解法和计算过程完全精确，也无法得到原方程的精确解. 当系数矩阵 $\boldsymbol{A}$ 和右端向量 $\boldsymbol{b}$ 分别产生微小变化 $\Delta\boldsymbol{A}$ 和 $\Delta\boldsymbol{b}$ 时，原方程组的解向量 $\boldsymbol{x}$ 会如何变化是我们关心的重点. 在实际问题中，若 $\boldsymbol{A}$ 和 $\boldsymbol{b}$ 的微小变化仅仅导致 $\boldsymbol{x}$ 的微小变化，则称此问题是“良态”的；反之，若 $\boldsymbol{A}$ 和 $\boldsymbol{b}$ 的微小变化会导致 $\boldsymbol{x}$ 的剧烈变化，则称此问题为“病态”问题. 在以下讨论中，设 $\boldsymbol{A}$ 非奇异，$\boldsymbol{b} \neq \boldsymbol{0}$，所以 $\|\boldsymbol{x}\| \neq 0$.

2.4.1 误差分析与矩阵的条件数

(1) 设 $\boldsymbol{Ax} = \boldsymbol{b}$ 中仅 $\boldsymbol{b}$ 向量有误差 $\Delta\boldsymbol{b}$，对应的解 $\boldsymbol{x}$ 产生误差 $\Delta\boldsymbol{x}$，即

$$\boldsymbol{A}(\boldsymbol{x} + \Delta\boldsymbol{x}) = \boldsymbol{b} + \Delta\boldsymbol{b}$$

$$\boldsymbol{Ax} + \boldsymbol{A}\Delta\boldsymbol{x} = \boldsymbol{b} + \Delta\boldsymbol{b}$$

注意到 $\boldsymbol{Ax} = \boldsymbol{b}$，所以 $\boldsymbol{A}\Delta\boldsymbol{x} = \Delta\boldsymbol{b}$，于是有 $\Delta\boldsymbol{x} = \boldsymbol{A}^{-1}\Delta\boldsymbol{b}$. 再由相容性可得

$$\|\Delta\boldsymbol{x}\| \leqslant \left\|\boldsymbol{A}^{-1}\right\| \|\Delta\boldsymbol{b}\| \tag{2.4.1}$$

又因为 $\|\boldsymbol{b}\|=\|\boldsymbol{Ax}\|\leqslant\|\boldsymbol{A}\|\,\|\boldsymbol{x}\|$，所以

$$\|\boldsymbol{x}\|\geqslant\frac{\|\boldsymbol{b}\|}{\|\boldsymbol{A}\|}\tag{2.4.2}$$

(2.4.1) 和 (2.4.2) 两式相除，有

$$\frac{\|\Delta\boldsymbol{x}\|}{\|\boldsymbol{x}\|}\leqslant\|\boldsymbol{A}\|\times\left\|\boldsymbol{A}^{-1}\right\|\times\frac{\|\Delta\boldsymbol{b}\|}{\|\boldsymbol{b}\|}\tag{2.4.3}$$

即 $\boldsymbol{x}$ 的相对误差小于等于 $\boldsymbol{b}$ 的相对误差的 $\|\boldsymbol{A}\|\times\left\|\boldsymbol{A}^{-1}\right\|$ 倍.

(2) 设 $\boldsymbol{A}$ 有误差 $\Delta\boldsymbol{A}$，$\boldsymbol{b}$ 无误差，此时解为 $\boldsymbol{x}+\Delta\boldsymbol{x}$，即

$$(\boldsymbol{A}+\Delta\boldsymbol{A})(\boldsymbol{x}+\Delta\boldsymbol{x})=\boldsymbol{b}$$

$$\boldsymbol{Ax}+\boldsymbol{A}\Delta\boldsymbol{x}+\Delta\boldsymbol{A}\boldsymbol{x}+\Delta\boldsymbol{A}\Delta\boldsymbol{x}=\boldsymbol{b}$$

注意 $\boldsymbol{Ax}=\boldsymbol{b}$，有

$$\boldsymbol{A}\Delta\boldsymbol{x}+\Delta\boldsymbol{A}\boldsymbol{x}+\Delta\boldsymbol{A}\Delta\boldsymbol{x}=\boldsymbol{0}$$

两边同时乘以 $\boldsymbol{A}^{-1}$，并移项

$$\Delta\boldsymbol{x}=-\boldsymbol{A}^{-1}\Delta\boldsymbol{A}\boldsymbol{x}-\boldsymbol{A}^{-1}\Delta\boldsymbol{A}\Delta\boldsymbol{x}$$

$$\|\Delta\boldsymbol{x}\|\leqslant\left\|\boldsymbol{A}^{-1}\right\|\times\|\Delta\boldsymbol{A}\|\times\|\boldsymbol{x}\|+\left\|\boldsymbol{A}^{-1}\right\|\times\|\Delta\boldsymbol{A}\|\times\|\Delta\boldsymbol{x}\|$$

两边同时除以 $\|\boldsymbol{x}\|$，可得

$$\frac{\|\Delta\boldsymbol{x}\|}{\|\boldsymbol{x}\|}\leqslant\left\|\boldsymbol{A}^{-1}\right\|\times\|\Delta\boldsymbol{A}\|+\left\|\boldsymbol{A}^{-1}\right\|\times\|\Delta\boldsymbol{A}\|\times\frac{\|\Delta\boldsymbol{x}\|}{\|\boldsymbol{x}\|}$$

$$\left(1-\left\|\boldsymbol{A}^{-1}\right\|\times\|\Delta\boldsymbol{A}\|\right)\times\frac{\|\Delta\boldsymbol{x}\|}{\|\boldsymbol{x}\|}\leqslant\left\|\boldsymbol{A}^{-1}\right\|\times\|\Delta\boldsymbol{A}\|$$

一般来说，$\Delta\boldsymbol{A}$ 是一个由微小元素组成的矩阵，故 $\|\Delta\boldsymbol{A}\|$ 相当小，可以保证 $1-\left\|\boldsymbol{A}^{-1}\right\|\times\|\Delta\boldsymbol{A}\|>0$ 成立，从而解出下式

$$\frac{\|\Delta\boldsymbol{x}\|}{\|\boldsymbol{x}\|}\leqslant\frac{\left\|\boldsymbol{A}^{-1}\right\|\times\|\Delta\boldsymbol{A}\|}{1-\left\|\boldsymbol{A}^{-1}\right\|\times\|\Delta\boldsymbol{A}\|}=\frac{\|\boldsymbol{A}\|\left\|\boldsymbol{A}^{-1}\right\|\times\dfrac{\|\Delta\boldsymbol{A}\|}{\|\boldsymbol{A}\|}}{1-\|\boldsymbol{A}\|\left\|\boldsymbol{A}^{-1}\right\|\times\dfrac{\|\Delta\boldsymbol{A}\|}{\|\boldsymbol{A}\|}}\tag{2.4.4}$$

它反映了 $\boldsymbol{x}$ 的相对误差和 $\boldsymbol{A}$ 的相对误差 $\Delta\boldsymbol{A}$ 之间的关系. 不难看出，当 $\|\boldsymbol{A}\|\left\|\boldsymbol{A}^{-1}\right\|$ 增大时，右端项的值增大.

(3) 设 $\boldsymbol{Ax}=\boldsymbol{b}$ 中 $\boldsymbol{A}$ 有误差 $\Delta\boldsymbol{A}$ 且 $\boldsymbol{b}$ 有误差 $\Delta\boldsymbol{b}$，相关结论以定理形式给出.

定理 2.8 设矩阵 $\boldsymbol{A} \in \mathbb{R}^{n\times n}$ 的某种范数 $\|\boldsymbol{A}\| < 1$，则 $\boldsymbol{I} \pm \boldsymbol{A}$ 为非奇异矩阵，并且当该种范数为算子范数时，还有

$$\left\|(\boldsymbol{I} \pm \boldsymbol{A})^{-1}\right\| \leqslant \frac{1}{1-\|\boldsymbol{A}\|}$$

成立.

证明 **反证法** 假定 $\boldsymbol{I} \pm \boldsymbol{A}$ 奇异，则齐次线性方程组 $(\boldsymbol{I} \pm \boldsymbol{A})\boldsymbol{x} = \boldsymbol{0}$ 有非零解，即存在向量 $\tilde{\boldsymbol{x}} \neq \boldsymbol{0}$，使得

$$\tilde{\boldsymbol{x}} = \mp \boldsymbol{A}\tilde{\boldsymbol{x}}$$

上式两边同时取与所用矩阵范数相容的向量范数，得

$$\|\tilde{\boldsymbol{x}}\| = \|\boldsymbol{A}\tilde{\boldsymbol{x}}\| \leqslant \|\boldsymbol{A}\|\,\|\tilde{\boldsymbol{x}}\|$$

因 $\|\tilde{\boldsymbol{x}}\| > 0$，故由上式得 $\|\boldsymbol{A}\| \geqslant 1$，这与已知条件相矛盾，因而 $\boldsymbol{I} \pm \boldsymbol{A}$ 必定非奇异. 由 $(\boldsymbol{I}-\boldsymbol{A})(\boldsymbol{I}-\boldsymbol{A})^{-1} = \boldsymbol{I}$ 得

$$(\boldsymbol{I}-\boldsymbol{A})^{-1} = \boldsymbol{I} + \boldsymbol{A}(\boldsymbol{I}-\boldsymbol{A})^{-1}$$

上式两端同取所用算子范数，得

$$\left\|(\boldsymbol{I}-\boldsymbol{A})^{-1}\right\| \leqslant \|\boldsymbol{I}\| + \|\boldsymbol{A}\|\left\|(\boldsymbol{I}-\boldsymbol{A})^{-1}\right\|$$

$$(1-\|\boldsymbol{A}\|)\left\|(\boldsymbol{I}-\boldsymbol{A})^{-1}\right\| \leqslant \|\boldsymbol{I}\| = 1$$

因 $\|\boldsymbol{A}\| < 1$，故有

$$\left\|(\boldsymbol{I}-\boldsymbol{A})^{-1}\right\| \leqslant \frac{1}{1-\|\boldsymbol{A}\|}$$

同理可证 $\left\|(\boldsymbol{I}+\boldsymbol{A})^{-1}\right\| \leqslant \dfrac{1}{1-\|\boldsymbol{A}\|}$.

定理 2.9 设 $\boldsymbol{A}, \Delta\boldsymbol{A} \in \mathbb{R}^{n\times n}$，$\boldsymbol{b}, \Delta\boldsymbol{b} \in \mathbb{R}^n$，$\boldsymbol{A}$ 非奇异，$\boldsymbol{b} \neq \boldsymbol{0}$，$\boldsymbol{x}$ 是方程组 $\boldsymbol{A}\boldsymbol{x} = \boldsymbol{b}$ 的解向量. 若 $\|\Delta\boldsymbol{A}\| \leqslant \dfrac{1}{\|\boldsymbol{A}^{-1}\|}$，则有

(1) 方程组

$$(\boldsymbol{A}+\Delta\boldsymbol{A})(\boldsymbol{x}+\Delta\boldsymbol{x}) = \boldsymbol{b}+\Delta\boldsymbol{b} \tag{2.4.5}$$

有唯一解 $\boldsymbol{x}+\Delta\boldsymbol{x}$；

(2) 下列估计式成立：

$$\frac{\|\Delta\boldsymbol{x}\|}{\|\boldsymbol{x}\|} \leqslant \frac{\|\boldsymbol{A}\|\left\|\boldsymbol{A}^{-1}\right\|}{1-\left\|\boldsymbol{A}^{-1}\right\|\|\Delta\boldsymbol{A}\|}\left(\frac{\|\Delta\boldsymbol{A}\|}{\|\boldsymbol{A}\|}+\frac{\|\Delta\boldsymbol{b}\|}{\|\boldsymbol{b}\|}\right) \tag{2.4.6}$$

证明 (1)

$$A + \Delta A = A(I + A^{-1}\Delta A)$$

因 $\|A^{-1}\Delta A\| \leqslant \|A^{-1}\|\,\|\Delta A\| < 1$，故由定理 2.8 可知 $I + A^{-1}\Delta A$ 非奇异；又因 A 非奇异，故 $A + \Delta A$ 非奇异，于是方程组 (2.4.5) 有唯一解 $x + \Delta x$.

(2) 由 (2.4.5) 式，并注意到 $Ax = b$ 以及 $\|b\| \leqslant \|A\|\,\|x\|$，$\|A^{-1}\|\,\|\Delta A\| < 1$，可以得到

$$A\Delta x + \Delta A x + \Delta A \Delta x = \Delta b$$

$$\Delta x = A^{-1}\Delta b - A^{-1}\Delta A x - A^{-1}\Delta A \Delta x$$

$$\|\Delta x\| \leqslant \|A^{-1}\| \times \|\Delta b\| + \|A^{-1}\| \times \|\Delta A\| \times \|x\| + \|A^{-1}\| \times \|\Delta A\| \times \|\Delta x\|$$

$$(1 - \|A^{-1}\| \times \|\Delta A\|) \times \frac{\|\Delta x\|}{\|x\|} \leqslant \|A\| \times \|A^{-1}\| \times \frac{\|\Delta b\|}{\|b\|} + \|A^{-1}\| \times \|\Delta A\|$$

$$\frac{\|\Delta x\|}{\|x\|} \leqslant \frac{\|A\|\,\|A^{-1}\|}{1 - \|A^{-1}\|\,\|\Delta A\|}\left(\frac{\|\Delta A\|}{\|A\|} + \frac{\|\Delta b\|}{\|b\|}\right)$$

证毕.

由以上分析不难看出，当 Δb 和 ΔA 一定时，$\|A\|\,\|A^{-1}\|$ 的大小决定了 x 的相对误差限. $\|A\|\,\|A^{-1}\|$ 越大时，x 可能产生的相对误差越大，即问题的 “病态” 程度越严重. 同时，我们发现，$Ax = b$ 的 “病态” 程度与 A 有关，但与 b 的分量是无关的. 为此，我们有以下定义.

定义 2.6 若 n 阶方阵 A 非奇异，则称 $\|A\|\,\|A^{-1}\|$ 为 A 的条件数，记为

$$\operatorname{cond}(A) = \|A\|\,\|A^{-1}\|$$

由此，(2.4.3)、(2.4.4)、(2.4.6) 式可以分别改写为

$$\frac{\|\Delta x\|}{\|x\|} \leqslant \operatorname{cond}(A)\frac{\|\Delta b\|}{\|b\|} \tag{2.4.7}$$

$$\frac{\|\Delta x\|}{\|x\|} \leqslant \frac{\operatorname{cond}(A)\dfrac{\|\Delta A\|}{\|A\|}}{1 - \operatorname{cond}(A) \times \dfrac{\|\Delta A\|}{\|A\|}} \tag{2.4.8}$$

$$\frac{\|\Delta x\|}{\|x\|} \leqslant \frac{\operatorname{cond}(A)}{1 - \|A^{-1}\|\,\|\Delta A\|}\left(\frac{\|\Delta A\|}{\|A\|} + \frac{\|\Delta b\|}{\|b\|}\right) \tag{2.4.9}$$

由于选用的范数不同，条件数也不同，在有必要时，可以记为

$$\operatorname{cond}_p(A) = \|A\|_p\,\|A^{-1}\|_p \quad (p = 1, 2, \infty)$$

因为

$$1 = \|\boldsymbol{I}\| = \left\|\boldsymbol{A}\boldsymbol{A}^{-1}\right\| \leqslant \|\boldsymbol{A}\| \left\|\boldsymbol{A}^{-1}\right\| = \mathrm{cond}(\boldsymbol{A})$$

可知 $\mathrm{cond}(\boldsymbol{A})$ 总是大于等于 1 的数. 特别地, 称

$$\mathrm{cond}_2(\boldsymbol{A}) = \|\boldsymbol{A}\|_2 \cdot \left\|\boldsymbol{A}^{-1}\right\|_2$$

为矩阵 $\boldsymbol{A}$ 的谱条件数.

2.4.2 病态线性方程组

定义 2.7 设 $\boldsymbol{A}$ 非奇异，且 $\boldsymbol{A}$ 的元素都已被规范化，即 $\boldsymbol{A}$ 中按模最大的元素具有和 1 相同的数量级. 记 $\boldsymbol{x} = \boldsymbol{A}^{-1}\boldsymbol{b}$ 为方程组 $\boldsymbol{A}\boldsymbol{x} = \boldsymbol{b}$ 的解，若 $\boldsymbol{A}^{-1}$ 具有一些很大的元素 b_{ij}，则称方程组是**病态的**，也称矩阵 $\boldsymbol{A}$ 是**病态矩阵**.

病态方程组的特点是: 当 $\boldsymbol{A}$ 有一小扰动 $\Delta\boldsymbol{A}$ 时，解 $\boldsymbol{x}$ 会产生很大的变化 $\Delta\boldsymbol{x}$，即解不稳定.

设 $\boldsymbol{A}^{-1}$ 中的某一元素为

$$b_{ij} = \frac{\boldsymbol{A}_{ij}}{|\boldsymbol{A}|}$$

其中，$\boldsymbol{A}_{ij}$ 为与 a_{ij} 对应的代数余子式.

当 a_{ij} 有一小扰动时，对 $\boldsymbol{A}_{ij}$ 无影响，所谓 b_{ij} 很大，意味着 $\boldsymbol{A}_{ij}$ 相对于 $|\boldsymbol{A}|$ 而言是很大的. 因为 a_{ij} 的小扰动，会导致 $|\boldsymbol{A}|$ 有很大的变化，所以 b_{ij} 就会产生很大的相对误差. 这就说明 a_{ij} 的某一小扰动，会使方程组的解产生很大的变化. 同样，$\boldsymbol{b}$ 的某元素发生微小扰动，也会使解 $\boldsymbol{x}$ 产生很大的变化.

若 $\boldsymbol{x}$ 是方程组 $\boldsymbol{A}\boldsymbol{x} = \boldsymbol{b}$ 的近似解，则称

$$\boldsymbol{r} = \boldsymbol{b} - \boldsymbol{A}\boldsymbol{x}$$

为误差向量.

一般地，方程组 $\boldsymbol{A}\boldsymbol{x} = \boldsymbol{b}$ 的近似解 $\boldsymbol{x}$ 一定使 $\boldsymbol{r}$ 较小；但需要注意的是：即使 $\boldsymbol{r}$ 比较小，误差 $\boldsymbol{e} = \boldsymbol{x}^* - \boldsymbol{x}$ 仍可能很大. 这里，$\boldsymbol{x}^*$ 表示方程组 $\boldsymbol{A}\boldsymbol{x} = \boldsymbol{b}$ 的精确解. 反过来说，误差 $\boldsymbol{e}$ 很大，$\boldsymbol{r}$ 也有可能很小. 所以，不能想当然地认为当 $\boldsymbol{r}$ 很小时，$\boldsymbol{e}$ 就很小.

例如，方程组

$$\begin{cases} 2x_1 + 6x_2 = 8 \\ 2x_1 + 6.00001x_2 = 8.00001 \end{cases} \tag{2.4.10}$$

的精确解为 $\boldsymbol{x} = (1, 1)^{\mathrm{T}}$.

而方程组

$$\begin{cases} 2x_1 + 6x_2 = 8 \\ 2x_1 + 5.99999x_2 = 8.00002 \end{cases} \tag{2.4.11}$$

的精确解却为 $\boldsymbol{x}=(10,-2)^{\mathrm{T}}$.

由此可见，尽管对于方程组 (2.4.10) 而言，方程组 (2.4.11) 仅是 (2.4.10) 在系数矩阵和右端项上分别有微小扰动

$$\|\delta \boldsymbol{A}\|_1=0.00002, \quad \|\delta \boldsymbol{b}\|_1=0.00001$$

但由此引起的解的变化却为

$$\Delta \boldsymbol{x}=(-9,3)^{\mathrm{T}}$$

显然，$\|\Delta \boldsymbol{x}\|_1 \gg \|\boldsymbol{x}\|_1$. 所以，方程组 (2.4.10) 是病态的. 经验证 $\boldsymbol{A}^{-1}$ 中存在高达 10^5 量级的元素.

另外，(2.4.10) 式中的系数矩阵为

$$\boldsymbol{A}=\begin{bmatrix} 2 & 6 \\ 2 & 6.00001 \end{bmatrix}$$

其行列式 $|\boldsymbol{A}|=0.00002$. 这表明一般病态矩阵的行列式都很小. 因此，在实际问题当中，若 $|\boldsymbol{A}| \approx 0$，就可以怀疑矩阵 $\boldsymbol{A}$ 是病态的. 然而，也有一些矩阵，其行列式很小，但非病态，例如

$$A=\begin{bmatrix} 1 & & & \\ & 10^{-1} & & \\ & & \ddots & \\ & & & 10^{-1} \end{bmatrix}_{100}$$

从前面的分析中也可看出，条件数 $\operatorname{cond}(\boldsymbol{A})$ 是判断一个矩阵是否病态的关键参量. 从 (2.4.7)~(2.4.9) 式中可以看出，条件数的大小与方程组的 "病态" 程度息息相关. 当 $\operatorname{cond}(\boldsymbol{A})=1$ 时，方程组的性态最佳；条件数越大，方程组的解的相对误差限上界也就越大. 但多大的条件数才算病态则应视具体问题而定，病态的说法也只是相对而言.

条件数的计算是困难的，这是因为计算条件数不可避免地要求矩阵 $\boldsymbol{A}$ 的逆 $\boldsymbol{A}^{-1}$，而求 $\boldsymbol{A}^{-1}$ 比解 $\boldsymbol{A}\boldsymbol{x}=\boldsymbol{b}$ 的工作量还大，且当 $\boldsymbol{A}$ 确实病态时，$\boldsymbol{A}^{-1}$ 也无法准确求解；其次要求范数，特别是求 $\|\boldsymbol{A}\|_2, \|\boldsymbol{A}^{-1}\|_2$ 又十分困难，因此实际工作中一般不先去判断方程组的病态. 但是必须明白，在解决实际问题的全过程中，若发现结果有问题，同时数学模型中有线性方程组存在，则方程组的病态可能是出现问题的原因之一.

病态方程组无论选用什么方法去解，都不能从根本上解决原始误差的扩大，即使采用全选主元的 Gauss 消元法也不行. 可以试用加大计算机字长，比如用双精度字长计算，或可使问题相对得到解决. 如仍不行，则最好考虑修改现有数学模型，以避开病态方程组.

2.5 线性方程组的迭代解法

前面介绍的直接解法，用于阶数不太高的线性方程组效果很好. 但实际工作中有的线性方程组阶数较高，且其中大多数变量对应的系数为 0，这一类线性方程组的系数矩阵被称为**稀疏矩阵**. 稀疏矩阵的存储和计算另有一套处理技术，可以节约大量的存储空间并大大减少计算工作量. 若选择直接法进行计算，因一次消元就可能使系数矩阵丧失其稀疏性，从而不能有效地利用稀疏这一特点. 下文介绍的迭代解法解决了这个问题，能够在计算过程中保持系数矩阵稀疏的优点. 此外迭代法也常被用来提高已知近似解的精度.

2.5.1 迭代法的一般形式

线性方程组

$$\boldsymbol{A}\boldsymbol{x}=\boldsymbol{b} \tag{2.5.1}$$

其中系数矩阵 $\boldsymbol{A}$ 非奇异，$\boldsymbol{b}\neq\boldsymbol{0}$，因此它有唯一非零解. 构造与 (2.5.1) 等价的方程组

$$\boldsymbol{x}=\boldsymbol{B}\boldsymbol{x}+\boldsymbol{f} \tag{2.5.2}$$

即使得 (2.5.1) 式与 (2.5.2) 式同解，其中 $\boldsymbol{B}$ 是 n 阶方阵，$\boldsymbol{f}$ 是 n 维向量.

任取一个向量 $\boldsymbol{x}^{(0)}$ 作为 $\boldsymbol{x}$ 的初始近似解，用迭代公式

$$\boldsymbol{x}^{(k+1)}=\boldsymbol{B}\boldsymbol{x}^{(k)}+\boldsymbol{f},\quad k=1,2,\cdots \tag{2.5.3}$$

产生一个向量序列 $\{\boldsymbol{x}^{(k)}\}$，若

$$\lim_{k\to\infty}\boldsymbol{x}^{(k)}=\boldsymbol{x}^* \tag{2.5.4}$$

则有

$$\boldsymbol{x}^*=\boldsymbol{B}\boldsymbol{x}^*+\boldsymbol{f} \tag{2.5.5}$$

即 $\boldsymbol{x}^*$ 是 (2.5.2) 式的解，当然 $\boldsymbol{x}^*$ 也就是原始方程组 $\boldsymbol{A}\boldsymbol{x}=\boldsymbol{b}$ 的解.

从以上讨论中可以看出，建立迭代法有两个关键点.

(1) 如何构造迭代公式

$$\boldsymbol{x}^{(k+1)}=\boldsymbol{B}\boldsymbol{x}^{(k)}+\boldsymbol{f}$$

这样的构造形式不止一种，它们各自对应了一种迭代方法.

(2) 迭代法产生的解向量序列 $\{\boldsymbol{x}^{(k)}\}$ 的收敛条件是什么，收敛速度如何.

这些在本书接下来的讨论中都会得到解决.

2.5.2 迭代法的收敛条件

所谓收敛，是指对于给定的矩阵 $\boldsymbol{B}$ 及向量 $\boldsymbol{f}$，若以任意的 n 维向量 $\boldsymbol{x}^{(0)}$ 作为初始值，由迭代公式 (2.5.3) 得到的向量序列 $\{\boldsymbol{x}^{(k)}\}$ 都能使 (2.5.4) 式成立. 其中 $\boldsymbol{x}^*$ 是一确定的向量，它不依赖于 $\boldsymbol{x}^{(0)}$ 的选取. (2.5.4) 式等价于

$$\lim_{k\to+\infty} x_i^{(k)} = x_i^*, \quad i=1,2,\cdots,n$$

即 $\{\boldsymbol{x}^{(k)}\}$ 中各元素的分量对应地以 $\boldsymbol{x}^*$ 的分量为极限.

只有在迭代法收敛的情况下，用它产生的向量序列 $\{\boldsymbol{x}^{(k)}\}$ 中的向量作为方程组 (2.5.1) 的解才有意义. 且 k 越大，$\boldsymbol{x}^{(k)}$ 作为方程组的解就越精确.

如何判断迭代公式的收敛性?

下面给出迭代法收敛的充分必要条件.

定理 2.10 对任意的向量 f，迭代法 (2.5.3) 收敛的充分必要条件是迭代矩阵的谱半径 $\rho(\boldsymbol{B})<1$.

用迭代矩阵的谱半径判断迭代公式 (2.5.3) 是否收敛往往不易，下面给出一个容易使用的判断收敛的充要条件.

定理 2.11 如果矩阵 $\boldsymbol{B}$ 的某种范数 $\|\boldsymbol{B}\|<1$，则

(1) 方程组 (2.5.2) 的解 $\boldsymbol{x}^*$ 存在且唯一;

(2) 对于任意初始解向量 $\boldsymbol{x}^{(0)}$，迭代法 (2.5.3) 收敛，且有以下估计式:

$$\left\|\boldsymbol{x}^{(k)}-\boldsymbol{x}^*\right\| \leqslant \frac{\|\boldsymbol{B}\|^k}{1-\|\boldsymbol{B}\|}\left\|\boldsymbol{x}^{(1)}-\boldsymbol{x}^{(0)}\right\| \tag{2.5.6}$$

$$\left\|\boldsymbol{x}^{(k)}-\boldsymbol{x}^*\right\| \leqslant \frac{\|\boldsymbol{B}\|}{1-\|\boldsymbol{B}\|}\left\|\boldsymbol{x}^{(k)}-\boldsymbol{x}^{(k-1)}\right\| \tag{2.5.7}$$

成立.

证明 (1) 因为 $\|\boldsymbol{B}\|<1$，根据定理 2.8 可知矩阵 $\boldsymbol{I}-\boldsymbol{B}$ 非奇异，其中 $\boldsymbol{I}$ 是单位矩阵. 故方程组 (2.5.2) 的解 $\boldsymbol{x}^*$ 存在且唯一.

(2) 由 (2.5.3) 式减去 (2.5.5) 式，得

$$\boldsymbol{x}^{(k+1)}-\boldsymbol{x}^* = \boldsymbol{B}(\boldsymbol{x}^{(k)}-\boldsymbol{x}^*)$$

由此得

$$\begin{aligned}0 \leqslant \left\|\boldsymbol{x}^{(k+1)}-\boldsymbol{x}^*\right\| &\leqslant \|\boldsymbol{B}\|\left\|\boldsymbol{x}^{(k)}-\boldsymbol{x}^*\right\| \leqslant \|\boldsymbol{B}\|^2\left\|\boldsymbol{x}^{(k-1)}-\boldsymbol{x}^*\right\|\\ &\leqslant \cdots \leqslant \|\boldsymbol{B}\|^{k+1}\left\|\boldsymbol{x}^{(0)}-\boldsymbol{x}^*\right\|\end{aligned}$$

因为 $\|\boldsymbol{B}\|<1$，所以由上式可知

$$\lim_{k\to\infty}\left\|\boldsymbol{x}^{(k+1)}-\boldsymbol{x}^*\right\|=0$$

于是有 $\lim\limits_{k\to\infty}\boldsymbol{x}^{(k)}=\boldsymbol{x}^*$ 成立.

设 $m>k$，则有

$$\boldsymbol{x}^{(k)}-\boldsymbol{x}^{(m)}=\sum_{i=k}^{m-1}\left(\boldsymbol{x}^{(i)}-\boldsymbol{x}^{(i+1)}\right)$$

$$\begin{aligned}\left\|\boldsymbol{x}^{(k)}-\boldsymbol{x}^{(m)}\right\|&\leqslant\sum_{i=k}^{m-1}\left\|\boldsymbol{x}^{(i)}-\boldsymbol{x}^{(i+1)}\right\|\leqslant\sum_{i=k}^{m-1}\|\boldsymbol{B}\|^i\left\|\boldsymbol{x}^{(0)}-\boldsymbol{x}^{(1)}\right\|\\&=\|\boldsymbol{B}\|^k\frac{1-\|\boldsymbol{B}\|^{m-k}}{1-\|\boldsymbol{B}\|}\left\|\boldsymbol{x}^{(0)}-\boldsymbol{x}^{(1)}\right\|\end{aligned}$$

令 $m\to\infty$，由于 $\|\boldsymbol{B}\|<1$，故由上式可得

$$\left\|\boldsymbol{x}^{(k)}-\boldsymbol{x}^*\right\|\leqslant\frac{\|\boldsymbol{B}\|^k}{1-\|\boldsymbol{B}\|}\left\|\boldsymbol{x}^{(1)}-\boldsymbol{x}^{(0)}\right\|$$

仍设 $m>k$，则有

$$\boldsymbol{x}^{(k)}-\boldsymbol{x}^{(m)}=\sum_{i=1}^{m-k}\left(\boldsymbol{x}^{(k+i-1)}-\boldsymbol{x}^{(k+i)}\right)$$

$$\left\|\boldsymbol{x}^{(k)}-\boldsymbol{x}^{(m)}\right\|\leqslant\sum_{i=1}^{m-k}\|\boldsymbol{B}\|^i\left\|\boldsymbol{x}^{(k-1)}-\boldsymbol{x}^{(k)}\right\|=\|\boldsymbol{B}\|\frac{1-\|\boldsymbol{B}\|^{m-k}}{1-\|\boldsymbol{B}\|}\left\|\boldsymbol{x}^{(k-1)}-\boldsymbol{x}^{(k)}\right\|$$

令 $m\to\infty$，由上式可得

$$\left\|\boldsymbol{x}^{(k)}-\boldsymbol{x}^*\right\|\leqslant\frac{\|\boldsymbol{B}\|}{1-\|\boldsymbol{B}\|}\left\|\boldsymbol{x}^{(k)}-\boldsymbol{x}^{(k-1)}\right\|$$

证毕.

由 (2.5.6) 式可知：$\|\boldsymbol{B}\|$ 越小，$\left\{\boldsymbol{x}^{(k)}\right\}$ 收敛得越快，且 (2.5.6) 式还可以作为误差估计式.

由 (2.5.7) 式可以看出：当 $\|\boldsymbol{B}\|$ 不是很接近 1 时，只要 $\left\|\boldsymbol{x}^{(k)}-\boldsymbol{x}^{(k-1)}\right\|$ 足够小，就有 $\boldsymbol{x}^{(k)}$ 很接近 $\boldsymbol{x}^*$. 所以，在实际应用中，可以预先给定一个小的正数 ε，当满足

$$\left\|\boldsymbol{x}^{(k)}-\boldsymbol{x}^{(k-1)}\right\|<\varepsilon$$

或

$$\frac{\left\|\boldsymbol{x}^{(k)}-\boldsymbol{x}^{(k-1)}\right\|}{\left\|\boldsymbol{x}^{(k)}\right\|}<\varepsilon$$

时，停止迭代，并用当前的 $\boldsymbol{x}^{(k)}$ 作为方程组 (2.5.1) 的近似解.

但是，如果 $\|\boldsymbol{B}\|$ 很接近 1，那么即使 $\left\|\boldsymbol{x}^{(k)}-\boldsymbol{x}^{(k-1)}\right\|$ 很小，也不能断定 $\boldsymbol{x}^{(k)}$ 很接近 $\boldsymbol{x}^*$. 此外，由于计算机上舍入误差的影响，不要认为只要 $\|\boldsymbol{B}\|<1$ 就能在迭代过程中使 $\boldsymbol{x}^{(k)}$ 任意接近 $\boldsymbol{x}^*$. 如果方程组 (2.5.1) 是病态的，即矩阵 $\boldsymbol{I}-\boldsymbol{B}$ 的条件数很大，那么即使迭代次数大量增加，也未必能得到好的结果.

2.5.3　Jacobi 迭代法

考察线性方程组 $\boldsymbol{A}\boldsymbol{x}=\boldsymbol{b}$，设 $\boldsymbol{A}$ 为非奇异的 n 阶方阵，且它的对角线元素 $a_{ii}\neq 0(i=1,2,\cdots,n)$. 此时，可将矩阵 $\boldsymbol{A}$ 改写为如下形式：

$$\boldsymbol{A}=\boldsymbol{D}+\boldsymbol{L}+\boldsymbol{U}$$

其中，$\boldsymbol{D}$ 为对角阵，它的元素是 $\boldsymbol{A}$ 的对角线元素，即 $\boldsymbol{D}=\operatorname{diag}(a_{11},a_{22},\cdots,a_{nn})$；矩阵 $\boldsymbol{L}$ 和 $\boldsymbol{U}$ 分别是对角线元素为零的下三角阵和上三角阵，它们的元素分别为位于矩阵 $\boldsymbol{A}$ 的对角线下方与上方的元素. 即

$$\boldsymbol{L}=\begin{bmatrix} 0 & & & & \\ a_{21} & 0 & & & \\ a_{31} & a_{32} & 0 & & \\ \vdots & \vdots & & \ddots & \\ a_{n1} & a_{n2} & \cdots & a_{n,n-1} & 0 \end{bmatrix},\quad \boldsymbol{U}=\begin{bmatrix} 0 & a_{12} & a_{13} & \cdots & a_{1n} \\ & 0 & a_{23} & \cdots & a_{2n} \\ & & 0 & & a_{3n} \\ & & & \ddots & \vdots \\ & & & & 0 \end{bmatrix}$$

于是，线性方程组 $\boldsymbol{A}\boldsymbol{x}=\boldsymbol{b}$ 可改写为

$$\boldsymbol{D}\boldsymbol{x}=-(\boldsymbol{L}+\boldsymbol{U})\boldsymbol{x}+\boldsymbol{b}$$

由假设知 $\boldsymbol{D}^{-1}$ 存在，上式两端同时左乘 $\boldsymbol{D}^{-1}$ 得到

$$\boldsymbol{x}=-\boldsymbol{D}^{-1}(\boldsymbol{L}+\boldsymbol{U})\boldsymbol{x}+\boldsymbol{D}^{-1}\boldsymbol{b}$$

从而得到如下的迭代公式：

$$\boldsymbol{x}^{(k+1)}=-\boldsymbol{D}^{-1}(\boldsymbol{L}+\boldsymbol{U})\boldsymbol{x}^{(k)}+\boldsymbol{D}^{-1}\boldsymbol{b} \tag{2.5.8}$$

(2.5.8) 式称为解方程组 $\boldsymbol{A}\boldsymbol{x}=\boldsymbol{b}$ 的 Jacobi 迭代法. 此时，迭代矩阵记为

$$\boldsymbol{B}_{\mathrm{J}}=-\boldsymbol{D}^{-1}(\boldsymbol{L}+\boldsymbol{U})=\boldsymbol{I}-\boldsymbol{D}^{-1}\boldsymbol{A}$$

$\boldsymbol{B}_{\mathrm{J}}$ 的展开形式为

$$\boldsymbol{B}_{\mathrm{J}} = \begin{bmatrix} 0 & -\dfrac{a_{12}}{a_{11}} & \cdots & -\dfrac{a_{1n}}{a_{11}} \\ -\dfrac{a_{21}}{a_{22}} & 0 & \cdots & -\dfrac{a_{2n}}{a_{22}} \\ \vdots & \vdots & & \vdots \\ -\dfrac{a_{n1}}{a_{nn}} & -\dfrac{a_{n2}}{a_{nn}} & \cdots & 0 \end{bmatrix}$$

Jacobi 迭代法的分量形式如下：

$$x_i^{(k+1)} = \frac{1}{a_{ii}}\left(b_i - \sum_{m=1}^{i-1} a_{im}x_m^{(k)} - \sum_{m=i+1}^{n} a_{im}x_m^{(k)}\right), \quad i = 1, 2, \cdots, n; k = 0, 1, 2, \cdots$$

2.5.4 Gauss-Seidel 迭代法

容易看出，在 Jacobi 迭代法中，每次迭代使用的变量值是上一次迭代结果的全部分量 $x_i^{(k)}(i = 1, 2, \cdots, n)$. 实际上，在计算 $x_i^{(k+1)}$ 时，最新的分量值 $x_1^{(k+1)}$, $x_2^{(k+1)}, \cdots, x_{i-1}^{(k+1)}$ 在本次迭代中已经算出，但没有被利用. 事实上，如果 Jacobi 迭代法收敛，最新一次计算出的分量一般都比上一次结果中旧的分量更加逼近精确解. 因此，若在计算 $x_i^{(k+1)}$ 时，利用刚刚计算得到的新分量值 $x_1^{(k+1)}, x_2^{(k+1)}, \cdots, x_{i-1}^{(k+1)}$ 对 Jacobi 迭代法加以修改，则可得迭代公式

$$x_i^{(k+1)} = \frac{1}{a_{ii}}\left(b_i - \sum_{m=1}^{i-1} a_{im}x_m^{(k+1)} - \sum_{m=i+1}^{n} a_{im}x_m^{(k)}\right), \quad i = 1, 2, \cdots, n, k = 0, 1, 2, \cdots \tag{2.5.9}$$

写成矩阵形式并进一步整理可得

$$\boldsymbol{x}^{(k+1)} = -(\boldsymbol{D}+\boldsymbol{L})^{-1}\boldsymbol{U}\boldsymbol{x}^{(k)} + (\boldsymbol{D}+\boldsymbol{L})^{-1}\boldsymbol{b}, \quad k = 0, 1, 2, \cdots \tag{2.5.10}$$

(2.5.9) 式或 (2.5.10) 式称为 Gauss-Seidel 迭代法，它们分别是该方法的分量形式和矩阵形式. 该方法的迭代矩阵为

$$\boldsymbol{B}_{\mathrm{G}} = -(\boldsymbol{D}+\boldsymbol{L})^{-1}\boldsymbol{U}$$

在实际问题中使用 Gauss-Seidel 迭代方法时，为避免求 $\boldsymbol{D}+\boldsymbol{L}$ 的逆，通常将迭代公式 (2.5.10) 改写为

$$(\boldsymbol{D}+\boldsymbol{L})\boldsymbol{x}^{(k+1)} = -\boldsymbol{U}\boldsymbol{x}^{(k)} + \boldsymbol{b}$$
$$\boldsymbol{D}\boldsymbol{x}^{(k+1)} = -\boldsymbol{L}\boldsymbol{x}^{(k+1)} - \boldsymbol{U}\boldsymbol{x}^{(k)} + \boldsymbol{b}$$

$$\boldsymbol{x}^{(k+1)} = -\boldsymbol{D}^{-1}\boldsymbol{L}\boldsymbol{x}^{(k+1)} - \boldsymbol{D}^{-1}\boldsymbol{U}\boldsymbol{x}^{(k)} + \boldsymbol{D}^{-1}\boldsymbol{b}$$

其对应的分量形式为

$$x_i^{(k+1)} = -\sum_{m=1}^{i-1}\frac{a_{im}}{a_{ii}}x_m^{(k+1)} - \sum_{m=i+1}^{n}\frac{a_{im}}{a_{ii}}x_m^{(k)} + \frac{b_i}{a_{ii}}, \quad i=1,2,\cdots,n;\ k=0,1,2,\cdots$$

例 2.9　分别利用 Jacobi 迭代法和 Gauss-Seidel 迭代法求解下面的方程组

$$\begin{cases} 4x_1 - x_2 = 2 \\ -x_1 + 4x_2 - x_3 = 6 \\ -x_2 + 4x_3 = 2 \end{cases}$$

初始解向量取为 $\boldsymbol{x}^{(0)} = (0,0,0)^{\mathrm{T}}$.

解　由 Jacobi 迭代公式可得

$$\begin{cases} x_1^{(k+1)} = \dfrac{1}{4}(2 + x_2^{(k)}) \\ x_2^{(k+1)} = \dfrac{1}{4}(6 + x_1^{(k)} + x_3^{(k)}), \qquad k=0,1,2,\cdots \\ x_3^{(k+1)} = \dfrac{1}{4}(2 + x_2^{(k)}) \end{cases}$$

进行 4 次迭代的结果如下:

$$\begin{aligned} \boldsymbol{x}^{(1)} &= (0.5, 1.5, 0.5)^{\mathrm{T}} \\ \boldsymbol{x}^{(2)} &= (0.875, 1.75, 0.875)^{\mathrm{T}} \\ \boldsymbol{x}^{(3)} &= (0.938, 1.938, 0.938)^{\mathrm{T}} \\ \boldsymbol{x}^{(4)} &= (0.984, 1.969, 0.984)^{\mathrm{T}} \end{aligned}$$

由 Gauss-Seidel 迭代公式可得

$$\begin{cases} x_1^{(k+1)} = \dfrac{1}{4}(2 + x_2^{(k)}) \\ x_2^{(k+1)} = \dfrac{1}{4}(6 + x_1^{(k+1)} + x_3^{(k)}), \quad k=0,1,2,\cdots \\ x_3^{(k+1)} = \dfrac{1}{4}(2 + x_2^{(k+1)}) \end{cases}$$

进行 4 次迭代的结果如下:

$$\begin{aligned} \boldsymbol{x}^{(1)} &= (0.5, 1.625, 0.9063)^{\mathrm{T}} \\ \boldsymbol{x}^{(2)} &= (0.9063, 1.9532, 0.9883)^{\mathrm{T}} \\ \boldsymbol{x}^{(3)} &= (0.9883, 2.0, 0.9985)^{\mathrm{T}} \\ \boldsymbol{x}^{(4)} &= (0.9985, 1.999, 0.9998)^{\mathrm{T}} \end{aligned}$$

从这个例子中可以看出，两种迭代法作出的向量序列 $\{\boldsymbol{x}^{(k)}\}$ 均逐步逼近方程组的精确解

$$\boldsymbol{x}^* = (1,2,1)^{\mathrm{T}}$$

且 Gauss-Seidel 迭代法收敛速度较快. 通常情况下，当这两种迭代法都收敛时，Gauss-Seidel 迭代法收敛速度更快一些. 但也存在这样的方程组，对 Jacobi 迭代法收敛，而对 Gauss-Seidel 迭代法却是发散的.

2.5.5 超松弛 SOR 迭代法

为了加快迭代法的收敛速度，可将 Gauss-Seidel 迭代法 (2.5.9) 改写为

$$\begin{aligned} x_i^{(k+1)} =& x_i^{(k)} + \frac{1}{a_{ii}}\left(b_i - \sum_{m=1}^{i-1} a_{im}x_m^{(k+1)} - \sum_{m=i}^{n} a_{im}x_m^{(k)}\right), \\ & i=1,2,\cdots,n; k=0,1,2,\cdots \end{aligned} \tag{2.5.11}$$

并记

$$r_i^{(k+1)} = \frac{1}{a_{ii}}\left(b_i - \sum_{m=1}^{i-1} a_{im}x_m^{(k+1)} - \sum_{m=i}^{n} a_{im}x_m^{(k)}\right)$$

称 $r_i^{(k+1)}$ 为第 $k+1$ 步迭代结果的第 i 个分量的误差量. 当迭代法收敛时，显然有

$$r_i^{(k+1)} \to 0(k\to\infty), \quad i=1,2,\cdots,n$$

为了获得收敛速度更快的迭代法，引入松弛因子 $\omega\in\mathbb{R}$，对误差量 $r_i^{(k+1)}$ 加以修正，将 (2.5.11) 式修改为新的迭代公式

$$x_i^{(k+1)} = x_i^{(k)} + \omega r_i^{(k+1)}, \quad i=1,2,\cdots,n; k=0,1,2,\cdots$$

即

$$\begin{aligned} x_i^{(k+1)} =& x_i^{(k)} + \frac{\omega}{a_{ii}}\left(b_i - \sum_{m=1}^{i-1} a_{im}x_m^{(k+1)} - \sum_{m=i}^{n} a_{im}x_m^{(k)}\right), \\ & i=1,2,\cdots,n; k=0,1,2,\cdots \end{aligned} \tag{2.5.12}$$

适当选取松弛因子 ω，使得 (2.5.12) 式比 Gauss-Seidel 迭代法的收敛速度更快. 称 (2.5.12) 式为**超松弛迭代法**，简称 **SOR 方法**. 特别当 $\omega=1$ 时，SOR 方法就退化为 **Gauss-Seidel 迭代法**.

经过整理，(2.5.12) 式可写成矩阵形式

$$\boldsymbol{x}^{(k+1)} = (\boldsymbol{D}+\omega\boldsymbol{L})^{-1}[(1-\omega)\boldsymbol{D}-\omega\boldsymbol{U}]\boldsymbol{x}^{(k)} + \omega(\boldsymbol{D}+\omega\boldsymbol{L})^{-1}\boldsymbol{b}, \quad k=0,1,2,\cdots \tag{2.5.13}$$

迭代矩阵为

$$B_\omega = (D+\omega L)^{-1}[(1-\omega)D-\omega U]$$

那么该如何确定松弛因子 ω 的取值以确保 SOR 迭代法收敛呢?

定理 2.12　SOR 方法收敛的必要条件是松弛因子 $0<\omega<2$.

证明　设 B_ω 的特征值为 $\lambda_1,\lambda_2,\cdots,\lambda_n$，则

$$|B_\omega| = |\lambda_1\lambda_2\cdots\lambda_n| \leqslant [\rho(B_\omega)]^n$$

根据定理 2.10 可知，迭代法 (2.5.13) 收敛的充要条件是

$$\rho(B_\omega)<1$$

故要使 SOR 方法收敛，则应有

$$|B_\omega|^{\frac{1}{n}}<1$$

而

$$|B_\omega| = |(D+\omega L)^{-1}[(1-\omega)D-\omega U]| = (1-\omega)^n$$

所以成立关系式

$$|1-\omega|<1$$

即

$$0<\omega<2$$

证毕.

上述定理表明，松弛因子 $\omega\in(0,2)$ 是 SOR 方法收敛的必要条件. 但当 $\omega\in(0,2)$ 时，并非对任意类型的矩阵 A，解线性方程组 $Ax=b$ 的 SOR 方法都是收敛的. 目前已对许多类型的系数矩阵研究过 SOR 方法的收敛问题. 这里给出一个结论.

当 SOR 方法收敛时，通常希望选择一个最佳的松弛因子 ω_{opt} 使 SOR 方法的收敛速度达到最快. 然而遗憾的是，目前尚无确定最佳超松弛因子 ω_{opt} 的一般理论结果. 实际计算时，大部分是由相关领域的经验或通过试算法来确定 ω_{opt} 的近似值. 所谓试算法就是从同一初始解向量出发，取不同的松弛因子 ω 迭代相同的次数 (注意: 迭代次数不应太少)，然后比较其相应的误差向量 $r^{(k)}=b-Ax^{(k)}$(或相邻两次迭代结果的差 $x^{(k)}-x^{(k-1)}$)，并取使其范数达到最小的松弛因子 ω 作为最佳松弛因子 ω_{opt} 的近似值. 实践证明，试算法虽然简单，但往往是行之有效的.

目前仅针对某些特殊类型的系数矩阵有确定 ω_{opt} 的公式. 例如在求解一类椭圆型方程数值解的过程中得到的线性方程组 $Ax=b$，当矩阵 A 具有某种性质时，Young 于 1950 年给出了一个最佳松弛因子计算公式

$$\omega_{\text{opt}} = \frac{2}{\sqrt{1-\rho^2(B_{\text{J}})}+1}$$

其中，$\rho(B_{\text{J}})$ 是 Jacobi 迭代法迭代矩阵的谱半径.

然而，在实际应用中，一般来说计算 $\rho(\boldsymbol{B}_{\mathrm{J}})$ 比较困难. 因此人们通常利用计算经验或试算的方法确定 ω_{opt} 的一个近似值.

例 2.10 求解线性方程组 $\boldsymbol{Ax}=\boldsymbol{b}$，其中

$$\boldsymbol{A}=\begin{bmatrix}1 & -0.30009 & 0 & -0.30898\\ -0.30009 & 1 & -0.46691 & 0\\ 0 & -0.46691 & 1 & -0.27471\\ -0.30898 & 0 & -0.27471 & 1\end{bmatrix}$$

$$\boldsymbol{b}=(5.32088, 6.07624, -8.80455, 2.67600)^{\mathrm{T}}$$

解 分别用 Jacobi 迭代法、Gauss-Seidel 迭代法、SOR 迭代法进行求解，并将计算结果列入表 2.1～ 表 2.3 中. 已知方程组的精确解 (保留五位有效数字) 为

$$\boldsymbol{x}^*=(8.4877, 6.4275, -4.7028, 4.0066)^{\mathrm{T}}$$

计算结果表明: 若要求出精确到小数点后两位的近似解，Jacobi 迭代法需要迭代 21 次，Gauss-Seidel 迭代法需要迭代 9 次，而 SOR 迭代法仅需迭代 7 次.

表 2.1 Jacobi 迭代法计算结果

k	$x_1^{(k)}$	$x_2^{(k)}$	$x_3^{(k)}$	$x_4^{(k)}$	$\|\|r^{(k)}\|\|_2$
0	0	0	0	0	12.3095
1	5.3209	6.0762	−8.8046	2.6760	5.3609
2	7.9711	3.5621	−5.2324	1.9014	3.6318
⋮	⋮	⋮	⋮	⋮	⋮
20	8.4872	6.4263	−4.7035	4.0041	0.0041
21	8.4860	6.4271	−4.7050	4.0063	0.0028

表 2.2 Gauss-Seidel 迭代法计算结果

k	$x_1^{(k)}$	$x_2^{(k)}$	$x_3^{(k)}$	$x_4^{(k)}$	$\|\|r^{(k)}\|\|_2$
0	0	0	0	0	12.3095
1	5.3209	7.6730	−5.2220	2.8855	3.6202
2	8.5150	6.1933	−5.1201	3.9004	0.4909
⋮	⋮	⋮	⋮	⋮	⋮
8	8.4832	6.4228	−4.7064	4.0043	0.0078
9	8.4855	6.4252	−4.7055	4.0055	0.0038

表 2.3　SOR 迭代法计算结果 ($\omega = 1.16$)

k	$x_1^{(k)}$	$x_2^{(k)}$	$x_3^{(k)}$	$x_4^{(k)}$	$\|r^{(k)}\|_2$
0	0	0	0	0	12.3095
1	6.1722	9.1970	−5.2320	3.6492	3.6659
2	9.6941	6.1177	−4.8999	4.4335	1.3313
⋮	⋮	⋮	⋮	⋮	⋮
6	8.4842	6.4253	−4.7005	4.4047	0.0051
7	8.4868	6.4288	−4.7031	4.0065	0.0016

2.5.6　迭代法收敛的其他判别方法

上文提到过的收敛条件都是从迭代矩阵 $\boldsymbol{B}$ 入手，因此判断收敛之前必须先算出 $\boldsymbol{B}$ 矩阵. 而 $\boldsymbol{B}$ 是由 $\boldsymbol{A}$ 通过一定方法产生出来，即由 $\boldsymbol{A}$ 完全确定的. 这就引发了一个问题: 能否直接由矩阵 $\boldsymbol{A}$ 的性态，讨论解 $\boldsymbol{Ax} = \boldsymbol{b}$ 使用的迭代法是否收敛. 首先对于系数矩阵 $\boldsymbol{A}$ 为对称正定阵的情形，有如下结论成立.

定理 2.13　若方程组 $\boldsymbol{Ax} = \boldsymbol{b}$ 的系数矩阵 $\boldsymbol{A}$ 是对称正定阵，则 Gauss-Seidel 迭代法收敛.

定理 2.14　若 $\boldsymbol{A}$ 是对称正定阵，且 $0 < \omega < 2$，则解 $\boldsymbol{Ax} = \boldsymbol{b}$ 的 SOR 方法收敛. 证明从略.

其次在实际问题中，对角占优矩阵常作为系数矩阵出现.

定义 2.8　若 $\boldsymbol{A} = (a_{ij})_{n\times n}$ 满足

$$|a_{ii}| > \sum_{\substack{j=1\\ j\neq i}}^{n} |a_{ij}|, \quad i = 1, 2, \cdots, n \tag{2.5.14}$$

则称 $\boldsymbol{A}$ 为**严格对角占优矩阵**. 若 $\boldsymbol{A}$ 满足

$$|a_{ii}| \geqslant \sum_{\substack{j=1\\ j\neq i}}^{n} |a_{ij}|, \quad i = 1, 2, \cdots, n$$

且其中至少有一个不等式严格成立，则称 $\boldsymbol{A}$ 为**弱对角占优矩阵**.

对于系数矩阵 $\boldsymbol{A}$ 为严格对角占优矩阵的情形，有如下结论成立.

定理 2.15　若 $\boldsymbol{A}$ 为严格对角占优阵，即满足关系 (2.5.14)，则解方程组 (2.5.1) 的 Jacobi 迭代法，Gauss-Seidel 迭代法均收敛. 对于 SOR 方法，当 $0 < \omega < 1$ 时迭代法收敛.

例 2.11　设线性方程组为

$$\begin{cases} x_1 + 2x_2 = -1 \\ 3x_1 + x_2 = 2 \end{cases}$$

分别对 Jacobi 迭代法和 Gauss-Seidel 迭代法的收敛性进行讨论.

解 对该方程组直接建立迭代公式，其 Jacobi 迭代矩阵为

$$\boldsymbol{B}_{\mathrm{J}}=\begin{bmatrix}0 & -2\\ -3 & 0\end{bmatrix}$$

显然谱半径 $\rho(\boldsymbol{B}_{\mathrm{J}})=\sqrt{6}>1$，故由定理 2.10 可知 Jacobi 迭代法是发散的.

同理 Gauss-Seidel 迭代矩阵为

$$\boldsymbol{B}_{\mathrm{G}}=\begin{bmatrix}0 & -2\\ 0 & 6\end{bmatrix}$$

谱半径 $\rho(\boldsymbol{B}_{\mathrm{G}})=6>1$，故 Gauss-Seidel 迭代法也是发散的.

若交换原方程组两个方程的次序，得一等价方程组

$$\begin{cases}3x_1+x_2=2\\ x_1+2x_2=-1\end{cases}$$

其系数矩阵显然是严格对角占优阵，故由定理 2.15 可知对这一等价方程组使用 Jacobi 迭代法和 Gauss-Seidel 迭代法均是收敛的.

定理 2.16 设 $\boldsymbol{A}$ 是具有正对角线元素的对称矩阵，则解方程组 (2.5.1) 的 Jacobi 迭代法收敛的充要条件是 $\boldsymbol{A}$ 和 $2\boldsymbol{D}-\boldsymbol{A}$ 都是正定阵.

例 2.12 设线性方程组 $\boldsymbol{A}\boldsymbol{x}=\boldsymbol{b}$ 中系数矩阵 $\boldsymbol{A}$ 为

$$\boldsymbol{A}=\begin{bmatrix}1 & 0.8 & 0.8\\ 0.8 & 1 & 0.8\\ 0.8 & 0.8 & 1\end{bmatrix}$$

判断解此方程组的 Jacobi 迭代法，Gauss-Seidel 迭代法是否收敛？当 $0<\omega<2$ 时，SOR 迭代法是否收敛？

解 显然 $\boldsymbol{A}$ 是具有正对角线元素的对称阵，其顺序主子式依次为

$$\Delta_1=1,\quad \Delta_2=0.36,\quad \Delta_3=0.104$$

均大于 0，所以 $\boldsymbol{A}$ 对称正定. 由定理 2.14 可知，当 $0<\omega<2$ 时，SOR 迭代法收敛. 因为 Gauss-Seidel 迭代法是 SOR 方法中 $\omega=1$ 的特例，所以 Gauss-Seidel 迭代法也收敛.

但是，因为

$$|2\boldsymbol{D}-\boldsymbol{A}|=-1.944<0$$

可见 $2\boldsymbol{D}-\boldsymbol{A}$ 并非正定阵，故由定理 2.16 可知，Jacobi 迭代法发散.

由定理 2.11 的结论 (1) 可知：若事先给出误差精度 ε，则可得迭代次数的估计为

$$k>\left[\ln\frac{\varepsilon(1-\|\boldsymbol{B}\|)}{\|x^{(1)}-x^{(0)}\|}\Big/\ln\|\boldsymbol{B}\|\right] \tag{2.5.15}$$

例 2.13　用 Jacobi 迭代法解方程组

$$\begin{cases}20x_1+2x_2+3x_3=24\\ x_1+8x_2+x_3=12\\ 2x_1-3x_2+15x_3=30\end{cases}$$

Jacobi 迭代是否收敛？若收敛，取 $\boldsymbol{x}^{(0)}=(0,0,0)^{\mathrm{T}}$，需要迭代多少次，才能保证各分量误差的绝对值小于 10^{-6}？

解　Jacobi 迭代的分量公式为

$$\begin{cases}x_1^{(k+1)}=\dfrac{1}{20}(24-2x_2^{(k)}-3x_3^{(k)})\\ x_2^{(k+1)}=\dfrac{1}{8}(12-x_1^{(k)}-x_3^{(k)}),\quad k=0,1,2,\cdots\\ x_3^{(k+1)}=\dfrac{1}{15}(30-2x_1^{(k)}+3x_2^{(k)})\end{cases}$$

Jacobi 迭代矩阵 $\boldsymbol{B}_{\mathrm{J}}$ 为

$$\boldsymbol{B}_{\mathrm{J}}=\begin{bmatrix}0 & -\dfrac{1}{10} & -\dfrac{3}{20}\\ -\dfrac{1}{8} & 0 & -\dfrac{1}{8}\\ -\dfrac{2}{15} & \dfrac{1}{5} & 0\end{bmatrix}$$

$\|\boldsymbol{B}_{\mathrm{J}}\|_\infty=\max\left\{\dfrac{5}{20},\dfrac{2}{8},\dfrac{5}{15}\right\}=\dfrac{1}{3}<1$，故由定理 2.11 可知 Jacobi 迭代法收敛.

取 $\boldsymbol{x}^{(0)}=(0,0,0)^{\mathrm{T}}$，用迭代公式计算一次得

$$x_1^{(1)}=\frac{6}{5},\quad x_2^{(1)}=\frac{3}{2},\quad x_3^{(1)}=2$$

于是有

$$\|\boldsymbol{x}^{(1)}-\boldsymbol{x}^{(0)}\|_\infty=2$$

由估计式 (2.5.15) 有

$$i>\left[\ln\frac{10^{-6}\cdot\left(1-\dfrac{1}{3}\right)}{2}\Bigg/\ln\frac{1}{3}\right]=13$$

所以，要保证各分量误差的绝对值小于 10^{-6}，至少需要迭代 14 次.

例 2.14 用 Gauss-Seidel 迭代法解例 2.13 中的方程组，迭代法是否收敛？若收敛，取 $\boldsymbol{x}^{(0)}=(0,0,0)^{\mathrm{T}}$，需要迭代多少次，才能保证各分量误差的绝对值小于 10^{-6}？

解 Gauss-Seidel 迭代矩阵 $\boldsymbol{B}_{\mathrm{G}}$ 为

$$\boldsymbol{B}_{\mathrm{G}}=-(\boldsymbol{D}+\boldsymbol{L})^{-1}\boldsymbol{U}=\frac{1}{2400}\begin{bmatrix}0 & -240 & 360\\ 0 & 30 & -255\\ 0 & 38 & -3\end{bmatrix}$$

显然 $||\boldsymbol{B}_{\mathrm{G}}||=\dfrac{1}{4}<1$，所以迭代法收敛.

Gauss-Seidel 迭代分量公式为

$$\begin{cases} x_1^{(k+1)}=\dfrac{1}{20}(24-2x_2^{(k)}-3x_3^{(k)})\\ x_2^{(k+1)}=\dfrac{1}{8}(12-x_1^{(k+1)}-x_3^{(k)}), \quad k=0,1,2,\cdots\\ x_3^{(k+1)}=\dfrac{1}{15}(30-2x_1^{(k+1)}+3x_2^{(k+1)})\end{cases}$$

取 $\boldsymbol{x}^{(0)}=(0,0,0)^{\mathrm{T}}$，迭代一次得

$$x_1^{(1)}=1.2,\quad x_2^{(1)}=1.35,\quad x_3^{(1)}=2.11$$

于是有

$$||\boldsymbol{x}^{(1)}-\boldsymbol{x}^{(0)}||_\infty=2.11$$

由估计式 (2.5.15) 有

$$i>\left[\ln\frac{10^{-6}\cdot\left(1-\dfrac{1}{4}\right)}{2.11}\Bigg/\ln\frac{1}{4}\right]=10$$

所以，要保证各分量误差的绝对值小于 10^{-6}，至少需要迭代 11 次.

2.6 共轭梯度法

SOR 方法常用来解高阶大型线性方程组. 但松弛因子不易确定是其缺点. 而用下述共轭梯度法求解大型对称正定方程组可以克服这一困难. 为了便于说明其原理，先介绍与解线性方程组等价的极值问题，然后介绍现在已经不是特别实用的最速下降法，最后引入当下较为流行的共轭梯度法.

2.6.1　与方程组等价的变分问题

设方程组为

$$\boldsymbol{A}\boldsymbol{x}=\boldsymbol{b} \tag{2.6.1}$$

其中系数矩阵 $\boldsymbol{A}$ 对称正定. 若 $\boldsymbol{x}^{(k)}$ 是 (2.6.1) 式的一个近似解，$\boldsymbol{r}^{(k)}=\boldsymbol{b}-\boldsymbol{A}\boldsymbol{x}^{(k)}$ 就是对于 $\boldsymbol{x}^{(k)}$ 的剩余向量，简称余量. 定义关于 $\boldsymbol{x}=(x_1,x_2,\cdots,x_n)^{\mathrm{T}}$ 的一个二次函数

$$\varphi(\boldsymbol{x})=\boldsymbol{x}^{\mathrm{T}}\boldsymbol{A}\boldsymbol{x}-2\boldsymbol{b}^{\mathrm{T}}\boldsymbol{x} \tag{2.6.2}$$

我们有如下等价性定理.

定理 2.17　设 $\boldsymbol{A}$ 实对称正定，线性方程组 (2.6.1) 的解 $\boldsymbol{x}=\boldsymbol{\alpha}$ 必使二次函数 (2.6.2) 取得极小值；反之设 $\boldsymbol{x}=\boldsymbol{\alpha}$ 使二次函数 (2.6.2) 取极小值，则它必是线性方程组 (2.6.1) 的解.

证明　定义另一个二次函数

$$F(\boldsymbol{x})=\boldsymbol{r}^{\mathrm{T}}\boldsymbol{A}^{-1}\boldsymbol{r} \tag{2.6.3}$$

其中 $\boldsymbol{r}=\boldsymbol{b}-\boldsymbol{A}\boldsymbol{x}$. 将 $\boldsymbol{r}$ 代入 (2.6.3) 式,

$$\begin{aligned}F(\boldsymbol{x})&=(\boldsymbol{b}-\boldsymbol{A}\boldsymbol{x})^{\mathrm{T}}\boldsymbol{A}^{-1}(\boldsymbol{b}-\boldsymbol{A}\boldsymbol{x})\\&=\boldsymbol{b}^{\mathrm{T}}\boldsymbol{A}^{-1}\boldsymbol{b}-(\boldsymbol{A}\boldsymbol{x})^{\mathrm{T}}\boldsymbol{A}^{-1}\boldsymbol{b}-\boldsymbol{b}^{\mathrm{T}}\boldsymbol{A}^{-1}\boldsymbol{A}\boldsymbol{x}+(\boldsymbol{A}\boldsymbol{x})^{\mathrm{T}}\boldsymbol{A}^{-1}\boldsymbol{A}\boldsymbol{x}\\&=\boldsymbol{b}^{\mathrm{T}}\boldsymbol{A}^{-1}\boldsymbol{b}-\boldsymbol{x}^{\mathrm{T}}\boldsymbol{A}\boldsymbol{A}^{-1}\boldsymbol{b}-\boldsymbol{b}^{\mathrm{T}}\boldsymbol{A}^{-1}\boldsymbol{A}\boldsymbol{x}+\boldsymbol{x}^{\mathrm{T}}\boldsymbol{A}\boldsymbol{A}^{-1}\boldsymbol{A}\boldsymbol{x}\\&=\boldsymbol{b}^{\mathrm{T}}\boldsymbol{A}^{-1}\boldsymbol{b}-2\boldsymbol{b}^{\mathrm{T}}\boldsymbol{x}+\boldsymbol{x}^{\mathrm{T}}\boldsymbol{A}\boldsymbol{x}\\&=\varphi(\boldsymbol{x})+\boldsymbol{b}^{\mathrm{T}}\boldsymbol{A}^{-1}\boldsymbol{b}\end{aligned}$$

因 $\boldsymbol{b}^{\mathrm{T}}\boldsymbol{A}^{-1}\boldsymbol{b}$ 是常数，故 $F(\boldsymbol{x})$ 与 $\varphi(\boldsymbol{x})$ 只相差一个常数，同时取到最小值. 因为 $\boldsymbol{A}$ 正定，并且 $F(\boldsymbol{x})\geqslant 0$，当且仅当 $\boldsymbol{r}=\boldsymbol{0}$ 即 $\boldsymbol{A}\boldsymbol{x}=\boldsymbol{b}$ 时，$F(\boldsymbol{x})$ 取得极小值 0. 这时，$\varphi(\boldsymbol{x})$ 也取得极小值.

这样解线性方程组 (2.6.1) 的问题就转化为等价的求二次函数 $\varphi(\boldsymbol{x})$ 的极小值问题.

2.6.2　最速下降法

设 $\boldsymbol{x}^{(k)}$, $\boldsymbol{y}$ 为已知近似解和某一方向向量，求一实数 α，使得对任意的实数 $c\neq\alpha$ 有

$$F(\boldsymbol{x}^{(k)}+\alpha\boldsymbol{y})\leqslant F(\boldsymbol{x}^{(k)}+c\boldsymbol{y})$$

称此问题为沿已知方向求函数 $\varphi(\boldsymbol{x})$ 极小值的一维搜索问题.

定理 2.18 设

$$\boldsymbol{r}^{(k)}=\boldsymbol{b}-\boldsymbol{A}\boldsymbol{x}^{(k)},\quad \alpha=\frac{\boldsymbol{y}^{\mathrm{T}}\boldsymbol{r}^{(k)}}{\boldsymbol{y}^{\mathrm{T}}\boldsymbol{A}\boldsymbol{y}} \tag{2.6.4}$$

则当任意的 $c\neq\alpha$ 时，$\varphi(\boldsymbol{x}^{(k)}+\alpha\boldsymbol{y})\leqslant\varphi(\boldsymbol{x}^{(k)}+c\boldsymbol{y})$.

证明

$$\begin{aligned}
&\varphi(\boldsymbol{x}^{(k)}+\alpha\boldsymbol{y})\\
&=(\boldsymbol{x}^{(k)}+\alpha\boldsymbol{y})^{\mathrm{T}}\boldsymbol{A}(\boldsymbol{x}^{(k)}+\alpha\boldsymbol{y})-2\boldsymbol{b}^{\mathrm{T}}(\boldsymbol{x}^{(k)}+\alpha\boldsymbol{y})\\
&=\boldsymbol{x}^{(k)\mathrm{T}}\boldsymbol{A}\boldsymbol{x}^{(k)}+\alpha\boldsymbol{y}^{\mathrm{T}}\boldsymbol{A}\boldsymbol{x}^{(k)}+\alpha\boldsymbol{x}^{(k)\mathrm{T}}\boldsymbol{A}\boldsymbol{y}+\alpha^2\boldsymbol{y}^{\mathrm{T}}\boldsymbol{A}\boldsymbol{y}-2\boldsymbol{b}^{\mathrm{T}}\boldsymbol{x}^{(k)}-2\alpha\boldsymbol{b}^{\mathrm{T}}\boldsymbol{y}\\
&=\alpha^2\boldsymbol{y}^{\mathrm{T}}\boldsymbol{A}\boldsymbol{y}+[2\alpha\boldsymbol{y}^{\mathrm{T}}\boldsymbol{A}\boldsymbol{x}^{(k)}-2\alpha\boldsymbol{y}^{\mathrm{T}}\boldsymbol{b}]+[\boldsymbol{x}^{(k)\mathrm{T}}\boldsymbol{A}\boldsymbol{x}^{(k)}-2\boldsymbol{b}^{\mathrm{T}}\boldsymbol{x}^{(k)}]\\
&=\alpha^2\boldsymbol{y}^{\mathrm{T}}\boldsymbol{A}\boldsymbol{y}-2\alpha\boldsymbol{y}^{\mathrm{T}}\boldsymbol{r}^{(k)}+\varphi(\boldsymbol{x}^{(k)})
\end{aligned}$$

这是关于 α 的二次三项式，可知其极小值点为 $\boldsymbol{x}^{(k)}+\alpha\boldsymbol{y}$. 证毕.

即当我们用迭代法求 $\varphi(\boldsymbol{x})$ 的极小值时，如果给出第 k 次近似值 $\boldsymbol{x}^{(k)}$ 和搜索方向 $\boldsymbol{y}$，则第 $k+1$ 次近似值应为

$$\boldsymbol{x}^{(k+1)}=\boldsymbol{x}^{(k)}+\alpha\boldsymbol{y}$$

其中 α 由 (2.6.4) 式给出.

现在的问题是确定每步的搜索方向 $\boldsymbol{y}$. 一个简单而自然的想法是选择函数 $\varphi(\boldsymbol{x})$ 在点 $\boldsymbol{x}^{(k)}$ 下降最快的方向，这就是最速下降法的核心所在. 由微积分基本知识可知，这个方向是 $\varphi(\boldsymbol{x})$ 在点 $\boldsymbol{x}^{(k)}$ 的负梯度方向 $-\nabla\varphi(\boldsymbol{x}^{(k)})$. 由多元函数微分学可以得到

$$-\nabla\varphi(\boldsymbol{x}^{(k)})=\begin{bmatrix}\dfrac{\partial\varphi(\boldsymbol{x}^{(k)})}{\partial x_1}\\ \dfrac{\partial\varphi(\boldsymbol{x}^{(k)})}{\partial x_2}\\ \vdots\\ \dfrac{\partial\varphi(\boldsymbol{x}^{(k)})}{\partial x_n}\end{bmatrix}=\begin{bmatrix}2\displaystyle\sum_{i=1}^{n}a_{1j}x_j^{(k)}-2b_1\\ 2\displaystyle\sum_{i=1}^{n}a_{2j}x_j^{(k)}-2b_2\\ \vdots\\ 2\displaystyle\sum_{i=1}^{n}a_{nj}x_j^{(k)}-2b_n\end{bmatrix}=-2(\boldsymbol{b}-\boldsymbol{A}\boldsymbol{x}^{(k)})=-2\boldsymbol{r}^{(k)}$$

可见，负梯度方向 $-\nabla\varphi(\boldsymbol{x}^{(k)})$ 就是 $\boldsymbol{r}^{(k)}=\boldsymbol{b}-\boldsymbol{A}\boldsymbol{x}^{(k)}$ 的方向. 于是根据定理 2.17，取搜索方向 $\boldsymbol{y}=\boldsymbol{r}^{(k)}=\boldsymbol{b}-\boldsymbol{A}\boldsymbol{x}^{(k)}$，这时

$$\alpha_k=\frac{\boldsymbol{r}^{(k)\mathrm{T}}\boldsymbol{r}^{(k)}}{\boldsymbol{r}^{(k)\mathrm{T}}\boldsymbol{A}\boldsymbol{r}^{(k)}}$$

最速下降法的算法描述如下：

PROCEDURE FFAST($\boldsymbol{A}$, $\boldsymbol{b}$, $\boldsymbol{x}^{(0)}$, ε, $\boldsymbol{x}$)

INPUT $\boldsymbol{A}$, $\boldsymbol{b}$, $\boldsymbol{x}^{(0)}$, $\boldsymbol{\varepsilon}$

$\boldsymbol{x} \leftarrow \boldsymbol{x}^{(0)}$

$\boldsymbol{r} \leftarrow \boldsymbol{b} - \boldsymbol{A}\boldsymbol{x}$

WHILE ($\|\boldsymbol{r}\| \geqslant \varepsilon$) DO

{

$\alpha \leftarrow (\boldsymbol{r}^{\mathrm{T}}\boldsymbol{r})/(\boldsymbol{r}^{\mathrm{T}}\boldsymbol{A}\boldsymbol{r})$

$\boldsymbol{x} \leftarrow \boldsymbol{x} + \alpha\boldsymbol{r}$

$\boldsymbol{r} \leftarrow \boldsymbol{b} - \boldsymbol{A}\boldsymbol{x}$

}

OUTPUT $\boldsymbol{x}$

RETURN

最速下降法得到的迭代序列能收敛于 $\boldsymbol{A}\boldsymbol{x} = \boldsymbol{b}$ 的解，但并不是收敛很快的方法，有估计式

$$\left|\varphi(\boldsymbol{x}^{(k+1)})\right| \leqslant \left(1 - \frac{1}{\|\boldsymbol{A}\|_2 \left\|\boldsymbol{A}^{-1}\right\|_2}\right) \left|\varphi(\boldsymbol{x}^{(k)})\right|$$

可见当条件数 $\|\boldsymbol{A}\|_2 \left\|\boldsymbol{A}^{-1}\right\|_2 = \lambda_1/\lambda_n$ 较大，即正定矩阵 $\boldsymbol{A}$ 的最大特征值 λ_1 比最小特征值 λ_n 大很多时，最速下降法收敛很慢. 因此现在最速下降法已不常用.

2.6.3　共轭梯度法

定义 2.9　设 $\boldsymbol{A}$ 是实对称正定矩阵，$\boldsymbol{x}$，$\boldsymbol{y}$ 是实向量，如果

$$\boldsymbol{x}^{\mathrm{T}}\boldsymbol{A}\boldsymbol{y} = \boldsymbol{y}^{\mathrm{T}}\boldsymbol{A}\boldsymbol{x} = 0$$

则称向量 $\boldsymbol{x}$ 和向量 $\boldsymbol{y}$ $\boldsymbol{A}$-共轭或 $\boldsymbol{A}$-正交. 如果 n 维实向量组

$$\left\{\boldsymbol{p}^{(0)}, \boldsymbol{p}^{(1)}, \cdots, \boldsymbol{p}^{(n-1)}\right\} \tag{2.6.5}$$

中的每一个向量都是非零向量，并且当 $i \neq j$ 时有

$$\boldsymbol{p}^{(i)\mathrm{T}}\boldsymbol{A}\boldsymbol{p}^{(j)} = 0$$

就说向量组 (2.6.5) 是 $\boldsymbol{A}$-共轭系或 $\boldsymbol{A}$-正交系. 显然当 $\boldsymbol{A}$ 是单位阵时，$\boldsymbol{A}$-正交就是通常所说的正交，所以 $\boldsymbol{A}$-正交是正交的推广，$\boldsymbol{A}$-正交系是正交系的推广. $\boldsymbol{A}$-共轭向量系的性质如下.

引理 2.1　$\boldsymbol{A}$-共轭系必然线性无关.

证明 实向量组 $\{\boldsymbol{p}^{(0)},\boldsymbol{p}^{(1)},\cdots,\boldsymbol{p}^{(n-1)}\}$ $\boldsymbol{A}$-共轭，设有常数 $c_i(i=0,1,\cdots,n-1)$，使

$$c_0\boldsymbol{p}^{(0)}+c_1\boldsymbol{p}^{(1)}+\cdots+c_{n-1}\boldsymbol{p}^{(n-1)}=0$$

以 $\boldsymbol{p}^{(i)\mathrm{T}}\boldsymbol{A}$ 左乘上式，得

$$c_i\boldsymbol{p}^{(i)\mathrm{T}}\boldsymbol{A}\boldsymbol{p}^{(j)}=0,\quad i=0,1,\cdots,n-1$$

因为 $\boldsymbol{A}$ 对称正定，$\boldsymbol{p}^{(i)}$ 是非零向量，所以 $\boldsymbol{p}^{(i)\mathrm{T}}\boldsymbol{A}\boldsymbol{p}^{(j)}>0$，于是只能有 $c_i=0(i=0,1,\cdots,n-1)$，因此 $\{\boldsymbol{p}^{(0)},\boldsymbol{p}^{(1)},\cdots,\boldsymbol{p}^{(n-1)}\}$ 线性无关.

于是 $\{\boldsymbol{p}^{(0)},\boldsymbol{p}^{(1)},\cdots,\boldsymbol{p}^{(n-1)}\}$ 可以作为 n 维空间的一组基，即 n 维空间的任意向量 $\boldsymbol{p}$ 可以用它们的线性组合来表示

$$\boldsymbol{p}=c_0\boldsymbol{p}^{(0)}+c_1\boldsymbol{p}^{(1)}+\cdots+c_{n-1}\boldsymbol{p}^{(n-1)}$$

证毕.

如果在迭代法求解 $\varphi(\boldsymbol{x})$ 极小值的过程中，选取每一步的搜索方向为 $\boldsymbol{A}$-共轭向量，则可望得到更快的收敛速度，这就是共轭梯度法. 下面给出共轭梯度法的计算步骤.

(1) 首先任取一向量 $\boldsymbol{x}^{(0)}$ 作为初始向量，计算

$$\boldsymbol{r}^{(0)}=\boldsymbol{b}-\boldsymbol{A}\boldsymbol{x}^{(0)}$$

$$\boldsymbol{p}^{(0)}=\boldsymbol{r}^{(0)}$$

(2) 对 $k=0,1,2,\cdots$,

$$\alpha_k=\boldsymbol{p}^{(k)\mathrm{T}}\boldsymbol{r}^{(k)}/\boldsymbol{p}^{(k)\mathrm{T}}\boldsymbol{A}\boldsymbol{p}^{(k)} \tag{2.6.6}$$

$$\boldsymbol{x}^{(k+1)}=\boldsymbol{x}^{(k)}+\alpha_k\boldsymbol{p}^{(k)}$$

$$\boldsymbol{r}^{(k+1)}=\boldsymbol{r}^{(k)}-\alpha_k\boldsymbol{A}\boldsymbol{p}^{(k)} \tag{2.6.7}$$

$$\beta_k=-\boldsymbol{p}^{(k)\mathrm{T}}\boldsymbol{A}\boldsymbol{r}^{(k+1)}/\boldsymbol{p}^{(k)\mathrm{T}}\boldsymbol{A}\boldsymbol{p}^{(k)} \tag{2.6.8}$$

$$\boldsymbol{p}^{(k+1)}=\boldsymbol{r}^{(k+1)}+\beta_k\boldsymbol{p}^{(k)} \tag{2.6.9}$$

这样我们就逐步求出了向量组 $\{\boldsymbol{r}^{(i)}\}$，$\{\boldsymbol{x}^{(i)}\}$，$\{\boldsymbol{p}^{(i)}\}$ $(i=1,2,\cdots)$，当 $\left\|\boldsymbol{r}^{(i)}\right\|_\infty<\varepsilon$($\varepsilon$ 是给定的误差界) 时，退出上述运算，输出最后一次迭代的结果 $\boldsymbol{x}^{(i)}$.

下面指出这样得到的 $\{\boldsymbol{r}^{(k)}\}$ 是正交系，$\{\boldsymbol{p}^{(k)}\}$ 是 $\boldsymbol{A}$-共轭系.

定理 2.19 上述式子中求出的 $\{\boldsymbol{r}^{(k)}\}$ 是正交系，$\{\boldsymbol{p}^{(k)}\}$ 是 $\boldsymbol{A}$-共轭系.

证明 按以上步骤进行计算时，我们假定下述 $\{\boldsymbol{r}^{(k)}\}$ 均为非零向量. 如果进一步有 $\boldsymbol{r}^{(k)}=0$，则对应的 $\boldsymbol{x}^{(k)}$ 就是所求的解，计算过程到此为止.

现用数学归纳法证明定理的两个结论.

(1) 当 $\{\boldsymbol{r}^{(k)}\}$ 和 $\{\boldsymbol{p}^{(k)}\}$ 只含有一个向量时结论显然成立.

(2) 设对正整数 k, $\{\boldsymbol{r}^{(0)},\boldsymbol{r}^{(1)},\cdots,\boldsymbol{r}^{(k)}\}$ 是正交系, $\{\boldsymbol{p}^{(0)},\boldsymbol{p}^{(1)},\cdots,\boldsymbol{p}^{(k)}\}$ 是 $\boldsymbol{A}$-共轭系，则只需证明

$$\boldsymbol{r}^{(j)\mathrm{T}}\boldsymbol{r}^{(k+1)}=0,\quad j=1,2,\cdots,k \tag{2.6.10}$$

$$\boldsymbol{p}^{(j)\mathrm{T}}\boldsymbol{A}\boldsymbol{p}^{(k+1)}=0,\quad j=1,2,\cdots,k \tag{2.6.11}$$

首先证明 $\boldsymbol{p}^{(k)}\neq 0$. 由 (2.6.9) 式递推可得

$$\begin{aligned}\boldsymbol{p}^{(k)}&=\boldsymbol{r}^{(k)}+\beta_{k-1}\boldsymbol{p}^{(k-1)}\\&=\boldsymbol{r}^{(k)}+\beta_{k-1}\left[\boldsymbol{r}^{(k-1)}+\beta_{k-2}\boldsymbol{p}^{(k-2)}\right]\\&=\cdots\\&=\boldsymbol{r}^{(k)}+\beta_{k-1}\boldsymbol{r}^{(k-1)}+\beta_{k-1}\beta_{k-2}\boldsymbol{r}^{(k-2)}+\cdots+\beta_{k-1}\beta_{k-2}\cdots\beta_0\boldsymbol{r}^{(0)}\end{aligned}$$

可知 $\boldsymbol{p}^{(k)}$ 是 $\{\boldsymbol{r}^{(0)},\boldsymbol{r}^{(1)},\cdots,\boldsymbol{r}^{(k)}\}$ 的线性组合. 所以

$$\boldsymbol{r}^{(k)\mathrm{T}}\boldsymbol{p}^{(k)}=\boldsymbol{r}^{(k)\mathrm{T}}\boldsymbol{r}^{(k)}\neq 0 \tag{2.6.12}$$

可知 $\boldsymbol{p}^{(k)}\neq\boldsymbol{0}$，由此可推出 $\boldsymbol{p}^{(k)\mathrm{T}}\boldsymbol{A}\boldsymbol{p}^{(k)}\neq 0$，故 (2.6.6) 式和 (2.6.4) 式的分母均不为零，上述过程可以进行下去. 于是有

$$\begin{aligned}\boldsymbol{r}^{(j)\mathrm{T}}\boldsymbol{r}^{(k+1)}&=\boldsymbol{r}^{(j)\mathrm{T}}(\boldsymbol{r}^{(k)}-\alpha_k\boldsymbol{A}\boldsymbol{p}^{(k)})\\&=\boldsymbol{r}^{(j)\mathrm{T}}\boldsymbol{r}^{(k)}-\alpha_k(\boldsymbol{p}^{(j)}-\beta_{j-1}\boldsymbol{p}^{(j-1)})^{\mathrm{T}}\boldsymbol{A}\boldsymbol{p}^{(k)}\\&=\boldsymbol{r}^{(j)\mathrm{T}}\boldsymbol{r}^{(k)}-\alpha_k\boldsymbol{p}^{(j)\mathrm{T}}\boldsymbol{A}\boldsymbol{p}^{(k)}+\alpha_k\beta_{j-1}\boldsymbol{p}^{(j-1)\mathrm{T}}\boldsymbol{A}\boldsymbol{p}^{(k)}\end{aligned}$$

当 $j\leqslant k-1$ 时，根据归纳法的假设条件，上式右端三项均为零，当 $j=k$ 时，上式右端第三项为零，则由 (2.6.6) 式和 (2.6.12) 式可知右端前两项之和也为零，故 (2.6.10) 式得证.

由 (2.6.9) 式可知

$$\boldsymbol{p}^{(j)\mathrm{T}}\boldsymbol{A}\boldsymbol{p}^{(k+1)}=\boldsymbol{p}^{(j)\mathrm{T}}\boldsymbol{A}\boldsymbol{r}^{(k+1)}+\beta_k\boldsymbol{p}^{(j)\mathrm{T}}\boldsymbol{A}\boldsymbol{p}^{(k)}$$

当 $j=k$ 时，由 (2.6.9) 式可知上式右端为零，当 $j\leqslant k-1$ 时，由归纳法的假设条件可知上式右端第二项为零，又由 (2.6.7) 式和 (2.6.10) 式也可推出上式右端第一项为零，故 (2.6.11) 式得证.

由定理 2.19 知 $\{\boldsymbol{r}^{(k)}\}$ 是正交系，当进行到得出 n 个不为零的余向量 $\{\boldsymbol{r}^{(0)}, \boldsymbol{r}^{(1)}, \cdots, \boldsymbol{r}^{(n-1)}\}$ 时，它们已经是 n 维向量空间的一组正交基. 如果再迭代一次得到向量 $\boldsymbol{r}^{(n)}$，因为它和上述正交基中每一个向量都正交，所以只能有 $\boldsymbol{r}^{(n)}=\boldsymbol{0}$，于是得到定理 2.20.

定理 2.20 使用共轭梯度法解 $\boldsymbol{Ax}=\boldsymbol{b}$，最多迭代 n 次即可得到方程组的解.

上述定理说明共轭梯度法本质上是一种直接法，若不考虑舍入误差，则在有限步之内可以得到精确解. 但由于存在舍入误差，因此余向量 $\{\boldsymbol{r}^{(k)}\}$ 常常不能精确满足正交关系. 一般情况下 $\boldsymbol{r}^{(n)}\neq\boldsymbol{0}$，所以共轭梯度法常作为迭代法使用. 如果计算 n 步后 $\boldsymbol{r}^{(n)}$ 不能满足精度要求，就将 $\boldsymbol{x}^{(n)}$ 作为新的初始向量重新迭代，直到得出满足精度的解. 下面给出共轭梯度法的算法描述.

```
PROCEDURE FCONJ(A, b, x^(0), ε, x)
INPUT A, b, x^(0), ε
x ← x^(0)
r ← b − Ax
p ← r
WHILE (‖r‖ ⩾ ε) DO
    {
     α ← p^T r/p^T Ap
     x ← x + αp
     r ← r − αp
     β ← −p^T Ar/p^T Ap
     p ← r + βp
    }
OUTPUT x
RETURN
```

共轭梯度法在某种方式上比 Gauss 消元法简单. 例如，写出的代码看起来更简单，其中无需担心 Gauss 消元法中的行交换. 两种方法都是直接方法，即在有限次计算步骤后可以得到理论正确的解. 这就带来了两个问题：为什么共轭梯度法比 Gauss 消元法好，以及为什么共轭梯度法常常被看作是迭代方法.

为了回答这两个问题，首先计算操作的次数. 在循环中每走一轮需要一次矩阵–向量乘法 $\boldsymbol{Ax}^{(k-1)}$ 以及一些内积计算. 矩阵向量乘法本身在每一步中需要 n^2 次的乘法(以及相同数量的加法)，在所有 n 步计算中共需要 n^3 次的乘法. 和 Gauss 消元法 $\dfrac{n^3}{3}$ 的计算次数相比，显然代价更大. 但如果 $\boldsymbol{A}$ 是稀疏矩阵，情况就大不相同. 假设对于 $\frac{n^3}{3}$ 次 Gauss 消元操作，n 大得难以再将计算进行下去，并且 Gauss 消元法必须在所有步骤都完成后才能得到解 $\boldsymbol{x}$，而共轭梯度法在每一步中都会给出一个近似解 $\boldsymbol{x}^{(k)}$.

后向误差和余项的欧氏长度随着每一步运算都会下降，因而至少对于这种度量方式，$\boldsymbol{A}\boldsymbol{x}^{(k)}$ 在每一步变得和 $\boldsymbol{b}$ 越来越近. 因而通过检测 $\boldsymbol{r}^{(k)}$ 可以得到一个足够好的 $\boldsymbol{x}^{(k)}$，并不必做完 n 步. 在这种情况下，共轭梯度法和迭代法没有区别.

习　题　2

1. 证明：

(1) $||\boldsymbol{x}||_\infty \leqslant ||\boldsymbol{x}||_1 \leqslant n||\boldsymbol{x}||_\infty$;

(2) $||\boldsymbol{x}||_\infty \leqslant ||\boldsymbol{x}||_2 \leqslant \sqrt{n}||\boldsymbol{x}||_\infty$;

(3) $||\boldsymbol{x}||_2 \leqslant ||\boldsymbol{x}||_1 \leqslant \sqrt{n}||\boldsymbol{x}||_\infty$;

(4) $\frac{1}{\sqrt{n}}||\boldsymbol{A}||_{\mathrm{F}} \leqslant ||\boldsymbol{A}||_1 \leqslant \sqrt{n}||\boldsymbol{A}||_{\mathrm{F}}$.

2. 设 $\boldsymbol{A}$ 是对称正定阵，经过 Gauss 消元法一步后，$\boldsymbol{A}$ 约化

$$\begin{bmatrix} a_{11} & \boldsymbol{a} \\ \boldsymbol{0} & \boldsymbol{A}_1 \end{bmatrix}$$

其中

$$\boldsymbol{A} = (a_{ij})_{n\times n}, \quad \boldsymbol{a} = (a_{12}, \cdots, a_{1n}), \quad \boldsymbol{A}_1 = (a_{ij}^{(1)})_{(n-1)\times(n-1)} \quad (i, j \geqslant 2)$$

证明：

(1) $\boldsymbol{A}_1$ 是对称正定阵;

(2) $a_{ii}^{(1)} \leqslant a_{ii}, i = 2, \cdots, n$;

(3) $\boldsymbol{A}$ 的绝对值最大的元素必在对角线上;

(4) $\max\limits_{2\leqslant i,j\leqslant n} |a_{ij}^{(1)}| \leqslant \max\limits_{2\leqslant i,j\leqslant n} |a_{ij}|$;

(5) 从 (1), (2), (4) 推出，如果 $|a_{ij}| < 1$，则

$$|a_{ij}^{(k-1)}| < 1, \quad k = 2, \cdots, n; \quad i, j \geqslant k$$

其中 $a_{ij}^{(k-1)}$ 是 $\boldsymbol{A}$ 经第 $k-1$ 步消元后的元素;

(6) 举出 2×2 对称正定阵例子，说明不选主元 Gauss 消元法中乘数 m_{ij} 可能很大.

3. 在解线性方程组的方法中，哪个能较方便地求出系数矩阵 $\boldsymbol{A}$ 的行列式?

4. 设 $\boldsymbol{A}$ 为 n 阶非奇异矩阵，且有 Doolittle 分解 $\boldsymbol{A} = \boldsymbol{L}\boldsymbol{U}$，证明 $\boldsymbol{A}$ 的所有顺序主子式不为零.

5. 设 $\boldsymbol{A}\boldsymbol{x} = \boldsymbol{b}$，其中

$$A=\begin{bmatrix}5&7&9&10\\6&8&10&9\\7&10&8&7\\5&7&6&5\end{bmatrix},\quad b=\begin{bmatrix}1\\1\\1\\1\end{bmatrix}$$

用 Doolittle 分解方法和 Crout 分解方法解此方程组.

6. 对三阶 Hilbert 矩阵

$$A=\begin{bmatrix}1&\frac{1}{2}&\frac{1}{3}\\\frac{1}{2}&\frac{1}{2}&\frac{1}{3}\\\frac{1}{3}&\frac{1}{4}&\frac{1}{5}\end{bmatrix}$$

作 Cholesky 分解.

7. 分别用平方根法和改进的平方根法求解正定对称方程组 $Ax=b$. 其中

$$A=\begin{bmatrix}4&-1&1\\-1&4.75&2.75\\1&2.75&3.5\end{bmatrix},\quad b=\begin{bmatrix}4\\6\\7.25\end{bmatrix}$$

8. 用追赶法解三对角方程组 $Ax=b$.

(1)
$$A=\begin{bmatrix}2&1&0&0\\1&4&1&0\\0&1&4&1\\0&0&1&2\end{bmatrix},\quad b=\begin{bmatrix}1\\-2\\3\\0\end{bmatrix}$$

(2)
$$A=\begin{bmatrix}4&-1&&&\\-1&4&-1&&\\&-1&4&-1&\\&&-1&4&-1\\&&&-1&4\end{bmatrix},\quad b=\begin{bmatrix}100\\0\\0\\0\\200\end{bmatrix}$$

9. 设

$$A=\begin{bmatrix}0.6&0.5\\0.1&0.3\end{bmatrix}$$

计算 A 的 1-范数、2-范数、∞-范数及 F-范数.

10. 用列选主元 Gauss-Jordan 消元法求矩阵

$$A=\begin{bmatrix}1&1&-1\\2&1&0\\1&-1&0\end{bmatrix}$$

的逆.

11. 求证:

(1) $\mathrm{cond}(\boldsymbol{A}) \geqslant 1$;

(2) $\mathrm{cond}(\boldsymbol{AB}) \leqslant \mathrm{cond}(\boldsymbol{A})\mathrm{cond}(\boldsymbol{B})$;

(3) $\mathrm{cond}(c\boldsymbol{A}) = c\mathrm{cond}(\boldsymbol{A})$($c$ 为任意非零常数).

12. 设方程组为

$$\begin{cases} a_{11}x_1 + a_{12}x_2 = b_1, \\ a_{21}x_1 + a_{22}x_2 = b_2, \end{cases} \quad a_{11}a_{22} \neq 0$$

求证:

(1) 用 Jacobi 迭代法和 Gauss-Seidel 迭代法解此方程组时, 收敛的充要条件为

$$\left| \frac{a_{12}a_{21}}{a_{11}a_{22}} \right| < 1$$

(2) Jacobi 迭代法和 Gauss-Seidel 迭代法同时收敛或同时发散.

13. 设有方程组

$$\begin{cases} x_1 + 0.4x_2 + 0.4x_3 = 1 \\ 0.4x_1 + x_2 + 0.8x_3 = 2 \\ 0.4x_1 + 0.8x_2 + x_3 = 3 \end{cases}$$

试考察解此方程组的 Jacobi 迭代法及 Gauss-Seidel 迭代法的收敛性.

14. 设有方程组

$$\begin{cases} 3x_1 - 10x_2 = -7 \\ 9x_1 - 4x_2 = 5 \end{cases}$$

(1) 问 Jacobi 迭代法和 Gauss-Seidel 迭代法解此方程组是否收敛?

(2) 若把上述方程组交换方程次序得到新的方程组, 再问 Jacobi 迭代法和 Gauss-Seidel 迭代法解方程组是否收敛?

15. 设有方程组

$$\begin{cases} 10x_1 + 4x_2 + 4x_3 = 13 \\ 4x_1 + 10x_2 + 8x_3 = 11 \\ 4x_1 + 8x_2 + 10x_3 = 25 \end{cases}$$

试分别写出 Jacobi 迭代、Gauss-Seidel 迭代和 SOR 迭代 (取 $\omega = 1.35$) 的计算式; 并问上述三种方法是否收敛? 为什么?

16. 设

$$\boldsymbol{A} = \begin{bmatrix} 1 & a & a \\ a & 1 & a \\ a & a & 1 \end{bmatrix}$$

试问

(1) 若 $\boldsymbol{A}$ 为正定阵, a 应为哪些值?

(2) 对 a 的哪些值, 求解 $\boldsymbol{Ax} = \boldsymbol{b}$ 的 Jacobi 方法收敛?

(3) 对 a 的哪些值，求解 $\boldsymbol{A}\boldsymbol{x}=\boldsymbol{b}$ 的 Gauss-Seidel 迭代收敛?

17. 用共轭梯度法解方程组;

(1) $\begin{cases} 2x_1+x_2=3, \\ x_1+5x_2=1; \end{cases}$

(2) $\begin{cases} 4x_1-x_2+2x_3=12, \\ -x_1+5x_2+3x_3=10, \\ 2x_1+3x_2+6x_3=18. \end{cases}$

第 3 章　插值法与数值逼近

CHAPTER

3.1　多项式插值

3.1.1　插值问题的提出

插值法是函数逼近的重要方法. 在生产实践和科学研究的实验中, 许多实际问题用函数 $y = f(x)$ 来表示某种内在规律的数量关系, 虽然 $f(x)$ 在某个区间 $[a, b]$ 上是存在的, 但有时不能直接写出 $f(x)$ 的表达式, 而只能给出函数 $f(x)$ 在若干个点上的函数值或导数值. 即使有的函数有解析表达式, 但由于表现复杂, 使用不便, 通常也是造一张函数表. 当遇到要求表中未列出的变量的函数值时, 就必须做数值逼近.

设给定了函数 $f(x)$ 在 $[a, b]$ 中互异的 $n+1$ 个点 x_j 上的值 $f(x_j)(j = 0, 1, \cdots, n)$, 即给出了一张函数表. 为了研究函数的变化规律, 就要根据这个表, 寻求某一函数 $y(x)$ 去逼近 $f(x)$, 而且 $y(x)$ 既能反映 $f(x)$ 的函数特性, 又便于计算. 如果要求 $y(x_j) = f(x_j)(j = 0, 1, \cdots, n)$, 就称这样的数值逼近问题为**插值逼近问题**. 称 $y(x)$ 为 $f(x)$ 的**插值函数**, $f(x)$ 为**被插值函数**, x_j 为**插值节点**. 也就是说, 插值函数 $y(x)$ 在 $n+1$ 个插值节点 x_j 处与 $f(x_j)$ 相等, 而在别处就让 $y(x)$ 近似地代替 $f(x)$. 误差函数 $E(x) = f(x) - y(x)$ 称为**插值余项**. 在实际应用插值逼近时, 要求对给定的精度 $\varepsilon > 0$ 有

$$|E(x)| < \varepsilon$$

这样的插值结果才有意义.

寻找这样的函数 $y(x)$, 其办法是很多的. $y(x)$ 既可以是一个代数多项式, 也可以是一个三角多项式、有理分式; 既可以是任意光滑函数, 也可以是分段光滑函数. 选择 $y(x)$ 的函数类不同, 逼近 $f(x)$ 的效果也不同. 所以, 插值问题的第一步就是根据实际问题选择恰当的函数类. 若选择的函数类为代数多项式, 就称此类插值问题为**多项式插值**; 若选择的函数表为有理函数, 就称为**有理插值**, 等等. 插值问题的第二步是具体构造 $y(x)$ 的表达式. 对于插值问题, 以后主要讨论如何构造 $y(x)$ 的表达式问题.

3.1.2　多项式插值

多项式插值的做法是, 在次数不超过 n 的多项式类 $\boldsymbol{M}_n$ 中, 构造一个便于计

算的简单函数 $y(x) \in \boldsymbol{M}_n$, 使其作为插值函数, 称 $y(x)$ 为**插值多项式**, 称 $\boldsymbol{M}_n$ 为**插值函数类**.

下面的定理表明, 插值多项式是唯一存在的.

定理 3.1 设给定了函数 $f(x)$ 在 $[a,b]$ 上互异的 $n+1$ 个点 x_j 上的值 $f(x_j)(j=0,1,\cdots,n)$, 则存在唯一的插值多项式 $y(x) \in \boldsymbol{M}_n$, 满足插值条件

$$y(x_j) = f(x_j) \quad (j=0,1,\cdots,n) \tag{3.1.1}$$

证明 令 $y(x) = a_0 + a_1 x + \cdots + a_n x^n$, 则由插值条件 $y(x_j) = f(x_j)$, 有下列关于 $a_0, a_1, \cdots, a_n$ 的 $n+1$ 阶方程组:

$$\begin{cases} y(x_0) = a_0 + a_1 x_0 + \cdots + a_n x_0^n = f(x_0) \\ y(x_1) = a_0 + a_1 x_1 + \cdots + a_n x_1^n = f(x_1) \\ \qquad\qquad \cdots\cdots \\ y(x_n) = a_0 + a_1 x_n + \cdots + a_n x_n^n = f(x_n) \end{cases}$$

其系数行列式为范德蒙德行列式

$$D = \begin{vmatrix} 1 & x_0 & \cdots & x_0^n \\ 1 & x_1 & \cdots & x_1^n \\ \vdots & \vdots & & \vdots \\ 1 & x_n & \cdots & x_n^n \end{vmatrix} = \prod_{0 \leqslant i \leqslant j \leqslant n} (x_j - x_i)$$

因为 $x_0, x_1, \cdots, x_n$ 互不相等, 所以 $D \neq 0$. 故此方程组存在唯一解, 即 $y(x)$ 唯一.

定理 3.1 的几何意义是, 有且仅有一条 n 次代数曲线通过平面上预先给定的 $n+1$ 个点 $(x_j, y_j)(j=0,1,\cdots,n$; 当 $i \neq j$ 时, $x_i \neq y_j)$.

3.1.3 Lagrange 插值公式

1. Lagrange 插值多项式

构造插值多项式有多种不同的方法, 下面介绍用插值基函数构造插值多项式的方法.

令 $l_j(x)(j=0,1,\cdots,n)$ 表示 n 次多项式, 并且满足条件

$$l_j(x_i) = \begin{cases} 0, & i \neq j, \\ 1, & i = j, \end{cases} \quad i,j = 0,1,\cdots,n \tag{3.1.2}$$

显然, 存在 n 次多项式

$$y(x) = \sum_{j=0}^{n} f(x_j) l_j(x) \tag{3.1.3}$$

满足插值条件 (3.1.1). 于是, 多项式插值问题归结为构造满足条件式 (3.1.2) 的 n 次多项式

$$l_j(x),\quad j=0,1,\cdots,n$$

由 (3.1.2) 式可见, $l_j(x)$ 应有 n 个零点 $x_0,x_1,\cdots,x_{j-1},x_{j+1},\cdots,x_n$, 又因为 $l_j(x)$ 是 n 次多项式, 所以一定具有形式

$$l_j(x)=A_j(x-x_0)(x-x_1)\cdots(x-x_{j-1})(x-x_{j+1})\cdots(x-x_n)$$

其中 A_j 是与 x 无关的数, 由 $l_j(x_j)=1$ 可以确定. 因此得

$$l_j(x)=\frac{(x-x_0)(x-x_1)\cdots(x-x_{j-1})(x-x_{j+1})\cdots(x-x_n)}{(x_j-x_0)(x_j-x_1)\cdots(x_j-x_{j-1})(x_j-x_{j+1})\cdots(x_j-x_n)},\quad j=0,1,\cdots,n \tag{3.1.4}$$

综上所述, 当 n 次多项式 $l_j(x)(j=0,1,\cdots,n)$ 由 (3.1.4) 式确定时, n 次多项式 (3.1.3) 满足插值条件式 (3.1.1).

我们称 (3.1.3) 式为 **Lagrange (拉格朗日) 插值公式**, 称 $y(x)$ 为 **Lagrange 插值多项式**, 记为 $L_n(x)$, 称 $l_j(x)(j=0,1,\cdots,n)$ 为 **Lagrange 插值基函数**.

被插值函数 $f(x)$ 可表示为

$$f(x)=\sum_{j=0}^{n}f(x_j)l_j(x)+E(x) \tag{3.1.5}$$

或

$$f(x)\approx\sum_{j=0}^{n}f(x_j)l_j(x) \tag*{(3.1.5)$'$}$$

2. 插值余项及其估计

在利用插值多项式近似计算函数值的同时, 往往还要对近似值进行误差估计. 若 $y(x)$ 为函数 $f(x)$ 在区间 $[a,b]$ 上的插值多项式, 则其插值余项 $E(x)$ 有以下定理.

定理 3.2　设 $f(x)$ 在 $[a,b]$ 上存在 n 阶连续导数, 在 (a,b) 上存在 $n+1$ 阶导数, $y(x)$ 是满足插值条件式 (3.1.1) 的形如 (3.1.2) 式的插值多项式, 则对任意 $x\in(a,b)$, 插值余项 $E(x)$ 为

$$E(x)=\frac{f^{n+1}(\xi)}{(n+1)!}p_{n+1}(x),\quad \xi\in(a,b) \tag{3.1.6}$$

其中

$$p_{n+1}(x)=(x-x_0)(x-x_1)\cdots(x-x_n)$$

证明 当 $x = x_j(j = 0, 1, \cdots, n)$ 时, $E(x_j) = 0$, (3.1.6) 式显然是成立的. 因此, 对任意固定的 $x \neq x_j(j = 0, 1, \cdots, n)$, $x \in (a, b)$, 设

$$E(x) = f(x) - y(x) = k(x)p_{n+1}(x)$$

其中 $k(x)$ 为待定函数, 我们只需求出 $k(x)$.

构造关于 z 的函数

$$F(z) = f(z) - y(z) - k(x)p_{n+1}(z)$$

显然, 当 $z = x_0, x_1, \cdots, x_n$ 及 $z = x$ 时, 有

$$F(z) = 0$$

即 $F(z)$ 在 $[a, b]$ 上存在 $n + 2$ 个零点. 根据 Rolle 定理可知, $F'(z)$ 在 (a, b) 上至少有 $n + 1$ 个零点; 对 $F'(z)$ 再应用 Rolle 定理知, $F''(z)$ 在 (a, b) 上至少有 n 个零点; 依此类推可知, $F^{(n+1)}(z)$ 在 (a, b) 上至少存在一个零点, 设其为 ξ, 并注意到, $y^{(n+1)}(z) = 0, p_{n+1}^{(n+1)}(z) = (n + 1)!$ 所以有

$$0 = F^{(n+1)}(\xi) = f^{(n+1)}(\xi) - k(x)(n + 1)!$$

即

$$k(x) = \frac{f^{n+1}(\xi)}{(n + 1)!}, \quad \xi \in (a, b)$$

所以有

$$E(x) = \frac{f^{n+1}(\xi)}{(n + 1)!}p_{n+1}(x), \quad \xi \in (a, b)$$

应当指出, 余项表达式 (3.1.6) 只有当 $f(x)$ 存在 $n + 1$ 阶导数时才能应用. 由于 ξ 在 (a, b) 上不可能具体给出, 直接应用余项公式检验误差还有困难. 令

$$\bar{M}_{n+1} = \sup_{a<x<b} \left| f^{(n+1)}(x) \right|$$

则余项的误差限是

$$|E(x)| \leqslant \frac{\bar{M}_{n+1}}{(n + 1)!} |p_{n+1}(x)| \tag{3.1.7}$$

由此看出误差 $E(x)$ 的大小除与 $\bar{M}_{n+1}$ 有关外, 还与因子 $|p_{n+1}(x)|$ 有关, 它与插值节点 $x_0, x_1, \cdots, x_n$ 的选择及被插点 x 的位置有关.

例 3.1 假设函数 $f(x)$ 在 $n + 1$ 个等距点 $x_j = a + jh(j = 0, 1, \cdots, n) \in [a, b]$ 的值列表给出, 其中 $h = \dfrac{b - a}{n}$, 若 $x \in (x_i, x_{i+2})$ 且以 x_i, x_{i+1}, x_{i+2} 为插值节点作

二次插值 $L_2(x)$, 求其插值误差限.

解　据 (3.1.7) 式有

$$|f(x)-L_2(x)| \leqslant \frac{\bar{M}_3}{3!}\left|(x-x_i)(x-x_{i+1})(x-x_{i+2})\right|$$

其中

$$\bar{M}_3 = \sup_{a<x<b} |f'''(\xi)|$$

令 $x = x_{i+1}+th, t\in[-1,1]$, 则

$$(x-x_i)(x-x_{i+1})(x-x_{i+2}) = -h^3 t(1-t^2)$$

记

$$g(t) = t(1-t^2)$$

则 $g(t)$ 有驻点 $t=\pm\frac{\sqrt{3}}{3}$. 于是

$$\begin{aligned}\max_{-1\leqslant t\leqslant 1}|g(t)| &= \max\left\{|g(-1)|, \left|g\left(-\frac{\sqrt{3}}{3}\right)\right|, \left|g\left(\frac{\sqrt{3}}{3}\right)\right|, |g(1)|\right\} \\ &= \left|g\left(\pm\frac{\sqrt{3}}{3}\right)\right| = \frac{2}{9}\sqrt{3}\end{aligned}$$

故

$$\max_{a\leqslant x\leqslant b}|f(x)-L_2(x)| \leqslant \frac{\sqrt{3}}{27}\bar{M}_3 h^3$$

由余项表达式 (3.1.6) 显见.

(1) 若 $f(x)\in \boldsymbol{M}_n$, 则满足插值条件 (3.1.1) 的插值多项式 $L_n(x)$ 就是 $f(x)$, 即

$$L_n(x) = \sum_{j=0}^{n} f(x_j)l_j(x) \equiv f(x)$$

(2) 特别地, 若 $f(x)\equiv 1$, 则有

$$\sum_{j=0}^{n} l_j(x) \equiv 1$$

例 3.2　设 $f(x)=\ln x$ 给出函数表 3.1.

表 3.1

x	0.4	0.5	0.7	0.8
$\ln x$	−0.916291	−0.693147	−0.356675	−0.223144

试估计 $\ln 0.6$ 的值.

解 取 $x_0=0.4, x_1=0.5, x_2=0.7, x_3=0.8$，由 (3.1.4) 式可算出

$$l_0(0.6)=-\frac{1}{6},\quad l_1(0.6)=\frac{2}{3},\quad l_2(0.6)=\frac{2}{3},\quad l_3(0.6)=-\frac{1}{6}$$

因此, 由 (3.1.5)′ 式得到

$$\ln 0.6=\sum_{j=0}^{3} f(x_j)l_j(0.6)\approx -0.509975$$

真值 $\ln 0.6=-0.510826$, 由余项表达式 (3.1.6) 得到

$$E(0.6)=\frac{1}{4!}\frac{-6}{\xi^4}p_4(0.6)=-0.0001\cdot\frac{1}{\xi^4}$$

在区间 $(0.4, 0.8)$ 上

$$\frac{10^4}{4096}<\frac{1}{\xi^4}<\frac{10^4}{256}$$

因此

$$-\frac{1}{256}<E(0.6)<-\frac{1}{4096}$$

可见近似值与真值间的差在这个误差之内.

3. 线性插值与二次 (抛物) 插值

在实际中, 低次插值多项式较为常用.

当 $n=1$ 时, $L_1(x)$ 称为**线性插值**, 由 (3.1.3) 式和 (3.1.4) 式知, 它可表示为

$$L_1(x)=\frac{x-x_1}{x_0-x_1}f(x_0)+\frac{x-x_0}{x_1-x_0}f(x_1)$$

满足条件

$$L_1(x_0)=f(x_0),\quad L_1(x_1)=f(x_1)$$

$L_1(x)$ 可改写为

$$L_1(x)=f(x_0)+\frac{f(x_0)-f(x_1)}{x_0-x_1}(x-x_0)$$

其几何意义为过 $(x_0, f(x_0)), (x_1, f(x_1))$ 的直线方程.

若 $f(x)\in C^2[a,b]$, 取 $x_0=a, x_1=b$, 则有余项公式

$$E(x)=\frac{1}{2}f''(\xi)\left|p_2(x)\right|,\quad \xi\in(a,b)$$

其中, $p_2(x)=(x-a)(x-b)$, 易证

$$\max_{a\leqslant x\leqslant b}|p_2(x)|=\frac{1}{4}(b-a)^2$$

从而

$$|E(x)|\leqslant\frac{1}{8}(b-a)^2\,|f''(\xi)|,\quad \xi\in(a,b)$$

当 $n=2$ 时, $L_2(x)$ 称为**二次插值**, 由于二次插值多项式的图形为抛物线, 因此也称二次插值为**抛物插值**, 它可表示为

$$L_1(x)=\frac{(x-x_1)(x-x_2)}{(x_0-x_1)(x_0-x_2)}f(x_0)+\frac{(x-x_0)(x-x_2)}{(x_1-x_0)(x_1-x_2)}f(x_1)+\frac{(x-x_0)(x-x_1)}{(x_2-x_0)(x_2-x_1)}f(x_2)$$

它满足条件 $L_2(x_j)=f(x_j)(j=0,1,2)$.

实际应用时, Lagrange 插值公式经常写成如下形式:

$$L_n(x)=\sum_{j=0}^{n}\left[\prod_{\substack{k=0\\k\neq j}}^{n}\frac{x-x_k}{x_j-x_k}\right]f(x_j)$$

Lagrange 插值多项式的优点是以等幂形式排列, 形式简单, 易于实现. 然而在实际计算过程中, 需增加或减少插值节点时, 原来的插值基函数 $l_j(x)(j=0,1,\cdots,n)$ 不能使用, 需要重新计算一组新的插值基函数 $l_j(x)(j=0,1,\cdots,n,n+1)$. 为了克服这个缺点, 我们考虑下面的 Newton 插值.

3.1.4 Newton 插值公式

我们可以把 n 次插值多项式写成升幂形式

$$y(x)=a_0+a_1(x-x_0)+a_2(x-x_0)(x-x_1)+a_n(x-x_0)(x-x_1)\cdots(x-x_{n-1})\quad(3.1.8)$$

其中 $a_0,a_1,a_2,\cdots,a_n$ 为待定系数, 可由插值条件式 (3.1.1)

$$y(x_j)=f(x_j)=f_i,\quad j=0,1,\cdots,n$$

来确定, 得到

$$a_0=f_0,\quad a_1=(f_1-f_0)/(x_1-x_0),$$

$$a_2=\frac{(f_2-f_0)/(x_2-x_0)-(f_1-f_0)/(x_1-x_0)}{(x_2-x_1)},\cdots$$

定义 3.1　称

$$f[\,x_0\quad x_k\,]=\frac{f_k-f_0}{x_k-x_0}$$

为函数 $f(x)$ 在点 x_0, x_k 的**一阶差商**;

$$f[\,x_0\quad x_1\quad x_k\,]=\frac{f[\,x_0\quad x_k\,]-f[\,x_0\quad x_1\,]}{x_k-x_1}$$

为函数 $f(x)$ 在点 x_0, x_1, x_k 的**二阶差商**;

$$\cdots\cdots$$

$$\begin{aligned}&f[\,x_0\quad x_1\quad \cdots\quad x_{k-1}\quad x_k\,]\\=&\frac{f[\,x_0\quad x_1\quad \cdots\quad x_{k-2}\quad x_k\,]-f[\,x_0\quad x_1\quad \cdots\quad x_{k-2}\quad x_{k-1}\,]}{x_k-x_{k-1}}\end{aligned}$$

为函数 $f(x)$ 在点 $x_0, x_1, \cdots, x_k$ 的 **k阶差商**.

很明显, 由差商的定义和数学归纳法可以证明:

$$a_0=f_0,\quad a_1=f[\,x_0\quad x_1\,],\quad a_2=f[\,x_0\quad x_1\quad x_2\,],\quad \cdots,$$

$$a_k=f[\,x_0\quad x_1\quad \cdots\quad x_k\,],\quad k=1,2,\cdots,n$$

由 (3.1.8) 式可得, 满足插值条件 (3.1.1) 的插值多项式的另一种表达方式为

$$\begin{aligned}y(x)=&f(x_0)+f[\,x_0\quad x_1\,](x-x_0)+\cdots\\&+f[\,x_0\quad x_1\quad \cdots\quad x_n\,](x-x_0)\cdots(x-x_{n-1})\end{aligned}$$

称 $y(x)$ 为 **Newton 插值多项式**, 记为 $N_n(x)$.

用此方法构造插值多项式时, 只要计算各个节点间的各阶差商, 计算过程为

$$\begin{array}{lllll}x_0 & f(x_0) & & & \\ x_1 & f(x_1) & f[x_0\quad x_1] & & \\ x_2 & f(x_2) & f[x_0\quad x_2] & f[x_0\quad x_1\quad x_2] & \\ x_3 & f(x_3) & f[x_0\quad x_3] & f[x_0\quad x_1\quad x_3] & f[x_0\quad x_1\quad x_2\quad x_3]\\ \vdots & \vdots & \vdots & \vdots & \vdots\end{array}$$

通过比较 Lagrange 插值与 Newton 插值的首项系数, 可以证明差商具有对称性

$$f[x_0\quad x_1\quad \cdots\quad x_k]=\sum_{i=0}^{k}\frac{f(x_i)}{(x_i-x_0)(x_i-x_1)\cdots(x_i-x_{i-1})(x_i-x_{i+1})\cdots(x_i-x_k)}$$

即差商 $f[\,x_0\quad x_1\quad \cdots\quad x_k\,]$ 与节点 $x_0, x_1, \cdots, x_k$ 的排列顺序无关.

若把 x 看成 $[a,b]$ 上一固定点, 由差商定义有

$$\begin{aligned}
&f(x)=f(x_0)+f[x_0\quad x](x-x_0)\\
&f[x_0\quad x]=f[x_0\quad x_1]+f[x_0\quad x_1\quad x](x-x_1)\\
&f[x_0\quad x_1\quad x]=f[x_0\quad x_1\quad x_2]+f[x_0\quad x_1\quad x_2\quad x](x-x_2)\\
&\qquad\qquad\cdots\cdots\\
&f[x_0\quad x_1\quad \cdots\quad x_{n-1}\quad x]=f[x_0\quad x_1\quad \cdots\quad x_n]\\
&\qquad\qquad\qquad\qquad +f[x_0\quad x_1\quad \cdots\quad x_n\quad x](x-x_n)
\end{aligned}$$

逐项代入, 得

$$\begin{aligned}
f(x)&=f(x_0)+f[\,x_0\quad x_1\,](x-x_0)+\cdots\\
&\quad+f[\,x_0\quad x_1\quad\cdots\quad x_n\,](x-x_0)(x-x_1)\cdots(x-x_{n-1})\\
&\quad+f[x_0\quad x_1\quad\cdots\quad x_n\quad x](x-x_0)(x-x_1)\cdots(x-x_n)\\
&=N_n(x)+E(x)
\end{aligned}$$

其中

$$\begin{aligned}
E(x)&=f[x_0\quad x_1\quad\cdots\quad x_n\quad x](x-x_0)(x-x_1)\cdots(x-x_n)\\
&=f[x_0\quad x_1\quad\cdots\quad x_n\quad x]p_{n+1}(x)
\end{aligned}\tag{3.1.9}$$

称为**Newton 插值多项式的余项**.

由于对相同节点而言, 插值多项式是唯一的, 所以 Newton 插值多项式与 Lagrange 插值多项式是等价的. 同样, 两种插值的余项也等价, 因此, 当 $f^{(n+1)}(x)$ 存在时, 有

$$f[x_0\quad x_1\quad\cdots\quad x_n\quad x]=\frac{f^{(n+1)}(\xi)}{(n+1)!}$$

于是, 有差商与导数之间的关系

$$f[\,x_0\quad x_1\quad\cdots\quad x_j\,]=\frac{f^{(j)}(\xi_j)}{j!},\quad \xi_j\in(x_0,x_j),\quad j=1,2,\cdots,n$$

应该指出, (3.1.9) 式中 $n+1$ 阶差商是与 x 有关的. 由于 $f(x)$ 的值不在表上 (它正是我们要计算的), 所以 $f[x_0\quad x_1\quad\cdots\quad x_n\quad x]$ 也是无法精确计算的. 但在以后造差商表时, 若 k 阶差商近似为某个常数, 则 $k+1$ 阶差商近似为零, 此时可以认为 $N_k(x)\approx f(x)$. 同时, 根据差商表可近似估计插值余项

$$E(x)=f(x)-N_k(x)\approx f[\,x_0\quad x_1\quad\cdots\quad x_{k+1}\,]p_{k+1}(x)$$

3.1.5 反插值

反插值方法是求解非线性方程 $f(x)=0$ 的基本方法之一, 现在简单地介绍它.

已知一系列节点 x_j 上的函数值 $f(x_j)$, 寻求 $f(x)$ 的零点问题就是一个反插值问题. 对于列表 3.2.

表 3.2

x	x_0	x_1	x_2	$\cdots$	x_n
$y=f(x)$	$f(x_0)$	$f(x_1)$	$f(x_2)$	$\cdots$	$f(x_n)$

设 $f(x)$ 在区间 $[x_0,x_n]$ 上满足反函数定理中的条件, 即特别是 $f'(x)\neq 0$, 因此有 f 的反函数 g 使 $x=g(y)$, 所以求 $g(0)$, 的值等价于求 $f(x)$ 零点. 为了估计 $g(0)$, 首先将表 3.2 写成如表 3.3 的形式.

表 3.3

y	$f(x_0)$	$f(x_1)$	$f(x_2)$	$\cdots$	$f(x_n)$
$x=g(y)$	x_0	x_1	x_2	$\cdots$	x_n

现在以 $f(x_0),f(x_1),f(x_2),\cdots,f(x_n)$ 作为 y 的插值节点, $x_0,x_1,x_2,\cdots,x_n$ 为这些节点上的函数值. 于是用 Lagrange 插值公式来逼近 $g(y)$, 然后取点 $y=0$ 为被插值点, 我们就得到 $f(x)$ 的零点 $\alpha=g(0)$ 的近似值.

由余项定理, Lagrange 反插值中误差 $E(y)$ 可表示为

$$E(y)=\frac{g^{(n+1)}(\xi)}{(n+1)!}p_{n+1}(y)$$

其中, $p_{n+1}(y)=(y-f(x_0))\cdots(y-f(x_n)),\xi$ 在 $f(x_0),f(x_1),f(x_2),\cdots,f(x_n)$ 张成的区间内. 如果不能保证在 $[x_0,x_n]$ 上 $f'(x)\neq 0$, 用反插值求 $f(x)$ 的零点其精度一般是很差的.

3.1.6 插值公式的运用及其收敛性与数值计算稳定性

1. 插值公式的运用

对于 Lagrange 插值和 Newton 插值, 当节点相同, 且均满足插值条件

$$y(x_j)=f_j,\quad j=0,1,\cdots,n$$

时, 代数上它们是等价的.

两个不同的插值公式选取哪个好? 需要考虑余项估计式

$$E(x)=\frac{f^{(n+1)}(\xi)}{(n+1)!}\,p_{n+1}(x),\quad \xi\in(a,b)$$

能够控制的因素只有 $p_{n+1}(x)$. 要使 $p_{n+1}(x)$ 的绝对值极小化, 应该选取节点使插值点 x 尽可能接近节点所张成区间的中心.

2. 收敛性

设有 $n+1$ 个插值节点的插值多项式为 $y_n(x)$, 如果对任意的 $\varepsilon>0$, 存在正整数 N, 当 $n>N$ 时, 对被插值函数 $f(x)$ 及所有的 $x\in[a,b]$ 有

$$|f(x)-y_n(x)|<\varepsilon,\quad x\in[a,b]$$

成立. 则称 $y_n(x)$ **一致收敛**于 $f(x)$.

对于给定在区间 $[a,b]$ 上性态很好的函数 $f(x)$, 人们自然希望插值节点越多, 也就是插值多项式次数越高, 插值的效果就会越好. 特别当 $n\to+\infty$ 时, 即当无限制地增加插值节点时, 期望插值多项式 $y_n(x)$ 收敛于被插值函数 $f(x)$. 但是, 令人遗憾的是事实却不是这样.

事实上, 假设 $f(x)$ 存在任意阶导数, 插值节点增加, 固然使得插值多项式 $y_n(x)$ 在更多点上与 $f(x)$ 相等. 但是在两个插值节点之间 $y_n(x)$ 不一定能很好地逼近 $f(x)$, 差异可能很大. 在非插值节点上往往出现误差函数 $E(x)$ 先递减, 而后随着 n 增加而增加, 并且变得无界. 当 $n\to+\infty$ 时, 插值多项式终于变得发散的一个理由是, 与 $f(x)$ 的 n 阶导数随 n 增加而增长得无界有关. 总而言之, 即使对于性态很好的函数 $f(x)$, 随着 n 增大, 插值多项式 $y_n(x)$ 的逼近效果不一定更好.

例 3.3 给定函数

$$f(x)=\frac{1}{1+x^2}$$

现考察在区间 $[-5,5]$ 上 $f(x)$ 的等距插值问题.

解 显见, $f(x)$ 在 $(-\infty,+\infty)$ 上无限次可微. 设 $n=10$, 取等距节点 $x_i=-5+i, i=0,1,\cdots,10$. 插值多项式的次数为 10 次, 由 Lagrange 插值公式有

$$L_{10}(x)=\sum_{j=0}^{10}\frac{1}{1+x_j^2}l_j(x)$$

其中, $l_j(x)$ 为 Lagrange 插值基函数.

计算结果如图 3.1 所示, 从中可以看出, 在 $[-1,1]$ 内 $L_{10}(x)$ 能较好地逼近 $f(x)$, 但在其他地方, $L_{10}(x)$ 与 $f(x)$ 的差异较大, 越靠近端点, 逼近的效果越差, 还出现激烈的振荡现象. 由计算知, $f(4.8)=0.04160$, 而 $L_{10}(4.8)=1.80439$，而且在 $x=\pm5$ 处, 二阶导数的变化很激烈. 当 $n\to+\infty$ 时, 只有当 $|x|\leqslant 3.63\cdots$ 时, 插值多项式序列是收敛的, 而在这个区间外, 插值多项式序列是发散的. 这种现象称为**Runge 现象**.

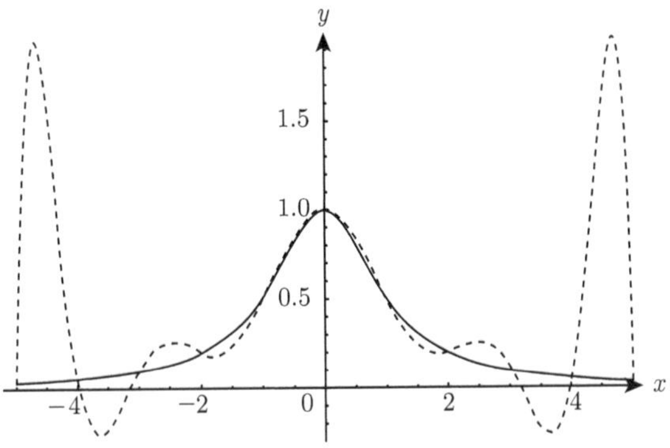

图 3.1 Runge 现象

这个例子给我们几点重要启示.

(1) 节点的加密并不一定能保证在两节点间插值函数 $y(x)$ 能很好地逼近函数 $f(x)$. 高次多项式等距插值存在不稳定现象.

(2) 既然 $y(x)$ 的二阶导数发生激烈的变化, 是否应该考虑修改插值条件. 对插值函数的二阶导数进行限制呢? 例如, 我们可以要求插值函数 $y(x)$ 在某些节点上的二阶导数与 $f(x)$ 的二阶导数具有相同值, 这就是后面将要介绍的 Hermite 插值的思想.

(3) 如果我们不是在 $[-5,5]$ 区间上直接构造插值多项式, 而是将区间 $[-5,5]$ 等分为若干个小区间, 在每一个小区间上分别作低次插值来避免 Runge 现象, 而且逼近效果要比在整个区间上用高次光滑插值效果来得好, 这就是分段插值和样条插值的思想.

关于插值多项式的敛散性, Faber 给出如下结果.

定理 3.3 (Faber 定理) 设给定了位于区间 $[a,b]$ 上的插值节点无穷三角阵

$$\begin{array}{llll} x_0^{(0)} & & & \\ x_0^{(1)} & x_1^{(1)} & & \\ \vdots & \vdots & \ddots & \\ x_0^{(n)} & x_1^{(n)} & & x_n^{(n)} \\ \vdots & \vdots & & \ddots \end{array}$$

其中 $x_0^{(0)}=a, x_n^{(n)}=b, n=1,2,\cdots$. 令

$$\delta_n=\max_i\left|x_{i+1}^{(n)}-x_i^{(n)}\right|$$

假设当 $n\to+\infty$ 时, $\delta_n\to 0$, 则在 $[a,b]$ 上总存在一个连续的函数 $f(x)$ 和一个点 x, 当 $n\to+\infty$ 时, 它的插值多项式序列 $\{y_n(x)\}$ 不收敛于 $f(x)$.

3. 数值计算的稳定性

假设被插值函数 $f(x)$ 在节点 x_j 上的精确值为 $f(x_j)$, 而在实际计算中不可避免地有误差, 设其计算值为 $\tilde{f}(x_j)$, 绝对误差限为 ε. 即

$$\left|f(x_j)-\tilde{f}(x_j)\right| \leqslant \varepsilon, \quad j=0,1,\cdots,n$$

我们考察分别由 $\{f(x_j)\}$ 及 $\{\tilde{f}(x_j)\}$ 产生的 Lagrange 插值多项式之间的关系. 设

$$y(x)=\sum_{j=0}^{n} f(x_j)l_j(x), \quad \tilde{y}(x)=\sum_{j=0}^{n} \tilde{f}(x_j)l_j(x),$$

$$\eta(x)=y(x)-\tilde{y}(x)$$

则有

$$\eta(x)=\sum_{j=0}^{n}\left[f(x_j)-\tilde{f}(x_j)\right] l_j(x)$$

插值点

$$x \in [a,b], \quad a=\min_{0\leqslant j\leqslant n} x_j, \quad b=\max_{0\leqslant j\leqslant n} x_j$$

(1) 线性插值: 由于 $l_0(x), l_1(x)$ 非负, 所以有

$$|\eta(x)| \leqslant \sum_{j=0}^{1}\left|f(x_j)-\tilde{f}(x_j)\right| |l_j(x)| \leqslant \varepsilon \cdot \sum_{j=0}^{1}|l_j(x)| \leqslant \varepsilon \sum_{j=0}^{1} l_j(x)=\varepsilon$$

即有

$$\max_{a\leqslant x\leqslant b}|\eta(x)| \leqslant \varepsilon$$

这说明线性插值数值计算是稳定的.

(2) $n \geqslant 2$ 的插值: 由于此时插值基函数 $l_j(x)$ 可正可负. 此时有估计式

$$|\eta(x)| \leqslant \sum_{j=0}^{n}|l_j(x)| \cdot \varepsilon$$

因 $\sum\limits_{j=0}^{n}|l_j(x)| \neq 1$ 且随着 n 的增加, $\max\limits_{a\leqslant x\leqslant b}\sum\limits_{j=0}^{n}|l_j(x)|$ 也增加, 特别是当 $y(x)$ 的值较小时 $\eta(x)$ 的值可能会很大, 甚至当 $y(x)$ 的值不是很小时, $\eta(x)$ 的值也可能很大, 以致将 $y(x)$ 淹没. 可见高次插值的数值计算有可能是不稳定的, 这在数值计算中要充分重视.

3.1.7 Hermite 插值与分段插值

1. Hermite 插值

Lagrange 和 Newton 插值仅要求插值多项式与被插值函数 $f(x)$ 在插值节点上的值相等. 为了保证插值函数 $H(x)$ 更好地逼近被插值函数, 不仅要求在节点上 $H(x)$ 与 $f(x)$ 有相同值, 而且还要求在全部节点或部分节点上 $H(x)$ 与 $f(x)$ 具有相同的一阶导数甚至高阶导数, 称满足这种条件的插值多项式为 **Hermite 插值多项式**. 本节主要讨论在插值节点上插值函数与被插值函数的函数值和一阶导数值相等的 Hermite 插值.

插值条件为

$$\begin{cases} H(x_j) = f(x_j), \\ H'(x_j) = f'(x_j), \end{cases} \quad j = 0, 1, \cdots, n \tag{3.1.10}$$

上述共 $2n+2$ 个条件, 如果限定 $H_{2n+1}(x) \in \boldsymbol{M}_{2n+1}$, 自然可期望通过上述条件来唯一确定 $y(x)$ 的 $2n+2$ 个系数.

下面仿照 Lagrange 插值多项式的构造思想, 来构造 Hermite 插值多项式 H_{2n+1}. 设 $H_{2n+1}(x)$ 形式为

$$H_{2n+1}(x) = \sum_{j=0}^{n} [f(x_j)\alpha_j(x) + f'(x_j)\beta_j(x)] \tag{3.1.11}$$

其中 $\alpha_j(x), \beta_j(x) \in \boldsymbol{M}_{2n+1}$, 并满足如下条件:

$$\begin{cases} \alpha_j(x_k) = \delta_{jk}, & \alpha_j'(x_k) = 0, \\ \beta_j(x_k) = 0, & \beta_j'(x_k) = \delta_{jk}, \end{cases} \quad k = 0, 1, \cdots, n \tag{3.1.12}$$

则 (3.1.11) 式满足插值条件 (3.1.12), 即为 Hermite 插值多项式, $\alpha_j(x), \beta_j(x)$ 称为 **Hermite 插值基函数**.

下面来确定 $\alpha_j(x), \beta_j(x) (j = 0, 1, \cdots, n)$, 使其满足条件 (3.1.12). 考虑到 n 次 Lagrange 插值多项式的基函数

$$l_j(x) = \frac{(x-x_0)(x-x_1)\cdots(x-x_{j-1})(x-x_{j+1})\cdots(x-x_n)}{(x_j-x_0)(x_j-x_1)\cdots(x_j-x_{j-1})(x_j-x_{j+1})\cdots(x_j-x_n)}, \quad j = 0, 1, \cdots, n$$

为 n 次多项式, 并且有 $l_j(x_k) = \delta_{jk}$ $(k = 0, 1, \cdots, n)$. 令

$$\alpha_j(x) = (ax+b)l_j^2(x)$$

则 $\alpha_j \in \boldsymbol{M}_{2n+1}$ $(j = 0, 1, \cdots, n)$. 要使 α_j 满足条件 (3.1.12) 的第一式, 则有

$$\begin{cases} ax_j + b = 1, \\ a + 2l_j'(x_j) = 0 \end{cases}$$

由此解出

$$a = -2l_j'(x_j), \quad b = 1 + 2x_j l_j'(x_j)$$

从而得到

$$\alpha_j(x) = \left[1 - 2l_j'(x_j)(x - x_j)\right] l_j^2(x), \quad j = 0, 1, \cdots, n \tag{3.1.13}$$

为确定 $l_j'(x_j)$, 先对 $l_j(x)$ 两边取对数, 得

$$\ln l_j(x) = \sum_{\substack{i=0 \\ i \neq j}}^{n} \ln \frac{(x - x_i)}{(x_j - x_i)}$$

两边再对 x 求导数

$$\frac{l_j'(x)}{l_j(x)} = \sum_{\substack{i=0 \\ i \neq j}}^{n} \frac{x_j - x_i}{x - x_i} \frac{1}{(x_j - x_i)}$$

令 $x = x_j$, 得

$$l_j'(x_j) = \sum_{\substack{i=0 \\ i \neq j}}^{n} \frac{1}{x_j - x_i}$$

这样就得到

$$\alpha_j(x) = \left[1 - 2(x - x_j) \sum_{\substack{i=0 \\ i \neq j}}^{n} \frac{1}{x_j - x_i}\right] l_j^2(x), \quad j = 0, 1, \cdots, n \tag{3.1.13$'$}$$

同理, 令

$$\beta_j(x) = (cx + d) l_j^2(x)$$

要使 β_j 满足条件 (3.1.12) 的第二式, 则有

$$\begin{cases} cx_j + d = 0 \\ cl_j^2(x) + 2(cx_j + d) l_j(x_j) l_j'(x_j) = 1 \end{cases}$$

解出

$$c = 1, \quad d = -x_j$$

从而得到

$$\beta_j(x) = (x - x_j) l_j^2(x), \quad j = 0, 1, \cdots, n \tag{3.1.14}$$

由 (3.1.11)、(3.1.13)、(3.1.14) 式确定了满足插值条件 (3.1.10) 的 $2n+1$ 次 Hermite 插值多项式 H_{2n+1}.

下面讨论 Hermite 插值多项式的唯一性问题.

定理 3.4 设 $f(x)\in C^1[a,b]$, 互异节点 $x_0,x_1,\cdots,x_n\in[a,b]$, 则存在唯一的多项式 $H_{2n+1}(x)\in \boldsymbol{M}_{2n+1}$ 满足插值条件 (3.1.10). H_{2n+1} 可由 (3.1.11)、(3.1.13)、(3.1.14) 式给出.

证明 设另有一个 $\tilde{H}_{2n+1}(x)\in \boldsymbol{M}_{2n+1}$ 满足插值条件 (3.1.10). 令

$$R_{2n+1}=H_{2n+1}-\tilde{H}_{2n+1}$$

由插值条件得出

$$R_{2n+1}(x_j)=R'_{2n+1}(x_j)=0,\quad j=0,1,\cdots,n$$

又 $R_{2n+1}(x)\in \boldsymbol{M}_{2n+1}$, 且其有 $n+1$ 个二重零点 $x_0,x_1,\cdots,x_n$, 根据代数定理, $R_{2n+1}(x)$ 为零多项式, 从而 $H_{2n+1}=\tilde{H}_{2n+1}$.

下面讨论 Hermite 插值余项表达式.

定理 3.5 设 $f(x)\in C^{2n+2}[a,b]$, $H(x)$ 为满足插值条件 (3.1.10) 的 $2n+1$ 次 Hermite 插值多项式, 对于任意的 $x\in[a,b]$, 有插值余项

$$E(x)=f(x)-H(x)=\frac{f^{(2n+2)}(\xi)}{(2n+2)!}p_{n+1}^2(x) \tag{3.1.15}$$

其中 $\xi\in(a,b), p_{n+1}(x)=(x-x_0)(x-x_1)\cdots(x-x_n)$.

证明 构造辅助函数

$$\varphi(t)=f(t)-H(t)-[f(x)-H(x)]\frac{p_{n+1}^2(t)}{p_{n+1}^2(x)}$$

此时将 x 看作确定的值, 且不是节点. 由插值条件知, $x_0,x_1,\cdots,x_n$ 是 $\varphi(t)$ 的二重零点, 由 $\varphi(t)$ 的表达式易知 x 也是 $\varphi(t)$ 的零点. 故由 Rolle 定理知 $\varphi'(t)$ 在 (a,b) 上至少有 $2n+2$ 个零点, 反复利用 Rolle 定理知 $\varphi^{(2n+2)}(t)$ 在 (a,b) 上至少有一个零点, 记为 ξ. 又因为 $H(x)\in \boldsymbol{M}_{2n+1}$, 故 $H^{(2n+2)}(x)=0$, 于是有

$$0=\varphi^{(2n+2)}(\xi)=f^{(2n+2)}(\xi)-[f(x)-H(x)]\frac{(2n+2)!}{p_{n+1}^2(x)}$$

从而求得 Hermite 插值余项 $E(x)$ 表达式

$$E(x)=\frac{f^{(2n+2)}(\xi)}{(2n+2)!}p_{n+1}^2(x),\quad \xi\in(a,b)$$

综上所述有插值公式

$$f(x)=\sum_{j=0}^{n}[f(x_j)\alpha_j(x)+f'(x_j)\beta_j(x)]+\frac{f^{(2n+2)}(\xi)}{(2n+2)!}p_{n+1}^2(x),\quad \xi\in(a,b)$$

上式在数值分析的其他领域常作为有用的理论工具.

例 3.4　表 3.4 给出自然对数与其导数值, 用 Hermite 插值多项式估计 $\ln 0.6$ 的值, 并估计误差.

表 3.4

x	$\ln x$	$\frac{1}{x}$
0.40	−0.91629	2.50
0.50	−0.693147	2.00
0.70	−0.356675	1.43
0.80	−0.223144	1.25

解　从 (3.1.13) 式, (3.1.14) 式得到

$$\alpha_0(0.60)=\frac{11}{54},\quad \alpha_1(0.60)=\frac{8}{27},\quad \alpha_2(0.60)=\frac{8}{27},\quad \alpha_3(0.60)=\frac{11}{54},$$

$$\beta_0(0.60)=\frac{1}{180},\quad \beta_1(0.60)=\frac{2}{45},\quad \beta_2(0.60)=-\frac{2}{45},\quad \beta_3(0.60)=-\frac{1}{180}$$

并由 (3.1.11) 式得到

$$\ln 0.6\approx -0.510888$$

然而真值为 −0.510888, 运用 (3.1.15) 式, 估计误差

$$E(x)=\frac{f^{(8)}(\xi)}{8!}p_4^2(x),\quad \xi\in(0.40,0.80)$$

因为 $(\ln x)^8=-\dfrac{7!}{x^8}$, 所以

$$\begin{aligned}E(0.60)=&-\frac{1}{8!}\cdot\frac{7!}{\xi^8}[(0.60-0.40)(0.60-0.50)(0.60-0.70)(0.60-0.80)]^2\\=&-\frac{1}{8}\cdot\frac{1}{\xi^8}(0.2)^4(0.1)^4,\quad \xi\in(0.40,0.80)\end{aligned}$$

于是有

$$-0.00031\approx-\frac{1}{2^{15}}<E(0.60)<-\frac{1}{2^{23}}\approx-0.0000001$$

即有

$$-0.510855<\ln 0.60<-0.5108241$$

2. **分段插值**

1) 分段线性插值

例 3.3 表明在大范围内使用高次插值, 逼近的效果往往是不够理想的, 故一般

不用高次插值而用分段低次插值. 例如, 对于函数 $f(x)=\dfrac{1}{1+x^2}$ 用直线段连接图形上相邻的两点

$$(x_{j-1},f(x_{j-1})),\quad (x_j,f(x_j)),\quad j=0,1,\cdots,n$$

可以得到一条折线, 用这条折线来逼近 $f(x)$ 往往逼近效果比高次插值要好, 此折线函数称为分段线性插值函数, 下面给出分段线性插值函数的定义.

定义 3.2 设函数 $y=f(x)$ 在节点

$$a=x_0<x_1<\cdots<x_n=b$$

处的函数值为 $y_j=f(x_j)(j=0,1,\cdots,n)$, 求一折线函数 $L_n(x)$ 使其满足

(1) $L_n\in C[a,b]$;

(2) $L_n(x_j)=y_j, j=0,1,\cdots,n$;

(3) $L_n(x)$ 在每个子区间 $[x_j,x_{j+1}](j=0,1,\cdots,n-1)$ 上是线性函数, 可表示为

$$L_n(x)=\frac{x-x_{j+1}}{x_j-x_{j+1}}y_j+\frac{x-x_j}{x_{j+1}-x_j}y_{j+1} \tag{3.1.16}$$

则称 $L_n(x)$ 为 $f(x)$ 在 $[a,b]$ 上的**分段线性插值函数**.

若引进如下插值基函数:

$$l_0(x)=\begin{cases}\dfrac{x-x_1}{x_0-x_1}, & x_0\leqslant x\leqslant x_1\\ 0, & x_1<x\leqslant x_n\end{cases}$$

$$l_j(x)=\begin{cases}\dfrac{x-x_{j-1}}{x_j-x_{j-1}}, & x_{j-1}\leqslant x\leqslant x_j\\ \dfrac{x-x_{j+1}}{x_j-x_{j+1}}, & x_j<x\leqslant x_{j+1},\\ 0, & x\in[a,b]\backslash[x_{j-1},x_{j+1}],\end{cases}\qquad j=1,2,\cdots,n-1$$

$$l_n(x)=\begin{cases}\dfrac{x-x_{n-1}}{x_n-x_{n-1}}, & x_{n-1}\leqslant x\leqslant x_n\\ 0, & x_0\leqslant x<x_{n-1}\end{cases}$$

显然有

$$l_j(x_k)=\delta_{jk}=\begin{cases}0, & j\neq k,\\ 1, & j=k,\end{cases}\qquad j,k=0,1,\cdots,n$$

则在区间 $[a,b]$ 上, $L_n(x)$ 可表示为

$$L_n(x)=\sum_{j=0}^{n}l_j(x)y_j$$

类似于例 3.1 的讨论, 若被插函数 $f(x) \in C^2[a,b]$, 则当 $x \in [a,b]$ 时, 有

$$|f(x) - L_n(x)| \leqslant \frac{1}{8}h^2 \max_{a \leqslant x \leqslant b} |f''(x)|$$

其中 $h = \max\limits_{a \leqslant x \leqslant b} |x_{j+1} - x_j|$. 进一步可知

$$\lim_{\substack{n \to +\infty \\ h \to 0}} L_n(x) = f(x)$$

即 $L_n(x)$ 在 $[a,b]$ 上一致收敛于 $f(x)$.

2) 分段三次 Hermite 插值

显然分段线性插值函数 $L_n(x)$ 的光滑性较差, 原因是在插值节点处导数往往不存在. 为了提高光滑度, 可使分段插值函数的导数也连续, 为此构造分段三次 Hermite 插值函数.

设函数 $y = f(x)$ 在节点

$$a = x_0 < x_1 < \cdots < x_n = b$$

处的函数值为 $y_j = f(x_j)$, 导数值为 $m_j = f'(x_j)(j = 0, 1, \cdots, n)$, 可构造一个分段三次 Hermite 插值函数 $L_n(x)$, 使其满足

(1) $L_n \in C^1[a,b]$;

(2) $L_n(x_j) = y_j, L_n'(x_j) = m_j, j = 0, 1, \cdots, n$;

(3) $L_n(x)$ 在每个子区间 $[x_j, x_{j+1}](j = 0, 1, \cdots, n-1)$ 上是三次多项式.

显然, $L_n(x)$ 在 $[x_j, x_{j+1}]$ 上正是 (3.1.11) 式中 $n = 1$ 的三次 Hermite 插值多项式, 由 (3.1.11)、(3.1.13) 和 (3.1.14) 式, 可得

$$\begin{aligned} L_n(x) = & \left(1 + 2\frac{x - x_j}{x_{j+1} - x_j}\right)\left(\frac{x - x_{j+1}}{x_j - x_{j+1}}\right)^2 y_j \\ & + \left(1 + 2\frac{x - x_{j+1}}{x_j - x_{j+1}}\right)\left(\frac{x - x_j}{x_{j+1} - x_j}\right)^2 y_{j+1} \\ & + (x - x_j)\left(\frac{x - x_{j+1}}{x_j - x_{j+1}}\right)^2 m_j \\ & + (x - x_{j+1})\left(\frac{x - x_j}{x_{j+1} - x_j}\right)^2 m_{j+1}, \quad x \in [x_j, x_{j+1}] \end{aligned} \tag{3.1.17}$$

可以证明上面讨论的分段低次插值函数都有一致收敛性.

3.2 样 条 插 值

3.2.1 引言

高次多项式插值虽然光滑, 但当节点增加时可能会产生 Runge 现象; 分段线性插值与分段三次 Hermite 插值都具有一致收敛性, 但光滑性较差, 特别是在插值节点处. 然而, 在实际工程中有些问题不允许在插值节点处有一阶和二阶导数的间断, 例如高速飞机的机翼外形, 内燃机进排气门的凸轮曲线以及船体放样等等. 以高速飞机的机翼外形来说, 飞机的机翼一般要求尽可能采用流线型, 使空气气流沿机翼表面形成平滑的流线, 以减少空气阻力. 若机翼外形曲线不充分光滑, 就会破坏机翼的流线型, 使气流不能沿机翼表面平滑流动, 流线在曲线的不甚光滑处与机翼过早分离, 产生大量的旋涡, 这将造成飞机阻力大大增加, 飞行速度愈快，这个问题就愈严重. 解决这类问题用分段插值显然不能满足要求. 若采用带一阶及二阶导数的 Hermite 插值, 由于事先无法给出节点处的导数值, 也有本质上的困难. 这就要求寻找新的方法.

在工程上, 绘图员为了将一些指定点 (称为样点) 连接成一条光滑曲线, 往往用细长的弹性小木条 (绘图员称之为样条, 英文为 spline) 在样点用压铁顶住, 样条在自然弹性弯曲下形成的光滑曲线称为样条曲线. 此曲线不仅具有连续一阶导数, 而且还具有连续的曲率 (即具有二阶连续导数) . 从材料力学角度来说, 样条曲线相当于集中载荷的挠度曲线, 可以证明此曲线是分段的三次曲线, 而且它的一阶、二阶导数都是连续的. I. J. Schoenberg 在 1946 年把样条曲线引入数学中, 构造了所谓 “样条函数” 的概念. 这一概念在 20 世纪 60 年代左右受到广大数学工作者, 特别是计算数学工作者的重视. 他们不仅对样条函数理论作了很多研究, 并且还把样条函数引进到数值分析的各个领域中去, 而这种应用又取得了显著的效果. 这样一来, 样条函数就成为现代数值分析中一个十分重要的概念和不可缺少的工具.

当今样条函数内容十分丰富, 应用非常广泛, 我们在此只介绍最常用的三次样条, 并且在本节也仅限于用它讨论插值.

3.2.2 基本概念

以后用 $C^k[a,b]$ 表示区间 $[a,b]$ 上具有 k 阶连续导数的函数集合.

定义 3.3 设 $s(x)$ 是定义在 $[a,b]$ 上的函数, 在 $[a,b]$ 上有一个划分

$$\Delta: a = x_0 < x_1 < \cdots < x_n = b$$

若 $s(x)$ 满足如下条件:

(1) $s(x)$ 在每个子区间 $I_j=[x_{j-1},x_j](j=1,\cdots,n)$ 上都是不超过 m 次的多项式, 至少在一个子区间上为 m 次多项式;

(2) $s(x)\in C^{m-1}[a,b]$.

则称 $s(x)$ 是关于划分 Δ 的一个 **m次样条函数**.

下面我们仅讨论 $m=3$ 的情形.

设 f 为定义在 $[a,b]$ 上的函数, 若三次样条函数 $s(x)$ 在节点 x_j 上还满足插值条件:

$$s(x_j)=f(x_j),\quad j=0,1,\cdots,n \tag{3.2.1}$$

则称 $s(x)$ 是 f 在 $[a,b]$ 上关于划分 Δ 的**三次样条插值函数**.

$s(x)$ 在每个子区间 $[x_{j-1},x_j](j=1,\cdots,n)$ 上是三次的多项式, 要求出 $s(x)$, 在每个小区间上要确定四个待定系数, 而共有 n 个小区间, 故应确定 $4n$ 个参数, 因此必须有 $4n$ 个条件. 由于 $s(x)\in C^2[a,b]$, 在节点处应满足连续性条件

$$s(x_j^-)=s(x_j^+),\quad s'(x_j^-)=s'(x_j^+),\quad s''(x_j^-)=s''(x_j^+),\quad j=1,2,\cdots,n-1$$

共 $3n-3$ 个条件, 再加上插值条件 (3.2.1), 这样共 $4n-2$ 个条件, 要完全确定三次样条插值函数还需两个条件. 通常可在区间 $[a,b]$ 的端点 $a=x_0,b=x_n$ 上各补充一个要求, 此条件称为**边界条件**. 从力学角度考虑, 附加边界条件相当于在细梁的两端加上约束. 工程上最常见的边界条件有以下三种提法.

(1) **第一边界条件**

$$s'(a)=f'(a),\quad s'(b)=f'(b) \tag{3.2.2}$$

这需要事先知道端点上 $f(x)$ 的导数值.

(2) **第二边界条件**

$$s''(a)=f''(a),\quad s''(b)=f''(b) \tag{3.2.3}$$

这自然也需要给出端点上 $f(x)$ 的二阶导数值. 这种边界条件的特例是

$$s''(a)=0,\quad s''(b)=0 \tag{3.2.4}$$

由此条件确定的样条称为自然样条, 条件 (3.2.4) 称为**自然边界条件**.

(3) **第三边界条件 (周期条件)**　当 $f(x)$ 是以 $x_n-x_0=b-a$ 为周期的周期函数时自然要求样条插值函数 $s(x)$ 也是周期函数. 相应的边界条件应取为

$$s^{(k)}(a+0)=0,\quad s^{(k)}(b-0)=0,\quad k=0,1,2$$

而此时 $f(a)=f(b)$. 这样确定的样条函数称为**周期样条函数**.

构造满足插值条件及相应边界条件的三次样条插值函数 $s(x)$, 通常采用两种不同的方法. 这两种方法分别以 $s(x)$ 在节点 x_j 处的一阶导数或二阶导数为待定参数, 再利用插值条件与边界条件以及 $s''(x)$ 或 $s'(x)$ 在内节点处的连续性, 导出三对角且对角占优的线性方程组, 可用追赶法求出待定参数, 从而唯一地确定三次样条插值函数. 下面将详细讨论这两种方法.

3.2.3 三弯矩插值法

记 $s''(x_j)=M_j, j=0,1,2,\cdots,n$ 由于 $s(x)$ 是二阶光滑的分段三次多项式, 于是 $s''(x)$ 是分段线性连续函数. 由 (3.1.16) 式, 在 $[x_j,x_{j+1}]$ 上, $s''(x)$ 可设为

$$s''(x)=\frac{x_{j+1}-x}{h_{j+1}}M_j+\frac{x-x_j}{h_{j+1}}M_{j+1},\quad x\in[x_j,x_{j+1}] \tag{3.2.5}$$

其中 M_j 为待定参数, $h_{j+1}=x_{j+1}-x_j, j=0,1,\cdots,n-1$.

设 $x\in[x_j,x_{j+1}]$, 对 (3.2.5) 式两端在区间 $[x_j,x_{j+1}]$ 上求两次积分, 便得下列关系式

$$s'(x)=-\frac{(x_{j+1}-x)^2}{2h_{j+1}}M_j+\frac{(x-x_j)^2}{2h_{j+1}}M_{j+1}+A_j,\quad x\in[x_j,x_{j+1}] \tag{3.2.6}$$

$$s(x)=\frac{(x_{j+1}-x)^3}{6h_{j+1}}M_j+\frac{(x-x_j)^3}{6h_{j+1}}M_{j+1}+A_j(x-x_j)+B_j,\quad x\in[x_j,x_{j+1}] \tag{3.2.7}$$

其中 A_j,B_j 为积分常数. 下面记 $f_j=f(x_j)$, 利用插值条件

$$s(x_j)=f_j,\quad s(x_{j+1})=f_{j+1}$$

得出 A_j,B_j 满足的方程

$$\begin{cases}\dfrac{h_{j+1}^2}{6}M_j+B_j=f_j\\ \dfrac{h_{j+1}^2}{6}M_{j+1}+A_jh_{j+1}+B_j=f_{j+1}\end{cases}$$

从而得到

$$B_j=f_j-\frac{h_{j+1}^2}{6}M_j,\quad A_j=\frac{f_{j+1}-f_j}{h_{j+1}}-\frac{h_{j+1}}{6}(M_{j+1}-M_j) \tag{3.2.8}$$

将 (3.2.8) 式代入 (3.2.6) 和 (3.2.7) 式中, 即得到 $s(x)$ 及 $s'(x)$ 在 $[x_j,x_{j+1}](j=0,1,\cdots,n-1)$ 上的表达式

$$s(x)=\frac{(x_{j+1}-x)^3}{6h_{j+1}}M_j+\frac{(x-x_j)^3}{6h_{j+1}}M_{j+1}$$

$$+\frac{x-x_j}{h_{j+1}}\left[f_{j+1}-f_j-\frac{h_{j+1}^2}{6}(M_{j+1}-M_j)\right]+f_j-\frac{h_{j+1}^2}{6}M_j, \quad (3.2.9)$$

$$s'(x)=-\frac{(x_{j+1}-x)^2}{2h_{j+1}}M_j+\frac{(x-x_j)^2}{2h_{j+1}}M_{j+1}+\frac{f_{j+1}-f_j}{h_{j+1}}-\frac{h_{j+1}}{6}(M_{j+1}-M_j) \quad (3.2.10)$$

因此, 只要知道 $M_j(j=0,1,\cdots,n)$, $s(x)$ 的表达式也就完全确定了.

由 (3.2.10) 式, 对于 $j=0,1,\cdots,n-1$, 可得

$$s'(x_j+0)=-\frac{h_{j+1}}{3}M_j-\frac{h_{j+1}}{6}M_{j+1}+\frac{f_{j+1}-f_j}{h_{j+1}} \quad (3.2.11)$$

利用 (3.2.10) 式可容易地写出 $s'(x)$ 在 $[x_{j-1},x_j]$ 上的表达式, 于是得到

$$s'(x_j-0)=\frac{h_j}{6}M_{j-1}+\frac{h_j}{3}M_j+\frac{f_j-f_{j-1}}{h_j} \quad (3.2.12)$$

因为要求 $s'(x)$ 内节点处连续, 即 $s'(x_j+0)=s'(x_j-0), j=1,\cdots,n-1$, 所以有

$$\frac{h_j}{6}M_{j-1}+\frac{h_j+h_{j+1}}{3}M_j+\frac{h_{j+1}}{6}M_{j+1}=\frac{f_{j+1}-f_j}{h_{j+1}}-\frac{f_j-f_{j-1}}{h_j}, \quad j=1,2,\cdots,n-1 \quad (3.2.13)$$

记

$$\lambda_j=\frac{h_{j+1}}{h_j+h_{j+1}}, \quad \mu_j=\frac{h_j}{h_j+h_{j+1}}=1-\lambda_j, \quad j=1,2,\cdots,n-1$$

我们可将 (3.2.13) 式化为紧凑形式

$$\mu_jM_{j-1}+2M_j+\lambda_jM_{j+1}=6f[\,x_{j-1}\quad x_j\quad x_{j+1}\,], \quad j=1,2,\cdots,n-1 \quad (3.2.14)$$

其中 $f[\,x_{j-1}\quad x_j\quad x_{j+1}\,]$ 是 f 在点 x_{j-1},x_j,x_{j+1} 的二阶差商. (3.2.14) 式是含有 $n+1$ 个未知量 $M_0,M_1,\cdots,M_n$ 的 $n-1$ 个方程, 为了唯一确定 $M_0,M_1,\cdots,M_n$ 还需利用边界条件来补充两个方程.

第一边界条件情形　由边界条件 $s'(a)=f'(a), s'(b)=f'(b)$ 以及 (3.2.11) 和 (3.2.12) 式得

$$\begin{cases} 2M_0+M_1=\dfrac{6}{h_1}\left(\dfrac{f_1-f_0}{h_1}-f_0'\right) \\ M_{n-1}+2M_n=\dfrac{6}{h_n}\left(f_n'-\dfrac{f_n-f_{n-1}}{h_n}\right) \end{cases} \quad (3.2.15)$$

其中 $f_0'=f'(a), f_n'=f'(b)$. 将 (3.2.14) 式与 (3.2.15) 式联立得线性方程组

$$\begin{bmatrix} 2 & 1 & & & & \\ \mu_1 & 2 & \lambda_1 & & & \\ & \mu_2 & 2 & \lambda_2 & & \\ & & \ddots & \ddots & \ddots & \\ & & & \mu_{n-1} & 2 & \lambda_{n-1} \\ & & & & 1 & 2 \end{bmatrix} \begin{bmatrix} M_0 \\ M_1 \\ \vdots \\ M_{n-1} \\ M_n \end{bmatrix} = \begin{bmatrix} d_0 \\ d_1 \\ \vdots \\ d_{n-1} \\ d_n \end{bmatrix} \tag{3.2.16}$$

其中

$$\begin{cases} d_0 = \dfrac{6}{h_1}\left(\dfrac{f_1-f_0}{h_1}-f_0'\right) \\ d_j = 6f[\,x_{j-1} \quad x_j \quad x_{j+1}\,], \quad j=1,2,\cdots,n-1 \\ d_0 = \dfrac{6}{h_n}\left(f_n'-\dfrac{f_n-f_{n-1}}{h_n}\right) \end{cases}$$

第二边界条件情形 此时用 $s''(a)=f''(a)=M_0, s''(b)=f''(b)=M_n$ 代入 (3.2.14) 式, 即得关于 $n-1$ 个未知数 $M_1, M_2, \cdots, M_{n-1}$ 的 $n-1$ 个线性方程组

$$\begin{bmatrix} 2 & \lambda_1 & & & & \\ \mu_2 & 2 & \lambda_2 & & & \\ & & 2 & & & \\ & & \ddots & \ddots & \ddots & \\ & & & \mu_{n-2} & 2 & \lambda_{n-2} \\ & & & & \mu_{n-1} & 2 \end{bmatrix} \begin{bmatrix} M_1 \\ M_2 \\ \vdots \\ M_{n-2} \\ M_{n-1} \end{bmatrix} = \begin{bmatrix} d_1 \\ d_2 \\ \vdots \\ d_{n-2} \\ d_{n-1} \end{bmatrix} \tag{3.2.17}$$

其中

$$\begin{cases} d_0 = 6f[\,x_0 \quad x_1 \quad x_2\,]-\mu_1 f''(a) \\ d_j = 6f[\,x_{j-1} \quad x_j \quad x_{j+1}\,], \quad j=2,3,\cdots,n-2 \\ d_0 = 6f[\,x_{n-2} \quad x_{n-1} \quad x_n\,]-\lambda_{n-1} f''(b) \end{cases}$$

周期边界条件情形 因为 $M_0=M_n$, 所以待定参数变为 $M_1, M_2, \cdots, M_n$, 一

共 n 个. 注意到 x_n 也变为内节点, (3.2.14) 式应补充一个关系式

$$\mu_n M_{n-1} + 2M_n + \lambda_n M_1 = 6f[\, x_{n-1} \quad x_n \quad x_{n+1} \,]$$

其中

$$\lambda_n = \frac{h_1}{h_n + h_1}, \quad \mu_n = 1 - \lambda_n = \frac{h_n}{h_n + h_1}, \quad f(x_{n+1}) = f(x_1)$$

于是得到相应的线性方程组

$$\begin{bmatrix} 2 & \lambda_1 & & & & \mu_1 \\ \mu_2 & 2 & \lambda_2 & & & \\ & & 2 & & & \\ & & \ddots & \ddots & \ddots & \\ & & & & 2 & \lambda_{n-1} \\ \lambda_n & & & \mu_{n-1} & \mu_n & 2 \end{bmatrix} \begin{bmatrix} M_1 \\ M_2 \\ \vdots \\ M_{n-1} \\ M_n \end{bmatrix} = \begin{bmatrix} d_1 \\ d_2 \\ \vdots \\ d_{n-1} \\ d_n \end{bmatrix} \tag{3.2.18}$$

其中 $d_j = 6f[\, x_{j-1} \quad x_j \quad x_{j+1} \,], j = 1, 2, \cdots, n$.

容易验证 (3.2.16)~(3.2.18) 式所对应的系数矩阵是严格对角占优阵. 因为严格对角占优阵非奇异, 所以 (3.2.16)~(3.2.18) 式存在唯一解, 可用解线性代数方程组的追赶法解此类方程组. 求出 $\{M_j\}$ 以后, 将它们代入 (3.2.9) 式便求出三次样条插值函数 $s(x)$ 的分段表达式. 在材料力学中, M_j 是与梁的弯矩成比例的量, 在方程组 (3.2.16)~(3.2.18) 式的每一个方程中最多出现三个相邻的 M_{j-1}, M_j 及 M_{j+1}, 因此上述诸方程组称为三弯矩方程组. 本段介绍的用 M_j 作为待定参数来确定样条插值函数 $s(x)$ 的方法常称为**三弯矩插值法**.

3.2.4 三转角插值法

下面从另一个角度来构造满足插值条件 (3.2.1) 的样条插值函数 $s(x)$. 令 $m_j = s'(x_j)$ $(j = 0, 1, \cdots, n)$ 为待定参数, m_j 在材料力学中解释为细梁在截面 x_j 处的转角.

由三次 Hermite 插值公式及余项公式知, $s(x)$ 在 $[x_j, x_{j+1}]$ 上的余项为 0, 因此由 (3.1.17) 式知, $s(x)$ 在 $[x_j, x_{j+1}]$ 上有表达式

$$\begin{aligned} s(x) = &\frac{(x-x_{j+1})^2[h_{j+1}+2(x-x_j)]}{h_{j+1}^3} f_j + \frac{(x-x_j)^2[h_{j+1}+2(x_{j+1}-x)]}{h_{j+1}^3} f_{j+1} \\ &+ \frac{(x-x_{j+1})^2(x-x_j)}{h_{j+1}^2} m_j + \frac{(x-x_j)^2(x-x_{j+1})}{h_{j+1}^2} m_{j+1}, \end{aligned}$$

$$x \in [x_j, x_{j+1}] \tag{3.2.19}$$

且满足 $s'(x_j+0)=s'(x_j-0)=m_j(j=1,2,\cdots,n-1)$. 我们要求 $s(x)$ 的二阶导数在内节点也满足连续性条件 $s''(x_j+0)=s''(x_j-0)(j=1,2,\cdots,n-1)$.

首先求 $s''(x)$ 在 $[x_j, x_{j+1}]$ 上的表达式, 由 (3.2.19) 式, 得

$$\begin{aligned} s''(x) = &\frac{6x-2x_j-4x_{j+1}}{h_{j+1}^2}m_j + \frac{6x-4x_j-2x_{j+1}}{h_{j+1}^2}m_{j+1} \\ &+ \frac{6(x_j-x_{j+1}-2x)}{h_{j+1}^3}(f_{j+1}-f_j) \end{aligned} \tag{3.2.20}$$

于是有

$$s''(x_j+0) = -\frac{4}{h_{j+1}}m_j - \frac{2}{h_{j+1}}m_{j+1} + \frac{6}{h_{j+1}^2}(f_{j+1}-f_j) \tag{3.2.21}$$

在 (3.2.20) 式中, 把 j 改为 $j-1$ 即得 $s''(x)$ 在 $[x_{j-1}, x_j]$ 上的表达式, 于是又有

$$s''(x_j-0) = \frac{2}{h_j}m_{j-1} + \frac{4}{h_j}m_j - \frac{6}{h_j^2}(f_j-f_{j-1}) \tag{3.2.22}$$

根据二阶导数的连续性条件

$$s''(x_j+0) = s''(x_j-0), \quad j=1,2,\cdots,n-1$$

得

$$\begin{aligned} &\frac{1}{h_j}m_{j-1} + 2\left(\frac{1}{h_j}+\frac{1}{h_{j+1}}\right)m_j + \frac{1}{h_{j+1}}m_{j+1} \\ &= 3\left[\frac{f_{j+1}-f_j}{h_{j+1}^2} + \frac{f_j-f_{j-1}}{h_j^2}\right], \quad j=1,2,\cdots,n-1 \end{aligned} \tag{3.2.23}$$

沿用前面 λ_j, μ_j 的记号, 并令

$$g_i = 3(\lambda_j f[\,x_{j-1} \quad x_j\,] + \mu_j f[\,x_j \quad x_{j+1}\,]), \quad j=1,2,\cdots,n-1$$

则 (3.2.23) 式可化为紧凑形式

$$\lambda_j m_{j-1} + 2m_j + \mu_j m_{j+1} = g_j, \quad j=1,\cdots,n-1 \tag{3.2.24}$$

这是关于 $n+1$ 个待定参数 $m_0, m_1, \cdots, m_n$ 的 $n-1$ 个方程. 为了能唯一确定待定参数 m_j $(j=0,1,\cdots,n)$, 需要用边界条件补充两个方程.

第一边界条件情形　$m_0=f_0', m_n=f_n'$. 则 (3.2.24) 式化为 $n-1$ 个未知数的 $n-1$ 个方程

$$\begin{bmatrix} 2 & \mu_1 & & & & \\ \lambda_2 & 2 & \mu_2 & & & \\ & & \ddots & \ddots & \ddots & \\ & & & \lambda_{n-2} & 2 & \mu_{n-2} \\ & & & & \lambda_{n-1} & 2 \end{bmatrix} \begin{bmatrix} m_1 \\ m_2 \\ \vdots \\ m_{n-2} \\ m_{n-1} \end{bmatrix} = \begin{bmatrix} g_1-\lambda_1 f_0' \\ g_2 \\ \vdots \\ g_{n-2} \\ g_{n-1}-\mu_{n-1}f_n' \end{bmatrix} \tag{3.2.25}$$

第二边界条件情形　$s''(a)=f_0'', s''(b)=f_n''$, 在 (3.2.21) 式中, 令 $j=0$ 则有

$$2m_0+m_1=3f[\,x_0\quad x_1\,]-\frac{h_1}{2}f_0'' \tag{3.2.26}$$

在 (3.2.22) 式中, 令 $j=n$, 则有

$$m_{n-1}+2m_n=3f[\,x_{n-1}\quad x_n\,]+\frac{h_n}{2}f_n'' \tag{3.2.27}$$

若令

$$\begin{cases} g_0=3f[\,x_0\quad x_1\,]-\dfrac{h_1}{2}f_0'', \\ g_n=3f[\,x_{n-1}\quad x_n\,]+\dfrac{h_n}{2}f_n'' \end{cases}$$

把 (3.2.24)、(3.2.26) 和 (3.2.27) 式联立, 则得线性方程组

$$\begin{bmatrix} 2 & 1 & & & \\ \lambda_1 & 2 & \mu_1 & & \\ & \ddots & \ddots & \ddots & \\ & & \lambda_{n-1} & 2 & \mu_{n-1} \\ & & & 1 & 2 \end{bmatrix} \begin{bmatrix} m_0 \\ m_1 \\ \vdots \\ m_{n-1} \\ m_n \end{bmatrix} = \begin{bmatrix} g_0 \\ g_1 \\ \vdots \\ g_{n-1} \\ g_n \end{bmatrix} \tag{3.2.28}$$

周期边界条件情形: $m_0 = m_n$ 由此减少一个参数, 再利用 $s''(x_0+0) = s''(x_n-0)$, 由 (3.2.21) 式与 (3.2.22) 式得

$$\frac{1}{h_1}m_1 + \frac{1}{h_n}m_{n-1} + 2\left(\frac{1}{h_1}+\frac{1}{h_n}\right)m_n = \frac{3}{h_1}f[\, x_0 \quad x_1 \,] + \frac{3}{h_n}f[\, x_{n-1} \quad x_n \,] \tag{3.2.29}$$

若记

$$\lambda_n = \frac{h_1}{h_n+h_1}, \quad \mu_n = 1-\lambda_n = \frac{h_n}{h_n+h_1}$$

$$g_n = 3\left\{\mu_n f[\, x_0 \quad x_1 \,] + \lambda_n f[\, x_{n-1} \quad x_n \,]\right\}$$

则 (3.2.29) 式改写为

$$\mu_n m_1 + \lambda_n m_{n-1} + 2m_n = g_n$$

再与 (3.2.24) 式联立, 得线性方程组

$$\begin{bmatrix} 2 & \mu_1 & & & & \lambda_1 \\ \lambda_2 & 2 & \mu_2 & & & \\ & & \ddots & \ddots & \ddots & \\ & & & \lambda_{n-1} & 2 & \mu_{n-1} \\ \mu_n & & & & \lambda_n & 2 \end{bmatrix} \begin{bmatrix} m_1 \\ m_2 \\ \vdots \\ m_{n-1} \\ m_n \end{bmatrix} = \begin{bmatrix} g_1 \\ g_2 \\ \vdots \\ g_{n-1} \\ g_n \end{bmatrix} \tag{3.2.30}$$

上述得到的方程组 (3.2.25)、(3.2.29)、(3.2.30) 的每一个方程中最多出现三个相邻的 m_{j-1}, m_j 及 m_{j+1}, 故称这些方程组为**三转角方程组**. 容易看到这些方程组的系数矩阵都是严格对角占优的, 可用追赶法求得待定参数, 然后代入 (3.2.20) 式得到 $s(x)$ 的表达式. 人们称用 m_j 作为待定参数来确定样条插值函数 $s(x)$ 的方法为**三转角插值法**.

用三次样条插值函数 $s(x)$ 逼近 $f(x)$ 是收敛的, 并且数值计算是稳定的. 由于其误差估计与收敛性定理证明较复杂, 下面只给出结论.

定理 3.6 设 $f(x) \in C^4[a,b], s(x)$ 是 $f(x)$ 满足边界条件式 (3.2.2) 或 (3.2.3) 的三次样条插值函数, 则有误差估计式

$$\left\|f^{(k)}(x) - s^{(k)}(x)\right\|_\infty \leqslant c_k \left\|f^{(4)}\right\|_\infty h^{4-k}, \quad k=0,1,2$$

其中, $c_0 = \dfrac{5}{384},\ c_1 = \dfrac{1}{24},\ c_2 = \dfrac{1}{8};\ h = \max\limits_{0\leqslant j\leqslant n-1} |h_j|$.

例 3.5 确定三次自然样条 $s(x)$, 它在节点 $x_j (j=0,1,2,3,4)$ 满足插值条件 $s(x_j) = f_j$, 其中

表 3.5

x_j	0.25	0.30	0.39	0.45	0.53
f_j	0.5000	0.5477	0.6345	0.6708	0.7280

解　经过计算, 容易得到

$$h_1 = 0.05, \quad h_2 = 0.09, \quad h_3 = 0.06, \quad h_4 = 0.08$$
$$\lambda_1 = 9/14, \quad \lambda_2 = 2/5, \quad \lambda_3 = 4/7$$
$$\mu_1 = 5/14, \quad \mu_2 = 3/5, \quad \mu_3 = 3/7$$
$$f[\,x_0 \quad x_1\,] = 0.9540, \quad f[\,x_1 \quad x_2\,] = 0.8533$$
$$f[\,x_2 \quad x_3\,] = 0.7717, \quad f[\,x_3 \quad x_4\,] = 0.7150$$

又由 $d_j = 6f[\,x_{j-1} \quad x_j \quad x_{j+1}\,]$, 得

$$d_1 = -4.3157, \quad d_2 = -3.2640, \quad d_3 = -2.4300$$

因为自然样条 $M_0 = M_4 = 0$, 因此, 将以上数值代入三弯矩方程 (3.2.19)

$$\begin{cases} 2M_1 + \dfrac{9}{14}M_2 = -4.3157 \\ \dfrac{3}{5}M_1 + 2M_2 + \dfrac{2}{5}M_3 = -3.2640 \\ \dfrac{3}{7}M_1 + 2M_3 = -2.4300 \end{cases}$$

于是求得 $M_1 = -1.8806, M_2 = -0.8226, M_3 = -1.0261$.

将 M_j, h_j, x_j 和 f_j 代入 $s(x)$ 的表达式 (3.2.9) 即得满足条件的三次自然样条函数

$$s(x) = \begin{cases} -0.6268(x-0.25)^3 + 10(0.30-x) + 10.967(x-0.25), & x \in [0.25, 0.30] \\ -3.4826(0.39-x)^3 - 1.5974(x-0.30)^3 + 6.1138(0.39-x) + 6.9518(x-0.30), & x \in [0.30, 0.39] \\ -2.3961(0.45-x)^3 - 2.8503(x-0.39)^3 + 10.4170(0.45-x) + 11.1903(x-0.39), & x \in [0.39, 0.45] \\ -2.1377(0.53-x)^3 + 8.3987(0.53-x) + 9.1000(x-0.45), & x \in [0.45, 0.53] \end{cases}$$

例 3.6　给定函数 $f(x) = \dfrac{1}{1+x^2}, -5 \leqslant x \leqslant 5$, 试用三次样条函数作插值.

解　取等距节点作样条插值, 即 $x_j = x_0 + jh, j = 0, 1, 2, \cdots, n$. 其中

$$x_0 = -5, \quad h = \frac{10}{n}$$

分别取 $n=10,20,40$.

取插值条件为

$$\begin{cases} s(x_j)=f(x_j), & j=0,1,\cdots,n \\ s'(x_0)=f'(x_0), & s'(x_n)=f'(x_n) \end{cases}$$

计算结果见表 3.6 和图 3.2, 表 3.5 中 $s_{10}(x), s_{20}(x), s_{40}(x)$ 分别代表 $n=10,20,40$ 的三次样条插值函数, $L_{10}(x)$ 代表次数为 10 的 Lagrange 插值多项式. 图 3.2 中虚线代表 $L_{10}(x)$, 实线代表 $s_{10}(x)$, 由于 $s_{10}(x)$ 逼近 $f(x)$ 的效果极好, $f(x)$ 与 $s_{10}(x)$ 的曲线基本吻合, 图中 $f(x)$ 被略去.

表 3.6

x	$\dfrac{1}{1+x^2}$	$s_{10}(x)$	$s_{20}(x)$	$s_{40}(x)$	$L_{10}(x)$
−5	0.03846	0.03846	0.03846	0.03846	0.03846
−4.8	0.04160	0.03758	0.03909	0.04111	1.80438
−4.5	0.04706	0.04248	0.04706	0.04706	1.57872
−4.3	0.05131	0.04842	0.05198	0.05127	0.88808
−4.0	0.05882	0.05882	0.05882	0.05882	0.05882
−3.8	0.06477	0.06556	0.06458	0.06476	−0.20130
−3.5	0.07547	0.07606	0.07547	0.07547	−0.22620
−3.3	0.08410	0.08426	0.08414	0.08410	−0.10832
−3.0	0.10000	0.10000	0.10000	0.10000	0.10000
−2.8	0.11312	0.11366	0.11310	0.11312	0.19873
−2.5	0.13793	0.13791	0.13793	0.13793	0.25376
−2.3	0.15898	0.16115	0.15891	0.15898	0.24145
−2.0	0.20000	0.20000	0.20000	0.20000	0.20000
−1.8	0.23585	0.23154	0.23593	0.23585	0.18878
−1.5	0.30769	0.29744	0.30769	0.30769	0.23535
−1.3	0.37175	0.36133	0.37107	0.37174	0.31650
−1.0	0.50000	0.50000	0.50000	0.50000	0.50000
−0.8	0.60976	0.62420	0.61266	0.60976	0.64316
−0.5	0.80000	0.82051	0.80000	0.80000	0.84340
−0.3	0.91743	0.92754	0.91517	0.91753	0.947090
0	1.0000	1.0000	1.0000	1.0000	1.0000

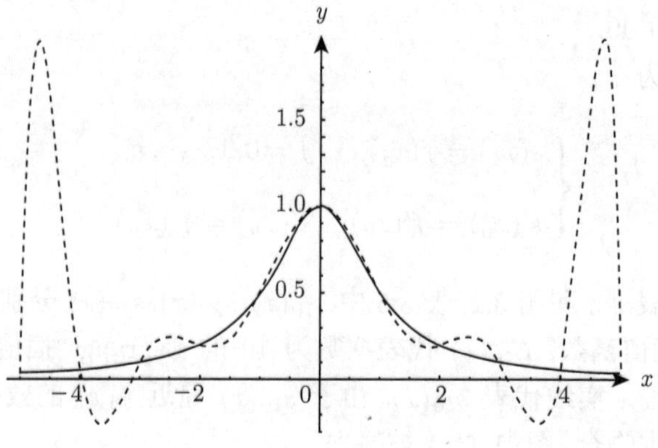

图 3.2

从以上结果可以看到, 三次样条插值函数, 比多项式插值效果明显改善, 不会出现 Runge 现象. 进一步来说, 为了提高插值的精确度, 用样条函数作插值时可用增加插值节点的办法来做到. 从这一点可见样条插值的一大优点.

3.3 有 理 逼 近

前面讨论了用计算简便的多项式函数类逼近函数 $f(x)$, 但当被逼近函数 $f(x)$ 在某点附近无界时, 采用多项式插值逼近效果很差, 如果此时采用有理函数形式的逼近, 那么可能会得到较好的逼近效果.

定义 3.4 已知 $f(x)$ 在 $n+m+1$ 个互异节点 $x_j(j=0,1,\cdots,n+m)$ 上的值 $f(x_j)$, 寻求一个有理函数

$$R_{nm}(x)=\frac{P_n(x)}{Q_m(x)}=\frac{\sum\limits_{k=0}^{n}a_kx^k}{\sum\limits_{k=0}^{m}b_kx^k}$$

使其满足

$$R_{nm}(x_j)=f(x_j),\quad j=0,1,\cdots,n+m \tag{3.3.1}$$

则称 $R_{nm}(x)$ 为 $f(x)$ 的满足插值条件式 (3.3.1) 的**有理插值函数**.

然而, 有理插值并非都有解存在.

例 3.7 讨论过三点 $(0,0),(1,0),(2,1)$ 形如 $R_{11}(x)=\dfrac{a_0+a_1x}{b_0+b_1x}$ 的有理插值函数.

解 由 $(0,0)$ 可得 $a_0=0$, 由点 $(1,0)$ 可得 $a_1=0$, 于是 $R_{11}(x)=0$, 显然 $R_{11}(x)$ 不经过点 $(2,1)$. 因此说明这个有理插值问题无解.

下面仅在假设有理插值存在唯一条件下, 给出有理插值函数的构造方法.

定义 3.5 对于一组点集 $\{x_j, j=0,1,\cdots\}$, 如果函数序列满足如下关系:

$$\begin{cases} v_0(x)=f(x) \\ v_k(x)=\dfrac{x-x_{k-1}}{v_{k-1}(x)-v_{k-1}(x_{k-1})}, \quad k=1,2,\cdots \end{cases} \tag{3.3.2}$$

则称 $v_k(x)$ 为函数 $f(x)$ 在点集 $\{x_j, j=0,1,\cdots\}$ 的 ***k* 阶反差商**.

(3.3.2) 式可改写为

$$v_0(x)=v_0(x_0)+\frac{x-x_0}{v_1(x)}$$

$$v_k(x)=v_k(x_k)+\frac{x-x_k}{v_{k+1}(x)}, \quad k=1,2,\cdots$$

于是可将 $f(x)$ 展开为连分式

$$\begin{aligned} f(x)=v_0(x)&=v_0(x_0)+\cfrac{x-x_0}{v_1(x_1)+\cfrac{x-x_1}{v_2(x)}} \\ &=v_0(x_0)+\cfrac{x-x_0}{v_1(x_1)+\cfrac{x-x_1}{v_2(x_2)+\cdots+\cfrac{x-x_{n-1}}{v_n(x_n)+\cfrac{x-x_n}{v_{n+1}(x)}}}} \end{aligned}$$

略去上式右端最后一项 $\dfrac{x-x_n}{v_{n+1}(x)}$, 若记

$$R(x)=v_0(x_0)+\cfrac{x-x_0}{v_1(x_1)+\cfrac{x-x_1}{v_2(x_2)+\cdots+\cfrac{x-x_{n-1}}{v_n(x_n)}}} \tag{3.3.3}$$

则不难验证 $R(x_j)=f(x_j), j=0,1,\cdots,n$. 于是得到 $R(x)$ 是满足条件 (3.3.1) 的有理插值函数.

当 $n=3$ 时,

$$R(x)=v_0(x_0)+\cfrac{x-x_0}{v_1(x_1)+\cfrac{x-x_1}{v_2(x_2)+\cfrac{x-x_2}{v_3(x_3)}}}$$

可整理成

$$R(x)=\frac{a_0+a_1x+a_2x^2}{b_0+b_1x}$$

即 $R(x)$ 属于有理函数类 $R_{21}(x)$. 一般情况下, 由 (3.3.3) 式定义的 $R(x)$, 当 $n=2m$ 时, 属于 $R_{mm}(x)$, 当 $n=2m+1$ 时, 属于 $R_{m+1,m}(x)$.

求 $R(x)$ 时需要计算反差商 $v_k(x_k)$, 反差商可按表 3.7 计算.

表 3.7

x_j	$f(x_j)$	$=$	$v_0(x_j)$	$v_1(x_j)$	$v_2(x_j)$	$v_3(x_j)$	$\cdots$	$v_{n-1}(x_j)$	$v_n(x_j)$
x_0	f_0	$=$	$\underline{v_0(x_0)}$						
x_1	f_1	$=$	$v_0(x_1)$	$\underline{v_1(x_1)}$					
x_2	f_2	$=$	$v_0(x_2)$	$v_1(x_2)$	$\underline{v_2(x_2)}$				
x_3	f_3	$=$	$v_0(x_3)$	$v_1(x_3)$	$v_2(x_3)$	$\underline{v_3(x_3)}$			
x_4	f_4	$=$	$v_0(x_4)$	$v_1(x_4)$	$\vdots$	$\vdots$	$\ddots$	$\underline{v_{n-1}(x_{n-1})}$	
$\vdots$	$\vdots$	$\vdots$	$\vdots$	$\vdots$	$\vdots$	$\vdots$	$\vdots$	$v_{n-1}(x_n)$	$\underline{v_n(x_n)}$

将表 3.7 中下面画横线的数据代入 (3.3.3) 式中, 即可得到有理插值函数. 表 3.7 中元素为

$$v_1(x_j)=\frac{x_j-x_0}{v_0(x_j)-v_0(x_0)},\quad j=1,2,\cdots$$

$$v_2(x_j)=\frac{x_j-x_1}{v_1(x_j)-v_1(x_1)},\quad j=2,3,\cdots$$

一般地,

$$v_k(x_j)=\frac{x_j-x_{k-1}}{v_{k-1}(x_j)-v_{k-1}(x_{k-1})},\quad j=1,2,\cdots;\quad j=k,k+1,\cdots$$

例 3.8　利用函数表 (表 3.8)

表 3.8

x_j	0	1	2	3	4
f_j	1	1/2	1/5	1/10	1/17

求出 $f(x)$ 的有理插值 $R(x)$.

解　计算反差商表 (表 3.9).

把表 3.9 中带横线的数据代入 (3.3.3) 式中, 即得有理插值函数

$$R(x)=1+\cfrac{x-0}{-2+\cfrac{x-1}{-2+\cfrac{x-2}{2+\cfrac{x-3}{1}}}}=1+\frac{x}{-2+\dfrac{(x-1)^2}{-x}}=\frac{1}{1+x^2}$$

表 3.9

x_j	$f_j=v_0(x_j)$	$v_1(x_j)$	$v_2(x_j)$	$v_3(x_j)$	$v_4(x_j)$
0	$\underline{1}$				
1	1/2	$\underline{-2}$			
2	1/5	−5/2	$\underline{-2}$		
3	1/10	−10/3	−3/2	$\underline{2}$	
4	1/17	−17/4	−4/3	3	$\underline{1}$

3.4 最佳平方逼近

3.4.1 正交多项式及其性质

定义 3.6 若 $\rho(x)$ 为有限或无限区间 $[a,b]$ 上的函数, 且满足

(1) $\rho(x)\geqslant 0, a\leqslant x\leqslant b$;

(2) 对 $k=0,1,\cdots$, $\int_a^b \rho(x)x^k\mathrm{d}x$ 都存在;

(3) 对非负的 $f(x)\in C[a,b]$, 若 $\int_a^b f(x)\rho(x)\,\mathrm{d}x=0$, 则 $f(x)\equiv 0$,

则称 $\rho(x)$ 为 $[a,b]$ 上的**权函数**.

定义 3.7 设 $f(x),g(x)\in C[a,b]$, $\rho(x)$ 为 $[a,b]$ 上的权函数, 若内积

$$(f,g)=\int_a^b \rho(x)f(x)g(x)\,\mathrm{d}x=0$$

则称 $f(x)$ 与 $g(x)$ 在 $[a,b]$ 上带权 $\rho(x)$ 正交, 记为 $f\perp g$.

定义 3.8 若函数序列 $\{\varphi_j\}_0^\infty$ 在 $[a,b]$ 上带权 $\rho(x)$ 两两正交, 即

$$(\varphi_i,\varphi_j)=\int_a^b \rho(x)\varphi_i(x)\varphi_j(x)\,\mathrm{d}x=\begin{cases}0, & i\neq j\\ A_j\neq 0, & i=j\end{cases} \tag{3.4.1}$$

则称 $\{\varphi_j\}_0^\infty$ 为 $[a,b]$ 上带权 $\rho(x)$ 的**正交函数族**; 若 $\varphi_n(x)$ 是首项系数非零的 n 次多项式, 则称 $\{\varphi_j\}_0^\infty$ 为 $[a,b]$ 上带权 $\rho(x)$ 的 **n次正交多项式族**; 称 $\varphi_n(x)$ 为 $[a,b]$ 上带权 $\rho(x)$ 的 **n次正交多项式**.

例 3.9 证明: 三角函数族 $1,\sin x,\cos x,\sin 2x,\cos 2x,\cdots$ 在 $[-\pi,\pi]$ 上是正交函数族 (权 $\rho(x)\equiv 1$).

证明 因为

$$(1,1)=\int_{-\pi}^{\pi}\mathrm{d}x=2\pi$$

$$(\sin nx, \sin mx) = \int_{-\pi}^{\pi} \sin nx \sin mx \mathrm{d}x = \begin{cases} \pi, & m = n, \\ 0, & m \neq n, \end{cases} \qquad n, m = 1, 2, \cdots$$

$$(\cos nx, \cos mx) = \int_{-\pi}^{\pi} \cos nx \cos mx \mathrm{d}x = \begin{cases} \pi, & m = n, \\ 0, & m \neq n, \end{cases} \qquad n, m = 1, 2, \cdots$$

$$(\cos nx, \sin mx) = \int_{-\pi}^{\pi} \cos nx \sin mx \mathrm{d}x = 0, \quad n, m = 0, 1, \cdots$$

证毕.

由于多项式序列 $\{x^n\}_0^\infty$ 是线性无关的, 利用正交化方法可以构造出在 $[a,b]$ 上带权正交的多项式序列 $\{\varphi_n(x)\}_0^\infty$:

$$\varphi_0(x) = 1, \quad \varphi_n(x) = x^n - \sum_{k=0}^{n-1} \frac{(x^n, \varphi_k)}{(\varphi_k, \varphi_k)} \varphi_k(x), \quad n = 1, 2, \cdots$$

这样构造的正交多项式序列 $\{\varphi_n(x)\}_0^\infty$ 有以下性质:

(1) $\varphi_n(x)$ 是最高项系数为 1 的 n 次多项式;

(2) 任何 n 次多项式均可表示为 $\varphi_0(x), \varphi_1(x), \cdots, \varphi_n(x)$ 的线性组合;

(3) 当 $m \neq n$ 时 $(\varphi_m, \varphi_n) = 0$, 且 $\varphi_n(x)$ 与任一次数小于 n 的多项式正交.

对于一般的正交多项式还有以下的重要性质.

定理 3.7 在 $[a,b]$ 上带权 $\rho(x)$ 的正交多项式序列 $\{\varphi_n(x)\}_0^\infty$, 若最高项系数为 1, 它便是唯一的, 且由以下的递推公式确定:

$$\varphi_{n+1}(x) = (x - \alpha_n)\varphi_n(x) - \beta_n \varphi_{n-1}(x), \quad n = 0, 1, \cdots \tag{3.4.2}$$

其中

$$\varphi_0(x) = 1, \quad \varphi_{-1}(x) = 0$$

$$\alpha_n = \frac{(x\varphi_n, \varphi_n)}{(\varphi_n, \varphi_n)}, \quad n = 0, 1, \cdots; \quad \beta_n = \frac{(\varphi_n, \varphi_n)}{(\varphi_{n-1}, \varphi_{n-1})}, \quad n = 1, 2, \cdots \tag{3.4.3}$$

证明 用归纳法证. 当 $n = 0$ 时, 因

$$(\varphi_0, \varphi_0) = \int_a^b \rho(x) \mathrm{d}x > 0, \quad \alpha_0 = \frac{(x\varphi_0, \varphi_0)}{(\varphi_0, \varphi_0)}$$

由 (3.4.2) 式知 $\varphi_1(x) = x - \alpha_0$, 故有

$$(\varphi_0, \varphi_1) = (x\varphi_0, \varphi_0) - \alpha_0(\varphi_0, \varphi_0) = 0$$

即 $\varphi_0(x), \varphi_1(x)$ 正交.

现假设已按递推公式构造了 $\varphi_j(x)(j=0,1,\cdots,n)$, 且 $\varphi_0(x),\varphi_1(x),\cdots,\varphi_n(x)$ 正交, 已证得由 (3.4.2) 式与 (3.4.3) 式得到的 $\varphi_{n+1}(x)$ 与 $\varphi_0(x),\varphi_1(x),\cdots,\varphi_n(x)$ 正交. 由

$$(\varphi_j,\varphi_{n+1})=(x\varphi_j,\varphi_n)-\alpha_n(\varphi_j,\varphi_n)-\beta_n(\varphi_j,\varphi_{n-1})$$

当 $j<n-1$ 时, $x\varphi_j(x)$ 是 $j+1$ 次多项式, 因 $j+1<n$, 故它与 $\varphi_n(x)$ 正交, 此时 $(x\varphi_j,\varphi_n)=0$, 又 $(\varphi_j,\varphi_n)=(\varphi_j,\varphi_{n-1})=0$, 于是 $(\varphi_j,\varphi_{n+1})=0$. 再考察 $j=n-1$ 及 $j=n$, 由 (3.4.3) 式及归纳假设, 有

$$\begin{aligned}(\varphi_{n-1},\varphi_{n+1})&=(x\varphi_{n-1},\varphi_n)-\alpha_n(\varphi_{n-1},\varphi_n)-\beta_n(\varphi_{n-1},\varphi_{n-1})\\&=(x\varphi_{n-1},\varphi_n)-(\varphi_n,\varphi_n)\\&=(\varphi_n+\alpha_{n-1}\varphi_{n-1}+\beta_{n-1}\varphi_{n-2},\varphi_n)-(\varphi_n,\varphi_n)=0\end{aligned}$$

$$(\varphi_n,\varphi_{n+1})=(x\varphi_n,\varphi_n)-\alpha_n(\varphi_n,\varphi_n)-\beta_n(\varphi_n,\varphi_{n-1})=0$$

这表明 $(\varphi_j,\varphi_{n+1})=0$ 对 $j=0,1,\cdots,n$ 成立, 因此, 由 (3.4.2) 式与 (3.4.3) 式生成的序列 $\{\varphi_n(x)\}_0^\infty$ 是正交多项式. 证毕.

定理 3.8 设 $\{\varphi_n(x)\}_0^\infty$ 是在 $[a,b]$ 上带权 $\rho(x)$ 的正交多项式序列, 则 $\varphi_n(x)$ $(n\geqslant 0)$ 的 n 个根都是单重实根, 且都在区间 (a,b) 内.

证明 令 $n\geqslant 1$, 假设 $\varphi_n(x)$ 在 (a,b) 上不变号, 则

$$\int_a^b\rho(x)\varphi_n(x)\mathrm{d}x=\int_a^b\rho(x)\varphi_n(x)\varphi_0(x)\mathrm{d}x\neq 0$$

这与正交性相矛盾. 故至少存在一点 $x_1\in(a,b)$ 使得 $\varphi_n(x_1)=0$. 若 x_1 是重根, 则 $\varphi_n(x)/(x-x_1)^2$ 为 $n-2$ 次多项式. 由正交性可知

$$\int_a^b\rho(x)\varphi_n(x)[\varphi_n(x)/(x-x_1)^2]\mathrm{d}x=0$$

但上式另一方面却有

$$\int_a^b\rho(x)\varphi_n(x)[\varphi_n(x)/(x-x_1)^2]\mathrm{d}x=\int_a^b\rho(x)[\varphi_n(x)/(x-x_1)]^2\mathrm{d}x>0$$

从而可知 x_1 只能为单根. 假设 $\varphi_n(x)$ 在 (a,b) 内只有 $m(m<n)$ 个单根 $a<x_1<x_2<\cdots<x_m<b$, 则有

$$\varphi_n(x)(x-x_1)(x-x_2)\cdots(x-x_m)=q(x)(x-x_1)^2(x-x_2)^2\cdots(x-x_m)^2$$

对上式两端乘以 $\rho(x)$ 并积分, 则左端由于 $(x-x_1)(x-x_2)\cdots(x-x_m)$ 的次数小于 n, 因此积分为 0; 但对于右端, 由于 $q(x)$ 在 (a,b) 不变号, 所以积分不为 0. 从而由这个矛盾推出 $m=n$.

下面介绍几个常见的正交多项式.

1. Legendre 多项式

在区间 $[-1,1]$ 上, 带权函数 $\rho(x)=1$ 的正交多项式称为 Legendre 多项式, 其表达式为

$$P_0(x)=1,\quad P_n(x)=\frac{1}{2^n n!}\frac{\mathrm{d}^n}{\mathrm{d}x^n}[(x^2-1)^n],\quad n=1,2,\cdots$$

Legendre 多项式有许多重要性质, 特别有

(1) 正交性:

$$(P_m,P_n)=\int_{-1}^{1}P_m(x)P_n(x)\mathrm{d}x=\begin{cases}0, & m\neq n\\ \dfrac{2}{2n+1}, & m=n\end{cases} \tag{3.4.4}$$

只要令 $\varphi(x)=(x^2-1)^n$, 则 $\varphi^{(k)}(\pm 1)=0, k=0,1,\cdots,n-1$. 由于

$$P_n(x)=\frac{1}{2^n n!}\varphi^{(n)}(x)$$

设 $Q(x)\in \boldsymbol{M}_n$, 用分部积分得

$$\begin{aligned}(Q(x),P_n(x))&=\frac{1}{2^n n!}\int_{-1}^{1}Q(x)\varphi^{(n)}(x)\mathrm{d}x\\&=-\frac{1}{2^n n!}\int_{-1}^{1}Q^{(1)}(x)\varphi^{(n-1)}(x)\mathrm{d}x\\&=\cdots=\frac{(-1)^n}{2^n n!}\int_{-1}^{1}Q^{(n)}(x)\varphi(x)\mathrm{d}x\end{aligned}$$

当 $Q(x)$ 为次数 $\leqslant n-1$ 的多项式时 $Q^{(n)}(x)=0$, 于是有

$$\int_{-1}^{1}P_m(x)P_n(x)\mathrm{d}x=0,\quad m\neq n$$

当 $Q(x)=P_n(x)$, 则 $Q^{(n)}(x)=P^{(n)}(x)=\dfrac{(2n)!}{2^n n!}$, 于是

$$\int_{-1}^{1}P_n^2(x)\mathrm{d}x=\frac{(-1)^n(2n)!}{2^{2n}(n!)^2}\int_{-1}^{1}(x^2-1)^n\mathrm{d}x=\frac{2}{2n+1}$$

这就证明了 (3.4.4) 式的正确性.

(2) 递推公式:

$$(n+1)P_{n+1}(x)=(2n+1)xP_n(x)-nP_{n-1}(x),\quad n=1,2,\cdots$$

其中 $P_0(x)=1, P_1(x)=x$.

此公式可直接利用正交性证明.

(3) 奇偶性:

$$P_n(-x)=(-1)^n P_n(x)$$

(4) $P_n(x)$ 的首项 x^n 的系数

$$A_n=\frac{(2n)!}{2^n(n!)^2}$$

2. Chebyshev 多项式

在区间 $[-1,1]$ 上, 带权函数 $\rho(x)=\dfrac{1}{\sqrt{1-x^2}}$ 的正交多项式称为 Chebyshev 多项式, 它可表示为

$$T_n(x)=\cos(n\arccos x),\quad n=0,1,\cdots \tag{3.4.5}$$

若令 $x=\cos\theta$ 则 $T_n(x)=\cos n\theta, 0\leqslant\theta\leqslant\pi$, 这是 $T_n(x)$ 的参数形式的表达式. 利用三角公式可将 $\cos n\theta$ 展开成 $\cos\theta$ 的一个 n 次多项式, 故 (3.4.5) 式是 x 的 n 次多项式. 下面给出 $T_n(x)$ 的主要性质.

(1) 正交性:

$$(T_m,T_n)=\int_{-1}^{1}\frac{T_m(x)T_n(x)}{\sqrt{1-x^2}}\mathrm{d}x=\begin{cases}0, & m\neq n\\ \dfrac{\pi}{2}, & m=n\neq 0\\ \pi, & m=n=0\end{cases} \tag{3.4.6}$$

只要对积分作变换 $x=\cos\theta$, 利用三角公式即可得到 (3.4.6) 式的结果.

(2) 递推公式:

$$\begin{aligned}T_{n+1}(x)&=2xT_n(x)-T_{n-1}(x),\quad n=1,2,\cdots\\ T_0(x)&=1,\quad T_1(x)=x\end{aligned} \tag{3.4.7}$$

由 $x=\cos\theta, T_{n+1}(x)=\cos(n+1)\theta$, 用三角公式

$$\cos(n+1)\theta=2\cos\theta\cos n\theta-\cos(n-1)\theta$$

则得 (3.4.7) 式.

(3) 奇偶性:

$$T_n(-x)=(-1)^n T_n(x)$$

(4) $T_n(x)$ 在 $(-1,1)$ 内的 n 个零点为

$$x_k=\cos\frac{2k-1}{2n}\pi,\quad k=1,2,\cdots,n$$

在 $[-1,1]$ 上有 $n+1$ 个极值点 $y_k=\cos\frac{k}{n}\pi$, $k=0,1,\cdots,n$. 在这些点上, $T_n(x)$ 交替取最大值 1, 最小值 -1.

(5) $T_n(x)$ 的首项 x^n 的系数

$$A_n=2^{n-1}\quad(n\geqslant 1),\quad A_0=1$$

3. 第二类 Chebyshev 多项式

在区间 $[-1,1]$ 上, 带权函数 $\rho(x)=\sqrt{1-x^2}$ 的正交多项式称为**第二类 Chebyshev 多项式**, 其表达式为

$$S_n(x)=\frac{\sin[(n+1)\arccos x]}{\sqrt{1-x^2}},\quad n=0,1,\cdots$$

也可表示为 $x=\cos\theta$, $S_n(x)=\dfrac{\sin(n+1)\theta}{\sin\theta}$.

主要性质有

(1) 正交性:

$$(S_m,S_n)=\int_{-1}^{1}\sqrt{1-x^2}S_m(x)S_n(x)\mathrm{d}x=\begin{cases}\dfrac{\pi}{2}, & m=n\\ 0, & m\neq n\end{cases}$$

(2) 递推公式:

$$S_{n+1}(x)=2xS_n(x)-S_{n-1}(x),\quad n=1,2,\cdots$$

其中 $S_0(x)=1, S_1(x)=2x$.

(3) 奇偶性:

$$S_n(-x)=(-1)^nS_n(x)$$

4. Laguerre 多项式

在区间 $[0,+\infty]$ 上, 带权函数 $\rho(x)=\mathrm{e}^{-x}$ 的正交多项式称为**Laguerre 多项式**, 其表达式为

$$L_n(x)=\mathrm{e}^x\frac{\mathrm{d}^n}{\mathrm{d}x^n}(x^n\mathrm{e}^{-x}),\quad n=0,1,\cdots$$

主要性质有

(1) 正交性:

$$(L_m,L_n)=\int_0^{+\infty}\mathrm{e}^{-x}L_m(x)L_n(x)\mathrm{d}x=\begin{cases}(n!)^2, & m=n\\ 0, & m\neq n\end{cases}$$

(2) 递推公式:

$$L_{n+1}(x) = (2n+1-x)L_n(x) - n^2 L_{n-1}(x), \quad n = 1, 2, \cdots$$

其中 $L_0(x) = 1, L_1(x) = 1 - x$.

5. Hermite 多项式

在区间上 $(-\infty, +\infty)$ 上, 带权函数 $\rho(x) = \mathrm{e}^{-x^2}$ 的正交多项式称为**Hermite 多项式**, 其表达式为

$$H_n(x) = (-1)^n \mathrm{e}^{x^2} \frac{\mathrm{d}^n}{\mathrm{d}x^n} \mathrm{e}^{-x^2}, \quad n = 0, 1, \cdots$$

主要性质有

(1) 正交性:

$$(H_m, H_n) = \int_{-\infty}^{+\infty} \mathrm{e}^{-x^2} H_m(x) H_n(x) \mathrm{d}x = \begin{cases} 2^n n! \sqrt{\pi}, & m = n \\ 0, & m \neq n \end{cases}$$

(2) 递推公式:

$$H_{n+1}(x) = 2xH_n(x) - 2nH_{n-1}(x), \quad n = 1, 2, \cdots$$

其中 $H_0(x) = 1, H_1(x) = 2x$.

定理 3.9 设 $\{\varphi_j\}_0^n \subset C[a,b]$, 它们线性无关的充分必要条件是其行列式

$$G_n = \begin{vmatrix} (\varphi_0, \varphi_0) & (\varphi_1, \varphi_0) & \cdots & (\varphi_n, \varphi_0) \\ (\varphi_0, \varphi_1) & (\varphi_1, \varphi_1) & \cdots & (\varphi_n, \varphi_1) \\ \vdots & \vdots & & \vdots \\ (\varphi_0, \varphi_n) & (\varphi_1, \varphi_n) & \cdots & (\varphi_n, \varphi_n) \end{vmatrix} \neq 0$$

证明 只需证明 $G_n \neq 0$ 的充分必要条件是齐次线性方程组

$$\sum_{j=0}^{n} a_j (\varphi_j, \varphi_k) = 0, \quad k = 0, 1, \cdots, n \tag{3.4.8}$$

仅有零解 $a_0 = a_1 = \cdots = a_n = 0$.

必要性 设 $G_n \neq 0$, 并令 $\sum\limits_{j=0}^{n} a_j \varphi_j = 0$, 则

$$\left(\sum_{j=0}^{n} a_j \varphi_j, \varphi_k \right) = \sum_{j=0}^{n} a_j (\varphi_j, \varphi_k) = 0, \quad k = 0, 1, \cdots, n \tag{3.4.9}$$

这表明 $\{a_j\}_0^n$ 满足 (3.4.8) 式, 因为 $G_n \neq 0$, 故有 $a_0 = a_1 = \cdots = a_n = 0$, 这表明 $\{\varphi_j(x)\}_0^n$ 线性无关.

充分性 设 $\{\varphi_j(x)\}_0^n$ 线性无关, 且 $\{a_j\}_0^n$ 满足 (3.4.8) 式, 则 (3.4.9) 式成立. 从而有

$$\left(\sum_{j=0}^{n} a_j\varphi_j, \sum_{j=0}^{n} a_j\varphi_j\right) = 0$$

故有 $\sum\limits_{j=0}^{n} a_j\varphi_j = 0$, 由于 $\{\varphi_j(x)\}_0^n$ 线性无关, 从而有 $a_0 = a_1 = \cdots = a_n = 0$, 即齐次线性方程组 (3.4.8) 仅有零解, 故 $G_n \neq 0$.

3.4.2 函数的最佳平方逼近

1. 最佳平方逼近问题及其解法

设 $f(x) \in C[a,b]$, $\varphi_0(x), \varphi_1(x), \cdots, \varphi_n(x)$ 为 $C[a,b]$ 上 $n+1$ 个线性无关函数, 用

$$\Phi = \mathrm{Span}\{\varphi_0(x), \varphi_1(x), \cdots, \varphi_n(x)\}$$

表示由 $\varphi_0(x), \varphi_1(x), \cdots, \varphi_n(x)$ 张成的线性子空间, 则对任意的 $\varphi(x) \in \Phi$, 有

$$\varphi(x) = \sum_{j=0}^{n} a_j\varphi_j(x) \tag{3.4.10}$$

寻求一个 $\varphi(x)$ 逼近 $f(x) \in C[a,b]$, 使其满足

$$\|f-\varphi\|_2^2 \triangleq \int_a^b \rho(x)[f(x)-\varphi(x)]^2 \mathrm{d}x = \min \tag{3.4.11}$$

其中, $\rho(x)$ 是 $[a,b]$ 上的权函数, 这就是**连续函数最佳平方逼近问题**. $\varphi_0(x), \varphi_1(x), \cdots, \varphi_n(x)$ 称为**最佳平方逼近基函数**. 此时 $\|\cdot\|_2$ 是一种函数范数.

若 $f(x)$ 是由离散函数表 $(x_i, f_i), i = 0, 1, \cdots, m (m > n)$ 给出的, 寻求 $\varphi(x) \in \Phi$ 使

$$\|f-\varphi\|_2^2 \triangleq \sum_{i=0}^{m} \rho_i \left[f_i - \varphi(x_i)\right]^2 = \min \tag{3.4.12}$$

这里 ρ_i 是点 x_i 处的权, 这就是**离散函数最佳平方逼近问题**. 综合以上情形可以给出如下定义.

定义 3.9 设 $f(x) \in C[a,b]$, 若存在

$$\varphi^*(x) \in \Phi = \mathrm{Span}\{\varphi_0(x), \varphi_1(x), \cdots, \varphi_n(x)\}$$

使

$$\|f-\varphi^*\|_2^2=\min_{\varphi\in\Phi}\|f-\varphi\|_2^2$$

则称 $\varphi^*(x)$ 为 $f(x)$ 在 Φ 中的**最佳平方逼近函数**.

注 定义中 $\|\cdot\|_2$ 在连续的情形就是 (3.4.11) 式, 在离散的情形就是 (3.4.12) 式.

下面针对连续情形讨论求 $\varphi^*(x)\in\Phi$ 的解法及存在唯一性. 由定义及 (3.4.9) 式可知, 求解 $\varphi^*(x)\in\Phi$ 等价于求多元函数

$$F(a_0,a_1,\cdots,a_n)=\int_a^b\rho(x)\left[\sum_{j=0}^n a_j\varphi_j(x)-f(x)\right]^2\mathrm{d}x \tag{3.4.13}$$

的极小值. 由于 F 是关于参数 $a_0,a_1,\cdots,a_n$ 的二次函数, 由多元函数极值必要条件得

$$\frac{\partial F}{\partial a_k}=2\int_a^b\rho(x)\left[\sum_{j=0}^n a_j\varphi_j(x)-f(x)\right]\varphi_k(x)dx=0,\quad k=0,1,\cdots,n \tag{3.4.14}$$

于是有

$$\sum_{j=0}^n a_j(\varphi_j,\varphi_k)=(f,\varphi_k),\quad k=0,1,\cdots,n \tag{3.4.15}$$

这是关于 $a_0,a_1,\cdots,a_n$ 的线性方程组, 称为**法方程**. 由于 $\varphi_0(x),\varphi_1(x),\cdots,\varphi_n(x)$ 线性无关, 故由定理 3.8 知, 系数矩阵非奇异, 即方程组有唯一解 $a_k=a_k^*$, $k=0,1,\cdots,n$, 于是得

$$\varphi^*(x)=a_0^*\varphi_0(x)+a_1^*\varphi_1(x)+\cdots+a_n^*\varphi_n(x) \tag{3.4.16}$$

事实上, $\forall\varphi(x)\in\Phi$, 有

$$\begin{aligned}&\|f-\varphi\|_2^2-\|f-\varphi^*\|_2^2\\
=&\int_a^b\rho(x)[f(x)-\varphi(x)]^2\mathrm{d}x-\int_a^b\rho(x)[f(x)-\varphi^*(x)]^2\mathrm{d}x\\
=&\int_a^b\rho(x)[2f(x)-\varphi(x)-\varphi^*(x)][\varphi^*(x)-\varphi(x)]\mathrm{d}x\\
=&2\int_a^b\rho(x)[f(x)-\varphi^*(x)][\varphi^*(x)-\varphi(x)]\mathrm{d}x+\int_a^b\rho(x)[\varphi^*(x)-\varphi(x)]^2\mathrm{d}x\end{aligned}$$

由于 $\varphi^*(x)$ 满足 (3.4.14) 式, 即

$$\int_a^b\rho(x)[f(x)-\varphi^*(x)][\varphi^*(x)-\varphi(x)]\mathrm{d}x=0,\quad \int_a^b\rho(x)[\varphi^*(x)-\varphi(x)]^2\mathrm{d}x\geqslant 0$$

所以有

$$\|f-\varphi^*\|_2^2 \leqslant \|f-\varphi\|_2^2$$

以上结论对离散情形 (3.4.12) 式也同样成立.

记 $\delta(x)=f(x)-\varphi^*(x)$, 称 $\|\delta(x)\|_2^2$ 为**最佳平方逼近误差**, 简称**平方误差**, 称 $\|\delta\|_2$ 为**均方误差**. 由于 $(f-\varphi^*,\varphi^*)=0$ 故

$$\|\delta\|_2^2=\|f-\varphi^*\|_2^2=(f-\varphi^*,f-\varphi^*)=(f,f)-(\varphi^*,f)=\|f\|_2^2-\sum_{j=0}^{n}a_j^*(\varphi_j,f) \quad (3.4.17)$$

作为特例, 若取 $\varphi_j(x)=x^j, j=0,1,\cdots,n$, 区间取为 $[0,1]$, $\rho(x)=1$, 此时 $f(x)\in C[0,1]$ 在 $\Phi=M_n=\mathrm{Span}\{1,x,\cdots,x^n\}$ 上的最佳平方逼近多项式为

$$p_n^*(x)=a_0^*+a_1^*x+\cdots+a_n^*x^n$$

此时由于

$$(\varphi_j,\varphi_k)=\int_0^1 x^{j+k}\mathrm{d}x=\frac{1}{j+k+1},\quad j,k=0,1,\cdots,n$$

相应于法方程 (3.4.15) 的系数矩阵记为

$$\boldsymbol{H}_n=\begin{bmatrix} 1 & 1/2 & \cdots & 1/(n+1) \\ 1/2 & 1/3 & \cdots & 1/(n+2) \\ \vdots & \vdots & & \vdots \\ 1/(n+1) & 1/(n+2) & \cdots & 1/(2n+1) \end{bmatrix}\equiv(h_{ij})_{(n+1)(n+1)}$$

其中 $h_{ij}=\dfrac{1}{i+j-1}$. $\boldsymbol{H}_n$ 称为 **Hilbert 矩阵**. 若记

$$\boldsymbol{a}=(a_0,a_1,\cdots,a_n)^{\mathrm{T}},\quad \boldsymbol{d}=(d_0,d_1,\cdots,d_n)^{\mathrm{T}}$$

其中

$$(f,\varphi_k)=\int_0^1 f(x)x^k\mathrm{d}x=d_k,\quad k=0,1,\cdots,n$$

此时法方程为

$$\boldsymbol{H}_n\boldsymbol{a}=\boldsymbol{d} \quad (3.4.18)$$

它的解为 $a_k=a_k^*$, $k=0,1,\cdots,n$. 由此得最佳平方逼近多项式 $p_n^*(x)$.

例 3.10 设 $f(x)=\sqrt{1+x^2}$, 求 $[0,1]$ 上的一次最佳平方逼近多项式

$$p_1^*(x)=a_0^*+a_1^*x.$$

解 由于

$$d_0=\int_0^1\sqrt{1+x^2}\mathrm{d}x=\frac{1}{2}\ln(1+\sqrt{2})+\frac{\sqrt{2}}{2}\approx 1.148,$$

$$d_1 = \int_0^1 \sqrt{1+x^2}x\mathrm{d}x = \frac{2\sqrt{2}-1}{3} \approx 0.609$$

于是, 法方程 (3.4.18) 为

$$\begin{bmatrix} 1 & 1/2 \\ 1/2 & 1/3 \end{bmatrix} \begin{bmatrix} a_0 \\ a_1 \end{bmatrix} = \begin{bmatrix} 1.148 \\ 0.609 \end{bmatrix}$$

求得解为 $a_0^* = 0.938, a_1^* = 0.420$, 因此得一次最佳平方逼近式为

$$p_1^*(x) = 0.938 + 0.420x$$

由 (3.4.17) 式得平方误差

$$\|\delta\|_2^2 = (f,f) - (p_1^*, f) = \int_0^1 (1+x^2)\mathrm{d}x - a_0^* d_0 - a_1^* d_1 = 0.0026$$

均方误差

$$\|\delta\|_2 = 0.027$$

最大误差

$$\|\delta\|_\infty = \max_{0\leqslant x\leqslant 1} \left\| \sqrt{1+x^2} - p_1^*(x) \right\| = 0.062$$

由于 $\boldsymbol{H}_n$ 是病态矩阵, 在 $n \geqslant 3$ 时直接解法方程 (3.4.18) 误差很大, 因此当 $\varphi_j(x) = x^j$ 时, 解法方程方法只适合 $n \leqslant 2$ 的情形. 对 $n \geqslant 3$ 可用正交多项式作 Φ 的基求解最佳平方逼近多项式.

2. 用正交函数族做平方逼近

设 $f(x) \in C[a,b], \Phi = \mathrm{Span}\{\varphi_0(x), \varphi_1(x), \cdots, \varphi_n(x)\}$ 若 $\varphi_0(x), \varphi_1(x), \cdots, \varphi_n(x)$ 是满足条件 (3.4.1) 的正交函数族, 则 $(\varphi_i, \varphi_j) = 0(i \neq j)$, $(\varphi_i, \varphi_i) > 0$, 于是法方程 (3.4.15) 的系数矩阵为非奇异对角阵, 方程的解为

$$a_k^* = \frac{(f,\varphi_k)}{(\varphi_k,\varphi_k)} = \frac{(f,\varphi_k)}{\|\varphi_k\|_2^2}, \quad k = 0, 1, \cdots, n \tag{3.4.19}$$

于是 $f(x)$ 在 Φ 中的最佳平方逼近函数为

$$\varphi^*(x) = \sum_{k=0}^{n} \frac{(f,\varphi_k)}{\|\varphi_k\|_2^2} \varphi_k(x) \tag{3.4.20}$$

(3.4.20) 式又称为 f 的广义 Fourier 展开, 相应 (3.4.19) 式的系数 a_k^* 称为**广义 Fourier 系数**, 由 (3.4.17) 式可得

$$\|\delta\|_2^2 = \|f - \varphi^*\|_2^2 = \|f\|_2^2 - \sum_{k=0}^{n} \left[\frac{(f,\varphi_k)}{\|\varphi_k\|_2} \right]^2 \geqslant 0$$

由此可得 Bessel 不等式

$$\sum_{k=0}^{n}(a_k^*\|\varphi_k\|_2)^2 \leqslant \|f\|_2^2 \tag{3.4.21}$$

下面考虑特殊情形. 设 $[a,b]=[-1,1]$, $\rho(x)=1$, 使此时正交多项式为 Legendre 多项式 $P_n(x)$, 取 $\Phi=\mathrm{Span}\{P_0(x),P_1(x),\cdots,P_n(x)\}$, 根据 (3.4.20) 式可得到 $f(x)\in C[-1,1]$ 的最佳平方逼近多项式为

$$s_n^*(x)=\sum_{k=0}^{n}a_k^*P_k(x) \tag{3.4.22}$$

其中

$$a_k^*=\frac{(f,P_k)}{\|P_k\|_2^2}=\frac{2k+1}{2}\int_{-1}^{1}f(x)P_k(x)\mathrm{d}x \tag{3.4.23}$$

且平方误差为

$$\|\delta\|_2^2=\int_{-1}^{1}f^2(x)\mathrm{d}x-\sum_{k=0}^{n}\frac{2}{2k+1}a_k^{*2}$$

这样得到的最佳平方逼近多项式 $s_n^*(x)$ 与直接由 $(1,x,\cdots,x^n)$ 为基得到的 $p_n^*(x)$ 是一致的, 但此处不用解病态的法方程 (3.4.18), 而且当 $f(x)\in C[-1,1]$ 时, 可以证明 $\lim\limits_{n\to\infty}\|s_n^*(x)-f(x)\|_2=0$, 即 $s_n^*(x)$ 均方收敛于 $f(x)$.

对于首项系数为 1 的 Legendre 多项式 $\tilde{P}(x)$, 由平方逼近还可得到以下性质.

定理 3.10　在所有系数为 1 的 n 次多项式中, Legendre 多项式 $\tilde{P}_n(x)$ 在 $[-1,1]$ 上与零的平方误差最小.

证明　设 $Q_n(x)$ 为任一最高项系数为 1 的 n 次多项式, 于是

$$Q_n(x)=\tilde{P}_n(x)+\sum_{k=0}^{n-1}a_k\tilde{P}_k(x),$$

$$\|Q_n\|_2^2=\int_{-1}^{1}Q_n^2(x)\mathrm{d}x=\left\|\tilde{P}_n\right\|_2^2+\sum_{k=0}^{n-1}a_k^2\left\|\tilde{P}_k\right\|_2^2\geqslant\left\|\tilde{P}_n\right\|_2^2$$

上式当且仅当 $a_0=a_1=\cdots=a_{n-1}=0$ 时等号成立. 证毕.

例 3.11　用 Legendre 展开求 $f(x)=\mathrm{e}^x$ 在 $[-1,1]$ 上的最佳平方逼近多项式 (分别取 $n=1,3$).

解　先计算

$$(f,P_0)=\int_{-1}^{1}\mathrm{e}^x\mathrm{d}x=\mathrm{e}-\frac{1}{\mathrm{e}}\approx 2.3504$$

$$(f,P_1)=\int_{-1}^{1}x\mathrm{e}^x\mathrm{d}x=2\mathrm{e}^{-1}\approx 0.7358$$

$$(f,P_2)=\int_{-1}^{1}\left(\frac{3}{2}x^2-\frac{1}{2}\right)\mathrm{e}^x\mathrm{d}x=\mathrm{e}-\frac{7}{\mathrm{e}}\approx 0.1431$$

$$(f,P_3)=\int_{-1}^{1}\left(\frac{5}{2}x^2-\frac{3}{2}x\right)\mathrm{e}^x\mathrm{d}x=37\mathrm{e}^{-1}-5\mathrm{e}\approx 0.02013$$

由 (3.4.23) 式可算出

$$a_0^*=1.1752,\quad a_1^*=1.1037,\quad a_2^*=0.3578,\quad a_3^*=0.07046$$

于是由 (3.4.23) 式可求得

$$\begin{aligned}&s_1^*(x)=1.1752+1.1036x,\\&s_3^*(x)=0.9963+0.9980x+0.5367x^2+0.1761x^3\end{aligned}$$

且

$$\begin{aligned}&\|\delta_3\|_2=\|\mathrm{e}^x-s_3^*(x)\|_2=0.0047,\\&\|\delta_3\|_\infty=\|\mathrm{e}^x-s_3^*(x)\|_\infty=0.0112\end{aligned}$$

3.4.3 曲线拟合的最小二乘逼近

当 $f(x)$ 是由实验或观测得到的, 其函数通常是由表格 $(x_i,f_i),i=0,1,\cdots,m$ 给出. 若要求曲线 $y=\varphi(x)$ 逼近函数 $f(x)$, 通常由于观测有误差, 因此 $\varphi(x_i)-f_i=0$ 不一定成立. 若取 $\varphi\in\Phi=\mathrm{Span}\{\varphi_0,\varphi_1,\cdots,\varphi_n\},n<m$, 要求

$$\|\delta\|_2^2=\sum_{i=0}^{m}\rho_i[f_i-\varphi(x_i)]^2=\min$$

这就是当 $f(x)$ 为离散情形的最佳平方逼近问题. 又称**曲线拟合的最小二乘问题**. 由 (3.4.12) 式可知, 此时就是要求 $\varphi^*(x)\in\Phi=\mathrm{Span}\{\varphi_0,\varphi_1,\cdots,\varphi_n\}$ 使

$$\|f-\varphi^*\|_2^2=\sum_{i=0}^{m}\rho_i[f_i-\varphi^*(x_i)]^2=\min_{\varphi\in\Phi}\|f-\varphi\|_2^2$$

这里 $\varphi(x)$ 与 $\varphi^*(x)$ 由 (3.4.10) 式及 (3.4.16) 式表示, $\rho_i(i=0,1,\cdots,m)$ 为权值.

求 $\varphi^*(x)$ 的问题等价于求多元函数

$$F(a_0,a_1,\cdots,a_n)=\sum_{i=0}^{m}\rho_i\left[\sum_{j=0}^{n}a_j\varphi_j(x_i)-f_i\right]^2\tag{3.4.24}$$

的极小值, 它与 (3.4.13) 式求极小值问题一样可得到法方程:

$$\sum_{j=0}^{n}a_j(\boldsymbol{\varphi}_j,\boldsymbol{\varphi}_k)=(\boldsymbol{f},\boldsymbol{\varphi}_k),\quad k=0,1,\cdots,n\tag{3.4.25}$$

只是此处的内积 $(\cdot,\cdot)$ 由连续的积分形式换成离散的求和形式, 即

$$\begin{cases}(\boldsymbol{\varphi}_j,\boldsymbol{\varphi}_k)=\sum\limits_{i=0}^{m}\rho_i\varphi_j(x_i)\varphi_k(x_i)\\(\boldsymbol{f},\boldsymbol{\varphi}_k)=\sum\limits_{i=0}^{m}\rho_i f_i\varphi_k(x_i)\end{cases}$$

求解法方程 (3.4.25) 得 $a_k=a_k^*,\ k=0,1,\cdots,n$, 于是得 $\varphi^*(x)=\sum\limits_{k=0}^{n}a_k^*\varphi_k(x)$ 是存在唯一的. 称 $\varphi^*(x)$ 为最小二乘逼近函数, $\varphi_0(x),\varphi_1(x),\cdots,\varphi_n(x)$ 称为**最小二乘逼近基函数**. 由前面的讨论知 $\varphi^*(x)$, 其平方误差 $\|\delta\|_2^2$ 仍由 (3.4.17) 式表示:

$$\|\delta\|_2^2=\|f-\varphi^*\|_2^2\ =\ \|f\|_2^2-\sum_{k=0}^{n}a_k^*(\boldsymbol{\varphi}_k,\boldsymbol{f})$$

此处的内积是离散形式.

在最小二乘逼近中如何选择数学模型是很重要的, 即如何根据给定的 f 来选择函数类 Φ. 一般常用的方法是取 $\Phi=\mathrm{Span}\{\varphi_0,\varphi_1,\cdots,\varphi_n\}$, 此时称 $\varphi^*(x)$ 为 $f(x)$ 的多项式最小二乘逼近, 但这样取的结果是, 当 n 较大时法方程病态, 需另作处理. 而 n 较小时, 往往不能表征 $f(x)$ 的性态, 或误差较大或模型不符. 通常可以根据物理意义或 $(x_i,f_i)(i=0,1,\cdots,m)$ 数据分布的大致图形选择相应的数学模型. 若 Φ 取多项式, 下面给出一种确定 n 的方法. 我们要做的基本假设是: 被逼近函数 $f(x)$ 是一个 M 次多项式, 且 $M<m$, 或者稍微一般点, 假设 $f(x)$ 至少能用这样一个多项式精确地逼近. 在不知道 M 究竟为何值时, 问题就是设法求出它. 如果选择 $n<M$, 那么很显然不可能得到对 $f(x)$ 的一个好的逼近. 另一方面, 如果选择 $n>M$, 那么也得不到一个对 $f(x)$ 的好的逼近. 若选择 $n=m-1$, 那么可使得 $\|\delta_n\|_2^2$ 等于零. 但是若这样选择 n, 将丢失最小二乘逼近本身所具有的平滑性质. 事实上, 选择任意的 $n>M$ 的值都要牺牲平滑性.

选择 $\varphi_j(x)=x^j$, 设被逼近函数 $f(x)$ 为

$$f(x)=\sum_{j=0}^{n}a_j^{*(M)}x^j \tag{3.4.26}$$

如果知道 M 值并且用观测数据 $\{f_i\}$ 求得最小二乘逼近为

$$\sum_{j=0}^{M+1}a_j^{*(M+1)}x^j$$

那么从统计观点来说应有 $a_j^{*(M+1)}=a_j^{*(M)},j=0,1,\cdots,M;a_{M+1}^{*(M+1)}=0$, 但是观测数据是有误差的, 因此即使关于 $f(x)$ 具有 (3.4.26) 形式的假设是正确的, $a_{M+1}^{*(M+1)}$

也不会为零. 于是希望对 $a_{M+1}^{*(M+1)}=0$ 这个统计假设进行检验. 为此进一步假设误差 $E_i=f(x_i)-f_i$ 是零均值正态分布的, 且方差为 σ^2/ρ_i. 这个假设是合理的, 因为测量得越精确的量其方差越小, 与其相应的权因子 ρ_i 就越大.

称这个常用来进行检验的统计假设为零假设. 它可以应用极大似然统计方法进行检验. 关于这个方法的讨论已超出本书的范围, 这里仅叙述结果: 如果零假设是正确的, 那么

$$\sigma_n^2=\frac{\|\delta_n\|_2^2}{m-n-1}$$

的期望值当 $n=M,M+1,\cdots,m-1$ 时将与 n 无关. 因为事先并不知道 M 的值, 在实际当中是这样检验统计假设的: 对于 $n=1,2,\cdots$ 求解相应的法方程, 对每个 n 值计算相应的 σ_n^2, 随着 n 的增加, 只要 σ_n^2 的减少是显著的, 那么计算过程就继续进行. 一旦到某个 n 值以后, σ_n^2 值不再显著减少, 那么这个值便是零假设中的 M 值. 由此得到所希望的最小二乘逼近. 在实际问题中, 可以根据所讨论问题的知识提供的信息, 从某个 $n>1$ 值开始进行以上求解过程. 仔细分析以上求解过程, 可以看到, 在 $n=r$ 时求解法方程组的过程中所做的一些计算结果, 在求解 $n=r+1$ 相应的法方程组时可以加以利用, 以避免重复计算. 但对每个相继的 n 值来说, 计算量的增加依然很大.

实际问题中, 我们常常采用线性最小二乘逼近, 即 φ 是形如式 (3.4.10) 所示的线性组合. 有的数学模型表面上不是线性模型, 但通过变换可化为线性模型, 同样可以使用. 例如 $y=ae^{bx}$, 其中 a,b 为待定参数, 取对数得 $\ln y=\ln a+bx$, 令 $Y=\ln y$, 记 $A=\ln a$ 于是有 $Y=A+bx$, 取 $\varphi_0(x)=1,\varphi_1(x)=x$, 将曲线拟合原始数据 (x_i,y_i) 变换为 $(x_i,Y_i),i=0,1,\cdots,m$, 求形如 $\varphi(x)=A+bx$ 的曲线, 就是一个线性模型.

例 3.12 给定数据 $(x_i,f_i),i=0,1,2,3,4$, 见表 3.10, 试选择适当模型, 求最小二乘拟合函数 $\varphi^*(x)$.

表 3.10

i	x_i	f_i	$Y_i=\ln f_i$	x_i^2	x_iY_i	$y_i=\varphi^*(x_i)$
0	1.00	5.10	1.629	1.000	1.629	5.09
1	1.25	5.79	1.756	1.5625	2.195	5.78
2	1.50	6.53	1.876	2.2500	2.814	6.56
3	1.75	7.45	2.008	3.0625	3.514	7.44
4	2.00	8.46	2.135	4.000	4.270	8.44

解 根据给定数据选择数学模型 (1)$y=ae^{bx}(a>0)$, 取对数得 $\ln y=\ln a+bx$, 令 $Y=\ln y$, $A=\ln a$, 取 $\varphi_0(x)=1,\varphi_1(x)=x$, 要求 $Y=A+bx$ 与 $(x_i,Y_i),i=$

$0,1,2,3,4$, 作最小二乘拟合, $Y_i = \ln f_i$. 由于

$$(\boldsymbol{\varphi}_0, \boldsymbol{\varphi}_0) = 5, \quad (\boldsymbol{\varphi}_0, \boldsymbol{\varphi}_1) = (\boldsymbol{\varphi}_1, \boldsymbol{\varphi}_0) = 7.5, \quad (\boldsymbol{\varphi}_1, \boldsymbol{\varphi}_1) = 11.875$$

$$(\boldsymbol{Y}, \boldsymbol{\varphi}_0) = \sum_{i=0}^{4} Y_i = 9.404, \quad (\boldsymbol{Y}, \boldsymbol{\varphi}_1) = \sum_{i=0}^{4} Y_i x_i = 14.422$$

由 (3.4.25) 式得法方程

$$\begin{cases} 5A + 7.5b = 9.404 \\ 7.5A + 11.875b = 14.422 \end{cases}$$

求解此方程得 $A = 1.1224, b = 0.5056, a = \mathrm{e}^A = 3.0722$. 于是得最小二乘拟合曲线

$$Y = 3.071\mathrm{e}^{0.5056x} = \varphi^*(x)$$

算出 $\varphi^*(x_i)$ 的值列于表 3.9 最后一列, 从结果看到这一模型拟合效果较好.

若选模型 (2) $\dfrac{1}{a_0 + a_1 x}$, 则令 $Y = \dfrac{1}{y} = a_0 + a_1 x$, 此时 $\varphi_0(x) = 1, \varphi_1(x) = x$, $(\boldsymbol{Y}, \boldsymbol{\varphi}_0) = 0.77436, (\boldsymbol{Y}, \boldsymbol{\varphi}_1) = 1.11298$. 法方程为

$$\begin{cases} 5a_0 + 7.5a_1 = 0.77436 \\ 7.5a_0 + 11.875a_1 = 1.11298 \end{cases}$$

求解得

$$a_0 = 0.271416, \quad a_1 = -0.077696$$

于是得最小二乘拟合曲线

$$Y = \frac{1}{0.271416 - 0.077696x} = \tilde{\varphi}^*(x)$$

可算出 $\tilde{\varphi}^*(x_i)(i = 0,1,2,3,4)$ 的值分别为 5.16, 5.74, 6.46, 7.38, 8.62 结果比指数模型 $y = a\mathrm{e}^{bx}$ 差些.

若直接选择多项式模型 (3)$a_0 + a_1 x + a_2 x^2$, 结果将更差. 此例表明了求曲线拟合的最小二乘问题选择模型的重要性, 目前已有自动选择模型的软件供使用. 另外, 当数学模型为多项式时, 可根据正交性条件, 用点集 $\{x_i\}_0^m$ 由递推公式构造正交多项式 $\{\varphi_k(x)\}_0^n$:

$$\begin{cases} \varphi_0(x) = 1, \quad \varphi_1(x) = (x - \alpha_0)\varphi_0(x) \\ \varphi_{k+1}(x) = (x - \alpha_k)\varphi_k(x) - \beta_k \varphi_{k-1}(x), \quad k = 1,2,\cdots,n-1 \end{cases} \tag{3.4.27}$$

使其满足条件

$$(\boldsymbol{\varphi}_j, \boldsymbol{\varphi}_k) = \sum_{i=0}^{m} \rho_i \varphi_j(x_i) \varphi_k(x_i) = \begin{cases} 0, & j \neq k \\ A_k > 0, & j = k \end{cases}$$

其中

$$\begin{cases}\alpha_k = \dfrac{(x\boldsymbol{\varphi}_k, \boldsymbol{\varphi}_k)}{(\boldsymbol{\varphi}_k, \boldsymbol{\varphi}_k)} = \dfrac{\sum\limits_{i=0}^{m} \rho_i x_i \varphi_k^2(x_i)}{\sum\limits_{i=0}^{m} \rho_i \varphi_k^2(x_i)}, \quad k = 0, 1, \cdots, n-1 \\ \beta_k = \dfrac{(\boldsymbol{\varphi}_k, \boldsymbol{\varphi}_k)}{(\boldsymbol{\varphi}_{k-1}, \boldsymbol{\varphi}_{k-1})} = \dfrac{\sum\limits_{i=0}^{m} \rho_i \varphi_k^2(x_i)}{\sum\limits_{i=0}^{m} \rho_i \varphi_{k-1}^2(x_i)}, \quad k = 1, 2, \cdots, n-1\end{cases} \tag{3.4.28}$$

与连续情形讨论相似, 此时可得最小二乘逼近多项式

$$\varphi_n^*(x) = a_0^* \varphi_0(x) + a_1^* \varphi_1(x) + \cdots + a_n^* \varphi_n(x)$$

其中

$$a_k^* = \frac{(\boldsymbol{f}, \boldsymbol{\varphi}_k)}{(\boldsymbol{\varphi}_k, \boldsymbol{\varphi}_k)} = \frac{1}{A_k} \sum_{i=0}^{m} \rho_i f_i \varphi_k(x_i), \quad k = 0, 1, \cdots, n \tag{3.4.29}$$

用此方法求最小二乘逼近多项式 $\varphi_n^*(x)$, 只要由 (3.4.27) 式~(3.4.29) 式递推求出 α_k, β_k, $\varphi_k(x)$ 及 a_k^* 即可, 计算过程简单. 算法的终止可由平方误差

$$\|\delta\|_2^2 = \|f - \varphi_n^*(x)\|_2^2 = \|f\|_2^2 - \sum_{k=0}^{n} (a_k^*)^2 \|\varphi_k\|_2^2 \leqslant \varepsilon$$

或 $n = N$ (事先给定) 控制.

例 3.13 用正交化方法求离散数据表 3.11 中的最小二乘二次多项式拟合函数.

表 3.11

i	0	1	2	3	4
x_i	0.00	0.25	0.50	0.75	1.00
y_i	0.10	0.35	0.81	1.09	1.96

解 在离散点列 $\{x_i\}_0^m = \{0, 0.25, 0.5, 0.75, 1\}$ 上按三项递推公式 (3.4.27), (3.4.28) 构造正交多项权因子 $\{\rho_i\}_0^m = \{1, 1, 1, 1, 1\}$.

这里 $n = 2$, 取 $\varphi_0(x) = 1$, 由此得

$$\boldsymbol{\varphi}_0 = \{\varphi_0(x_i)\}_0^m = (1, 1, 1, 1, 1)^{\mathrm{T}}, \quad (\boldsymbol{\varphi}_0, \boldsymbol{\varphi}_0) = \sum_{i=0}^{m} \rho_i [\varphi_0(x_i)]^2 = 5$$

$$(\boldsymbol{x\varphi}_0, \boldsymbol{\varphi}_0) = \sum_{i=0}^{m} \rho_i x_i \varphi_0^2(x_i) = 2.5, \quad \alpha_0 = \frac{(\boldsymbol{x\varphi}_0, \boldsymbol{\varphi}_0)}{(\boldsymbol{\varphi}_0, \boldsymbol{\varphi}_0)} = 0.5$$

于是 $\varphi_1(x) = x - \alpha_0 = x - 0.5$. 进一步计算

$$\begin{aligned}
&\boldsymbol{\varphi}_1 = \{\varphi_1(x_i)\}_0^m = (-0.5, -0.25, 0, 0.25, 0.5)^{\mathrm{T}} \\
&(\boldsymbol{\varphi}_1, \boldsymbol{\varphi}_1) = \sum_{i=0}^{m} \rho_i [\varphi_1(x_i)]^2 = 0.625, \quad (x\boldsymbol{\varphi}_1, \boldsymbol{\varphi}_1) = \sum_{i=0}^{m} \rho_i x_i [\varphi_1(x_i)]^2 = 0.3125 \\
&\alpha_1 = \frac{(\boldsymbol{x\varphi}_1, \boldsymbol{\varphi}_1)}{(\boldsymbol{\varphi}_1, \boldsymbol{\varphi}_1)} = 0.5, \quad \beta_1 = \frac{(\boldsymbol{\varphi}_1, \boldsymbol{\varphi}_1)}{(\boldsymbol{\varphi}_0, \boldsymbol{\varphi}_0)} = 0.125
\end{aligned}$$

于是得 $\varphi_2(x) = (x - \alpha_1)\varphi_1(x) - \beta_1 \varphi_0(x) = (x - 0.5)^2 - 0.125$. 继续计算

$$\begin{aligned}
&\boldsymbol{\varphi}_2 = (0.125, -0.0625, -0.125, -0.0625, 0.125)^{\mathrm{T}}, \quad (\boldsymbol{\varphi}_2, \boldsymbol{\varphi}_2) = 0.0546875 \\
&(\boldsymbol{y}, \boldsymbol{\varphi}_0) = \sum_{i=0}^{m} \rho_i y_i \varphi_0(x_i) = 4.31, \quad \alpha_0^* = \frac{(\boldsymbol{y}, \boldsymbol{\varphi}_0)}{(\boldsymbol{\varphi}_0, \boldsymbol{\varphi}_0)} = 0.862 \\
&(\boldsymbol{y}, \boldsymbol{\varphi}_1) = \sum_{i=0}^{m} \rho_i y_i \varphi_1(x_i) = 1.115, \quad \alpha_1^* = \frac{(\boldsymbol{y}, \boldsymbol{\varphi}_1)}{(\boldsymbol{\varphi}_1, \boldsymbol{\varphi}_1)} = 1.784 \\
&(\boldsymbol{y}, \boldsymbol{\varphi}_2) = \sum_{i=0}^{m} \rho_i y_i \varphi_2(x_i) = 0.06625, \quad \alpha_2^* = \frac{(\boldsymbol{y}, \boldsymbol{\varphi}_2)}{(\boldsymbol{\varphi}_2, \boldsymbol{\varphi}_2)} = 1.211428571
\end{aligned}$$

最后得到拟合多项式

$$\begin{aligned}
\varphi^*(x) &= a_0^* \varphi_0(x) + a_1^* \varphi_1(x) + a_2^* \varphi_2(x) \\
&= 0.862 + 1.784(x - 0.5) + 1.2114[(x - 0.5)^2 - 0.125] \\
&= 0.1214 + 0.5726x + 1.2114x^2
\end{aligned}$$

并由 $\|y\|_2^2 = \sum_{i=0}^{m} \rho_i y_i^2 = 0.58183$, 求出平方误差 $\|\delta\|_2^2 = 0.0337$.

3.4.4 多项式最小二乘的光滑解

前面已介绍过, 对于高次多项式最小二乘逼近, 由于其法方程的病态性, 使得求出的法方程的解与实际的真实解相差甚远. 所以, 工程中不得不降低多项式的次数, 一般只采用线性逼近. 这就使得许多实际工程问题不能应用多项式最小二乘逼近.

针对这一问题, 可采用光滑化方法, 即在构造理论值与测量值的误差的平方和作为符合程度的泛函式 (3.4.24) 的同时, 引进光滑泛函, 用一光滑因子调解这两种泛函在求解过程中所起作用的大小的比例. 这样, 既解决了多项式最小二乘逼近问题, 同时也解决了方程求解的病态问题. 通过典型的算例, 说明方法是可行和有效的.

设 $\varphi_j(x) \in \Phi = \mathrm{Span}\{1, x, \cdots, x^n\}, j = 0, 1, \cdots, n$. 构造多项式函数

$$y(x) = a_0\varphi_0(x) + a_1\varphi_1(x) + \cdots + a_n\varphi_n(x) \tag{3.4.30}$$

其中, a_j 为待定未知系数. 令

$$y(x_i) \approx f_i, \quad i = 1, 2, \cdots, m, \quad m > n$$

进而用 $y(x)$ 来逼近未知函数分布 $f(x)$.

因此, 构造泛函

$$F(a_0, a_1, \cdots, a_n) = F_1(a_0, a_1, \cdots, a_n) + \alpha F_2(a_0, a_1, \cdots, a_n) \tag{3.4.31}$$

其中

$$F_1(a_0, a_1, \cdots, a_n) = \sum_{i=1}^{m}\left[f_i - \sum_{j=0}^{n} a_j\varphi_j(x_i)\right]^2$$

$$F_2(a_0, a_1, \cdots, a_n) = \int_a^b \left[\frac{\mathrm{d}^2}{\mathrm{d}x^2} y(x)\right]^2 \mathrm{d}x$$

分别表达 $y(x_i)$ 逼近 f_i 的近似精度和 $y(x)$ 的光滑程度. α 称为**光滑因子**, F_2 称为**光滑泛函**.

由于在 (3.4.31) 中的 F_1 和 F_2 之间, 更应重视 F_1, 所以, 一般来讲取 $0 \leqslant \alpha \leqslant 1$. 为了确定系数 $a_j(j = 0, 1, \cdots, n)$, 只需令

$$F(a_0, a_1, \cdots, a_n) = \min \tag{3.4.32}$$

求解 (3.4.32) 式, 即令

$$\frac{\partial F}{\partial \alpha_k} = 0, \quad k = 0, 1, \cdots, n$$

则得

$$\sum_{j=0}^{n}\left[\sum_{i=1}^{m}\varphi_j(x_i)\varphi_k(x_i) + \alpha\int_a^b \varphi_j''(x)\varphi_k''(x)\mathrm{d}x\right] a_j = \sum_{i=1}^{m} f_i\varphi_k(x_i), \quad k = 0, 1, \cdots, n \tag{3.4.33}$$

这里, 取权因子为 $\rho_j \equiv 1$.

显然, 求解方程组 (3.4.33), 即可得系数 $a_j(j = 0, 1, \cdots, n)$, 代回 (3.4.30) 式, 即可得到多项式最小二乘的光滑解.

一般地, 可直接取 $\varphi_j(x) = x^j (j = 0, 1, \cdots, n)$. 当 $\alpha = 0$ 时, 即为以往的多项式最小二乘解.

此方法的精度好坏, 很大程度上在于光滑因子 α 的选取是否合适. α 太小, 不能解决法方程的病态性; α 太大, 又使得在 (3.4.31) 中 F_2 项所占的比例过大, 以至于精度太低. 所以, 选择合适的光滑因子, 是方法取得成功的关键.

实际计算时, 可将实测数据 $f_1, f_2, \cdots, f_m$ 分成两部分. 取 $m = 2M + 1$, M 为某一自然数. 记 $\overline{f_i} = f_{2i-1} (i = 1, 2, \cdots, M+1)$; $\overline{\overline{f_i}} = f_{2i} (i = 1, 2, \cdots, M)$. 将 $\overline{f_i}$ 作为测量数据, 应用于方程 (3.4.33), $\overline{\overline{f_i}}$ 作为检验数据. 选取合适的光滑因子 α 使得法方程 (3.4.33) 的解代入 (3.4.30) 式后, 有

$$\left\| \overline{\overline{f_i}} - y(x_{2i}) \right\| = \min$$

这时的光滑因子称为**最佳光滑因子**. 一般地, 可以采取搜索法来确定最佳光滑因子.

为了检验方法的可行性与有效性, 取

$$f(x) = \frac{1}{1+x^2}, \quad x \in [-5, 5], \quad x_i = -5 + i\frac{10}{m}, \quad f_i = f(x_i), \quad i = 1, 2, \cdots, m$$

这个是多项式逼近中的典型例子, 用插值多项式或最小二乘法得到的结果会出现 Runge 现象. 应用多项式最小二乘的光滑解方法, 当 $M = 10$ 时, 结果见表 3.12.

表 3.12　典型的算例误差表

M	m	光滑因子 α	误差 $E = \sum_{i=1}^{M} \left(\overline{\overline{f_i}} - \sum_{j=1}^{M} a_j x_{2i}^j \right)^2$
10	21	0	19.0658
10	21	0.065	0.0055

3.5　周期函数逼近与快速 Fourier 变换

3.5.1　周期函数的最佳平方逼近

当 $f(x)$ 为周期函数时, 用三角多项式逼近比用代数多项式更合适. 现假定 $f(x) \in C(-\infty, +\infty)$, 并且 $f(x + 2\pi) = f(x)$, 在

$$\Phi = \mathrm{Span}\{1, \cos x, \sin x, \cdots, \cos nx, \sin nx\}$$

上求最佳平方逼近多项式

$$\varphi_n^*(x) = \frac{a_0}{2} + \sum_{j=1}^{n} (a_j \cos jx + b_j \sin jx) \tag{3.5.1}$$

由于函数 $\{1, \cos x, \sin x, \cdots, \cos nx, \sin nx\}$ 在 $[0, 2\pi]$ 上是正交函数族, 因此 $f(x)$ 在 $[0, 2\pi]$ 上的最佳平方逼近多项式 (3.5.1) 式中的系数由 (3.4.19) 可以得到

$$\begin{cases} a_j = \dfrac{1}{\pi}\displaystyle\int_0^{2\pi} f(x)\cos jx\mathrm{d}x, \quad j = 0, 1, \cdots, n \\ b_j = \dfrac{1}{\pi}\displaystyle\int_0^{2\pi} f(x)\sin jx\mathrm{d}x, \quad j = 1, 2, \cdots, n \end{cases} \tag{3.5.2}$$

a_j, b_j 称为 $f(x)$ 的**Fourier 系数**, 由此可得相应于 (3.4.21) 式的 Bessel 不等式

$$\frac{1}{2}a_0^2 + \sum_{k=1}^{n}(a_k^2 + b_k^2) \leqslant \frac{1}{\pi}\int_0^{2\pi} f^2(x)\mathrm{d}x$$

由于右边不依赖于 n, 故正项级数 $\dfrac{1}{2}a_0^2 + \displaystyle\sum_{k=1}^{+\infty}(a_k^2 + b_k^2)$ 收敛. 并由 $\lim\limits_{k\to\infty} a_k = \lim\limits_{k\to\infty} b_k = 0$, 显然三角多项式 (3.5.1) 是 $f(x)$ 的 Fourier 级数

$$\frac{a_0}{2} + \sum_{k=1}^{+\infty}(a_k\cos kx + b_k\sin kx)$$

的部分和. 当 $f(x)$ 连续并以 2π 为周期时, 由系数式 (3.5.2) 定义的 $\varphi_n^*(x)$ 平方收敛于 $f(x)$. 若还假定 $f(x)$ 在 x 处可微, 则 $\varphi_n^*(x)$ 在 x 处收敛到 $f(x)$.

实际问题中, 有时 $f(x)$ 仅在离散点集 $\left\{x_j = \dfrac{2\pi j}{N}\right\}_0^{N-1}$ 上给出函数值 $f\left(\dfrac{2\pi j}{N}\right)$, $j = 0, 1, \cdots, N-1$. 可以证明, 当 $2n+1 \leqslant N$ 时, 三角函数族

$$\{1, \cos x, \sin x, \cdots, \cos nx, \sin nx\}$$

为离散点集 $\left\{x_j = \dfrac{2\pi j}{N}\right\}_0^{N-1}$ 的正交函数族, 即对任何 $l, k = 0, 1, \cdots, n$ 有

$$\sum_{j=0}^{N-1}\sin l\frac{2\pi j}{N}\sin k\frac{2\pi j}{N} = \begin{cases} 0, & l \neq k, \\ \dfrac{N}{2}, & l = k \neq 0, \end{cases}$$

$$\sum_{j=0}^{N-1}\cos l\frac{2\pi j}{N}\sin k\frac{2\pi j}{N} = 0$$

$$\sum_{j=0}^{N-1}\cos l\frac{2\pi j}{N}\cos k\frac{2\pi j}{N} = \begin{cases} 0, & l \neq k \\ \dfrac{N}{2}, & l = k \neq 0 \\ N, & l = k = 0 \end{cases}$$

于是由离散点集 $\left\{x_j=\dfrac{2\pi j}{N}\right\}_0^{N-1}$ 给出的 f 在三角函数族 $\Phi=\mathrm{Span}\{1,\cos x,\sin x,\cdots,\cos nx,\sin nx\}$ 中的最小二乘解, 仍可用 (3.5.1) 中的 $\varphi_n^*(x)$ 表示, 其中系数为

$$\begin{cases} a_k=\dfrac{2}{N}\displaystyle\sum_{j=0}^{N-1} f\left(\dfrac{2\pi j}{N}\right)\cos\dfrac{2\pi kj}{N}, & k=0,1,\cdots,n \\ b_k=\dfrac{2}{N}\displaystyle\sum_{j=0}^{N-1} f\left(\dfrac{2\pi j}{N}\right)\sin\dfrac{2\pi kj}{N}, & k=1,2,\cdots,n \end{cases}$$

这里 $2n+1\leqslant N$. 当 $2n+1=N$ 时, 则有

$$\varphi_n^*(x_j)=f(x_j),\quad j=0,1,\cdots,N-1$$

此时 $\varphi_n^*(x)$ 就是三角插值多项式.

更一般情形, 假定 $f(x)$ 是以 2π 为周期的复值函数, 在 N 个节点 $x_j=\dfrac{2\pi j}{N}(j=0,1,\cdots,N-1)$ 上的值 $f\left(\dfrac{2\pi j}{N}\right)$ 已知, 令 $\psi(x)=\mathrm{e}^{\mathrm{i}kx}=\cos kx+\mathrm{i}\sin kx$, $\mathrm{i}=\sqrt{-1}$, $k=0,1,\cdots,N-1$, 则 $\{\psi_k(x)\}_0^{N-1}$ 关于节点集 $\{x_j\}_0^{N-1}$ 正交, 即

$$(\psi_l,\psi_k)=\sum_{j=0}^{N-1}\psi_l(x_j)\overline{\psi}_k(x_j)=\sum_{j=0}^{N-1}\mathrm{e}^{\mathrm{i}(l-k)\frac{2\pi j}{N}}=\begin{cases}0, & l\neq k\\ N, & l=k\end{cases}$$

因此 $f(x)$ 在点集 $\left\{x_j=\dfrac{2\pi j}{N}\right\}_0^{N-1}$ 上的最小二乘解为

$$\varphi_n^*(x)=\sum_{k=0}^{n}C_k\mathrm{e}^{\mathrm{i}kx},\quad n<N \tag{3.5.3}$$

其中

$$C_k=\frac{1}{N}\sum_{k=0}^{N-1}f(x_j)\mathrm{e}^{-\mathrm{i}kx_j},\quad k=0,1,\cdots,n \tag{3.5.4}$$

如果取 $n=N-1$, 则 φ_n^* 为 $f(x)$ 在点 $x_j, j=0,1,\cdots,N-1$ 上的插值函数, 即有

$$\varphi_n^*(x_j)=f(x_j),\quad k=0,1,\cdots,N-1$$

利用 (3.5.3) 式有

$$f(x_j)=\sum_{k=0}^{N-1}C_k\mathrm{e}^{\mathrm{i}kx_j},\quad j=0,1,\cdots,N-1 \tag{3.5.5}$$

(3.5.4) 式是由 $\{f(x_j)\}_0^{N-1}$ 求 $\{C_k\}_0^{N-1}$ 的过程, 称为 $f(x)$ 的**离散 Fourier 变换**(discrete Fourier transformation), 简称**DFT**, 而 (3.5.5) 式是由 $\{C_k\}_0^{N-1}$ 求 $\{f(x_j)\}_0^{N-1}$ 的过程, 称为**DFT 的逆变换**. 它们是用计算机进行频谱分析的主要方法, 在数字信号处理、全息技术、光谱和声谱分析等领域都有广泛应用.

3.5.2 快速 Fourier 变换

由 $\{f(x_j)\}_0^{N-1}$ 计算 $\{C_k\}_0^{N-1}$ 的 (3.5.4) 式可以当作 Fourier 变换

$$F(s)=\int_{-\infty}^{+\infty} f(x)\mathrm{e}^{\mathrm{i}2\pi sx}\mathrm{d}x$$

的离散近似, 其逆变换是 (3.5.5) 式, 这两个表达式的计算在 Fourier 分析中非常重要, 它们都可归结为计算

$$C_j=\sum_{k=0}^{N-1} B_k W^{kj}, \quad j=0,1,\cdots,N-1 \tag{3.5.6}$$

其中 $\{B_k\}_0^{N-1}$ 是给定的复数列 $W=\mathrm{e}^{-\mathrm{i}\frac{2\pi}{N}}$(正变换) 或 $W=\mathrm{e}^{\mathrm{i}\frac{2\pi}{N}}$ (逆变换). 由 (3.5.6) 式看到, 直接计算一个 C_j 需要 N 次复数乘法和 $N-1$ 次复数加法, 计算全部 $\{C_j\}_0^{N-1}$ 需要 N^2 个乘法和 $N(N-1)$ 个加法. 当 N 很大时, 计算 N^2 个乘法很费时, 很多问题用高速电子计算机也无法完成. 直到 20 世纪 60 年代中期产生了快速 Fourier (FFT) 算法, 减少了计算量, 才使 DFT 的计算得以实现. FFT 的思想是尽量减少 (3.5.6) 式中的乘法次数, 注意到 W 是 N 等分复平面单位圆上的一点, 且 $W^N=1$, 所以 $\{W^{kj}\}_{k,j=0}^{N-1}$ 实际上仍是单位圆上的 N 个点, 用 N 除 kj, 可得 $kj=q\cdot N+r(0\leqslant r\leqslant N-1)$, 故 $W^{kj}=W^r$ 只有 N 个不同值 $W^0,W^1,\cdots W^{N-1}$, 特别当 $N=2^m$ 时, 只有 $\dfrac{N}{2}$ 个不同值, 因此可把同一个 W^r 对应的 B_k 相加后再乘 W^r, 这就能尽量减少乘法次数.

下面仅介绍 $N=2^m$ 时的算法, 把 k,j 分别用二进制表示为

$$\begin{aligned}k&=k_{m-1}2^{m-1}+\cdots+k_1 2^1+k_0 2^0=(k_{m-1}\cdots k_1k_0)\\ j&=j_{m-1}2^{m-1}+\cdots+j_1 2^1+j_0 2^0=(j_{m-1}\cdots j_1j_0)\end{aligned}$$

其中, $k_r,j_r(r=0,1,\cdots,m-1)$ 只能取 0 或 1, 相应地令

$$C_j=C(j)=C(j_{m-1}\cdots j_1j_0),\quad B_k=B_0(k)=B_0(k_{m-1}\cdots k_1k_0),$$

$$W^{kj}=W^{(k_{m-1}\cdots k_1k_0)(j_{m-1}\cdots j_1j_0)}=W^{j_0(k_{m-1}\cdots k_1k_0)+j_1(k_{m-2}\cdots k_0 0)+j_{m-1}(k_0 0\cdots 0)}$$

于是 (3.5.6) 式可分解为 m 层求和, 即

$$
\begin{aligned}
C_j &= \sum_{k=0}^{N-1} B_0(k)W^{kj} \\
&= \sum_{k_0=0}^{1}\left\{\sum_{k_1=0}^{1}\cdots\left(\sum_{k_{m-1}=0}^{1} B_0(k_{m-1}\cdots k_1k_0)W^{j_0(k_{m-1}\cdots k_1k_0)}\right)\right. \\
&\quad \left.\cdot W^{j_1(k_{m-2}\cdots k_0 0)}\cdots\right\}W^{j_{m-1}(k_0 0\cdots 0)}
\end{aligned}
$$

上式的 m 层求和由里往外, 分别引入记号

$$B_1(k_{m-2}\cdots k_0j_0) = \sum_{k_{m-1}=0}^{1} B_0(k_{m-1}\cdots k_1k_0)W^{j_0(k_{m-1}\cdots k_1k_0)}$$

$$B_2(k_{m-3}\cdots k_0j_1j_0) = \sum_{k_{m-2}=0}^{1} B_1(k_{m-2}\cdots k_0j_0)W^{j_1(k_{m-2}\cdots k_0 0)}$$

$$\cdots\cdots$$

$$B_m(j_{m-1}\cdots j_1j_0) = \sum_{k_0=0}^{1} B_{m-1}(k_0j_{m-2}\cdots j_0)W^{j_{m-1}(k_0 0\cdots 0)}$$

由此看到最后

$$B_m(j_{m-1}\cdots j_1j_0) = C(j_{m-1}\cdots j_1j_0) = C(j)$$

为简化每个和式计算, 注意 $W^{j_0 2^{m-1}} = W^{j_0\frac{N}{2}} = (-1)^{j_0}$ 并将二进制 $(0k_{m-2}\cdots k_0)_2 = k$ 表示为 $k = k_{m-2}2^{m-2}+\cdots+k_0 2^0$, 即为十进制数, 于是

$$
\begin{aligned}
B_1(k_{m-2}\cdots k_0j_0) &= B_0(0k_{m-1}\cdots k_1k_0)W^{j_0(0k_{m-2}\cdots k_0)} \\
&\quad + B_0(1k_{m-2}\cdots k_0)W^{j_0 2^{m-1}}\cdot W^{j_0(0k_{m-2}\cdots k_0)} \\
&= \left[B_0(0k_{m-2}\cdots k_0) + (-1)^{j_0}B_0(1k_{m-2}\cdots k_0)\right]W^{j_0(0k_{m-2}\cdots k_0)}
\end{aligned}
$$

由于 $j_0 = 0$ 或 1, 再将上式二进制数表示为十进制数, 得

$$
\begin{cases}
B_1(2k) = B_1(k_{m-2}\cdots k_0 0) = B_0(k) + B_0(k+2^{m-1}) \\
B_1(2k+1) = B_1(k_{m-2}\cdots k_0 1) = [B_0(k) - B_0(k+2^{m-1})]W^k
\end{cases}
$$

$$k = 0, 1, \cdots, 2^{m-1}-1$$

同理可推出

$$\begin{cases} B_2(k2^2+j) = B_1(2k+j) + B_1(2k+j+2^{m-1}) \\ B_2(k2^2+j+2) = [B_1(2k+j) - B_1(2k+j+2^{m-1})]W^{2k} \end{cases}$$

$$j=0,1;\ k=0,1,\cdots,2^{m-2}-1$$

一般情况可得

$$\begin{cases} B_l(k2^l+j) = B_{l-1}(k2^{l-1}+j) + B_{l-1}(k2^{l-1}+j+2^{m-1}) \\ B_l(k2^l+j+2^{l-1}) = [B_{l-1}(k2^{l-1}+j) - B_{l-1}(k2^{l-1}+j+2^{m-1})]W^{k2^{l-1}} \end{cases}$$

$$l=1,2,\cdots,m;\ j=0,1,\cdots,2^{l-1}-1;\ k=0,1,\cdots,2^{m-1}-1 \tag{3.5.7}$$

公式 (3.5.7) 就是计算 DFT 的 FFT 算法, 它比原始的 FFT 算法有所改进. 此方法计算全部 $\{C_j\}_0^{N-1}$ 共需复数乘法运算 $\dfrac{N}{2}(m-1)$ 次, 加法运算 Nm 次, 当 $N=2^{10}$ 时, 它是非快速算法运算量的 $\dfrac{1}{230}$. 关于 FFT 的算法程序在计算机的数学库中都可找到.

习 题 3

1. 当 $x=-1,0,1$ 时 $f(x)$ 值分别是 $0,2,1$, 求 $f(x)$ 的二次插值多项式.

2. 给定 $f(x)$ 的函数表如下:

x	0.0	0.1	0.2	0.3	0.4	0.5
$f(x)$	1.0000	1.1052	1.2214	1.3499	1.4918	1.6487

试用线性插值及二次插值估算 $f(0.23)$ 的近似值.

3. 已知函数 $\sin x$ 与 $\cos x$ 在 $x=0,\dfrac{\pi}{6},\dfrac{\pi}{4},\dfrac{\pi}{3},\dfrac{\pi}{2}$ 处的值, 用① 线性插值求 $\sin\dfrac{\pi}{12}$ 的近似值; ② 二次插值求 $\cos\dfrac{\pi}{5}$ 的近似值. 并作误差估计.

4. 给出下列数据表:

x	0	0.2	0.4	0.6	0.8	1.0
$S(x)$	0	0.199560	0.396160	0.588130	0.77210	0.94608

对于正弦积分

$$S(x) = \int_0^x \frac{\sin t}{t}\mathrm{d}t$$

当 $S(x)=0.45$ 时, 求 x 的值.

5. 给出 $\sin x$ 的函数表如下. 试用线性插值求 $\sin 11^\circ 6'$ 的近似值, 并从理论上估计绝对误差限, 将求出的近似值与理论的误差估计相比较.

x	10°	11°	12°	13°
$\sin x$	0.174	0.191	0.208	0.225

6. 设给出了 $\cos x$ 的函数表 $(0^\circ \leqslant x \leqslant 90^\circ)$, 其步长为 $h = 1' = (1/60)^\circ = \pi/(180 \times 60)$. 研究用此表进行线性插值求 $\cos x$ 近似值时的最大截断误差界.

7. 在 $-4 \leqslant x \leqslant 4$ 上给出 $f(x) = \mathrm{e}^x$ 的等距节点函数表. 若用二次插值求 e^x 的近似值, 要使截断误差不超过 10^{-6}, 问使用多大的函数表步长?

8. 设 $x_0, x_1, \cdots, x_n$ 为 $n+1$ 个互异的插值节点, $l_0(x), l_1(x), \cdots, l_n(x)$ 为 Lagrange 插值基函数, 试证明

(1) $\sum\limits_{j=0}^{n} l_j(x) \equiv 1$;

(2) $\sum\limits_{j=0}^{n} x_j^k l_j(x) \equiv x^k, \quad k = 1, 2, \cdots, n$;

(3) $\sum\limits_{j=0}^{n} (x_j - x)^k l_j(x) \equiv 0, \quad k = 1, 2, \cdots, n$;

(4) $\sum\limits_{j=0}^{n} x_j^k l_j(0) \equiv \begin{cases} 1, & k = 0, \\ 0, & k = 1, 2, \cdots, n, \\ (-1)^n x_0 x_0 \cdots x_0, & k = n+1. \end{cases}$

9. 证明 k 阶差商有下列性质:

(1) 若 $f(x) = cg(x)$, 则 $f[\, x_0 \quad x_1 \quad \cdots \quad x_k \,] = cg[\, x_0 \quad x_2 \quad \cdots \quad x_k \,]$;

(2) 若 $F(x) = f(x) + g(x)$, 则

$$F[\, x_0 \quad x_1 \quad \cdots \quad x_k \,] = f[\, x_0 \quad x_1 \quad \cdots \quad x_k \,] + g[\, x_0 \quad x_2 \quad \cdots \quad x_k \,];$$

(3) 若 $F(x) = f(x)g(x)$, 则

$$F[\, x_0 \quad x_1 \quad \cdots \quad x_k \,] = \sum_{j=1}^{k} f[\, x_0 \quad x_1 \quad \cdots \quad x_j \,] \cdot g[\, x_0 \quad x_2 \quad \cdots \quad x_j \,].$$

10. 已知 $f(x) = 5x^6 + 2x^4 + 3x + 1$. 求 $f[\, 2^0 \quad 2^1 \quad \cdots \quad 2^6 \,]$ 及 $f[\, 2^0 \quad 2^1 \quad \cdots \quad 2^7 \,]$.

11. 若 $f(x) = a_n x^n + a_{n-1} x^{n-1} + \cdots + a_1 x + a_0$ 有 n 个互异的实根 $x_0, x_1, \cdots, x_{n-1}$. 求证:

$$\sum_{j=1}^{n} (-1)^{n-k} \begin{pmatrix} n \\ k \end{pmatrix} k^n = n!.$$

12. 用线性反插值方法求方程 $x^3 - 2x - 5 = 0$ 在区间 $(2, 3)$ 内的根 α(α 的精确值为 2.0945524815).

13. 设 $f(x)$ 在 $[x_0, x_3]$ 上有五阶连续导数, 且 $x_0 < x_1 < x_2 < x_3$.

(1) 试作一个次数不高于四次的多项式 $H_4(x)$ 满足条件

$$\begin{cases} H_4(x_j) = f(x_j), & j = 0,1,2,3 \\ H_4'(x_1) = f'(x_1) \end{cases}$$

(2) 推导余项 $E(x) = f(x) - H_4(x)$ 的表达式.

14. 根据函数 $f(x) = \sqrt{x}$ 的数据表

x	2.0	2.1	2.2	2.3
$f(x)$	1.414214	1.44913	1.483240	1.516575

运用 Hermite 插值计算 $f'(2.15)$, 并估计误差.

15. 求 $f(x) = x^2$ 在 $[a, b]$ 上 n 等分的分段线性插值函数, 并估计误差.

16. 试判断下面的函数是否为三次样条函数:

(1)
$$f(x) = \begin{cases} x^2, & x \geqslant 0 \\ \sin x, & x < 0 \end{cases}$$

(2)
$$f(x) = \begin{cases} 0, & -1 \leqslant x \leqslant 0 \\ x^3, & 0 \leqslant x < 1 \\ x^3 + (x-1)^2, & 1 \leqslant x \leqslant 2 \end{cases}$$

(3)
$$f(x) = \begin{cases} x^3 + 2x + 1, & -1 \leqslant x < 0 \\ 2x^3 + 2x + 1, & 0 \leqslant x \leqslant 1 \end{cases}$$

17. 给定数据表

x_j	0.25	0.30	0.39	0.45	0.53
y_j	0.5000	0.5477	0.6245	0.6708	0.7280

试求三次样条插值函数 $s(x)$, 满足边界条件 $s'(0.25) = 1.0000$, $s'(0.53) = 0.6868$.

18. 将 $R_{22}(x) = \dfrac{3x^2 + 6x}{x^2 + 6x + 6}$ 化为连分式.

19. 用形如 $\dfrac{x-a}{bx+c}$ 的形式进行有理插值, 使其通过点 $(0, -1)$, $\left(1, -\dfrac{1}{3}\right)$, $(-1, 3)$.

20. 给定一组点 $(0,7)$, $(1,4)$, $(2,2)$, $(3,3)$, 求过此组点的有理插值函数.

21. 对权函数 $\rho(x) = 1 + x^2$, 区间 $[-1, 1]$, 试求首项系数为 1 的正交多项式 $\varphi_n(x)$, $n = 0, 1, 2, 3$.

22. 求函数 f 在指定区间和函数 Φ 上的最佳平方逼近多项式:

(1) $f(x) = \dfrac{1}{x}$, $[1, 3]$, $\Phi = \mathrm{Span}\{1, x\}$;

(2) $f(x) = \cos \pi x$, $[0, 1]$, $\Phi = \mathrm{Span}\{1, x, x^2\}$;

(3) $f(x) = |x|$, $[-1, 1]$, $\Phi = \mathrm{Span}\{1, x^2, x^4\}$;

(4) $f(x) = \ln x$, $[1, 2]$, $\Phi = \mathrm{Span}\{1, x\}$.

23. 观测物体的直线运动, 得出以下数据

时间 t/s	0.0	0.9	1.9	3.0	3.9	5.0
距离 s/m	0	10	30	50	80	110

用正交多项式作最小二乘拟合基函数, 求其运动方程 $s=\dfrac{1}{2}at^2+v^0t$.

24. 已知实验数据如下：

x_j	19	25	31	38	44
y_j	19.0	32.3	49.0	73.3	97.8

用最小二乘法求形如 $y=a+bx^2$ 的经验公式, 并计算均方误差.

25. 已知一组实验数据

t	1	2	3	4	5	6	7	8
y	4.00	6.40	8.00	8.80	9.22	9.50	9.70	9.86

试用 $y=\dfrac{t}{at+b}$ 来拟合.

26. 给出一张记录 $\{f_k\}=(4,3,2,1,0,1,2,3)$, 用 FFT 算法求 $\{f_k\}$ 的离散谱 $\{C_k\}$.

27. 在求 $N=2^2=4$ 时的 Fourier 变换 $C_j=\sum\limits_{k=0}^{3}B_kW^{jk}(j=0,1,2,3)$ 中, 其中 B_k 是复数, $W=\mathrm{e}^{\pm\mathrm{i}\frac{\pi}{2}}$. 问

(1) 按此式需做多少次复数乘法?

(2) 你能把乘法次数减少到多少次? 请列出计算式, 用最少乘法次数完成此 Fourier 变换.

第 4 章 数值积分

CHAPTER

4.1 数值积分的一般问题

4.1.1 数值积分思想概述

积分是实际问题中经常遇到的问题. 由 Newton-Leibniz 公式

$$\int_a^b f(x)\mathrm{d}x = F(b) - F(a) \tag{4.1.1}$$

知, 若 $f(x)$ 的原函数 $F(x)$ 能求出, 那么积分是容易求出的. 然而根据微分代数中的 Liouville 定理, 初等函数的原函数并不总是能被初等函数表出, 如 e^{-x^2} 的原函数为以下形式的误差函数:

$$\mathrm{erf}(x) = \frac{2}{\sqrt{\pi}}\int_0^x \mathrm{e}^{-t^2}\mathrm{d}t$$

这个函数不是初等函数. $\sqrt{1+x^3}$, $\dfrac{\sin(x)}{x}$ 的原函数等也属于这一类函数. 有时甚至 $F(x)$ 能求出, 但计算 $F(a)$ 和 $F(b)$ 时也可能得不到精确值, 或者即使能求出精确值, 但是需要涉及大量运算, 大大降低了运算效率. 因此, 数值积分就自然成为我们研究的课题.

由积分中值定理知, 对于积分 $I(f) = \displaystyle\int_a^b f(x)\mathrm{d}x$, 总存在一点 $\xi \in [a, b]$ 使得

$$\int_a^b f(x)\mathrm{d}x = f(\xi)(b-a) \tag{4.1.2}$$

成立. (4.1.2) 式的几何意义是很明显的. 但是 (4.1.2) 式中的 ξ 是不容易求出的, 为此只能取近似值. 如

(1) 左 (下) 矩形公式: 取 $\xi \approx a$, 有

$$\int_a^b f(x)\mathrm{d}x \approx f(a)(b-a) \tag{4.1.3}$$

(2) 右 (上) 矩形公式: 取 $\xi \approx b$, 有

$$\int_a^b f(x)\mathrm{d}x \approx f(b)(b-a) \tag{4.1.4}$$

(3) 中矩形公式: 取 $\xi \approx \dfrac{b+a}{2}$, 有

$$\int_a^b f(x)\mathrm{d}x \approx f\left(\frac{a+b}{2}\right)(b-a) \tag{4.1.5}$$

以上都是对 ξ 取的近似值, 如果取 $f(\xi)$ 的近似值当然也可以得到一些近似公式. 比如, 取 $f(\xi) \approx \dfrac{f(b)+f(a)}{2}$ 则得到

$$\int_a^b f(x)\mathrm{d}x \approx \frac{b-a}{2}[f(a)+f(b)] \tag{4.1.6}$$

(4.1.6) 式称为**梯形公式**. 其几何意义是, 若 $f(x) \geqslant 0$, 用梯形面积近似曲边梯形的面积. 以后将证明, 梯形公式比以上的矩形公式要好. 矩形公式都是用了一个点上的函数值代替 $f(\xi)$, 而梯形公式是用了 a, b 两个点上函数值的算术平均代替 $f(\xi)$. 可以想象, 多利用几个点上的函数值的算术 (加权) 平均来代替 $f(\xi)$ 可能会更好.

一般地, 用线性泛函

$$Q(f) = \sum_{i=0}^{m}\sum_{j=0}^{n} A_{ij} f^{(i)}(x_j) \tag{4.1.7}$$

来逼近 $I(f)$, 于是有求积公式

$$I(f) = \sum_{i=0}^{m}\sum_{j=0}^{n} A_{ij} f^{(i)}(x_j) + E(f) \tag{4.1.8}$$

其中, A_{ij} 称为**求积系数**, x_{ij} 称为**求积节点**, 两者均不依赖于 $f(x)$ 的具体形式, $E(f)$ 称作**求积余项**. 数值积分的主要问题就是通过各种方法确定求积系数和节点, 保证稳定性的同时使得 $Q(f)$ 逼近 $I(f)$ 达到要求的精度.

当 $m=0$ 时, $I(f)$ 可由函数在求积节点处的值 $f(x_k)$ 所线性表出, 此时数值求积公式可以写作

$$Q(f) = \sum_{k=0}^{n} A_k f(x_k) \tag{4.1.9}$$

此时称其为**机械求积公式**. 其中, $x_k(k=0,1,\cdots,n)$ 为**互异求积节点**, A_k 为**求积系数**(也称**伴随节点的权**). 一般要求 A_k 仅依赖于 x_k, 因此采用机械求积公式可以避免求原函数, 关键在于 A_k 与 x_k 的选取方法, 以及保证相应的精度.

4.1.2 代数精度的概念

上面提到的求积公式都是近似的, 那么它的近似程度如何? 下面给出衡量近似程度 “好坏” 的一个量的概念.

定义 4.1 若某个求积公式对于次数 $\leqslant m$ 的多项式均能准确成立, 而对于 $m+1$ 次多项式不一定准确成立, 则称该求积公式具有 $\boldsymbol{m}$ **次代数精度**.

显然, 上面的梯形公式与中矩形公式对于一次多项式 (即线性函数) 能准确成立, 而对于二次多项式不能准确成立. 因此, 它们都具有一次代数精度.

一般地, 要使机械求积公式有 m 次代数精度, 只要它对于 $1, x, x^2, \cdots, x^m$ 都能准确成立而对于 x^{m+1} 不一定能准确成立即可. 由插值法知道, 对于给定的函数 $f(x)$, 我们可以取插值节点 $a \leqslant x_0 < x_1 < \cdots < x_n \leqslant b$ 作 $f(x)$ 的插值多项式,

$$L_n(x) = \sum_{k=0}^{n} l_k(x) f(x_k) \tag{4.1.10}$$

用 (4.1.10) 式作为 $f(x)$ 的近似, 把对 $L_n(x)$ 的积分作为对 $f(x)$ 积分的数值逼近, 即

$$\begin{aligned} I(f) &= \int_a^b L_n(x) \mathrm{d}x + E(f) \\ &= \int_a^b \sum_{k=0}^{n} l_k(x) f(x_k) \mathrm{d}x + E(f) \\ &= \sum_{k=0}^{n} \left[\int_a^b l_k(x) \mathrm{d}x \right] f(x_k) + E(f) \end{aligned} \tag{4.1.11}$$

令

$$Q_k = \sum_{i=0}^{n} \left[\int_a^b l_k(x) \mathrm{d}x \right] f(x_k), \quad k = 0, 1, \cdots, n \tag{4.1.12}$$

(4.1.12) 式称为**插值型求积公式**. 它的误差余项为

$$\begin{aligned} E(f) &= \int_a^b [f(x) - L_n(x)] \mathrm{d}x \\ &= \int_a^b \frac{f^{(n+1)}(\xi)}{(n+1)!} w_{n+1}(x) \mathrm{d}x \end{aligned} \tag{4.1.13}$$

其中, ξ 与 x 有关. 可见, 当 $f(x)$ 是次数小于等于 n 的多项式时, $E(f) = 0$. 说明插值型求积公式至少具有 n 次代数精度. 反之, 若已知某一求积公式 $I_n = \sum\limits_{k=0}^{n} A_k f(x_k)$ 至少具有 n 次代数精度, 则它对 n 次插值基函数 $l_k(x)$ 应准确成立. 从而有

$$\int_a^b l_k(x) \mathrm{d}x = \sum_{j=0}^{n} A_j l_k(x_j) = A_k \tag{4.1.14}$$

由上知, 此求积公式是插值型求积公式. 由此得以下定理.

定理 4.1　求积公式 $I_n = \sum_{k=0}^{n} A_k f(x_k)$ 至少具有 n 次代数精度的充分必要条件是此公式是插值型的.

4.2 Newton-Cotes 求积公式

4.2.1 Newton-Cotes 求积公式的提出

以下我们研究求积节点 x_k $(k=0,1,\cdots,n)$ 在等距条件下, 求积系数 A_k $(k=0,1,\cdots,n)$ 的求法.

将区间 $[a,b]$ 分成 n 等份, 此时节点

$$x_k = a + kh \quad (k=0,1,\cdots,n) \tag{4.2.1}$$

其中

$$h = \frac{b-a}{n} \tag{4.2.2}$$

称为**步长**. 那么有

$$\begin{aligned} A_k &= \int_a^b l_k(x)\mathrm{d}x \\ &= \int_a^b \frac{(x-x_0)\cdots(x-x_{k-1})(x-x_{k+1})\cdots(x-x_n)}{(x_k-x_0)\cdots(x_k-x_{k-1})(x_k-x_{k+1})\cdots(x_k-x_n)}\mathrm{d}x \end{aligned} \tag{4.2.3}$$

令 $x = a + th$ 作变换, 得

$$\begin{aligned} A_k &= h\int_0^n \frac{t(t-1)\cdots(t-k+1)(t-k-1)\cdots(t-n)}{k!(-1)^{n-k}(n-k)!}\mathrm{d}t \\ &= (b-a)\frac{(-1)^{n-k}}{nk!(n-k)!}\int_0^n \prod_{\substack{j=0\\ j\neq k}}^{n}(t-j)\mathrm{d}t \end{aligned} \tag{4.2.4}$$

记

$$C_k^{(n)} = \frac{(-1)^{n-k}}{nk!(n-k)!}\int_0^n \prod_{\substack{j=0\\ j\neq k}}^{n}(t-j)\mathrm{d}t \quad (k=0,1,\cdots,n) \tag{4.2.5}$$

称为**Cotes 系数**. 此时求积系数

$$A_k = (b-a)C_k^{(n)} \tag{4.2.6}$$

插值型求积公式变为

$$I_n = \sum_{k=0}^{n} A_k f(x_k) = (b-a)\sum_{k=0}^{n} C_k^{(n)} f(x_k) \tag{4.2.7}$$

称为**Newton-Cotes 求积公式**.

特别地, 当 $n=1$ 时, 两个求积系数分别为

$$C_0^{(1)} = \frac{1}{2}, \quad C_1^{(1)} = \frac{1}{2} \tag{4.2.8}$$

得求积公式为

$$\int_a^b f(x)\mathrm{d}x = \frac{b-a}{2}[f(a)+f(b)] + E(f) \tag{4.2.9}$$

称为**梯形公式**.

当 $n=2$ 时, 三个求积系数分别为

$$C_0^{(2)} = \frac{1}{6}, \quad C_1^{(2)} = \frac{4}{6}, \quad C_2^{(2)} = \frac{1}{6} \tag{4.2.10}$$

得求积公式为

$$\int_a^b f(x)\mathrm{d}x = \frac{b-a}{6}\left[f(a) + 4f\left(\frac{a+b}{2}\right) + f(b)\right] + E(f) \tag{4.2.11}$$

此公式称为**Simpson 公式**.

当 $n=3$ 时, 称

$$\begin{aligned}\int_a^b f(x)\mathrm{d}x = {} & \frac{2(b-a)}{45}[7f(a) + 32f(a+h) \\ & + 12f(a+2h) + 32f(a+3h) + f(b)] + E(f)\end{aligned} \tag{4.2.12}$$

为**Cotes 求积公式**.

由确定求积公式系数的公式可以看出 $A_k/(b-a)$ 为有理数, 则 Newton-Cotes 求积公式可以写作

$$\int_a^b f(x)\mathrm{d}x = A(b-a)\sum_{k=0}^{n} W_k f(x_k) + E(f)$$

的形式, 其中求积系数 $A_k = W_k A(b-a)$, Cotes 系数 $C_k = \dfrac{W_k A}{n}$, $n=5,6,\cdots,10$ 时的 Newton-Cotes 求积公式的求积系数见表 4.1. 容易看出对 $n=1,2,\cdots,10$, 每一个 n 总有 $n+1$ 个 Cotes 系数之和等于 1. 即有 $\sum\limits_{k=0}^{n} C_k^{(n)} = 1$. 那么这一结论是

否对任意 n 成立? 事实上, 因为 Newton-Cotes 求积公式是插值型的, 它至少有 n 次代数精度. 当 $f(x)=1$ 时, 求积公式应准确成立, 将 $f(x)=1$ 代入公式即可得到这一结论.

表 4.1　Newton-Cotes 求积公式的系数和余项

n	A	W_0	W_1	W_2	W_3	W_4	W_5	$E(f)$
1	1/2	1	1	0	0	0	0	$-\frac{1}{12}h^3f''(\xi)$
2	1/3	1	4	1	0	0	0	$-\frac{1}{90}h^5f^{(4)}(\xi)$
3	3/8	1	3	3	1	0	0	$-\frac{3}{80}h^5f^{(4)}(\xi)$
4	2/45	7	32	12	32	7	0	$-\frac{8}{945}h^7f^{(6)}(\xi)$
5	5/288	19	75	50	50	75	19	$-\frac{275}{12096}h^7f^{(6)}(\xi)$
6	1/140	41	216	27	272	27	216	$-\frac{9}{1400}h^9f^{(8)}(\xi)$
7	7/17280	751	3577	1323	2989	2989	1323	$-\frac{8183}{518400}h^9f^{(8)}(\xi)$
8	4/14175	989	5888	−928	10496	−4540	10496	
9	9/89600	2857	15741	1080	19344	5778	5788	
10	5/2998376	16067	106300	−48525	272400	−360550	427368	

注意到当 $n\geqslant 8$ 时, Cotes 系数有正有负, 说明高阶 Newton-Cotes 求积公式的计算过程不稳定, 一般不用高阶 Newton-Cotes 求积公式.

4.2.2　偶数阶求积公式的代数精度

由于 Newton-Cotes 求积公式是插值型求积公式, 因此它至少有 n 次代数精度. 然而, 当 n 是偶数时有以下结论.

定理 4.2　当 n 为偶数时, Newton-Cotes 求积公式至少有 $n+1$ 次代数精度.

证明　根据定义, 只需证明当 n 是偶数时求积公式对 $f(x)=x^{n+1}$ 能准确成立即可, 即证明此时的误差为零. 由于 $f^{(n+1)}(x)=(n+1)!$, 所以有

$$
\begin{aligned}
E(f) &= \int_a^b \frac{f^{(n+1)}(\xi)}{(n+1)!}w_{n+1}(x)\mathrm{d}x \\
&= \int_a^b \prod_{k=0}^{n}(x-x_k)\mathrm{d}x
\end{aligned}
\tag{4.2.13}
$$

令 $x=a+th,\ t=u+\frac{1}{2}n$ 可得

$$\begin{aligned}\int_a^b\prod_{k=0}^{n}(x-x_k)\mathrm{d}x&=h^{n+2}\int_0^n\prod_{k=0}^{n}(t-k)\mathrm{d}t\\&=h^{n+2}\int_{-\frac{n}{2}}^{\frac{n}{2}}\prod_{k=0}^{n}\left(u+\frac{n}{2}-k\right)\mathrm{d}u\\&=h^{n+2}\int_{-\frac{n}{2}}^{\frac{n}{2}}\prod_{k=-\frac{n}{2}}^{\frac{n}{2}}(u-k)\mathrm{d}u\end{aligned}\tag{4.2.14}$$

由于被积函数 $f(x)=x^{n+1}$ 是奇函数, 所以 $E(f)=0$.

一般插值型求积公式的误差余项由

$$E(f)=\int_a^b\frac{f^{(n+1)}(\xi)}{(n+1)!}w_{n+1}(x)\mathrm{d}x\tag{4.2.15}$$

给出. 但若当插值节点等距时, 有以下余项定理.

定理 4.3 设插值节点距离为 $h=\dfrac{b-a}{n}$, $x_k=a+kh\ (k=0,1,\cdots,n)$, 则对于 $E(f)=\displaystyle\int_a^b[f(x)-L_n(x)]\mathrm{d}x$ 有

若 n 为偶数, $f\in C^{n+2}[a,b]$, 则存在 $\xi\in(a,b)$, 使得

$$E(f)=\frac{h^{n+3}f^{(n+2)}(\xi)}{(n+2)!}\int_0^n t^2(t-1)\cdots(t-n)\mathrm{d}t\tag{4.2.16}$$

若 n 为奇数, $f\in C^{n+1}[a,b]$, 则存在 $\xi\in(a,b)$, 使得

$$E(f)=\frac{h^{n+2}f^{(n+1)}(\xi)}{(n+1)!}\int_0^n t(t-1)\cdots(t-n)\mathrm{d}t\tag{4.2.17}$$

由 (4.2.2) 式知当 $n=1$ 时,

$$E_T(f)=\frac{(b-a)^3f''(\xi)}{2}\int_0^1 t(t-1)\mathrm{d}t=\frac{-f''(\xi)}{12}(b-a)^3\tag{4.2.18}$$

此为梯形公式的误差余项.

类似地, 当 $n=2$ 时, $h=\dfrac{b-a}{2}$, 则 Simpson 公式的误差余项为

$$E_S(f)=\frac{(b-a)^5f^{(4)}(\xi)}{2^5 4!}\int_0^2 t^2(t-1)(t-2)\mathrm{d}t$$

$$= \frac{-b-a}{180}\left(\frac{b-a}{2}\right)^4 f^{(4)}(\xi) \tag{4.2.19}$$

同理可求得 Cotes 求积公式的误差余项为

$$E(f) = \frac{-2(b-a)}{945}\left(\frac{b-a}{4}\right)^4 f^{(6)}(\xi) \tag{4.2.20}$$

4.2.3　复化求积法

由 Cotes 系数表知, 当 $n \geqslant 8$ 时, Cotes 系数有正有负, 这会使得计算过程不稳定. 一般我们不用高阶 Newton-Cotes 求积公式. 但 n 很小时, 精度又往往较差. 不过根据定理 4.3 知, 误差余项与步长 $h = \dfrac{b-a}{n}$ 有关. 如果 n 固定, 则与积分区间有关. 为此, 我们将 $[a,b]$ 上的积分划分为有限个小区间 $[x_k, x_{k+1}]$ 上的积分之和. 这就是所说的复化求积法.

设将 $[a,b]$ 划分为 n 等份, 步长 $h = \dfrac{b-a}{n}$, 节点为 $x_k = a+kh\ (k=0,1,\cdots,n)$. 在每个小区间 $[x_k, x_{k+1}]$ 上用 Newton-Cotes 求积公式, 然后求和, 则得复化求积公式. 小区间上的积分用不同的公式则得不同的复化求积公式.

在每个小区间 $[x_k, x_{k+1}]$ 上用梯形公式进行积分, 则得到复化梯形公式

$$\begin{aligned} I(f) &= \int_a^b f(x)\mathrm{d}x + E(f) \\ &= \sum_{k=0}^{n-1} \frac{h}{2}\left[f(x_k) + f(x_{k+1})\right] + E(f) \\ &= \frac{h}{2}\left[f(a) + 2\sum_{k=1}^{n-1} f(x_k) + f(b)\right] + E(f) \\ &= T_n + E(f) \end{aligned} \tag{4.2.21}$$

其误差余项为

$$\begin{aligned} E(f) &= I - T_n \\ &= \sum_{k=0}^{n-1}\left[\frac{-h^3}{12} f''(\xi_k)\right] \\ &= -\frac{b-a}{12} h^2 f''(\eta), \quad \eta \in (a,b) \end{aligned} \tag{4.2.22}$$

上式成立只需 $f''(x)$ 在 $[a,b]$ 上连续即可.

在每个小区间 $[x_k, x_{k+1}]$ 上用 Simpson 公式进行积分, 则得到复化 Simpson 公式

$$\begin{aligned}S_n &= \sum_{k=0}^{n-1} \frac{h}{6}\left[f(x_k) + 4f\left(x_{k+\frac{1}{2}}\right) + f(x_{k+1})\right] \\ &= \frac{h}{6}\left[f(a) + 2\sum_{k=1}^{n-1} f(x_k) + 4\sum_{k=0}^{n-1} f\left(x_{k+\frac{1}{2}}\right) + f(b)\right] \qquad (4.2.23)\end{aligned}$$

其中 $x_{k+\frac{1}{2}} = x_k + \frac{h}{2}$ 为区间 $[x_k, x_{k+1}]$ 的中点.

同理可得复化 Cotes 求积公式

$$\begin{aligned}C_n = \frac{h}{90}\Bigg[&7f(a) + 32\sum_{k=1}^{n-1} f\left(x_{k+\frac{1}{4}}\right) + 12\sum_{k=0}^{n-1} f\left(x_{k+\frac{1}{2}}\right) \\ &+ 32\sum_{k=0}^{n-1} f\left(x_{k+\frac{3}{4}}\right) + 14\sum_{k=0}^{n-1} f(x_{k+1}) + 7f(b)\Bigg] \qquad (4.2.24)\end{aligned}$$

不难得到, 若 $f^{(4)}(x)$ 和 $f^{(6)}(x)$ 在 $[a, b]$ 上连续, 则复化 Simpson 求积公式的误差余项

$$E_s(f) = I(f) - S_n = -\frac{b-a}{180}\left(\frac{h}{2}\right)^4 f^{(4)}(\eta), \quad \eta \in (a, b) \qquad (4.2.25)$$

类似地可得到复化 Cotes 求积公式的误差余项

$$E_c(f) = I(f) - C_n = -\frac{2(b-a)}{945}\left(\frac{h}{4}\right)^6 f^{(6)}(\eta), \quad \eta \in (a, b) \qquad (4.2.26)$$

定理 4.4 若 $f(x)$ 在 $[a, b]$ 上可积, 则当分点无限增多时, 即当 $n \to \infty$ 且 $h \to 0$ 时, 复化梯形公式 T_n 和复化 Simpson 公式 S_n 及复化 Cotes 公式 C_n 均收敛到积分 $I(f) = \int_a^b f(x)\mathrm{d}x$.

证明 将复化梯形公式改写成

$$\begin{aligned}T_n &= \sum_{k=0}^{n-1} \frac{h}{2}[f(x_k) + f(x_{k+1})] \\ &= \frac{1}{2}\sum_{k=0}^{n-1} f(x_k)h + \frac{1}{2}\sum_{k=1}^{n} f(x_k)h \qquad (4.2.27)\end{aligned}$$

因为 $f(x)$ 在 $[a, b]$ 上可积, 所以

$$\lim_{n\to\infty} T_n = \frac{1}{2}\lim_{n\to\infty}\sum_{k=0}^{n-1} f(x_k)h + \frac{1}{2}\lim_{n\to\infty}\sum_{k=1}^{n} f(x_k)h$$

$$= \frac{1}{2}\int_a^b f(x)\mathrm{d}x + \frac{1}{2}\int_a^b f(x)\mathrm{d}x$$

$$= \int_a^b f(x)\mathrm{d}x \tag{4.2.28}$$

关于复化 Simpson 公式 S_n 及复化 Cotes 公式 C_n 的收敛性同样可证.

注意到

$$\frac{I(f)-T_n}{h^2} = -\frac{1}{12}\sum_{k=0}^{n-1} f''(\xi_k)h \tag{4.2.29}$$

所以得

$$\begin{aligned}\lim_{h\to 0}\frac{I(f)-T_n}{h^2} &= -\frac{1}{12}\lim_{h\to 0}\sum_{k=0}^{n-1} f''(\xi_k)h \\ &= -\frac{1}{12}\int_a^b f''(x)\mathrm{d}x \\ &= -\frac{1}{12}\left[f'(b)-f'(a)\right]\end{aligned} \tag{4.2.30}$$

同理可得

$$\lim_{h\to 0}\frac{I(f)-S_n}{h^4} = \frac{-1}{180\times 2^4}\left[f'''(b)-f'''(a)\right] \tag{4.2.31}$$

$$\lim_{h\to 0}\frac{I(f)-C_n}{h^6} = \frac{-2}{945\times 4^6}\left[f^{(5)}(b)-f^{(5)}(a)\right] \tag{4.2.32}$$

定义 4.2　若某种求积公式 I_n 当 $h\to 0$ 时, 有

$$\lim_{h\to 0}\frac{I(f)-I_n}{h^p} = c,\quad c\neq 0 \tag{4.2.33}$$

则称 I_n 是 **p 阶收敛的**.

显然, 复化梯形公式 T_n、复化 Simpson 公式 S_n 及复化 Cotes 公式 C_n 分别为二阶、四阶及六阶收敛的. 当 h 很小时, 它们分别有以下渐近式:

$$E_T(f) = I(f)-T_n \approx -\frac{h^2}{12}\left[f'(b)-f'(a)\right] \tag{4.2.34}$$

$$E_S(f) = I(f)-S_n \approx \frac{-1}{180}\left(\frac{h}{2}\right)^4\left[f'''(b)-f'''(a)\right] \tag{4.2.35}$$

$$E_C(f) = I(f)-C_n \approx \frac{-2}{945}\left(\frac{h}{4}\right)^6\left[f^{(5)}(b)-f^{(5)}(a)\right] \tag{4.2.36}$$

例 4.1　用复化 Simpson 公式 S_n 计算积分 $\int_0^\pi \sin(x)\mathrm{d}x$, 要使误差不超过 2×10^{-5}, 问 n 应取多少?

解 由

$$
\begin{aligned}
|R_s(f)| &= \left|-\frac{(b-a)h^4}{180\times 2^4}f^{(4)}(\eta)\right| \\
&\leqslant \frac{\pi}{180\times 2^4}\frac{\pi^4}{n^4}\max_{0\leqslant x\leqslant\pi}|\sin(x)|
\end{aligned}
$$

可得

$$
n^4 \geqslant \frac{\pi^5}{5760}\times 10^5
$$

解之得, $n\geqslant 9$. 即将区间至少分成 9 等份.

4.3 Romberg 算法

4.3.1 梯形公式的递推化

由上一节知复化求积法可以提高算法的代数精度, 步长 h 越小精度越高. 但在实际计算以前, 一般只给出误差限, 这给选择步长带来不便. 所以我们有必要采用一种变步长的方法, 通常采用每次平分步长的办法, 直到所求积分值满足精度为止. 以梯形公式为例具体方法如下.

设将积分区间 $[a,b]$ 分成 n 等份, 步长

$$
h=\frac{b-a}{n} \tag{4.3.1}
$$

按复化梯形公式计算出 T_n, 若精度达不到要求, 则将每个小区间 $[x_k,x_{k+1}]$ 二分一次, 即在这个小区间内增加一个节点 $x_{k+\frac{1}{2}}=x_k+\dfrac{h}{2}$. 由复化梯形公式得到区间 $[x_k,x_{k+1}]$ 上的积分值为

$$
\frac{h}{2\cdot 2}\left[f(x_k)+2f\left(x_{k+\frac{1}{2}}\right)+f(x_{k+1})\right] \tag{4.3.2}
$$

将每个小区间上的积分值加起来则得

$$
T_{2n}=\frac{h}{4}\sum_{k=0}^{n-1}\left[f(x_k)+2f\left(x_{k+\frac{1}{2}}\right)+f(x_{k+1})\right] \tag{4.3.3}
$$

整理得

$$
T_{2n}=\frac{1}{2}T_n+\frac{h}{2}\sum_{k=0}^{n-1}f\left(x_{k+\frac{1}{2}}\right) \tag{4.3.4}
$$

上式称为梯形公式的递推化公式. 由此可见求 T_{2n} 时利用了 T_n, 这使得计算工作量减少了一半.

为便于实际应用, 通常用以下公式:

$$\begin{cases} T_1 = \dfrac{b-a}{2}\left[f(a)+f(b)\right] \\ T_{2^k} = \dfrac{1}{2}T_{2^{k-1}} + \dfrac{b-a}{2^k}\displaystyle\sum_{i=0}^{2^{k-1}-1} f\left[a+(2i+1)\dfrac{b-a}{2^k}\right] \end{cases} \tag{4.3.5}$$

$$I - T_{2n} \approx -\frac{1}{12}\left(\frac{h}{2}\right)^2 \left[f'(b)-f'(a)\right] \tag{4.3.6}$$

直到 $|T_{2^k} - T_{2^{k-1}}| \leqslant \varepsilon$ 为止.

4.3.2 Romberg 公式

按以上 (4.3.5) 式计算时, 算法简单, 但收敛速度慢. 注意到将步长对分后, 由 (4.3.6) 误差缩减为原来的 $\dfrac{1}{4}$, 即

$$\frac{I - T_{2n}}{I - T_n} \approx \frac{1}{4} \tag{4.3.7}$$

由此可得到

$$I \approx \frac{4}{3}T_{2n} - \frac{1}{3}T_n \tag{4.3.8}$$

可以证明,

$$S_n = \frac{4}{3}T_{2n} - \frac{1}{3}T_n \tag{4.3.9}$$

同样由 (4.2.19) 知, 二分一次后, 用复化 Simpson 公式时误差将缩减为原来的 $\dfrac{1}{16}$. 即

$$\frac{I - S_{2n}}{I - S_n} \approx \frac{1}{16} \tag{4.3.10}$$

可得

$$I \approx \frac{16}{15}S_{2n} - \frac{1}{15}S_n \tag{4.3.11}$$

从而得到

$$C_n = \frac{16}{15}S_{2n} - \frac{1}{15}S_n \tag{4.3.12}$$

同理, 由 C_n 和 C_{2n} 误差可构造出 Romberg 公式

$$R_n = \frac{64}{63}C_{2n} - \frac{1}{63}C_n \tag{4.3.13}$$

根据 (4.3.9)、(4.3.12)、(4.3.13) 三式可以将精度并不太高的 T_n 逐步加工成精度较高的 S_n, C_n, R_n. 通常我们按以下方法进行计算. 先用 (4.3.5) 式计算出

T_1, T_2, T_4, T_8, 然后用 (4.3.9) 式分别取 $n=1, n=2, n=4$ 计算出 S_1, S_2 及 S_4, 再由 (4.3.12) 式取 $n=1, n=2$, 求出 C_1, C_2, 最后用 (4.3.13) 式得到 R_1, 如下:

$$\begin{array}{llll} T_1 & & & \\ T_2 & S_1 & & \\ T_4 & S_2 & C_1 & \\ T_8 & S_4 & C_2 & R_1 \end{array}$$

第一列到第二列用 (4.3.9) 式, 第二列到第三列用 (4.3.12) 式, 第三列到第四列用 (4.3.13) 式.

一般来说, 求到 R_1 精度即可满足要求. 通常不再继续下去. 因为当 m 很大时, $\dfrac{4^m}{4^m-1}\approx 1$, 而 $\dfrac{1}{4^m-1}\approx 0$, 加速效果不再显著.

以上的迭代加速基于以下定理.

定理 4.5 设 $u_0(h)$ 是计算 $I(f)$ 的近似公式, 即

$$u_0(h) = I + a_1h^2 + a_2h^4 + \cdots + a_{2k}h^{2k} + \cdots \tag{4.3.14}$$

其中, a_i 与 h 无关. 则由 $u_0(h)$ 通过步长 h 折半的方法可求得更高精度的近似公式. 事实上,

$$u_0\left(\frac{h}{2}\right) = I(f) + a_1\frac{h^2}{2^2} + a_2\frac{h^4}{2^4} + \cdots + a_{2k}\frac{h^{2k}}{2^{2k}} + \cdots \tag{4.3.15}$$

$$u_1(h) = \frac{4u_0\left(\dfrac{h}{2}\right) - u_0(h)}{3} = I(f) + \beta_2h^4 + \beta_3h^6 + \cdots + \beta_kh^{2k} + \cdots \tag{4.3.16}$$

又有

$$u_1\left(\frac{h}{2}\right) = I(f) + \beta_2\frac{h^4}{2^4} + \beta_3\frac{h^6}{2^6} + \cdots + \beta_k\frac{h^{2k}}{2^{2k}} + \cdots \tag{4.3.17}$$

得到

$$u_2(h) = \frac{2^4u_1\left(\dfrac{h}{2}\right) - u_1(h)}{2^4-1} = I(f) + \gamma_3h^6 + \cdots + \gamma_kh^{2k} + \cdots \tag{4.3.18}$$

继续下去, 通过此法可以得到精度更高的公式.

4.4 Gauss 求积公式

在数值积分问题中, 当使用机械求积公式

$$\int_a^b f(x)\mathrm{d}x \approx \sum_{k=0}^{n} A_kf(x_k) \tag{4.4.1}$$

时, 若节点的数目固定为 $n+1$ 个, 是否可以通过选择求积节点 x_k 和求积系数 A_k, 使得此求积公式具有更高阶的代数精度? 以下我们采取构造性证明方法给出 Gauss 求积公式的定义及其相关性质.

4.4.1　Gauss 点

这一节我们将指出, 通过适当选择求积节点 x_k 和求积系数 A_k 可以使得此求积公式具有 $2n+1$ 次代数精度, 且机械求积公式最高只能达到 $2n+1$ 次代数精度.

定义 4.3　具有 $2n+1$ 次代数精度的求积公式 $\int_a^b f(x)\mathrm{d}x \approx \sum_{k=0}^{n} A_k f(x_k)$ 称为**Gauss 求积公式**, Gauss 求积公式的求积节点称为**Gauss 点**.

关于 Gauss 点有以下结论.

定理 4.6　对于插值型求积公式 (4.4.1), 其节点 $x_k\ (k=0,1,\cdots,n)$ 是 Gauss 点的充分必要条件是, $n+1$ 次多项式

$$w_{n+1}(x)=\prod_{k=0}^{n}(x-x_k) \tag{4.4.2}$$

与任意次数不超过 n 的多项式 $P(x)$ 均正交, 即有

$$\int_a^b P(x)w_{n+1}(x)\mathrm{d}x=0 \tag{4.4.3}$$

证明　**必要性**　因为 $x_k(k=0,1,\cdots,n)$ 为 Gauss 点, 又 $w_{n+1}(x)P(x)$ 为次数不超过 $2n+1$ 次的多项式, 所以 (4.4.1) 对此应准确成立, 即有

$$\int_a^b P(x)w_{n+1}(x)\mathrm{d}x=\sum_{k=0}^{n}P(x_k)w_{n+1}(x_k)=0 \tag{4.4.4}$$

上式最后一步是由于 x_k 是 $w_{n+1}(x)$ 的零点.

充分性　在 (4.4.3) 式成立的条件下, 要证 (4.4.1) 式有 $2n+1$ 次代数精度. 设 $f(x)$ 为次数不超过 $2n+1$ 的多项式, 用 $w_{n+1}(x)$ 除 $f(x)$ 后设商为 $P(x)$, 余式为 $Q(x)$. 即有

$$f(x)=w_{n+1}(x)P(x)+Q(x) \tag{4.4.5}$$

其中, $P(x),Q(x)$ 均为次数不超过 n 的多项式. 积分并注意到 (4.4.3) 式成立, 得

$$\int_a^b f(x)\mathrm{d}x=\int_a^b Q(x)\mathrm{d}x \tag{4.4.6}$$

又因为公式 (4.4.1) 是插值型的, 应至少有 n 次代数精度, 从而对 $Q(x)$ 应准确成立, 有

$$\int_a^b Q(x)\mathrm{d}x=\sum_{k=0}^{n}A_kQ(x_k)$$

$$= \sum_{k=0}^{n} A_k \left[w_{n+1}(x_k)P(x_k) + Q(x_k)\right]$$
$$= \sum_{k=0}^{n} A_k f(x_k) \tag{4.4.7}$$

所以 (4.4.1) 式对 $f(x)$ 是 $2n+1$ 次多项式时能准确成立. 从而 $x_k(k=0,1,\cdots,n)$ 为 Gauss 点.

4.4.2 Gauss-Legendre 公式

为便于讨论, 我们只考虑 $[-1,1]$ 区间上的 Gauss 公式

$$\int_{-1}^{1} f(x)\mathrm{d}x = \sum_{k=0}^{n} A_k f(x_k) + E(f) \tag{4.4.8}$$

对于一般情况, 只需通过变换 $x = \dfrac{b-a}{2}t + \dfrac{a+b}{2}$ 即可化为 $[-1,1]$ 区间上的积分. 由于 Legendre 多项式是 $[-1,1]$ 区间上的正交多项式, 因此 $n+1$ 次 Legendre 多项式 $P_{n+1}(x)$ 的 $n+1$ 个零点就是求积公式 (4.4.1) 的 Gauss 点. 这是因为任何次数不超过 n 的多项式 $P(x)$ 都可以写成线性组合

$$P(x) = a_0P_0(x) + a_1P_1(x) + \cdots + a_nP_n(x) \tag{4.4.9}$$

由 $P_{n+1}(x)$ 的正交性知, $\displaystyle\int_{-1}^{1} P_{n+1}(x)P(x)\mathrm{d}x = 0$, 即 $P_{n+1}(x)$ 与任何次数不超过 n 的多项式 $P(x)$ 正交. 用 Legendre 多项式 $P_{n+1}(x)$ 的 $n+1$ 个零点作为插值节点所构造的求积公式称为**Gauss-Legendre 公式**.

利用 Legendre 多项式递推公式得到 Legendre 正交多项式序列

$$\begin{aligned}
&P_1(x) = x \\
&P_2(x) = \frac{1}{2}(3x^2 - 1) \\
&P_3(x) = \frac{1}{2}(5x^3 - 3x) \\
&P_4(x) = \frac{1}{8}(35x^4 - 30x^2 + 8) \\
&P_5(x) = \frac{1}{8}(63x^5 - 70x^3 + 15x) \\
&P_6(x) = \frac{1}{16}(231x^6 - 315x^4 + 105x^2 - 5) \\
&\cdots\cdots
\end{aligned} \tag{4.4.10}$$

当 $n=0$ 时, $P_1(x)=x$ 的零点为 $x=0$, 构造求积公式

$$\int_{-1}^{1} f(x)\mathrm{d}x = A_0 f(0) + E(f) \tag{4.4.11}$$

令公式对 $f(x)=1$ 成立, 得 $A_0=2$. 得到 1 点 Gauss-Legendre 求积公式为

$$\int_{-1}^{1} f(x)\mathrm{d}x = 2f(0) + E(f) \tag{4.4.12}$$

可见此为中矩形公式.

当 $n=1$ 时, $P_2(x)=\frac{1}{2}(3x^2-1)$ 的两个零点为 $x_{1,2}=\pm\frac{1}{\sqrt{3}}$, 构造求积公式

$$\int_{-1}^{1} f(x)\mathrm{d}x = A_0 f\left(-\frac{1}{\sqrt{3}}\right) + A_1 f\left(\frac{1}{\sqrt{3}}\right) + E(f) \tag{4.4.13}$$

令公式对 $f(x)=1$ 和 $f(x)=x$ 成立, 得

$$\begin{cases} A_0 + A_1 = 2 \\ -A_0\dfrac{1}{\sqrt{3}} + A_1\dfrac{1}{\sqrt{3}} = 0 \end{cases} \tag{4.4.14}$$

解之得 $A_0=A_1=1$. 得到 2 点 Gauss-Legendre 求积公式为

$$\int_{-1}^{1} f(x)\mathrm{d}x = f\left(-\frac{1}{\sqrt{3}}\right) + f\left(\frac{1}{\sqrt{3}}\right) + E(f) \tag{4.4.15}$$

同理当 $n=2$ 时, $P_3(x)=\frac{1}{2}(5x^3-3x)$ 的三个零点为 $x_1=-\frac{\sqrt{15}}{5}, x_2=0, x_3=\frac{\sqrt{15}}{5}$, 得到 3 点 Gauss-Legendre 求积公式为

$$\int_{-1}^{1} f(x)\mathrm{d}x = \frac{5}{9} f\left(-\frac{\sqrt{15}}{5}\right) + \frac{8}{9} f(0) + \frac{5}{9} f\left(\frac{\sqrt{15}}{5}\right) + E(f) \tag{4.4.16}$$

以 $P_1(x)$ 到 $P_6(x)$ 的零点作为求积节点的 Gauss-Legendre 求积公式的求积系数见表 4.2.

对于一般情况, 只需通过变换 $x=\frac{b-a}{2}t+\frac{a+b}{2}$ 即可化为 $[-1,1]$ 区间上的积分, 令

$$f(x) = f\left(\frac{a+b}{2} + \frac{b-a}{2}t\right) = g(t) \tag{4.4.17}$$

表 4.2 Gauss-Legendre 求积节点和求积系数

$n+1$	x_k	A_k
1	0	2
2	±0.5773502692	1
3	±0.7745966692	5/9
	0	8/9
4	±0.8611363116	0.3478548451
	±0.3399810436	0.6521451549
5	±0.9061798459	0.2369268851
	±0.5384693101	0.4786286705
	0	0.5688888889
6	±0.9324695142	0.1713244924
	±0.6612093865	0.3607615730
	±0.2386191861	0.4679139346

于是得到一般情况下的 Gauss-Legendre 求积公式

$$
\begin{aligned}
\int_a^b f(x)\mathrm{d}x &= \frac{b-a}{2}\int_{-1}^1 g(t)\mathrm{d}x \\
&= \frac{b-a}{2}\sum_{k=0}^n A_k f\left(\frac{a+b}{2}+\frac{b-a}{2}t_k\right)+E(f) \qquad (4.4.18)
\end{aligned}
$$

其中 t_k 是 $n+1$ 阶 Legendre 多项式 $P_{n+1}(t)$ 的零点.

4.4.3 Gauss 公式的余项

定理 4.7 Gauss 公式的余项为

$$
\begin{aligned}
E(f) &= \int_a^b f(x)\mathrm{d}x - \sum_{k=0}^n A_k f(x_k) \\
&= \frac{f^{(2n+2)}(\xi)}{(2n+2)!}\int_a^b w^2(x)\mathrm{d}x \qquad (4.4.19)
\end{aligned}
$$

其中 $w_(x) = \prod_{k=0}^n (x-x_k)$.

证明 因为求积公式具有 $2n+1$ 次代数精度, 今以求积节点 $x_k(k=0,1,\cdots,n)$ 为插值节点构造一个次数不超过 $2n+1$ 的多项式 $H(x)$, 应满足 $H(x_k)=f(x_k)$, $H'(x_k)=f'(x_k)$ $(k=0,1,\cdots,n)$. 所以 Gauss 公式对 $H(x)$ 应准确成立, 即

$$
\int_a^b H(x)\mathrm{d}x = \sum_{k=0}^n A_k H(x_k) = \sum_{k=0}^n A_k f(x_k) \qquad (4.4.20)
$$

于是

$$\begin{aligned}E(f) &= \int_a^b f(x)\mathrm{d}x - \sum_{k=0}^{n} A_k f(x_k) \\ &= \int_a^b f(x)\mathrm{d}x - \int_a^b H(x)\mathrm{d}x \\ &= \int_a^b [f(x) - H(x)]\,\mathrm{d}x \end{aligned} \tag{4.4.21}$$

由 Hermite 插值余项及 $w^2(x)$ 的保号性知

$$E(f) = \frac{f^{(2n+2)}(\xi)}{(2n+2)!}\int_a^b w^2(x)\mathrm{d}x \tag{4.4.22}$$

成立.

特别地, 对于一般情况下的 Gauss-Legendre 求积公式, 余项表达式为

$$E(f) = \frac{b-a}{2}\frac{g^{(2n+2)}(\eta)}{(2n+2)!}\int_{-1}^{1} p_{n+1}^2(\mathrm{t})\mathrm{d}t, \quad \eta \in (-1, 1) \tag{4.4.23}$$

4.4.4 Gauss 求积公式的稳定性

定理 4.8　Gauss 求积公式是数值稳定的.

证明　由于 Lagrange 插值多项式的插值基函数

$$l_k(x) = \prod_{\substack{k=0 \\ k\neq j}}^{n} \frac{x - x_j}{x_k - x_j} \tag{4.4.24}$$

为 n 次多项式, 而 $l_k^2(x)$ 为 $2n$ 次多项式. 所以 Gauss 求积公式对 $l_k^2(x)$ 应准确成立, 即有

$$0 < \int_a^b l_k^2(x)\mathrm{d}x = \sum_{i=0}^{n} A_i l_k^2(x_i) = A_k, \quad k = 0, 1, \cdots, n \tag{4.4.25}$$

由于求积系数 A_k $(k = 0, 1, \cdots, n)$ 全是正的, 所以若设 $f(x_k)$ 的近似值 (实际计算值) 为 $\hat{f}(x_k)$, 则有

$$\begin{aligned}\left|\hat{I}_n - I_n\right| &= \left|\sum_{k=0}^{n} A_k \hat{f}(x_k) - \sum_{k=0}^{n} A_k f(x_k)\right| \\ &\leqslant \sum_{k=0}^{n} A_k \left|\hat{f}(x_k) - f(x_k)\right| \\ &\leqslant \max_{0\leqslant k\leqslant n}\left|\hat{f}(x_k) - f(x_k)\right| \sum_{k=0}^{n} A_k\end{aligned}$$

$$\leqslant (b-a)\max_{0\leqslant k\leqslant n}\left|\hat{f}(x_k)-f(x_k)\right| \tag{4.4.26}$$

所以 Gauss 求积公式是稳定的.

Gauss 求积公式与 Newton-Cotes 求积公式比较, 它有代数精度高且稳定性好的优点. 由上可知, 用正交多项式的零点作为 Gauss 点, 然后再用待定系数法即可确定一个 Gauss 求积公式. 因为有些正交多项式是带权的正交多项式, 所以还有带权的 Gauss 求积公式问题, 这些问题将在下一节进行详细讨论.

4.5 带权函数的 Gauss 求积公式

4.5.1 数值求积公式和代数精度

考虑积分

$$I(f)=\int_a^b \rho(x)f(x)\mathrm{d}x=\sum_{k=0}^{k}A_kf(x_k)+E(f) \tag{4.5.1}$$

其中, $\rho(x)\geqslant 0$ 为权函数, 当 $\rho(x)=1$ 时即为普通积分. 当 $\rho(x)\neq 1$, 此时数值求积公式并非机械求积公式, 这种情况是普遍存在的: 在进行数值积分求解过程中, 往往会出现被积函数写成两个函数乘积的形式, 此外在计算一个函数按某些正交系展开的系数时也经常会遇到这种形式的积分.

这类带权函数的数值求积公式相比机械求积公式, 用 $f(x_k)$ 进行计算从而避免直接计算 $\rho(x_k)f(x_k)$, 误差项 $E(f)$ 也只跟 $f(x)$ 的导数有关, 在权函数或它的某阶导数在区间上无界时的情况下应用较为简便. 原则上任何数值求积问题都可以将被积函数分解为两个函数的乘积, 从而应用带权函数的数值求积公式. 但是在实际应用中, 求积节点 x_k 和求积系数 A_k 都依赖于 $\rho(x)$, 于是对每个问题都必须计算相应的 x_k 和 A_k. 其中, 我们把这类具有 $2n+1$ 次代数精度的数值求积公式称为**Gauss 型求积公式**, 相应的节点 $x_k(k=0,1,\cdots,n)$ 称为**Gauss 点**.

定理 4.9 $x_k(k=0,1,\cdots,n)$ 为 Gauss 点的充分必要条件是 $n+1$ 次多项式

$$w_{n+1}(x)=\prod_{k=0}^{n}(x-x_k) \tag{4.5.2}$$

与任意次数不超过 n 的多项式 $P(x)$ 均带权正交. 即有

$$\int_a^b \rho(x)P(x)w_{n+1}(x)\mathrm{d}x=0 \tag{4.5.3}$$

证明 **必要性** 由 $x_k(k=0,1,\cdots,n)$ 均为 Gauss 点, 对于不超过 $2n+1$ 次的多项式 $P(x)w_{n+1}(x)$, 余项为 0, 即

$$\int_a^b \rho(x)P(x)w_{n+1}(x)\mathrm{d}x = \sum_{k=0}^{n} A_k P(x_k)w_{n+1}(x_k) \tag{4.5.4}$$

其中 $w_{n+1}(x_k)=0(k=0,1,\cdots,n)$, 于是 $\int_a^b \rho(x)P(x)w_{n+1}(x)\mathrm{d}x=0$.

充分性　设 $f(x)$ 为不超过 $2n+1$ 次的多项式, 用 $w_{n+1}(x)$ 除 $f(x)$, 则 $f(x)$ 可写作

$$f(x)=P(x)w_{n+1}(x)+Q(x) \tag{4.5.5}$$

其中 $P(x)$ 和 $Q(x)$ 均为不超过 n 次的多项式. 对上式两边积分, 由

$$\int_a^b \rho(x)P(x)w_{n+1}(x)\mathrm{d}x=0$$

可得

$$\int_a^b \rho(x)f(x)\mathrm{d}x=\int_a^b \rho(x)Q(x)\mathrm{d}x \tag{4.5.6}$$

对于一般插值型求积公式, 至少有 n 次代数精度. 对次数不超过 n 次的多项式, 有

$$\int_a^b \rho(x)Q(x)\mathrm{d}x=\sum_{k=0}^{n} A_k Q(x_k) \tag{4.5.7}$$

因为 $w_{n+1}(x_k)=0(k=0,1,\cdots,n)$, 则易得 $f(x_k)=Q(x_k)$, 从而

$$\int_a^b \rho(x)f(x)\mathrm{d}x=\sum_{k=0}^{n} A_k f(x_k) \tag{4.5.8}$$

因此求积公式对一切次数不超过 $2n+1$ 的多项式均成立, $x_k(k=0,1,\cdots,n)$ 均为 Gauss 点.

定理 4.10　不存在 A_k, $x_k(k=0,1,\cdots,n)$ 使求积公式

$$I(f)=\int_a^b \rho(x)f(x)\mathrm{d}x=\sum_{k=0}^{n} A_k f(x_k)+E(f) \tag{4.5.9}$$

的代数精度超过 $2n+1$ 次.

证明　假设存在这样的求积系数和求积节点 A_k, $x_k(k=0,1,\cdots,n)$ 使求积公式对任意 $2n+2$ 次多项式 $f(x)$ 精确成立. 今取 $f(x)=w_{n+1}^2(x)$ 为一个 $2n+2$ 次多项式, 则等式左端

$$\int_a^b \rho(x)f(x)\mathrm{d}x=\int_a^b \rho(x)w_{n+1}^2(x)\mathrm{d}x>0 \tag{4.5.10}$$

等式右端 $\sum_{k=0}^{n} A_k f(x_k)=\sum_{k=0}^{n} A_k w_{n+1}^2(x_k)=0$, 与假设矛盾. 由此可见, Gauss 求积

公式是具有最高次代数精度的求积公式.

定理 4.11 $[a,b]$ 上带权 $\rho(x)$ 的正交多项式 $\varphi_{n+1}(x)$ 的零点都是 Gauss 点.

证明 $n+1$ 次正交多项式 $\varphi_{n+1}(x)$ 与比自身次数低的任意多项式 $P(x)$ 均正交, 即

$$\int_a^b \rho(x)P(x)\varphi_{n+1}(x)\mathrm{d}x = 0 \tag{4.5.11}$$

而 $\varphi_{n+1}(x)$ 在 (a,b) 正好有 $n+1$ 个互异的实单根, 则根据 Gauss 点定义得证.

综上所述, 我们给出带权函数 Gauss 数值求积公式的定义和余项.

定理 4.12 设 $f(x) \in C^{2n+2}(a,b)$, 若求积节点 x_k 取为积分区间上关于权函数 $\rho(x)$ 的正交多项式序列 $\{\varphi_j(x)\}$ 中 $\varphi_{n+1}(x)$ 的零点, 求积系数

$$A_k = \int_a^b \rho(x)h_k(x)\mathrm{d}x \tag{4.5.12}$$

则求积公式为具有 $2n+1$ 次代数精度的 Gauss 求积公式, 余项 $E(f)$ 为

$$E(f) = \frac{f^{(2n+2)}(\eta)}{(2n+2)!}\int_a^b \rho(x)p_{n+1}^2(x)\mathrm{d}x, \quad \eta \in (a,b) \tag{4.5.13}$$

4.5.2 Gauss 求积公式的求积系数和余项的选取

上一节我们提到, 带权函数的 Gauss 求积公式的关键在于求积系数 A_k 的选取以及对余项 $E(f)$ 进行误差分析, 由定理可以看出, A_k 和 x_k 都和关于权函数 $\rho(x)$ 的正交多项式密切相关, 下面我们利用正交多项式序列求出 A_k 和 $E(f)$ 的表达式.

定理 4.13 设在区间 $(a,b)((a,-\infty)$ 或 $(-\infty,+\infty))$ 上关于权函数 $\rho(x)$ 的正交多项式序列为 $\{\varphi_j(x)\}$, 令 $\varphi_j(x)$ 的首项系数为 a_j,

$$\gamma_j = \int_a^b \rho(x)\varphi_j^2(x)\mathrm{d}x = (\varphi_j,\varphi_j) \tag{4.5.14}$$

则成立**Christoffel-Darboux 恒等式**

$$\sum_{j=0}^{n+1}\frac{\phi_j(x)\phi_j(y)}{\gamma_j} = \frac{\phi_{n+2}(x)\phi_{n+1}(y)-\phi_{n+1}(x)\phi_{n+2}(y)}{\alpha_{n+1}\gamma_{n+1}(x-y)} \tag{4.5.15}$$

其中

$$\alpha_j = \frac{a_{j+1}}{a_j} \tag{4.5.16}$$

定理 4.14 设 $\{\varphi_j(x)\}$ 为权函数的正交多项式, 则 Gauss 求积公式的求积系数为

$$A_k = -\frac{\alpha_{n+2}\gamma_{n+1}}{\alpha_{n+1}\varphi_{n+2}(x_k)\varphi_{n+1}'(x_k)}, \quad k=0,1,\cdots,n \tag{4.5.17}$$

其中 x_k 为 $\varphi_{n+1}(x)$ 的零点, 此时余项为

$$E(f)=\frac{\gamma_{n+1}f^{(2n+2)}(\eta)}{\alpha_{n+1}^2(2n+2)!},\quad \eta\in(a,b) \tag{4.5.18}$$

证明 令 x_k 为 $\varphi_{n+1}(x)$ 的零点, 在 (4.5.15) 式中令 $y=x_k$ 则得到

$$\sum_{j=0}^{n+1}\frac{\varphi_j(x)\varphi_j(x_k)}{\gamma_j}=-\frac{\varphi_{n+1}(x)\varphi_{n+2}(x_k)}{\alpha_{n+1}\gamma_{n+1}(x-x_k)} \tag{4.5.19}$$

在两边同乘 $\rho(x)\varphi_0(x)$ 并积分, 由正交多项式 $\{\varphi_j(x)\}$ 的正交性可得

$$\frac{\gamma_0\varphi_0(x_k)}{\gamma_0}=-\frac{\varphi_{n+2}(x_k)}{\alpha_{n+1}\gamma_{n+1}}\int_a^b\rho(x)\frac{\varphi_0(x)\varphi_{n+1}(x)}{x-x_k}\mathrm{d}x \tag{4.5.20}$$

由 Lagrange 插值基函数定义可得

$$l_k(x)=\frac{p_{n+1}(x)}{(x-x_k)p'_{n+1}(x_k)}=\frac{\varphi_{n+1}(x)}{(x-x_k)\varphi'_{n+1}(x_k)} \tag{4.5.21}$$

又 $\varphi_0(x)$ 为常数, 则易得

$$-\frac{\varphi'_{n+1}(x_k)\varphi_{n+2}(x_k)}{\alpha_{n+1}\gamma_{n+1}}\int_a^b\rho(x)l_k\mathrm{d}x=1 \tag{4.5.22}$$

再由 (4.5.15) 式得

$$A_k=\frac{\alpha_{n+2}\gamma_{n+1}}{\alpha_{n+1}\varphi_{n+2}(x_k)\phi'_{n+1}(x_k)} \tag{4.5.23}$$

此时余项表达式可改写为

$$\begin{aligned}E(f)&=\frac{f^{(2n+2)}(\eta)}{\alpha_{n+1}^2(2n+2)!}\int_a^b\rho(x)\phi_{n+1}^2\mathrm{d}x\\&=\frac{\gamma_{n+1}f^{(2n+2)}(\eta)}{\alpha_{n+1}^2(2n+2)!}\end{aligned} \tag{4.5.24}$$

注意到对于 Legendre 多项式,

$$\gamma_n=\int_{-1}^1P_n^2(x)\mathrm{d}x=\frac{2}{2n+1},\quad \alpha_n=\frac{(2n)!}{2^n(n!)^2} \tag{4.5.25}$$

由 (4.5.17) 式可得 Gauss-Legendre 求积公式中求积系数 A_k 可用 Legendre 多项式表示为

$$A_k=-\frac{2}{(n+2)P_{n+2}(x_k)P'_{n+1}(x_k)},\quad k=0,1,\cdots,n \tag{4.5.26}$$

其中 x_k 是 $P_{n+1}(x)$ 的零点, 此时余项

$$E(f)=\frac{2^{2n+3}\left[(n+1)!\right]^4}{(2n+3)\left[(2n+2)!\right]^3}f^{(2n+2)}(\eta),\quad \eta\in(-1,1) \tag{4.5.27}$$

4.5.3 无穷区间上的求积公式

对于收敛的无穷区间上的积分, 有许多处理办法, 核心思想是将整个区间的积分分割成两部分：对从某个端点到无穷区间的积分通过分析被积函数性态将其控制在正常数 $\varepsilon_1 > 0$ 之内; 对余下的有限区间上的积分运用各种数值求积公式进行求解. 无穷区间上的数值积分求解要求余项 $E(f)$ 满足

$$|E(f)| \leqslant \varepsilon_2, \quad \varepsilon_1 + \varepsilon_2 \leqslant \varepsilon \tag{4.5.28}$$

其中 ε 是给定的代数精度. 下面介绍两个特殊的无穷区间上的求积公式.

1. Gauss-Laguerre 求积公式

Laguerre 多项式 $L_n(x)$ 是在 $[0, +\infty)$ 上关于权函数 $\rho(x) = \mathrm{e}^{-x}$ 的正交多项式, 首项系数

$$\alpha_n = (-1)^n \tag{4.5.29}$$

而

$$\gamma_n = (L_n, L_n) = (n!)^2 \tag{4.5.30}$$

则 Gauss-Laguerre 求积公式为

$$\int_0^{+\infty} \mathrm{e}^{-x} f(x)\mathrm{d}x = \sum_{k=0}^{n} A_k f(x_k) + E(f) \tag{4.5.31}$$

其中求积节点为 $L_{n+1}(x)$ 的零点, 求积系数 A_k 为

$$A_k = \frac{[(n+1)!]^2}{L_{n+2}(x_k)L'_{n+1}(x_k)}, \quad k = 0, 1, \cdots, n \tag{4.5.32}$$

余项表达式为

$$E(f) = \frac{[(n+1)!]^2}{(2n+2)!} f^{(2n+2)}(\eta), \quad \eta \in (0, +\infty) \tag{4.5.33}$$

Gauss-Laguerre 求积公式的求积节点和求积系数见表 4.3.

2. Gauss-Hermite 求积公式

Hermite 正交多项式 $H_n(x)$ 是在 $(-\infty, +\infty)$ 上关于权函数 $\rho(x) = \mathrm{e}^{-x^2}$ 的正交多项式, 首项系数为

$$\alpha_n = 2^n \tag{4.5.34}$$

而

$$\gamma_n = (H_n, H_n) = 2^n n! \sqrt{\pi} \tag{4.5.35}$$

表 4.3　Gauss-Laguerre 求积节点和求积系数

$n+1$	x_k	A_k
2	0.5857864376	0.8535533906
	3.4142135624	0.1464466094
3	0.4157744557	0.7110930099
	2.2942803603	0.2785177336
	6.2899450829	0.0103892565
4	0.3225476896	0.6091541043
	1.7453611012	0.3574186924
	4.5366202969	0.0388873085
	9.3950709123	0.0005392947
5	0.2635603197	0.5217556106
	1.4134030591	0.3986668110
	3.5964257710	0.0759424497
	7.0858100059	0.0036117587
	12.6408008443	0.0000233700

则 Gauss-Hermite 求积公式为

$$\int_{-\infty}^{+\infty} \mathrm{e}^{-x^2} f(x)\mathrm{d}x = \sum_{k=0}^{n} A_k f(x_k) + E(f) \tag{4.5.36}$$

其中求积节点为 $n+1$ 次 Hermite 多项式 $H_{n+1}(x)$ 的零点, 求积系数 A_k 为

$$A_k = \frac{2^{n+2}(n+1)!\sqrt{n}}{H_{n+2}(x_k)H'_{n+1}(x_k)}, \quad k=0,1,\cdots,n \tag{4.5.37}$$

余项表达式为

$$E(f) = \frac{(n+1)!\sqrt{\pi}}{2^{n+1}(2n+2)!} f^{(2n+2)}(\eta), \quad \eta \in (-\infty,+\infty) \tag{4.5.38}$$

Gauss-Hermite 求积公式的求积节点和求积系数见表 4.4.

表 4.4　Gauss-Hermite 求积公式的求积节点和求积系数

$n+1$	x_k	A_k
1	0	1.7724538509
2	±0.7071067812	0.8862263255
3	±1.2247448714	0.2954089752
	0	1.1816359006
4	±1.6506801239	0.0813128354
	±0.5246476233	0.8049140900

续表

$n+1$	x_k	A_k
5	±2.0201828705	0.0199532421
	±0.9585724646	0.3936193232
	0	0.9453087205
6	±2.3506049737	0.0045300100
	±1.3358490740	0.1570673203
	±0.4360774119	0.7246295952
7	±2.6519613568	0.0009717812
	±1.6735516288	0.0545155828
	±0.8162878829	0.4256072526
	0	0.8102646176
8	±2.9306374203	0.0001996041
	±1.9816567567	0.0170779830
	±1.1571937124	0.2078023258
	±0.3811863302	0.6611470126

4.5.4 Gauss-Chebyshev 求积公式

在计算有限区间上定积分时, 往往会遇到这样两类积分. 一类是在区间端点具有奇性的无界函数广义积分. 假设这类所考察的积分是收敛的, 例如 $\int_0^1 (1-x)^{-\frac{1}{2}} \cdot f(x)\mathrm{d}x$, 其中 $f(x)$ 在 $[0,1]$ 上是充分光滑函数, 且使得上述积分收敛, 此时被积函数在 $x=1$ 处有奇性. 另一类是被积函数本身没有奇性, 但导数具有奇性, 例如 $\int_0^1 x^{\frac{1}{2}} f(x)\mathrm{d}x$. 这两类积分在数值积分中称为**奇异积分**.

若对于奇异积分应用等距节点求积公式, Romberg 方法以及权函数 $\rho(x)=1$ 的机械 Gauss 求积公式都将会引起实质性困难, 因为被积函数的导数要出现在误差项当中, 而被积函数的导数是无界的. 用权函数处理奇异积分, 一般是寻找下述形式的 Gauss 求积公式:

$$\int_a^b \rho(x)f(x)\mathrm{d}x = \sum_{k=0}^{n} A_k f(x_k) + E(f) \tag{4.5.39}$$

其中权函数 $\rho(x)$ 在一个或者两个端点上是奇异的.

假设 $f(x)$ 是解析函数, 则权函数 $\rho(x)$ 作为奇异项既不出现在数值积分项 $\sum_{k=0}^{n} A_k f(x_k)$ 中, 也不出现在余项 $E(f)$ 中. Gauss-Chebyshev 求积公式是一类有代表性的奇异积分求积公式, 下面简要对其介绍.

(1) 第一类 Gauss-Chebyshev 求积公式. 考察区间 $[a,b]=[-1,1]$, 权函数 $\rho(x)=$

$\frac{1}{\sqrt{1-x^2}}$ 在端点 $x=\pm 1$ 处奇异. 在区间 $[-1,1]$ 上关于权函数 $\rho(x)=\frac{1}{\sqrt{1-x^2}}$ 的正交多项式为 Chebyshev 多项式, 即

$$T_n(x)=\cos(n\arccos x) \tag{4.5.40}$$

此时, Gauss 求积公式为

$$\int_{-1}^{1}\frac{1}{\sqrt{1-x^2}}f(x)\mathrm{d}x=\sum_{k=0}^{n}A_kf(x_k)+E(f) \tag{4.5.41}$$

求积节点 x_k 为 $T_{n+1}(x)$ 的零点

$$x_k=\cos\left[\frac{2k+1}{2(n+1)}\pi\right],\quad k=0,1,\cdots,n \tag{4.5.42}$$

则称 (4.5.41) 式为第一类 Gauss-Chebyshev 求积公式. 首项系数

$$\alpha_0=1,\quad \alpha_n=2^{n-1}\quad (n\geqslant 1) \tag{4.5.43}$$

从而求积系数

$$A_k=-\frac{\pi}{T_{n+2}(x_k)T'_{n+1}(x_k)}=\frac{\pi}{n+1},\quad k=0,1,\cdots,n \tag{4.5.44}$$

余项表达式为

$$E(f)=\frac{\pi}{2^{2n+1}(2n+2)!}f^{(2n+2)}(\eta),\quad \eta\in(-1,1) \tag{4.5.45}$$

当 $n=1$ 时, Gauss 点即为二次 Chebyshev 多项式 $T_2(x)=2x^2-1$ 的零点, 此时

$$\alpha_0=\alpha_1=\frac{\pi}{2} \tag{4.5.46}$$

于是有 2 点 Gauss-Chebyshev 求积公式

$$\int_{-1}^{1}\frac{1}{\sqrt{1-x^2}}f(x)\mathrm{d}x=\frac{\pi}{2}\left[f\left(-\frac{1}{\sqrt{2}}\right)+f\left(\frac{1}{\sqrt{2}}\right)\right]+E(f) \tag{4.5.47}$$

类似有 3 点 Gauss-Chebyshev 求积公式

$$\int_{-1}^{1}\frac{1}{\sqrt{1-x^2}}f(x)\mathrm{d}x=\frac{\pi}{3}\left[f\left(-\frac{\sqrt{3}}{2}\right)+f(0)+f\left(-\frac{\sqrt{3}}{2}\right)\right]+E(f) \tag{4.5.48}$$

当 $n=3,4,5,6,7$ 时的 Gauss-Chebyshev 求积公式的 Gauss 求积节点如表 4.5 所示.

表 4.5 Gauss-Chebyshev 求积公式的 Gauss 求积节点

n	x_k	n	x_k
1	±0.7071068	5	±0.2588190, ±0.7071068, ±0.6959258
2	0, ±0.8660254	6	±0.4338937, ±0.7818315, ±0.9749279
3	±0.3826834, ±0.9238975	7	±0.1950903, ±0.5555702, ±0.8314961, ±0.9807853
4	0, ±0.9510565, ±5877853		

(2) 第二类 Gauss-Chebyshev 求积公式. 区间 $[a,b]=[-1,1]$, 权函数 $\rho(x)=\sqrt{1-x^2}$ 在端点 $x=\pm1$ 处奇异. 在区间上 $[-1,1]$ 关于权函数 $\rho(x)=\sqrt{1-x^2}$ 的正交多项式为第二类 Chebyshev 多项式, 即

$$s_n(x)=\frac{1}{\sqrt{1-x^2}}\sin\left[(n+1)\arccos x\right],\quad n=0,1,\cdots \tag{4.5.49}$$

此时 Gauss 求积公式为

$$\int_{-1}^{1}\sqrt{1-x^2}f(x)\mathrm{d}x=\sum_{k=0}^{n}A_kf(x_k)+E(f) \tag{4.5.50}$$

求积节点 x_k 为 $s_{n+1}(x)$ 的零点

$$x_k=\cos\left(\frac{k+1}{n+2}\pi\right),\quad k=0,1,\cdots,n \tag{4.5.51}$$

则称 (4.5.50) 式为第二类 Gauss-Chebyshev 求积公式. 首项系数

$$\alpha_n=2^n \tag{4.5.52}$$

从而求积系数

$$A_k=\frac{\pi}{n+2}\sin^2\frac{(k+1)\pi}{n+2},\quad k=0,1,\cdots,n \tag{4.5.53}$$

余项表达式为

$$E(f)=\frac{\pi}{2^{2n+2}(2n+2)!}f^{(2n+2)}(\eta),\quad \eta\in(-1,1) \tag{4.5.54}$$

(3) 区间 $[a,b]=[0,1]$, 权函数 $\rho(x)=x^{-\frac{1}{2}}$ 在端点 $x=0$ 处奇异. 在区间 $[0,1]$ 上关于权函数 $\rho(x)=x^{-\frac{1}{2}}$ 的正交多项式为

$$\varphi_n(x)=P_{2n}(\sqrt{x}),\quad n=0,1,\cdots \tag{4.5.55}$$

其中 $P_{2n}(x)$ 为 $2n$ 次 Legendre 多项式, 此时 Gauss 求积公式为

$$\int_0^1 x^{-\frac{1}{2}}f(x)\mathrm{d}x=\sum_{k=0}^{n}A_kf(x_k)+E(f) \tag{4.5.56}$$

求积节点 x_k 为 $\varphi_{n+1}(x)$ 的零点, 设 $P_{2(n+1)}(x)$ 的每个正零点分别为 p_k, 则由 Legendre 多项式性质知

$$x_k=p_k^2,\quad k=0,1,\cdots,n \tag{4.5.57}$$

此时 Gauss 求积公式的求积系数

$$A_k=2h_k,\quad k=0,1,\cdots,n \tag{4.5.58}$$

h_k 是 $2n+2$ 个节点的 Gauss-Legendre 求积公式中对应于求积节点 p_k 的求积系数. 相应的余项表达式为

$$E(f)=\frac{2^{4n+5}\left[(2n+2)!\right]^3}{\left[4(n+1)\right]\left[4(n+1)!\right]^3}f^{(2n+1)}(\eta),\quad \eta\in(0,1) \tag{4.5.59}$$

(4) 区间 $[a,b]=[0,1]$, 权函数 $\rho(x)=\sqrt{x}$ 的导数在端点 $x=0$ 处奇异. 在区间上 $[0,1]$ 关于权函数 $\rho(x)=x^{-\frac{1}{2}}$ 的正交多项式为

$$\varphi_n(x)=\frac{1}{\sqrt{x}}P_{2n+1}(\sqrt{x}),\quad n=0,1,\cdots \tag{4.5.60}$$

其中 $P_{2n+1}(x)$ 为 $2n+1$ 次 Legendre 多项式, 此时 Gauss 求积公式为

$$\int_0^1 \sqrt{x}f(x)\mathrm{d}x=\sum_{k=0}^{n}A_kf(x_k)+E(f) \tag{4.5.61}$$

求积节点 x_k 为 $\varphi_{n+1}(x)$ 的零点, 设 $P_{2n+3}(x)$ 的每个正零点分别为 p_k, 则由 Legendre 多项式性质知

$$x_k=p_k^2,\quad k=0,1,\cdots,n \tag{4.5.62}$$

此时 Gauss 求积公式的求积系数

$$A_k=2h_kp_k^2,\quad k=0,1,\cdots,n \tag{4.5.63}$$

h_k 是 $2n+3$ 个节点的 Gauss-Legendre 求积公式中对应于求积节点 p_k 的求积系数. 相应的余项表达式为

$$E(f)=\frac{2^{4n+7}\left[(2n+3)!\right]^4}{(4n+7)\left[(4n+6)!\right]^2}\frac{1}{(2n+2)!}f^{(2n+2)}(\eta),\quad \eta\in(0,1) \tag{4.5.64}$$

(5) 区间 $[a,b]=[0,1]$, 权函数 $\rho(x)=\sqrt{\dfrac{x}{1-x}}$ 在端点 $x=1$ 处奇异, 导数在端点 $x=0$ 处奇异. 在区间上 $[0,1]$ 关于权函数 $\rho(x)=\dfrac{1}{\sqrt{1-x^2}}$ 的正交多项式为

$$\varphi_n(x)=\frac{1}{\sqrt{x}}T_{2n+1}(\sqrt{x}),\quad n=0,1,\cdots \tag{4.5.65}$$

其中 $T_{2n+1}(x)$ 为 $2n+1$ 次 Chebyshev 多项式. 此时 Gauss 求积公式为

$$\int_0^1\sqrt{\frac{x}{1-x}}f(x)\mathrm{d}x=\sum_{k=0}^{n}A_kf(x_k)+E(f) \tag{4.5.66}$$

求积节点 x_k 为 $T_{n+1}(x)$ 的零点

$$x_k=\cos^2\left(\frac{2k+1}{4n+6}\pi\right),\quad k=0,1,\cdots,n \tag{4.5.67}$$

求积系数

$$A_k=\frac{2\pi}{2n+3}x_k,\quad k=0,1,\cdots,n \tag{4.5.68}$$

余项表达式为

$$E(f)=\frac{\pi}{2^{4n+5}(2n+2)!}f^{(2n+2)}(\eta),\quad \eta\in(0,1) \tag{4.5.69}$$

4.6 复化 Gauss 求积公式

尽管 Gauss 求积公式是数值稳定的, 但是我们一般仍不采用高阶的求积公式来获取较高的求积精度, 因为在较高阶的求积公式中, 其余项表达式中的高阶导数难以估计, 甚至是无界的. 与复化 Newton-Cotes 公式相仿, 我们采用复化的思想, 即将积分区间 $[a,b]$ 划分成若干个子区间 $[x_i,x_{i+1}]$, 在每个子区间上采用 Gauss 求积公式, 然后将这些数值积分累加起来作为整个区间上积分的近似值, 从而改进数值格式的精度.

设 $x_0,x_1,x_2,\cdots,x_m$ 是区间 $[a,b]$ 的一个划分, 则

$$a=x_0<x_1<x_2<\cdots<x_m=b$$

于是得到

$$\int_a^b f(x)\mathrm{d}x = \sum_{i=0}^{m-1}\int_{x_i}^{x_{i+1}} f(x)\mathrm{d}x \tag{4.6.1}$$

按照复化求积的思想, 在每个小区间 $[x_i, x_{i+1}]$ 上采用 $n+1$ 个求积节点的 Guass-Legendre 求积公式, 作代换

$$x = \frac{x_i + x_{i+1}}{2} + \frac{x_{i+1} - x_i}{2}t \tag{4.6.2}$$

即

$$t = \frac{2}{x_{i+1} - x_i}\left(x - \frac{x_{i+1} + x_i}{2}\right) \tag{4.6.3}$$

代入则有

$$\int_{x_i}^{x_{i+1}} f(x)\mathrm{d}x = \frac{h_i}{2}\int_{-1}^{1} g_i(t)\mathrm{d}t \tag{4.6.4}$$

其中 $h_i = x_{i+1} - x_i$, $g_i(t) = f\left(\frac{x_i + x_{i+1}}{2} + \frac{h_i}{2}t\right)$.

对 (4.6.4) 式右端用 $n+1$ 个求积节点的 Gauss-Legendre 求积公式, 则有

$$\int_{x_i}^{x_{i+1}} f(x)\mathrm{d}x = \frac{h_i}{2}\sum_{j=0}^{n} H_i g_i(t_j) + E_i(f) \tag{4.6.5}$$

其中 t_i 是 $n+1$ 次 Legendre 多项式的零点, H_j 是相应的求积系数, 余项为 $E_i(f)$. 利用 (4.6.2) 式, g_i 关于 t 的导数满足

$$\frac{\mathrm{d}}{\mathrm{d}t}g_i(t) = \frac{\mathrm{d}}{\mathrm{d}x}f(x)\cdot\frac{\mathrm{d}x}{\mathrm{d}t} = \frac{h_i}{2}f'(x) \tag{4.6.6}$$

相应的有

$$\frac{\mathrm{d}^{2n+2}}{\mathrm{d}t^{2n+2}}g_i(t) = \left(\frac{h_i}{2}\right)^{2n+2} f^{(2n+2)}(x) \tag{4.6.7}$$

于是余项可以改写为

$$E_i(f) = \frac{h_i^{2n+3}\left[(n+1)!\right]^4}{(2n+3)\left[(2n+2)!\right]^3} f^{(2n+2)}(\eta_i), \quad \eta_i \in (x_i, x_{i+1}) \tag{4.6.8}$$

由此可得复化 Gauss-Legendre 求积公式

$$\int_a^b f(x)\mathrm{d}x = \frac{1}{2}\sum_{j=0}^{m} H_j\left[\sum_{i=0}^{m-1} h_i f\left(\frac{x_i + x_{i+1}}{2} + \frac{h_i}{2}t_j\right)\right] + E(f) \tag{4.6.9}$$

此时余项为

$$E_i(f) = \frac{\left[(n+1)!\right]^4}{(2n+3)\left[(2n+2)!\right]^3}\sum_{j=0}^{m-1} h_i^{2n+3} f^{(2n+2)}(\eta_i) \tag{4.6.10}$$

若采用等分划分

$$h = x_{i+1} - x_i = \frac{b-a}{m} \tag{4.6.11}$$

则此时复化求积公式可以简化为

$$\int_a^b f(x)\mathrm{d}x = \frac{h}{2}\sum_{j=0}^{m} H_j \left[\sum_{i=0}^{m-1} f\left(a + \frac{2i+1}{2}h + \frac{h}{2}t_j\right)\right] + E(f) \tag{4.6.12}$$

由连续函数介值定理, 余项变为

$$E_i(f) = (b-a)h^{2n+2}\frac{[(n+1)!]^4}{(2n+3)\left[(2n+2)!\right]^3}f^{(2n+2)}(\eta), \quad \eta \in (a,b) \tag{4.6.13}$$

若被积函数 $f(x) \in C^{2n+2}[a,b]$, 则当 $h \to 0$ 时, 有

$$\lim_{h\to 0} E(f) = 0 \tag{4.6.14}$$

这说明复化 Gauss-Legendre 求积公式收敛于 $I(f)$.

4.7 振荡函数的求积公式

所谓振荡函数的积分, 是指形如

$$\int_a^b f(x)K(x,m)\mathrm{d}x \tag{4.7.1}$$

的积分式, 其中 m 是参数. 在工程实践中, 人们常常要计算这类含有振荡函数的积分, 例如 $\int_a^b f(x)\sin mx\mathrm{d}x$, $\int_a^b f(x)\cos mx\mathrm{d}x$. 其中 m 越大, $f(x)\sin mx$, $f(x)\cos mx$ 函数值就振荡得越为严重, 从而 $f(x)\cos mx$ 与 x 轴的交点也越多. 若针对 $f(x)\sin mx$ 来建立插值多项式, 那么为了保证精度, 插值多项式的次数必须很大. 但是我们知道, 高阶插值数值格式不稳定, 而采用复化求积进行计算往往效果也不甚理想.

例 4.2 计算积分

$$\int_0^{\frac{3}{2}\pi} \cos 15x\mathrm{d}x$$

将区间 $\left[0, \frac{3}{2}\pi\right]$ 分为 5 等份, 在每个子区间上应用 Simpson 公式求得 $S_5 = 0.60137$. 但积分的精确值是 $\frac{1}{15} \approx 0.0667$, 两者相差近 10 倍, 这是因为复化 Simpson 公式的

余项

$$E_5(f) = -\frac{(b-a)}{180}\left(\frac{h}{2}\right)^4 f^{(4)}(\eta)$$

中的导数 $f^{(4)}(\eta)$ 含有 15^4 这个大因子, 从而 $|E_5(f)| \approx 65.4\,|\cos 157|$.

对于振荡积分, 可以针对非振荡的函数 $f(x)$ 建立插值函数 $s(x)$, 将其代入振荡积分式得到

$$\int_a^b f(x)\sin mx\mathrm{d}x \approx \int_a^b s(x)\sin mx\mathrm{d}x = I^{(1)} \tag{4.7.2}$$

$$\int_a^b f(x)\cos mx\mathrm{d}x \approx \int_a^b s(x)\cos mx\mathrm{d}x = I^{(2)} \tag{4.7.3}$$

此时 (4.7.2) 式右端的被积函数仍然保留振荡部分而可以精确求出. 这里采用三次样条插值, 将 $s(x)$ 取为 $f(x)$ 的三次样条第三边界条件的插值函数, 区间 $[a,b]$ 等分为 n 个子区间, 节点 $x_i = a + ih$, $h = \dfrac{b-a}{n}$. 对 (4.7.2) 式右端作分部积分得到

$$\begin{aligned}\int_a^b f(x)\sin mx\mathrm{d}x = & -\frac{1}{m}f(b)\cos mb + \frac{1}{m^2}f'(b)\sin mb \\ & + \frac{1}{m^3}M_n\cos mb + \frac{1}{m}f(a)\cos mb \\ & - \frac{1}{m}f'(a)\sin ma - \frac{1}{m^3}M_0 s\cos ma \\ & - \frac{1}{m^3}\int_a^b s'''(x)\cos mx\mathrm{d}x\end{aligned} \tag{4.7.4}$$

其中

$$\begin{aligned}& -\frac{1}{m^3}\int_a^b s'''(x)\cos mx\mathrm{d}x \\ & = -\frac{1}{m^3}\sum_{j=0}^{n-1}\int_{x_j}^{x_{j+1}}\frac{M_{j+1}-M_j}{h}\cos mx\mathrm{d}x \\ & = -\frac{2}{m^4 h}\sin\frac{mh}{2}\sum_{j=0}^{n-1}(M_{j+1}-M_j)\cos\frac{m(x_j+x_{j+1})}{2}\end{aligned} \tag{4.7.5}$$

类似的有

$$\begin{aligned}\int_a^b f(x)\cos mx\mathrm{d}x = & \frac{1}{m}f(b)\sin mb + \frac{1}{m^2}f'(b)\cos mb \\ & - \frac{1}{m^3}M_n\sin mb - \frac{1}{m}f(a)\sin mb\end{aligned}$$

$$-\frac{1}{m}f'(a)\cos ma+\frac{1}{m^3}M_0 s\sin ma$$
$$+\frac{1}{m^3}\int_a^b s'''(x)\sin mx\mathrm{d}x \tag{4.7.6}$$

其中

$$\begin{aligned}&\frac{1}{m^3}\int_a^b s'''(x)\sin mx\mathrm{d}x\\=&\frac{1}{m^3}\sum_{j=0}^{n-1}\int_{x_j}^{x_{j+1}}\frac{M_{j+1}-M_j}{h}\cos mx\mathrm{d}x\\=&\frac{2}{m^4h}\sin\frac{mh}{2}\sum_{j=0}^{n-1}(M_{j+1}-M_j)\sin\frac{m(x_j+x_{j+1})}{2}\end{aligned} \tag{4.7.7}$$

由三次样条插值性质可得

$$\|f-s\|_\infty\leqslant\frac{h^4}{16}\left\|f^{(4)}\right\|_\infty \tag{4.7.8}$$

由此得到求积公式的余项

$$\begin{aligned}\left|\int_a^b f(x)\sin mx\mathrm{d}x-\int_a^b s(x)\sin mx\mathrm{d}x\right|&\leqslant\frac{(b-a)}{16}h^4\left\|f^{(4)}\right\|_\infty\\\left|\int_a^b f(x)\cos mx\mathrm{d}x-\int_a^b s(x)\cos mx\mathrm{d}x\right|&\leqslant\frac{(b-a)}{16}h^4\left\|f^{(4)}\right\|_\infty\end{aligned} \tag{4.7.9}$$

值得指出的是, 振荡函数 $f(x)\sin mx$, $f(x)\cos mx$ 的数值积分余项仅与划分步长 h 有关, 而与 m 无关.

4.8 自适应积分方法

在这一节中, 我们将介绍精度的自动控制问题.

数值求积方法的好坏取决于达到所需精度所需计算量大小, 主要依赖于所需计算函数值的个数多少. 计算较少函数值就能达到规定精度的方法显然比需要计算更多函数值才能达到规定精度的方法要好.

在实际问题中求积精度是事先给定的, 我们常用以下几种方法检验数值求积的结果是否满足精度.

(1) 利用误差项的表达式, 这需要估计 $E(f)$ 的导数界, 然而导数计算一般来说运算量较为庞大, 另一方面高阶导数往往变化激烈, 从而导致误差估计效果并不尽如人意.

(2) 计算数值积分的一个逼近序列. 当它们中的两个或三个一直到所需的有效数字相同时就停止计算, 这个序列可以含同一法则的复化方法, Romberg 方法、Gauss 方法等等. 在达不到精度要求时, 复化方法一般要把所有子区间一分为二, Romberg 方法在对分基础上还要采用外推的技巧.

(3) 用相同的公式, 用不同的节点个数进行比较. 当两个或三个结果相对一致满足精度时就停止运算. 若尚未达到精度时, 一般都采用二分法继续计算.

以上所有方法都不能直接区分被积函数的性质好坏, 而被积函数在整个积分区间上一般都不均衡, 在有些地方变化缓慢, 在另一些地方则变化激烈. 在变化激烈的地方需要减少相应的子区间步长才能保证达到所需要的精度, 从而增加了计算次数, 降低了计算效率. 使用自适应积分法可以有效解决这个问题.

自适应积分法就是在利用上述数值积分公式时，随时对被积函数的性态加以鉴别, 在变化激烈的地方取较小步长, 在变化平缓的地方取较大步长, 使得在满足计算精度的前提下尽可能减少计算量. 以下以自适应 Simpson 方法为例进行简要介绍.

设 $Q(f)$ 为数值求积公式得到的数值结果, ε 为给定的精度, 若满足

$$|E(f)| = |I(f) - Q(f)| \leqslant \varepsilon \tag{4.8.1}$$

则 $Q(f)$ 为所需要的积分近似值. 设 $x_0, x_1, x_2, \cdots, x_m$ 是区间 $[a, b]$ 的一个划分, 该划分由相应的自适应算法所决定, 则

$$a = x_0 < x_1 < x_2 < \cdots < x_m = b \tag{4.8.2}$$

记子区间 $[x_i, x_{i+1}]$ 的长度为

$$h_i = x_{i+1} - x_i, \quad i = 0, 1, \cdots, n-1 \tag{4.8.3}$$

在自适应方法中, 一般对每一个子区间 $[x_i, x_{i+1}]$ 采用两种不同的数值求积公式.

自适应 Simpson 方法的算法如下.

(1) 对每个子区间 $[x_i, x_{i+1}]$ 都采用同一种基本求积公式, 并把在子区间 $[x_i, x_{i+1}]$ 上的求积结果记为

$$R_1[x_i, x_{i+1}]f \tag{4.8.4}$$

(2) 将区间 $[x_i, x_{i+1}]$ 进行对分, 把这种基本求积公式在子区间 $\left[x_i, x_i + \dfrac{h_i}{2}\right]$, $\left[x_i + \dfrac{h_i}{2}, x_{i+1}\right]$ 上再次运用得到区间 $[x_i, x_{i+1}]$ 上复化求积的结果, 记为

$$R_2[x_i, x_{i+1}]f \tag{4.8.5}$$

在区间上分别运用三点 Simpson 公式和五点 Simpson 公式, 则

$$R_1[x_i, x_{i+1}]f = \frac{h_i}{6}\left[f(x_i) + 4f\left(x_i + \frac{h_i}{2}\right) + f(x_{i+1})\right] \tag{4.8.6}$$

$$\begin{aligned} &R_2[x_i, x_{i+1}]f \\ =& \frac{h_i}{12}\left[f(x_i)+4f\left(x_i+\frac{h_i}{4}\right)+2f\left(x_i+\frac{h_i}{2}\right)+4f\left(x_i+\frac{3h_i}{4}\right)+f(x_{i+1})\right] \end{aligned} \tag{4.8.7}$$

下面考察三点 Simpson 公式和五点 Simpson 公式误差项的关系. 设区间 $[a, a+h]$, 三点 Simpson 公式误差项为

$$\int_a^{a+h} f(x)\mathrm{d}x - R_1[a, a+h]f = ch^5 f^{(4)}(\eta) \tag{4.8.8}$$

其中 $\eta \in (a, a+h)$, 误差常数 c 为

$$c = -\frac{1}{90 \times 2^5} \tag{4.8.9}$$

再把 $f^{(4)}(\eta)$ 在区间中点处做 Taylor 展开得到

$$\int_a^{a+h} f(x)\mathrm{d}x - R_1[a, a+h]f = ch^5 f^{(4)}\left(a + \frac{h}{2}\right) + O(h^6) \tag{4.8.10}$$

又由于 $R_2[x_i, x_{i+1}]f$ 是在两个子区间 $\left[a, a+\frac{h}{2}\right]$, $\left[a+\frac{h}{2}, a+h\right]$ 上应用三点 Simpson 公式所得之和, 则

$$\int_a^{a+h} f(x)\mathrm{d}x - R_2[a, a+h]f = c\left(\frac{h}{2}\right)^5\left[f^{(4)}\left(a+\frac{h}{4}\right) + f^{(4)}\left(a+\frac{3h}{4}\right)\right] + O(h^6) \tag{4.8.11}$$

再利用 Taylor 展开, 得

$$f^{(4)}\left(a+\frac{h}{4}\right) + f^{(4)}\left(a+\frac{3h}{4}\right) = 2f^{(4)}\left(a+\frac{h}{2}\right) + O(h) \tag{4.8.12}$$

于是成立

$$\int_a^{a+h} f(x)\mathrm{d}x - R_2[a, a+h]f = \frac{ch^5}{16} f^{(4)}\left(a+\frac{h}{2}\right) + O(h^6) \tag{4.8.13}$$

比较可得

$$\int_a^{a+h} f(x)\mathrm{d}x - R_2[a, a+h]f = \frac{1}{16}\left[\int_a^{a+h} f(x)\mathrm{d}x - R_1[a, a+h]f\right] + O(h^6) \tag{4.8.14}$$

这说明应用 Simpson 公式区间对分之后的误差大致降为原来误差的 $\frac{1}{16}$, 即

$$\int_a^{a+h} f(x)\mathrm{d}x - R_2[a,a+h]f \approx \frac{1}{16}\left[\int_a^{a+h} f(x)\mathrm{d}x - R_1[a,a+h]f\right] \tag{4.8.15}$$

同时可得

$$\int_a^{a+h} f(x)\mathrm{d}x - R_2[a,a+h]f = \frac{1}{15}\left[R_2[a,a+h]f - R_1[a,a+h]f\right] + O(h^6) \tag{4.8.16}$$

上述关系式称作**Simpson 公式的事后误差估计**.

定义 4.4 设区间 $[a,b]$ 上给出了一个划分, 若每个子区间的长度 h_i 都可表示为

$$h_i = \frac{H}{2^{r_i}} \tag{4.8.17}$$

其中 r_i 是自然数, $H=b-a$, 则称 $[x_i,x_{i+1}]$ 的水平为 r_i, 区间 $[a,b]$ 的水平为 0.

将区间 $[a,b]$ 对分为两个子区间 $\left[a,a+\frac{H}{2}\right]$, $\left[a+\frac{H}{2},b\right]$, 它们的水平为 1. 然后按下文所述的划分准则对其中之一或者两个区间对分为水平为 2 的子区间, 按这一法则继续下去直至得到 (4.8.3) 式.

下面介绍划分准则. 设 $x_0,x_1,x_2,\cdots,x_n$ 是区间 $[a,b]$ 的一个划分, 满足

$$a=x_0<x_1<x_2<\cdots<x_n=b$$

且每个子区间 $[x_j,x_{j+1}]$ 分别具有水平 r_j, 则

$$|R_2[x_j,x_{j+1}]f - R_1[x_j,x_{j+1}]f| \leqslant \frac{15\varepsilon}{2} = \frac{15h_j}{b-a}\varepsilon \tag{4.8.18}$$

称为**划分准则**, 并称每个子区间 $[x_j,x_{j+1}]$ 已经收敛, 此时该划分 $x_0,x_1,x_2,\cdots,x_m$ 满足自适应积分法的节点条件.

现在假设子区间 $[x_i,x_i+h]$, $[x_i,x_i+h]$ 具有水平 r, 若划分准则成立, 即区间 $[x_i,x_i+h]$ 已经收敛, 令 $x_{i+1}=x_i+h$, 把 x_{i+1} 加入分点名单.

若不成立, 则把区间对分为两个子区间 $\left[x_i,x_i+\frac{h}{2}\right]$, $\left[x_i+\frac{h}{2},x_i+h\right]$, 水平各为 $r+1$. 在区间 $\left[x_i,x_i+\frac{h}{2}\right]$ 上开始计算, 注意要保存在 $[x_i,x_i+h]$ 上计算过的函数值以便使用. 在式中将 h 改为 $\frac{h}{2}$, r 换为 $r+1$ 来检验区间 $\left[x_i,x_i+\frac{h}{2}\right]$ 是否收敛. 若不收敛, 将区间 $\left[x_i,x_i+\frac{h}{2}\right]$ 再对分, 重复之前的过程, 直到所考察的区间

$[x_i, x_i + h']$ 收敛为止, 其中 $h' = \dfrac{h}{2^{r'}}$, $r' > r$. 令 $x_{i+1} = x_i + h'$, 把 x_{i+1} 加入分点名单, 以此类推完成划分, 分点排列如下:

$$a = x_0 < x_1 < x_2 < \cdots < x_n = b$$

此时记 $Q(f)$ 为

$$Q(f) = \sum_{i=0}^{n-1} R_2[x_i, x_{i+1}]f \tag{4.8.19}$$

则由 (4.8.17) 式和 (4.8.18) 式可得到

$$\begin{aligned}
|I(f) - Q(f)| &\leqslant \sum_{i=0}^{n-1} \left| \int_{x_i}^{x_{i+1}} f(x)\mathrm{d}x - R_2[x_i, x_{i+1}]f \right| \\
&\leqslant \frac{1}{15} \sum_{i=0}^{n-1} |R_2[x_i, x_{i+1}]f - R_1[x_i, x_{i+1}]f| \\
&\leqslant \frac{\varepsilon}{b-a} \sum_{i=0}^{n-1} h_i \\
&\leqslant \varepsilon
\end{aligned} \tag{4.8.20}$$

此时 $Q(f)$ 就是所需的计算结果.

4.9 多重积分求积公式

4.9.1 蒙特卡罗方法

对高维区域的积分, 一般来说难以将上述一维数值积分的求解方法推广实现. 在实际应用中常常使用蒙特卡罗方法进行多重积分的数值求积计算.

蒙特卡罗方法, 也称确定性抽样, 是对被积函数变量区间进行随机均匀抽样, 然后对抽样点的函数值求平均, 从而可以得到函数积分的近似值. 蒙特卡罗方法的正确性是基于概率论的中心极限定理, 使用此种方法所得数值积分的统计误差只与抽样点数正相关, 不随积分维数的改变而改变. 因此当积分维度较高时, 蒙特卡罗方法相对于其他数值解法更优. 下面以一维积分为例.

考察积分

$$I(f) = \int_a^b f(x)\mathrm{d}x \tag{4.9.1}$$

任取一组相互独立、同分布的随机变量 $\{X_i\}$, $\{X_i\}$ 在 $[a, b]$ 上服从分布律 ρ, 令

$f^*(x)=\dfrac{f(x)}{\rho(x)}$, 则 $f^*(X_i)$ 也是一组独立同分布的随机变量, 且

$$I(f)=\int_a^b f(x)\mathrm{d}x \tag{4.9.2}$$

由大数定律

$$P_r\left(\lim_{N\to\infty}\frac{1}{N}\sum_{i=1}^{N}f^*(X_i)=I(f)\right)=1 \tag{4.9.3}$$

若选均值 $\bar{I}$ 作为 I 的近似值

$$\bar{I}=\frac{1}{N}\sum_{i=1}^{N}f^*(X_i) \tag{4.9.4}$$

则 $\bar{I}$ 依概率 1 收敛到 $I(f)$. 任意选择一个有简便办法可以进行抽样的概率密度函数 $\rho(x)$, 使其满足下列条件:

(1) 当 $f(x)\neq 0$ 时, $\rho(x)\neq 0$;

(2) $\displaystyle\int_a^b \rho(x)\mathrm{d}x=1$.

记

$$f^*(x)=\begin{cases}\dfrac{f(x)}{\rho(x)}, & \rho(x)\neq 0\\ 0, & \rho(x)=0\end{cases} \tag{4.9.5}$$

那么原积分式可以写成

$$I(f)=\int_a^b f^*(x)\rho(x)\mathrm{d}x \tag{4.9.6}$$

选取服从分布律 ρ 的随机变量 $\{X_i\}$, 计算均值

$$\bar{I}=\frac{1}{N}\sum_{i=1}^{N}f^*(X_i) \tag{4.9.7}$$

并用它作为 I 的近似值.

如果 a,b 为有限值, 那么 ρ 可取作均匀分布

$$\rho(x)=\begin{cases}\dfrac{1}{b-a}, & a\leqslant x\leqslant b\\ 0, & \text{其他}\end{cases} \tag{4.9.8}$$

此时原来的积分式变为

$$I(f)=(b-a)\int_a^b f(x)\frac{1}{b-a}\mathrm{d}x \tag{4.9.9}$$

将一维情形推广到 s 维区域上的多重积分

$$I(f)=\int_{\Omega} f(M)\mathrm{d}M,\quad M=M(x_1,\cdots,x_s)\in\Omega \tag{4.9.10}$$

其中 Ω 是积分区域. 设概率密度函数 $\rho(M)$ 满足

(1) $\rho(M)\neq 0$;

(2) $\displaystyle\int_{\Omega}\rho(M)\mathrm{d}M=1$.

记

$$f^*(M)=\begin{cases}\dfrac{f(M)}{\rho(M)}, & \rho(M)\neq 0\\ 0, & \rho(M)=0\end{cases} \tag{4.9.11}$$

那么原积分式可以写成

$$I(f)=\int_{\Omega} f^*(M)\rho(M)\mathrm{d}M \tag{4.9.12}$$

选取服从分布律 ρ 的随机变量 $\{M_i\}$, 若积分 $I(f)$ 有界, 则计算均值

$$\bar{I}=\frac{1}{N}\sum_{i=1}^{N} f^*(M_i) \tag{4.9.13}$$

并用它作为 I 的近似值.

最典型的应用是, ρ 可取为 Ω 上的均匀分布

$$\rho(x)=\begin{cases}\dfrac{1}{V_{\Omega}}, & M\in\Omega\\ 0, & \text{其他}\end{cases} \tag{4.9.14}$$

其中 V_{Ω} 为 Ω 的体积. 此时原来的积分式变为

$$I(f)\approx\bar{I}=\frac{1}{N}\sum_{i=1}^{N} f^*(M_i)=\frac{V_{\Omega}}{n}\sum_{i=1}^{N} f(M_i) \tag{4.9.15}$$

这就是求 s 维区域上的多重积分$I(f)=\displaystyle\int_{\Omega} f(M)\mathrm{d}M$, $M=M(x_1,\cdots,x_s)\in\Omega$ 的蒙特卡罗方法. 注意到, 若 $x_1,x_2,\cdots$ 为 $(0,1)$ 上的随机数列, 则在计算 s 维区域上的多重积分时, Ω 上的随机点 $\{M_i\}$ 可以选为

$$\begin{gathered}M_1=(x_1,\cdots,x_s)\\ M_2=(x_{s+1},\cdots,x_{2s})\\ \cdots\cdots\\ M_n=(x_{s+1},\cdots,x_{2s})\end{gathered}$$

4.9.2 余项的误差分析

对一维情形, 设方差

$$\sigma^2 = \int_{-\infty}^{+\infty} \rho(x)\left(f(x) - I(f)\right)^2 \mathrm{d}x$$
$$= \int_{-\infty}^{+\infty} \rho(x) f^2(x) \mathrm{d}x - [I(f)]^2 \tag{4.9.16}$$

由中心极限定理知

$$P\left(\left|\frac{1}{N}\sum_{i=1}^{N} f(X_i) - I(f)\right| \leqslant \frac{\lambda_\alpha \sigma}{\sqrt{N}}\right) = \frac{1}{\sqrt{2\pi}}\int_{-\lambda_\alpha}^{\lambda_\alpha} \mathrm{e}^{-\frac{x^2}{2}} \mathrm{d}x + O\left(\frac{1}{\sqrt{N}}\right) \approx \alpha \tag{4.9.17}$$

其中

$$\alpha = \frac{2}{\sqrt{2\pi}}\int_0^{\lambda_\alpha} \mathrm{e}^{-\frac{x^2}{2}} \mathrm{d}x \tag{4.9.18}$$

为概率积分, 从而误差不等式

$$\left|\frac{1}{N}\sum_{i=1}^{N} f(X_i) - I(f)\right| \leqslant \frac{\lambda_\alpha \sigma}{\sqrt{N}} = \varepsilon \tag{4.9.19}$$

以概率 α 成立. 将一维情形扩展到多维情形, 若

$$\sigma^2 = \int_\Omega \rho(M)\left(f(M) - I(M)\right)^2 \mathrm{d}M \tag{4.9.20}$$

有界, 则在 α 置信水平内, 不等式

$$\left|\frac{1}{N}\sum_{i=1}^{N} f(M_i) - I(f)\right| \leqslant \frac{\lambda_\alpha \sigma}{\sqrt{N}} = \varepsilon \tag{4.9.21}$$

成立. 由概率积分数值表查得

表 4.6

α	0.50	0.90	0.95	0.99	0.999
λ_α	0.6745	1.645	1.96	2.576	3.291

这表明如果概率为 50%, 则误差为 $\varepsilon = \dfrac{0.6745\sigma}{\sqrt{N}}$; 如果概率为 99%, 则误差为 $\varepsilon = \dfrac{1.645\sigma}{\sqrt{N}}$; 如果概率为 99.9%, 则误差达到 $\varepsilon = \dfrac{3.291\sigma}{\sqrt{N}}$. 由此可见, 对 λ_α 为常数, 此时置信水平固定, 误差估计 $\varepsilon = \dfrac{\lambda_\alpha \sigma}{\sqrt{N}}$ 与方差 σ 成正比, 与 $\sqrt{N}$ 成反比, 从而多重积

分的蒙特卡罗方法求积公式误差在 α 置信水平内仍为

$$\left|\frac{V_\Omega}{N}\sum_{i=1}^{N} f(M_i) - I(f)\right| \leqslant \frac{\lambda_\alpha \sigma}{\sqrt{N}} = \varepsilon \tag{4.9.22}$$

习 题 4

1. 确定下列求积公式中待定参数, 使其代数精度尽量高, 并讨论提高此代数精度的可能性.

(1) $\int_{-h}^{h} f(x)\mathrm{d}x \approx H_{-1}f(-h) + H_0 f(0) + H_1 f(h)$;

(2) $\int_{-2h}^{2h} f(x)\mathrm{d}x \approx H_{-1}f(-h) + H_0 f(0) + H_1 f(h)$;

(3) $\int_{-1}^{1} f(x)\mathrm{d}x \approx [f(-1) + 2f(x_1) + 3f(x_2)]/3$;

(4) $\int_{0}^{h} f(x)\mathrm{d}x \approx h[f(0) + f(h)]/2 + ah^2[f'(0) - f'(h)]$.

2. 用复化梯形公式和复化 Simpson 公式计算下列积分:

(1) $\int_0^1 \frac{x}{4+x^2}\mathrm{d}x,\ n = 8$;

(2) $\int_0^1 \frac{1-\mathrm{e}^x}{x}\mathrm{d}x,\ n = 10$;

(3) $\int_1^9 \sqrt{x}\mathrm{d}x,\ n = 4$.

3. 用复化 Simpson 公式计算下列积分, 要求误差小于 10^{-3}.

(1) 第二类椭圆积分 $E\left(\frac{1}{\sqrt{2}}\right) = \int_0^{\frac{\pi}{2}} \sqrt{1 - \frac{1}{2}\sin^2\varphi \mathrm{d}\varphi}$;

(2) $\int_0^1 \mathrm{e}^{-x^2}\mathrm{d}x$.

4. 用复化 Simpson 公式计算积分

$$G = \int_0^1 \frac{\arctan x}{x}\mathrm{d}x, \quad n = 5$$

计算到 5 位小数, 此积分值成为 Catalan 常数, 真值为 0.915965.

5. 推导下列三种矩形求积公式.

(1) 左矩形公式: $\int_a^b f(x)\mathrm{d}x = (b-a)f(a) + \frac{f'(\eta)}{2}(b-a)^2,\ \eta \in (a,b)$;

(2) 右矩形公式: $\int_a^b f(x)\mathrm{d}x = (b-a)f(b) - \frac{f'(\eta)}{2}(b-a)^2,\ \eta \in (a,b)$;

(3) 中矩形公式：$\int_a^b f(x)\mathrm{d}x = (b-a)f\left(\frac{a+b}{2}\right) + \frac{f''(\eta)}{24}(b-a)^3,\ \eta \in (a,b)$.

6. 考虑梯形求积公式和中矩形公式的误差, 利用这两个公式导出精度更高的求积公式.

7. 若 $f''(x) > 0$, 证明用梯形公式计算积分 $\int_a^b f(x)\mathrm{d}x$ 所得结果大于精确值, 并说明几何意义.

8. 若用复化梯形公式求积分 $\int_a^b f(x)\mathrm{d}x$ 的近似值, 则要将积分区间分为多少等分才能保证误差不超过 ε, 假设 $|f''(x)| \leqslant M$.

9. 用 Romberg 方法计算积分, 要求误差小于 10^{-5}.

(1) $\frac{2}{\pi}\int_0^1 \mathrm{e}^{-x}\mathrm{d}x$;

(2) $\int_0^{0.8} \mathrm{e}^{-x^2}\mathrm{d}x$.

10. 用下列方法计算积分 $I = \int_0^3 \frac{1}{x}\mathrm{d}x$, 并比较所得结果 (已知真值 ln3=1.098612289).

(1) Romberg 方法;

(2) 三点与五点 Gauss 公式;

(3) 复化两点 Gauss 公式.

11. 利用 Hermite 插值公式推导带有导数值的求积公式

$$\int_a^b f(x)\mathrm{d}x = \frac{(b-a)}{2}[f(a)+f(b)] - \frac{(b-a)}{2}\left[f'(b)-f'(a)\right] + E(f)$$

其中余项为 $E(f) = \frac{(b-a)^5}{720}f^{(4)}(\eta), \quad \eta \in (a,b)$.

12. 构造 Gauss 积分.

(1) $\int_{-1}^1 x^2 f(x)\mathrm{d}x \approx H_0 f(x_0)$;

(2) $\int_0^1 \ln\left(\frac{1}{x}\right) f(x)\mathrm{d}x \approx \sum_{j=0}^{2} H_j f(x_j)$.

13. 计算下列奇异积分, 要求误差小于 10^{-4}.

(1) $\int_0^1 \frac{\cos x}{\sqrt{x}}\mathrm{d}x$;

(2) $\int_0^1 \frac{\arctan x}{x^{\frac{3}{2}}}\mathrm{d}x$.

14. 证明求积公式

$$\int_{-\infty}^{+\infty} \mathrm{e}^{x^2} f(x)\mathrm{d}x \approx \frac{\pi}{6}\left[f\left(\sqrt{\frac{3}{2}}\right) + 4f(0) + f\left(\frac{\sqrt{3}}{2}\right)\right]$$

具有 5 次代数精度.

15. 用 Gauss-Legendre 求积公式计算积分近似值, 其中 $n = 2, 3, 4, 5$.

(1) $\int_{-4}^{4} \frac{1}{1+x^2} \mathrm{d}x$;

(2) $\int_{0}^{1} \mathrm{e}^{-10x} \sin x \mathrm{d}x$;

(3) $\int_{0}^{5} x\mathrm{e}^{3x^2} \mathrm{d}x$.

16. 用 Gauss-Laguerre 求积公式计算积分近似值, 其中 $n = 2, 3, 4, 5$.

(1) $\int_{0}^{+\infty} \mathrm{e}^{-10x} \sin x \mathrm{d}x$;

(2) $\int_{0}^{+\infty} \frac{\mathrm{e}^{-x}}{1+\mathrm{e}^{-2x}} \mathrm{d}x$.

17. 用 Gauss-Hermite 求积公式计算积分近似值, 其中 $n = 2, 3, 4, 5$.

(1) $\int_{-\infty}^{+\infty} |x| \mathrm{e}^{-3x^2} \mathrm{d}x$;

(2) $\int_{-\infty}^{+\infty} \mathrm{e}^{x^2} \cos x \mathrm{d}x$.

18. 用 Gauss-Chebyshev 求积公式计算积分 $\int_{-1}^{1} \sqrt{1-x^2} \cos x \mathrm{d}x$ 近似值, 其中 $n = 2, 3, 4, 5$.

第 5 章 矩阵特征值计算

CHAPTER

矩阵特征值问题是数值代数的一个重要课题，在科学和工程技术的很多数学问题上起着至关重要的作用. 矩阵特征值问题包括矩阵特征值和特征向量的计算，即求解矩阵特征多项式的根. 由于超过四次的多项式的根没有解析的表达式，有很多阶数 $n > 4$ 的矩阵特征值问题无法运用有限次运算求得，并且通过行列式表达形式得到特征多项式的过程比较繁琐，故而矩阵特征值的计算方法本质上都是迭代法. 求解矩阵所有特征值与特征向量固然十分理想，然而当矩阵阶数特别大时，从稳定性的角度讲，求解高次多项式根的问题是病态的. 同时在高阶矩阵中，模较大的特征值在矩阵中占据着主导地位，求解全部特征值与特征向量更加浪费运算时间和降低计算效率. 因此，对于求解全部特征值问题及部分特征值问题，本章分别介绍了一些有效的数值算法.

5.1 特征值基本性质和估计

5.1.1 特征值问题及其性质

定义 5.1 设矩阵 $\boldsymbol{A} = (a_{ij})_{n\times n} \in \mathbb{C}^{n\times n}$，若存在 $\lambda \in \mathbb{C}$ 和非零向量 $\boldsymbol{x} = (x_1, x_2, \cdots, x_n)^{\mathrm{T}} \in \mathbb{C}^n$，使得

$$\boldsymbol{A}\boldsymbol{x} = \lambda\boldsymbol{x} \tag{5.1.1}$$

则称 λ 为矩阵 $\boldsymbol{A}$ 的**特征值**，$\boldsymbol{x}$ 为矩阵 $\boldsymbol{A}$ 对应特征值 λ 的**特征向量**. 由线性方程组解存在性的相关理论，不难得出求解矩阵 $\boldsymbol{A}$ 的特征值问题 (5.1.1) 等价于求解多项式

$$\begin{aligned} p(\lambda) = |\lambda\boldsymbol{I} - \boldsymbol{A}| &= \begin{vmatrix} \lambda - a_{11} & -a_{12} & \cdots & -a_{1n} \\ -a_{21} & \lambda - a_{22} & \cdots & -a_{2n} \\ \vdots & \vdots & & \vdots \\ -a_{n1} & -a_{n2} & \cdots & \lambda - a_{nn} \end{vmatrix} \\ &= \lambda^n + c_{n-1}\lambda^{n-1} + \cdots + c_1\lambda + c_0 = 0 \end{aligned} \tag{5.1.2}$$

的根. 称 $p(\lambda)$ 为矩阵 $\boldsymbol{A}$ 的**特征多项式**，方程 (5.1.2) 为矩阵 $\boldsymbol{A}$ 的**特征方程**.

定理 5.1 设 λ 为矩阵 $\boldsymbol{A}$ 的特征值，$p(\cdot)$ 为某一多项式，则 $p(\lambda)$ 为 $p(\boldsymbol{A})$ 的特征值. 特别地，$c\lambda^k$ 为 $c\boldsymbol{A}^k$ 的特征值 (c 为非零常数).

定理 5.2 设矩阵 $\boldsymbol{A}$ 有 n 个不同的特征值，则存在一个相似变换矩阵 $\boldsymbol{P}$，使得

$$\boldsymbol{P}^{-1}\boldsymbol{A}\boldsymbol{P} = \begin{bmatrix} \lambda_1 & & & \\ & \lambda_2 & & \\ & & \ddots & \\ & & & \lambda_n \end{bmatrix}$$

定理 5.3 设 $\boldsymbol{A}$ 与 $\boldsymbol{B}$ 为相似矩阵 (即存在非奇异阵 $\boldsymbol{P}$，使 $\boldsymbol{B} = \boldsymbol{P}^{-1}\boldsymbol{A}\boldsymbol{P}$)，则 $\boldsymbol{A}$ 与 $\boldsymbol{B}$ 有相同的特征值.

定理 5.4 设矩阵 $\boldsymbol{A} \in \mathbb{R}^{n\times n}$ 为对称矩阵，则 $\boldsymbol{A}$ 的特征值均为实数，有 n 个线性无关的特征向量，且存在正交矩阵 $\boldsymbol{P}$，使得

$$\boldsymbol{P}^{\mathrm{T}}\boldsymbol{A}\boldsymbol{P} = \begin{bmatrix} \lambda_1 & & & \\ & \lambda_2 & & \\ & & \ddots & \\ & & & \lambda_n \end{bmatrix}$$

其中 $\lambda_1, \lambda_2, \cdots, \lambda_n$ 为矩阵 $\boldsymbol{A}$ 的特征值，$\boldsymbol{P} = (\boldsymbol{p}_1, \boldsymbol{p}_2, \cdots, \boldsymbol{p}_n)$ 的列向量 $\boldsymbol{p}_i(i = 1, 2, \cdots, n)$ 为矩阵 $\boldsymbol{A}$ 对应于特征值 $\lambda_i(i = 1, 2, \cdots, n)$ 的单位特征向量.

定义 5.2 设矩阵 $\boldsymbol{A} \in \mathbb{R}^{n\times n}$ 为对称矩阵，对于任何非零向量 $\boldsymbol{x} \in \mathbb{R}^n$，称

$$R(\boldsymbol{x}) = \frac{(\boldsymbol{A}\boldsymbol{x}, \boldsymbol{x})}{(\boldsymbol{x}, \boldsymbol{x})}$$

为矩阵 $\boldsymbol{A}$ 在 $\boldsymbol{x}$ 的 Rayleigh 商. 利用 Rayleigh 商可以提高近似特征值的精度.

定理 5.5 设矩阵 $\boldsymbol{A} \in \mathbb{R}^{n\times n}$ 为对称矩阵，其特征值按大小顺序排列记为 $\lambda_1 \geqslant \lambda_2 \geqslant \cdots \geqslant \lambda_n$，则对于任何非零向量 $\boldsymbol{x} \in \mathbb{R}^n$，有

$$\lambda_n \leqslant R(\boldsymbol{x}) \leqslant \lambda_1$$

且上下界可达，即

$$\lambda_1 = \max_{\boldsymbol{0}\neq\boldsymbol{x}\in\mathbb{R}^n} R(\boldsymbol{x}), \quad \lambda_n = \min_{\boldsymbol{0}\neq\boldsymbol{x}\in\mathbb{R}^n} R(\boldsymbol{x})$$

5.1.2 特征值估计

定义 5.3 设矩阵 $\boldsymbol{A} = (a_{ij})_{n\times n}$，令

(1) $r_i = \sum\limits_{\substack{j=1\\ j\neq i}}^{n} |a_{ij}|, \ i = 1, 2, \cdots, n;$

(2) 集合 $D_i = \left\{ z \,\middle|\, |z - a_{ii}| \leqslant r_i, \ z \in \mathbb{C} \right\}.$

称复平面上以 a_{ii} 为圆心，以 r_i 为半径的所有圆盘为 $\boldsymbol{A}$ 的 **Gershgorin 圆盘**.

定理 5.6 (Gershgorin 圆盘定理) 设矩阵 $\boldsymbol{A}=(a_{ij})_{n\times n}$，则 $\boldsymbol{A}$ 的每一个特征值必属于下述某个圆盘之中

$$|\lambda - a_{ii}| \leqslant r_i = \sum_{\substack{j=1\\ j\neq i}}^{n} |a_{ij}|, \quad i=1,2,\cdots,n$$

或者说，$\boldsymbol{A}$ 的特征值都在复平面上 n 个圆盘的并集之中. 若 $\boldsymbol{A}$ 有 m 个圆盘组成一个连通的并集 $\boldsymbol{S}$，且余下 $n-m$ 个圆盘是分离的，则 $\boldsymbol{S}$ 内恰好包含 $\boldsymbol{A}$ 的 m 个特征值. 特别地，如果 $\boldsymbol{A}$ 的一个圆盘 D_i 是与其他圆盘分离的 (即 $D_i\cap D_j=\varnothing, \forall i\neq j$)，则 D_i 中精确地包含 $\boldsymbol{A}$ 的每一个特征值.

例 5.1 估计矩阵

$$\boldsymbol{A}=\begin{bmatrix} 1 & -0.3 & 0.1 & 0.2 \\ -0.4 & 3 & 0 & 0.8 \\ 0.8 & -0.5 & -1 & 0.5 \\ -0.1 & 0.2 & 0.5 & -4 \end{bmatrix}$$

的特征值范围.

解 计算 $\boldsymbol{A}$ 的四个圆盘

$$\begin{aligned} D_1 &: |\lambda-1| \leqslant 0.3+0.1+0.2=0.6 \\ D_2 &: |\lambda-3| \leqslant 0.4+0+0.8=1.2 \\ D_3 &: |\lambda+1| \leqslant 0.8+0.5+0.5=1.8 \\ D_4 &: |\lambda+4| \leqslant 0.1+0.2+0.5=0.8 \end{aligned}$$

其特征值圆盘分布如图 5.1 所示.

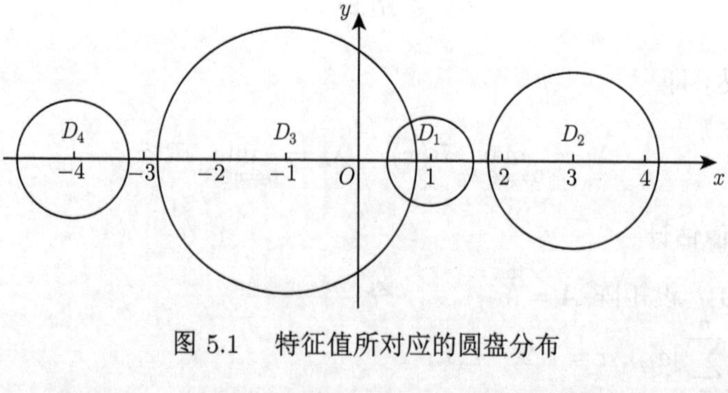

图 5.1 特征值所对应的圆盘分布

由定理 5.6 知，矩阵 $\boldsymbol{A}$ 的特征值处于如下四个圆盘的并集内. 由于圆盘 D_2, D_4 为分离的圆盘，所以圆盘 D_2, D_4 内分别包含矩阵 $\boldsymbol{A}$ 的一个特征值，即

$$1.8 \leqslant \lambda_2 \leqslant 4.2, \quad -4.8 \leqslant \lambda_4 \leqslant -3.2$$

剩余的两个特征值若为实数，则 λ_1, λ_3 在区间 $[-2.8, 1.6]$ 之内.

为分离特征值 λ_1, λ_3，由定理 5.3，取相似变换矩阵

$$\boldsymbol{P} = \begin{bmatrix} 1 & & & \\ & 1 & & \\ & & 2 & \\ & & & 1 \end{bmatrix}$$

则矩阵相似变换后得到矩阵

$$\boldsymbol{B} = \boldsymbol{P}^{-1}\boldsymbol{A}\boldsymbol{P} = \begin{bmatrix} 1 & -0.3 & 0.2 & 0.2 \\ -0.4 & 3 & 0 & 0.8 \\ 0.4 & -0.25 & -1 & 0.25 \\ -0.1 & 0.2 & 1 & -4 \end{bmatrix}$$

$\boldsymbol{B}$ 的四个圆盘

$$\begin{aligned} &E_1 : |\lambda - 1| \leqslant 0.3 + 0.2 + 0.2 = 0.7 \\ &E_2 : |\lambda - 3| \leqslant 0.4 + 0 + 0.8 = 1.2 \\ &E_3 : |\lambda + 1| \leqslant 0.4 + 0.25 + 0.25 = 0.9 \\ &E_4 : |\lambda + 4| \leqslant 0.1 + 0.2 + 1 = 1.3 \end{aligned}$$

其相似变换后矩阵特征值 $\boldsymbol{B}$ 圆盘分布如图 5.2 所示.

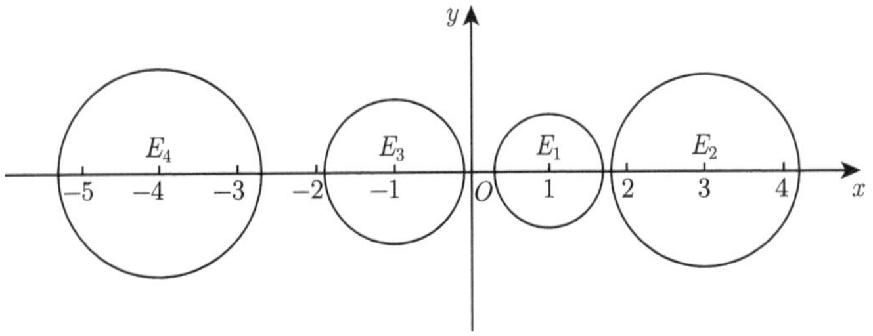

图 5.2 矩阵相似变换后特征值所对应的圆盘分布

此时圆盘 E_1, E_2, E_3, E_4 两两分离，从而每一个分离圆盘都包含着 $\boldsymbol{A}$ 的一个特征值 (实特征值) 且有估计

$$0.3 \leqslant \lambda_1 \leqslant 1.7, \quad 1.8 \leqslant \lambda_2 \leqslant 4.2, \quad -1.9 \leqslant \lambda_3 \leqslant -0.1, \quad -5.3 \leqslant \lambda_4 \leqslant -2.7$$

综上，可得最终特征值估计

$$\begin{aligned}0.3 \leqslant \lambda_1 \leqslant 1.7\\1.8 \leqslant \lambda_2 \leqslant 4.2\\-1.9 \leqslant \lambda_3 \leqslant -0.1\\-4.8 \leqslant \lambda_4 \leqslant -3.2\end{aligned}$$

5.2 幂法和反幂法

幂法是迭代法的一种，是一种计算矩阵主特征值 (特征值按模排序的最大的一个或与其相等的几个) 及对应特征向量的方法，尤其适用于大型稀疏矩阵. 反幂法是由幂法诱导出的数值计算上的方法，是应用于计算 Hessenberg 阵或三对角阵的对应一个给定近似特征值的特征向量的有效方法之一.

5.2.1 幂法

设矩阵 $\boldsymbol{A} = (a_{ij})_{n\times n} \in \mathbb{R}^{n\times n}$ 满秩，且矩阵 $\boldsymbol{A}$ 有 n 个线性无关的特征向量，其特征值记为 $\lambda_1, \lambda_2, \cdots, \lambda_n$. 已知 $\boldsymbol{A}$ 的主特征值为实根，不妨按特征值模降序排列，即

$$|\lambda_1| \geqslant |\lambda_2| \geqslant |\lambda_3| \geqslant \cdots \geqslant |\lambda_n|$$

对应的特征向量记为 $\boldsymbol{x}_1, \boldsymbol{x}_2, \cdots, \boldsymbol{x}_n$. 现讨论求主特征值及对应特征向量的方法.

任给一初始向量 $\boldsymbol{v}^{(0)}$，$\boldsymbol{v}^{(0)}$ 可表示成

$$\boldsymbol{v}^{(0)} = \sum_{i=1}^{n} \alpha_i \boldsymbol{x}_i \quad (\text{不妨设}\alpha_1 \neq 0) \tag{5.2.1}$$

考虑如下迭代序列

$$\begin{aligned}\boldsymbol{v}^{(1)} &= \boldsymbol{A}\boldsymbol{v}^{(0)}\\\boldsymbol{v}^{(2)} &= \boldsymbol{A}\boldsymbol{v}^{(1)} = \boldsymbol{A}^2\boldsymbol{v}^{(0)}\\&\cdots\cdots\\\boldsymbol{v}^{(k)} &= \boldsymbol{A}\boldsymbol{v}^{(k-1)} = \boldsymbol{A}^k\boldsymbol{v}^{(0)}\\&\cdots\cdots\end{aligned} \tag{5.2.2}$$

若矩阵 $\boldsymbol{A}$ 主特征值唯一，即

$$|\lambda_1| > |\lambda_2| \geqslant |\lambda_3| \geqslant \cdots \geqslant |\lambda_n| \tag{5.2.3}$$

考虑向量 $\boldsymbol{v}^{(k)}$，由 (5.2.1)、(5.2.2) 式及定理 5.1，有

$$\boldsymbol{v}^{(k)} = \boldsymbol{A}^k\boldsymbol{v}^{(0)} = \sum_{i=1}^{n} \alpha_i \boldsymbol{A}^k \boldsymbol{x}_i = \sum_{i=1}^{n} \alpha_i \lambda_i^k \boldsymbol{x}_i$$

$$= \lambda_1^k \left[\alpha_1 \boldsymbol{x}_1 + \sum_{i=2}^{n} \alpha_i \left(\lambda_i / \lambda_1 \right)^k \boldsymbol{x}_i \right] := \lambda_1^k \left(\alpha_1 \boldsymbol{x}_1 + \boldsymbol{\varepsilon}_k \right) \tag{5.2.4}$$

其中 $\boldsymbol{\varepsilon}_k = \sum\limits_{i=2}^{n} \alpha_i \left(\lambda_i / \lambda_1 \right)^k \boldsymbol{x}_i$. 由假设 (5.2.3)，可知 $|\lambda_i/\lambda_1| < 1, i = 2, 3, \cdots, n$，从而 $\lim\limits_{k \to +\infty} \boldsymbol{\varepsilon}_k = \boldsymbol{0}$，即

$$\lim_{k \to +\infty} \frac{\boldsymbol{v}^{(k)}}{\lambda_1^k} = \alpha_1 \boldsymbol{x}_1$$

这表明在 k 充分大时，向量序列 $\dfrac{\boldsymbol{v}^{(k)}}{\lambda_1^k}$ 趋于 λ_1 的特征向量 $\boldsymbol{x}_1$ 的某一常数倍，也就是说，向量序列 $\boldsymbol{v}^{(k)}$ 按方向越来越趋近于特征向量 $\boldsymbol{x}_1$ 的方向.

下面计算主特征值 λ_1. 由 (5.2.4) 式知，λ_1 指数随向量迭代次数增加. 因此，为计算主特征值 λ_1，考虑相邻两步迭代 $\boldsymbol{v}^{(k)}, \boldsymbol{v}^{(k+1)}$ 的第 i 个分量比值

$$\frac{(\boldsymbol{v}^{(k+1)})_i}{(\boldsymbol{v}^{(k)})_i} = \lambda_1 \frac{\alpha_1 (\boldsymbol{x}_1)_i + (\boldsymbol{\varepsilon}_{k+1})_i}{\alpha_1 (\boldsymbol{x}_1)_i + (\boldsymbol{\varepsilon}_k)_i} \to \lambda_1, \quad k \to +\infty$$

从而通过迭代向量分量的极限，得到主特征值 λ_1 的值.

上述算法利用矩阵 $\boldsymbol{A}$ 及乘幂 $\boldsymbol{A}^k$ 构造向量序列，从而计算矩阵 $\boldsymbol{A}$ 的主特征值及对应特征向量的算法称为**幂法**. 在实际计算过程中，当 $|\lambda_1| > 1$(或 $|\lambda_1| < 1$) 时，由 (5.2.4) 式，随着迭代次数的增加，向量 $\boldsymbol{v}^{(k)}$ 的各个非零分量随 k 趋于无穷而趋向于无穷 (或趋向于 0)，计算机实现时可能因计算为 “无穷大” 而无法计算 (“无穷小” 时可能因为机械误差导致计算失准). 为克服这个缺点，需要调节迭代向量分量的数值，使其处在一个 “合理” 的区间内，从而提高计算精度.

此处按模最大的分量对向量进行规范化. 记 $\max\{\boldsymbol{v}\}$ 为向量 $\boldsymbol{v}$ 绝对值最大的分量，任取一向量 $\boldsymbol{v}^{(0)} \neq \boldsymbol{0}$，满足 (5.2.1) 式，构造向量序列

$$\begin{aligned}
&\boldsymbol{v}^{(1)} = \boldsymbol{A}\boldsymbol{u}^{(0)} = \boldsymbol{A}\boldsymbol{v}^{(0)} & &\boldsymbol{u}^{(1)} = \frac{\boldsymbol{v}^{(1)}}{\max\{\boldsymbol{v}^{(1)}\}} = \frac{\boldsymbol{A}\boldsymbol{v}^{(0)}}{\max\{\boldsymbol{A}\boldsymbol{v}^{(0)}\}} \\
&\boldsymbol{v}^{(2)} = \boldsymbol{A}\boldsymbol{u}^{(1)} = \frac{\boldsymbol{A}^2\boldsymbol{v}^{(0)}}{\max\{\boldsymbol{A}\boldsymbol{v}^{(0)}\}} & &\boldsymbol{u}^{(2)} = \frac{\boldsymbol{v}^{(2)}}{\max\{\boldsymbol{v}^{(2)}\}} = \frac{\boldsymbol{A}^2\boldsymbol{v}^{(0)}}{\max\{\boldsymbol{A}^2\boldsymbol{v}^{(0)}\}} \\
&\qquad\cdots\cdots & &\qquad\cdots\cdots \\
&\boldsymbol{v}^{(k)} = \boldsymbol{A}\boldsymbol{u}^{(k-1)} = \frac{\boldsymbol{A}^k\boldsymbol{v}^{(0)}}{\max\{\boldsymbol{A}^{k-1}\boldsymbol{v}^{(0)}\}} & &\boldsymbol{u}^{(k)} = \frac{\boldsymbol{v}^{(k)}}{\max\{\boldsymbol{v}^{(k)}\}} = \frac{\boldsymbol{A}^k\boldsymbol{v}^{(0)}}{\max\{\boldsymbol{A}^k\boldsymbol{v}^{(0)}\}} \\
&\qquad\cdots\cdots & &\qquad\cdots\cdots
\end{aligned}$$

类似于上述幂法的迭代，若矩阵 $\boldsymbol{A}$ 主特征值唯一，即满足 (5.2.3) 式，则有

$$\boldsymbol{A}^k\boldsymbol{v}^{(0)} = \sum_{i=1}^{n} \alpha_i \lambda_i^k \boldsymbol{x}_i = \lambda_1^k \left[\alpha_1 \boldsymbol{x}_1 + \sum_{i=2}^{n} \alpha_i \left(\lambda_i / \lambda_1 \right)^k \boldsymbol{x}_i \right]$$

$$\boldsymbol{u}^{(k)} = \frac{\boldsymbol{A}^k \boldsymbol{v}^{(0)}}{\max\{\boldsymbol{A}^k \boldsymbol{v}^{(0)}\}} = \frac{\lambda_1^k \left[\alpha_1 \boldsymbol{x}_1 + \sum_{i=2}^{n} \alpha_i \left(\lambda_i/\lambda_1\right)^k \boldsymbol{x}_i\right]}{\max\left\{\lambda_1^k \left[\alpha_1 \boldsymbol{x}_1 + \sum_{i=2}^{n} \alpha_i \left(\lambda_i/\lambda_1\right)^k \boldsymbol{x}_i\right]\right\}}$$

$$= \frac{\alpha_1 \boldsymbol{x}_1 + \sum_{i=2}^{n} \alpha_i \left(\lambda_i/\lambda_1\right)^k \boldsymbol{x}_i}{\max\left\{\alpha_1 \boldsymbol{x}_1 + \sum_{i=2}^{n} \alpha_i \left(\lambda_i/\lambda_1\right)^k \boldsymbol{x}_i\right\}} \to \frac{\boldsymbol{x}_1}{\max\{\boldsymbol{x}_1\}}, \quad k \to +\infty$$

得到规范化向量序列收敛到主特征值对应的特征向量. 同理, 考虑迭代向量序列 $\boldsymbol{v}^{(k)}$,

$$\boldsymbol{v}^{(k)} = \frac{\lambda_1^k \left[\alpha_1 \boldsymbol{x}_1 + \sum_{i=2}^{n} \alpha_i \left(\lambda_i/\lambda_1\right)^k \boldsymbol{x}_i\right]}{\max\left\{\lambda_1^{k-1} \left[\alpha_1 \boldsymbol{x}_1 + \sum_{i=2}^{n} \alpha_i \left(\lambda_i/\lambda_1\right)^{k-1} \boldsymbol{x}_i\right]\right\}}$$

$$\max\{\boldsymbol{v}^{(k)}\} = \lambda_1 \frac{\max\left\{\alpha_1 \boldsymbol{x}_1 + \sum_{i=2}^{n} \alpha_i \left(\lambda_i/\lambda_1\right)^k \boldsymbol{x}_i\right\}}{\max\left\{\alpha_1 \boldsymbol{x}_1 + \sum_{i=2}^{n} \alpha_i \left(\lambda_i/\lambda_1\right)^{k-1} \boldsymbol{x}_i\right\}} \to \lambda_1, \quad k \to +\infty \tag{5.2.5}$$

可知由迭代向量分量的最大值趋近于矩阵第一特征值, 并且收敛速度由比值 $|\lambda_2/\lambda_1|$ 确定.

结合上述讨论, 有如下定理.

定理 5.7　设矩阵 $\boldsymbol{A} \in \mathbb{R}^{n\times n}$, 有 n 个线性无关的特征向量, 其特征值按模降序排列满足

$$|\lambda_1| > |\lambda_2| \geqslant |\lambda_3| \geqslant \cdots \geqslant |\lambda_n|$$

则对任意初始向量 $\boldsymbol{u}^{(0)} = \boldsymbol{v}^{(0)} \neq \boldsymbol{0} (\alpha_1 \neq 0)$, 构造序列 $\{\boldsymbol{u}^{(k)}\}, \{\boldsymbol{v}^{(k)}\}$:

$$\begin{aligned} &\boldsymbol{u}^{(0)} = \boldsymbol{v}^{(0)} \neq \boldsymbol{0}, \\ &\boldsymbol{v}^{(k)} = \boldsymbol{A}\boldsymbol{u}^{(k-1)}, \qquad k = 1, 2, \cdots \\ &\boldsymbol{u}^{(k)} = \boldsymbol{v}^{(k)} / \max\{\boldsymbol{v}^{(k)}\}, \end{aligned} \tag{5.2.6}$$

则有

(1) $\lim\limits_{k\to+\infty} \boldsymbol{u}^{(k)} = \dfrac{\boldsymbol{x}_1}{\max\{\boldsymbol{x}_1\}}$;

(2) $\lim\limits_{k\to+\infty} \max\{\boldsymbol{v}^{(k)}\} = \lambda_1$.

若矩阵 $\boldsymbol{A}$ 的主特征值为 r 重，即满足

$$\lambda_1=\lambda_2=\cdots=\lambda_r,\quad |\lambda_r|>|\lambda_{r+1}|\geqslant|\lambda_{r+2}|\geqslant\cdots\geqslant|\lambda_n|$$

则有

$$\boldsymbol{A}^k\boldsymbol{v}^{(0)}=\sum_{i=1}^{n}\alpha_i\lambda_i^k\boldsymbol{x}_i=\lambda_1^k\left[\sum_{i=1}^{r}\alpha_i\boldsymbol{x}_i+\sum_{i=r+1}^{n}\alpha_i\left(\lambda_i/\lambda_1\right)^k\boldsymbol{x}_i\right]$$

$$\boldsymbol{u}^{(k)}=\frac{\boldsymbol{A}^k\boldsymbol{v}^{(0)}}{\max\{\boldsymbol{A}^k\boldsymbol{v}^{(0)}\}}=\frac{\lambda_1^k\left[\sum\limits_{i=1}^{r}\alpha_i\boldsymbol{x}_i+\sum\limits_{i=r+1}^{n}\alpha_i\left(\lambda_i/\lambda_1\right)^k\boldsymbol{x}_i\right]}{\max\left\{\lambda_1^k\left[\sum\limits_{i=1}^{r}\alpha_i\boldsymbol{x}_i+\sum\limits_{i=+1}^{n}\alpha_i\left(\lambda_i/\lambda_1\right)^k\boldsymbol{x}_i\right]\right\}}$$

$$=\frac{\sum\limits_{i=1}^{r}\alpha_i\boldsymbol{x}_i+\sum\limits_{i=r+1}^{n}\alpha_i\left(\lambda_i/\lambda_1\right)^k\boldsymbol{x}_i}{\max\left\{\sum\limits_{i=1}^{r}\alpha_i\boldsymbol{x}_i+\sum\limits_{i=r+1}^{n}\alpha_i\left(\lambda_i/\lambda_1\right)^k\boldsymbol{x}_i\right\}}\to\frac{\sum\limits_{i=1}^{r}\alpha_i x_i}{\max\left\{\sum\limits_{i=1}^{r}\alpha_i x_i\right\}},\quad k\to+\infty$$

同时

$$\boldsymbol{v}^{(k)}=\frac{\lambda_1^k\left[\sum\limits_{i=1}^{r}\alpha_i\boldsymbol{x}_i+\sum\limits_{i=r+1}^{n}\alpha_i\left(\lambda_i/\lambda_1\right)^k\boldsymbol{x}_i\right]}{\max\left\{\lambda_1^{k-1}\left[\sum\limits_{i=1}^{r}\alpha_i\boldsymbol{x}_i+\sum\limits_{i=r+1}^{n}\alpha_i\left(\lambda_i/\lambda_1\right)^{k-1}\boldsymbol{x}_i\right]\right\}}$$

$$\max\{\boldsymbol{v}^{(k)}\}=\lambda_1\frac{\max\left\{\sum\limits_{i=1}^{r}\alpha_i\boldsymbol{x}_i+\sum\limits_{i=r+1}^{n}\alpha_i\left(\lambda_i/\lambda_1\right)^k\boldsymbol{x}_i\right\}}{\max\left\{\sum\limits_{i=1}^{r}\alpha_i\boldsymbol{x}_i+\sum\limits_{i=r+1}^{n}\alpha_i\left(\lambda_i/\lambda_1\right)^{k-1}\boldsymbol{x}_i\right\}}\to\lambda_1,\quad k\to+\infty$$

可得类似于定理 5.7 的结论，并且收敛速度由比值 $|\lambda_{r+1}/\lambda_1|$ 确定.

例 5.2 用幂法计算

$$\boldsymbol{A}=\begin{bmatrix}1.8&0.7&0.1&0\\0.7&1&1.2&1\\0.1&1.2&2&0.6\\0&1&0.6&1.5\end{bmatrix}$$

的主特征值和对应特征向量.

解　取初始迭代 $\boldsymbol{v}^{(0)}=(1,1,1,1)^{\mathrm{T}}$，按照 (5.2.5) 的迭代格式，得出如下计算结果 (表 5.1)：

表 5.1　例 5.2 计算结果

k	$\boldsymbol{u}^{(k)}$	$\max\{\boldsymbol{v}^{(k)}\}$
0	$(1.000000000,1.000000000,1.000000000,1.000000000)^{\mathrm{T}}$	—
1	$(0.666666667,1.000000000,1.000000000,0.794871794)^{\mathrm{T}}$	3.900000000
5	$(0.428438279,0.881568160,1.000000000,0.727522003)^{\mathrm{T}}$	3.545799046
10	$(0.413129814,0.876440541,1.000000000,0.727464064)^{\mathrm{T}}$	3.529773867
15	$(0.412558141,0.876259981,1.000000000,0.727486233)^{\mathrm{T}}$	3.529268930
20	$(0.412536516,0.876253186,1.000000000,0.727487149)^{\mathrm{T}}$	3.529250119
25	$(0.412535697,0.876252929,1.000000000,0.727487183)^{\mathrm{T}}$	3.529249408
26	$(0.412535681,0.876252923,1.000000000,0.727487184)^{\mathrm{T}}$	3.529249394
27	$(0.412535673,0.876252921,1.000000000,0.727487184)^{\mathrm{T}}$	3.529249387
28	$(0.412535670,0.876252920,1.000000000,0.727487185)^{\mathrm{T}}$	3.529249384
29	$(0.412535667,0.876252919,1.000000000,0.727487185)^{\mathrm{T}}$	3.529249382
30	$(0.412535666,0.876252919,1.000000000,0.727487185)^{\mathrm{T}}$	3.529249381
直接计算值	$(0.412535665,0.876252918,1.000000000,0.727487185)^{\mathrm{T}}$	3.529249380

由上述计算结果，在经过 30 次迭代后，得到的结果为

$$\begin{aligned}&\lambda_1=3.529249381\\&\tilde{\boldsymbol{x}}_1=(0.412535666,0.876252919,1,0.727487185)^{\mathrm{T}}\end{aligned}$$

在计算机计算过程中，经由幂法计算出的主特征值与特征向量与计算机直接计算出的相应值的误差在 10^{-9} 内. 对于高维矩阵特征值计算问题，幂法计算效率及精度都达到了理想的计算效果.

由 (5.2.5) 式可以得知，幂法收敛速度依赖于 $\left|\dfrac{\lambda_2}{\lambda_1}\right|$，而达到某一精度所需的迭代次数既依赖于收敛速度又依赖于 α_1 相对于其他 α_i 的大小，α_1 依赖于 $\boldsymbol{v}^{(0)}$ 的选择. 若 $\boldsymbol{v}^{(0)}$ 不含有 $\boldsymbol{x}_1$ 方向分量，且 $|\lambda_2|>|\lambda_3|$，则迭代在理论上应收敛于 λ_2 和 $\boldsymbol{x}_2$. 然而，在实际计算中，舍入误差一般将在 $\boldsymbol{x}_1$ 方向引进某一分量，从而使迭代最终将收敛于 λ_1 和 $\boldsymbol{x}_1$.

例 5.3　用幂法计算例 5.2 中矩阵 $\boldsymbol{A}$ 的主特征值和对应特征向量，其中取初始迭代向量

$$\boldsymbol{v}^{(0)}=(1,0,-0.412535666,0)^{\mathrm{T}}$$

即选取与特征向量正交的初始迭代向量.

解　采用上述幂法，得出如下计算结果 (表 5.2).

表 5.2 例 5.3 计算结果

k	$\boldsymbol{u}^{(k)}$	$\max\{\boldsymbol{v}^{(k)}\}$
0	$(1.000000000,0.000000000,-0.412535666,0.000000000)^{\mathrm{T}}$	—
1	$(1.000000000,0.116535958,-0.412265986,-0.140737400)^{\mathrm{T}}$	1.758746433
5	$(1.000000000,0.092777608,-0.313627313,-0.247708867)^{\mathrm{T}}$	1.833508622
15	$(1.000000000,0.090842473,-0.299126362,-0.265334556)^{\mathrm{T}}$	1.833678989
25	$(1.000000000,0.086747184,-0.304494126,-0.269528531)^{\mathrm{T}}$	1.831913140
35	$(0.108258148,0.780678031,1.000000000,0.740466465)^{\mathrm{T}}$	–24.818101633
45	$(0.412061079,0.876103849,1.000000000,0.727507428)^{\mathrm{T}}$	3.528837170
55	$(0.412534985,0.876252705,1.000000000,0.727487214)^{\mathrm{T}}$	3.529248789
65	$(0.412535064,0.876252918,1.000000000,0.727487185)^{\mathrm{T}}$	3.529249379
66	$(0.412535665,0.876252918,1.000000000,0.727487185)^{\mathrm{T}}$	3.529249379
67	$(0.412535665,0.876252918,1.000000000,0.727487185)^{\mathrm{T}}$	3.529249379
68	$(0.412535665,0.876252918,1.000000000,0.727487185)^{\mathrm{T}}$	3.529249379
69	$(0.412535665,0.876252918,1.000000000,0.727487185)^{\mathrm{T}}$	3.529249380
70	$(0.412535665,0.876252918,1.000000000,0.727487185)^{\mathrm{T}}$	3.529249380
直接计算值	$(0.412535665,0.876252918,1.000000000,0.727487185)^{\mathrm{T}}$	3.529249380

由表 5.2 得知，起初特征值收敛到 $\lambda_2 = 1.83$ 左右的特征值. 然而当方向从目标特征向量正交的方向改变之后 (即迭代次数 $k = 35$ 左右)，特征值方向进行了巨大的转折，从而收敛到最终的主特征值. 造成方向转变的原因主要是舍入误差对特征向量方向的转变. 只是在约 65 次的迭代后，才达到了 10^{-9} 的数值精度，较表 5.1 结果相比收敛速度缓慢得多.

5.2.2 加速与收缩方法

1. *加速方法*

1) Wilikinson 加速法

在幂法的计算中，当 $|\lambda_2/\lambda_1|$ 趋于 1 时，计算过程变得相对比较缓慢. 为了克服上述缺陷，需要选择既能保持主特征值计算精度，又能加快收敛速度的改进的幂法.

设矩阵 $\boldsymbol{A}$ 的特征值均为实数，引入适当参数 q，取矩阵

$$\boldsymbol{B} = \boldsymbol{A} - q\boldsymbol{I}$$

设矩阵 $\boldsymbol{A}$ 的特征值按模降序排列为 $\lambda_1, \lambda_2, \cdots, \lambda_n$. 由定理 5.1 知，矩阵 $\boldsymbol{B}$ 的特征值为 $\lambda_1 - q, \lambda_2 - q, \cdots, \lambda_n - q$，且矩阵 $\boldsymbol{A}$ 与矩阵 $\boldsymbol{B}$ 特征向量相同. 记 $\mu_i = \lambda_i - q, i = 1, 2, \cdots, n$. 若要计算矩阵 $\boldsymbol{A}$ 的主特征值 λ_1，就要选择适当参数 q，使得 μ_1 依旧是矩阵 $\boldsymbol{B}$ 的主特征值，并且保证幂法应用于矩阵 $\boldsymbol{B}$ 的收敛速度比应用于

矩阵 $\boldsymbol{A}$ 的收敛速度大，即

$$\max_{i=2,3,\cdots,n}\left|\frac{\mu_i}{\mu_1}\right| = \max_{i=2,3,\cdots,n}\left|\frac{\lambda_i - q}{\lambda_1 - q}\right| < \left|\frac{\lambda_2}{\lambda_1}\right|$$

这样在计算 μ_1 时得到加速，这种方法就是 **Wilikinson 加速法**.

在参数选取过程中，如何选择参数 q 是 Wilikinson 加速法最关键的一步. 不仅需要保证 $\mu_1 = \lambda_1 - q$ 依旧是矩阵 $\boldsymbol{B}$ 的第一特征值，还要保证收敛速度最快. 设矩阵 $\boldsymbol{A}$ 所有实特征值满足

$$\lambda_1 > \lambda_2 \geqslant \cdots \geqslant \lambda_{n-1} > \lambda_n$$

则矩阵 $\boldsymbol{B}$ 主特征值为 $\lambda_1 - q$ 或 $\lambda_n - q$，并且保证

$$r = \max\left\{\left|\frac{\lambda_2 - q}{\lambda_1 - q}\right|, \left|\frac{\lambda_n - q}{\lambda_1 - q}\right|\right\}$$

最小，一种选取方式为

$$|\lambda_1 - q| > |\lambda_n - q| \tag{5.2.7}$$

$$\lambda_2 - q = -\lambda_n + q \tag{5.2.8}$$

则得

$$q = \frac{\lambda_2 + \lambda_n}{2} < \frac{\lambda_1 + \lambda_n}{2}$$

所求参数 q 同时满足两个条件 (5.2.7) 式及 (5.2.8) 式.

例 5.4　用幂法计算例 5.2 中矩阵 $\boldsymbol{A}$ 的主特征值和对应特征向量，其中取初始迭代向量

$$\boldsymbol{v}^{(0)} = (1, 1, 1, 1)^{\mathrm{T}}$$

即选取与例 5.2 中相同的迭代向量.

解　利用 Wilikinson 加速后的幂法，取 $q = 0.8$，得出如下计算结果 (见表 5.3):

表 5.3　例 5.4 计算结果

k	$\boldsymbol{u}^{(k)}$	$q + \max\{\boldsymbol{v}^{(k)}\}$
0	$(1.000000000,1.000000000,1.000000000,1.000000000)^{\mathrm{T}}$	—
1	$(0.580645161,1.000000000,1.000000000,0.741935484)^{\mathrm{T}}$	3.900000000
5	$(0.415664216,0.878128200,1.000000000,0.727259990)^{\mathrm{T}}$	3.530457316
10	$(0.412561416,0.876255783,1.000000000,0.727486663)^{\mathrm{T}}$	3.529295137
15	$(0.412535858,0.876253010,1.000000000,0.727487173)^{\mathrm{T}}$	3.529249520

续表

k	$\boldsymbol{u}^{(k)}$	$q+\max\{\boldsymbol{v}^{(k)}\}$
20	$(0.412535667,0.876252919,1.000000000,0.727487185)^{\mathrm{T}}$	3.529249382
21	$(0.412535666,0.876252919,1.000000000,0.727487185)^{\mathrm{T}}$	3.529249380
22	$(0.412535665,0.876252919,1.000000000,0.727487185)^{\mathrm{T}}$	3.529249380
23	$(0.412535665,0.876252919,1.000000000,0.727487185)^{\mathrm{T}}$	3.529249380
24	$(0.412535665,0.876252918,1.000000000,0.727487185)^{\mathrm{T}}$	3.529249380
25	$(0.412535665,0.876252918,1.000000000,0.727487185)^{\mathrm{T}}$	3.529249380
直接计算值	$(0.412535665,0.876252918,1.000000000,0.727487185)^{\mathrm{T}}$	3.529249380

对比表 5.3 与表 5.1 可以看出：在表 5.3 中，迭代 21 次便达到了相对于表 5.1 中迭代 30 次更好的结果. 同时，在比较迭代次数 $k=1,5,10,15,20$ 结果的过程中，利用 Wilikinson 加速后的幂法计算出的结果收敛速度更快，这也验证了上述讨论.

2) Rayleigh 商加速法

Rayleigh 商加速法是对一些特征向量两两正交的矩阵得到的加速算法. 设矩阵 $\boldsymbol{A}\in\mathbb{R}^{n\times n}$ 为对称矩阵，其特征值按模降序排列，满足

$$|\lambda_1|>|\lambda_2|\geqslant|\lambda_3|\geqslant\cdots\geqslant|\lambda_n|,$$

对应的特征向量满足

$$(\boldsymbol{x}_i,\boldsymbol{x}_j)=\delta_{ij}=\begin{cases}1, & i=j\\ 0, & i\neq j\end{cases}$$

考虑幂法 (5.2.6) 式的迭代格式，即

$$\boldsymbol{u}^{(k)}=\frac{\boldsymbol{A}^k\boldsymbol{v}^{(0)}}{\max\{\boldsymbol{A}^k\boldsymbol{v}^{(0)}\}},\quad \boldsymbol{v}^{(k+1)}=\boldsymbol{A}\boldsymbol{u}^{(k)}=\frac{\boldsymbol{A}^{k+1}\boldsymbol{v}^{(0)}}{\max\{\boldsymbol{A}^k\boldsymbol{v}^{(0)}\}}$$

考虑矩阵 $\boldsymbol{A}$ 在向量 $\boldsymbol{u}^{(k)}$ 的 Rayleigh 商，并结合 (5.2.1) 式，有

$$\begin{aligned}R(\boldsymbol{u}^{(k)})&=\frac{(\boldsymbol{A}\boldsymbol{u}^{(k)},\boldsymbol{u}^{(k)})}{(\boldsymbol{u}^{(k)},\boldsymbol{u}^{(k)})}=\frac{(\boldsymbol{A}^{k+1}\boldsymbol{v}^{(0)},\boldsymbol{A}^k\boldsymbol{v}^{(0)})}{(\boldsymbol{A}^k\boldsymbol{v}^{(0)},\boldsymbol{A}^k\boldsymbol{v}^{(0)})}\\&=\frac{\displaystyle\sum_{i=1}^n\sum_{j=1}^n\alpha_i\alpha_j\lambda_i^{k+1}\lambda_j^k(\boldsymbol{x}_i,\boldsymbol{x}_j)}{\displaystyle\sum_{i=1}^n\sum_{j=1}^n\alpha_i\alpha_j\lambda_i^k\lambda_j^k(\boldsymbol{x}_i,\boldsymbol{x}_j)}=\frac{\displaystyle\sum_{i=1}^n\alpha_i^2\lambda_i^{2k+1}}{\displaystyle\sum_{i=1}^n\alpha_i^2\lambda_i^{2k}}\\&=\lambda_1+O\left(\left(\frac{\lambda_2}{\lambda_1}\right)^{2k}\right)\end{aligned}\tag{5.2.9}$$

从而得到矩阵 $\boldsymbol{A}$ 在向量 $\boldsymbol{u}^{(k)}$ 的 Rayleigh 商迭代结果.

2. 收缩方法

收缩方法是指在经由幂法求得矩阵主特征值 λ_1 及对应特征向量 $\boldsymbol{x}_1$ 后，继续求解第二特征值 λ_2 及对应特征向量 $\boldsymbol{x}_2$ 的方法. 在 λ_1 及 $\boldsymbol{x}_1$ 已知的情况下，矩阵 $\boldsymbol{A}$ 经变换后，得到其相似变换后低一阶矩阵块，从而继续使用幂法求解矩阵第二特征值.

取 Householder 变换矩阵 $\boldsymbol{H}$(后一节将更详细地介绍 Householder 变换矩阵性质)，使其满足

$$\boldsymbol{H}\boldsymbol{x}_1 = \boldsymbol{e}_1 \tag{5.2.10}$$

其中

$$\boldsymbol{e}_i = \underbrace{(0, \cdots, 0, 1, 0, \cdots, 0)}_{i}{}^{\mathrm{T}}$$

则考虑矩阵 $\boldsymbol{B} = \boldsymbol{H}\boldsymbol{A}\boldsymbol{H}^{\mathrm{T}}$，由 (5.2.9) 式，有

$$\boldsymbol{B}\boldsymbol{e}_1 = \boldsymbol{H}\boldsymbol{A}\boldsymbol{H}^{\mathrm{T}}\boldsymbol{e}_1 = \boldsymbol{H}\boldsymbol{A}\boldsymbol{H}^{\mathrm{T}}(\boldsymbol{H}\boldsymbol{x}_1) = \boldsymbol{H}\boldsymbol{A}\boldsymbol{x}_1 = \boldsymbol{H}\lambda_1\boldsymbol{x}_1 = \lambda_1\boldsymbol{e}_1$$

从而，矩阵 $\boldsymbol{A}$ 经正交变换后，可以“提出”其主特征值，即

$$\boldsymbol{B} = \boldsymbol{H}\boldsymbol{A}\boldsymbol{H}^{\mathrm{T}} = \begin{bmatrix} \lambda_1 & * \\ \boldsymbol{0} & \boldsymbol{A}_1 \end{bmatrix}$$

其中矩阵 $\boldsymbol{A}_1$ 是 $n-1$ 阶方阵，可继续通过幂法求得第二特征值 λ_2 及对应特征向量 $\boldsymbol{x}_2$. 如果需要求得更多特征值，可继续对矩阵逐步收缩.

5.2.3　反幂法

在上述的两小节内，主要讨论了顺次求非奇异矩阵模最大 (或较大) 的一个 (或几个) 实特征值. 反幂法主要用来计算模最小的特征值及特征向量，是幂法的一个推广，又称为**反迭代法**.

设矩阵 $\boldsymbol{A} \in \mathbb{R}^{n\times n}$ 为非奇异矩阵，其特征值 (实特征值) 按模降序排列满足

$$|\lambda_1| \geqslant |\lambda_2| \geqslant \cdots \geqslant |\lambda_n| > 0$$

对应的特征向量记为 $\boldsymbol{x}_1, \boldsymbol{x}_2, \cdots, \boldsymbol{x}_n$，则 $\boldsymbol{A}^{-1}$ 的特征值为

$$\left|\frac{1}{\lambda_n}\right| \geqslant \left|\frac{1}{\lambda_{n-1}}\right| \geqslant \cdots \geqslant \left|\frac{1}{\lambda_1}\right|$$

其对应的特征向量为 $\boldsymbol{x}_n, \boldsymbol{x}_{n-1}, \cdots, \boldsymbol{x}_1$. 因此将计算矩阵 $\boldsymbol{A}$ 模最小的特征值问题，转化为计算矩阵 $\boldsymbol{A}^{-1}$ 模最大的特征值的倒数问题.

应用上述幂法，有如下定理.

定理 5.8 设矩阵 $\boldsymbol{A} \in \mathbb{R}^{n\times n}$ 为非奇异矩阵，有 n 个线性无关的特征向量，其特征值按模降序排列满足

$$|\lambda_1| \geqslant |\lambda_2| \geqslant \cdots \geqslant |\lambda_{n-1}| > |\lambda_n|$$

则对任意初始向量 $\boldsymbol{u}^{(0)} = \boldsymbol{v}^{(0)} \neq \boldsymbol{0}(\alpha_n \neq 0)$，构造序列 $\{\boldsymbol{u}^{(k)}\}, \{\boldsymbol{v}^{(k)}\}$:

$$\begin{aligned} &\boldsymbol{u}^{(0)} = \boldsymbol{v}^{(0)} \neq \boldsymbol{0}, \\ &\boldsymbol{v}^{(k)} = \boldsymbol{A}^{-1}\boldsymbol{u}^{(k-1)}, \qquad k = 1, 2, \cdots \\ &\boldsymbol{u}^{(k)} = \boldsymbol{v}^{(k)} / \max\{\boldsymbol{v}^{(k)}\}, \end{aligned}$$

则有

(1) $\lim\limits_{k\to+\infty} \boldsymbol{u}^{(k)} = \dfrac{\boldsymbol{x}_n}{\max\{\boldsymbol{x}_n\}}$;

(2) $\lim\limits_{k\to+\infty} \max\{\boldsymbol{v}^{(k)}\} = 1/\lambda_n$.

收敛速度由比值 $|\lambda_n/\lambda_{n-1}|$ 确定.

类似于幂法，反幂法也可以通过 Wilikinson 加速法求得其特征值与对应的特征向量. 考虑矩阵 $(\boldsymbol{A} - q\boldsymbol{I})^{-1}$(如果存在)，其特征值为

$$\frac{1}{\lambda_1 - q}, \frac{1}{\lambda_2 - q}, \cdots, \frac{1}{\lambda_n - q} \tag{5.2.11}$$

对应特征向量仍为 $\boldsymbol{x}_1, \boldsymbol{x}_2, \cdots, \boldsymbol{x}_n$. 对矩阵应用幂法，得到 Wilikinson 加速法后的反幂法迭代公式

$$\begin{aligned} &\boldsymbol{u}^{(0)} = \boldsymbol{v}^{(0)} \neq \boldsymbol{0}, \\ &\boldsymbol{v}^{(k)} = (\boldsymbol{A} - q\boldsymbol{I})^{-1}\boldsymbol{u}^{(k-1)}, \qquad k = 1, 2, \cdots \\ &\boldsymbol{u}^{(k)} = \boldsymbol{v}^{(k)} / \max\{\boldsymbol{v}^{(k)}\}, \end{aligned} \tag{5.2.12}$$

类似于定理 5.8 及 (5.2.11) 式，可得到模最小的特征值.

在 Wilikinson 加速法过程中，参数 q 的选择是任意的. 如果 q 是矩阵 $\boldsymbol{A}$ 的特征值 λ_j 的一个近似值，$(\boldsymbol{A} - q\boldsymbol{I})^{-1}$ 存在，且对任意 $i \neq j$，有

$$|\lambda_j - q| \ll |\lambda_i - q|$$

则对任意初始向量 $\boldsymbol{u}^{(0)} = \boldsymbol{v}^{(0)} \neq \boldsymbol{0}(\alpha_j \neq 0)$，利用 (5.2.12) 式构造序列 $\{\boldsymbol{u}^{(k)}\}, \{\boldsymbol{v}^{(k)}\}$，则有

(1) $\lim\limits_{k\to+\infty} \boldsymbol{u}^{(k)} = \dfrac{\boldsymbol{x}_j}{\max\{\boldsymbol{x}_j\}}$;

(2) $\lim\limits_{k\to+\infty} \max\{\boldsymbol{v}^{(k)}\} = \dfrac{1}{\lambda_j - q}$，即

$$q + \frac{1}{\max\{\boldsymbol{v}^{(k)}\}} \to \lambda_j, \quad k \to +\infty$$

其收敛速度由比值 $|\lambda_j - q|/\min\limits_{i\neq j}|\lambda_i - q|$ 确定.

利用反幂法，可以在得知所求的矩阵特征值在一个很小的范围内的事实的情况下 (例 5.1)，合理地确定参数 q，通过较少的迭代方式，就可以求得目标特征值. 采用幂法可以通过加速与收缩的方法按模大小顺序求得所有特征值，然而当特征值数量有限且对应圆盘分离时，利用 Wilikinson 加速后的反幂法可以得到对应特征值，这也是反幂法的一项优势.

在反幂法迭代公式求解迭代向量 $\boldsymbol{v}^{(k)}$ 过程中，不同于幂法矩阵相乘的算法，所得结果是矩阵求逆后迭代的结果，这往往浪费了很大的工作量. 为了提高计算效率，可将迭代公式转化为

$$(\boldsymbol{A} - q\boldsymbol{I})\boldsymbol{v}^{(k)} = \boldsymbol{u}^{(k-1)}$$

并对矩阵 $\boldsymbol{A} - q\boldsymbol{I}$ 进行 $\boldsymbol{LU}$ 三角分解，即

$$\boldsymbol{P}(\boldsymbol{A} - q\boldsymbol{I}) = \boldsymbol{LU}$$

其中矩阵 $\boldsymbol{P}$ 为单位阵的某种初等变换后的结果. 从而，求解 $\boldsymbol{v}^{(k)}$ 等价于求解两个三角形方程组

$$\boldsymbol{L}\boldsymbol{w}^{(k)} = \boldsymbol{P}\boldsymbol{u}^{(k-1)}$$
$$\boldsymbol{U}\boldsymbol{v}^{(k)} = \boldsymbol{w}^{(k)}$$

因矩阵 $\boldsymbol{L}$ 和矩阵 $\boldsymbol{U}$ 都是三角阵，在求逆过程中计算速度会加快.

例 5.5 用反幂法求矩阵

$$\boldsymbol{A} = \begin{bmatrix} 2 & 10 & 2 \\ 10 & 5 & -8 \\ 2 & -8 & 11 \end{bmatrix}$$

对应于计算特征值 $\lambda = 9$ 的特征向量.

解 取 $q = 8.5$，将矩阵 $\boldsymbol{A} - q\boldsymbol{I}$ 进行 $\boldsymbol{LU}$ 三角分解，得

$$\boldsymbol{P}(\boldsymbol{A} - q\boldsymbol{I}) = \boldsymbol{LU}$$

其中，

$$\boldsymbol{L} = \begin{bmatrix} 1 & 0 & 0 \\ -0.65 & 1 & 0 \\ 0.2 & -0.9450 & 1 \end{bmatrix}$$

$$\boldsymbol{U}=\begin{bmatrix}10 & -3.5 & -8\\0 & 7.725 & -3.2\\0 & 0 & 1.076\end{bmatrix}$$

$$\boldsymbol{P}=\begin{bmatrix}0 & 1 & 0\\1 & 0 & 0\\0 & 0 & 1\end{bmatrix}$$

取 $\boldsymbol{U}\boldsymbol{v}^{(1)}=(1,1,1)^{\mathrm{T}}$，得

$$\boldsymbol{v}^{(1)}=(1.023502932,0.514412244,0.929323308)^{\mathrm{T}}$$
$$\boldsymbol{u}^{(1)}=(1.000000000,0.502599678,0.907983044)^{\mathrm{T}}$$

由 $\boldsymbol{L}\boldsymbol{U}\boldsymbol{v}^{(2)}=\boldsymbol{P}\boldsymbol{u}^{(1)}$，得

$$\boldsymbol{v}^{(2)}=(1.920473372,0.965210236,1.915487277)^{\mathrm{T}}$$
$$\boldsymbol{u}^{(2)}=(1.000000000,0.502589752,0.997403716)^{\mathrm{T}}$$

继续上述迭代，得

$$\boldsymbol{v}^{(3)}=(1.998997306,0.999631415,1.998584170)^{\mathrm{T}}$$
$$\boldsymbol{u}^{(3)}=(1.000000000,0.500066414,0.999793328)^{\mathrm{T}}$$
$$\boldsymbol{v}^{(4)}=(1.999851259,0.999936618,1.999833502)^{\mathrm{T}}$$
$$\boldsymbol{u}^{(4)}=(1.000000000,0.500005495,0.999991121)^{\mathrm{T}}$$
$$\boldsymbol{v}^{(5)}=(1.999994912,0.999997203,1.999993863)^{\mathrm{T}}$$
$$\boldsymbol{u}^{(5)}=(1.000000000,0.500000232,0.999999476)^{\mathrm{T}}$$

得 $\lambda=9$ 对应的特征向量为

$$\boldsymbol{x}\approx(1.000000000,0.500000232,0.999999476)^{\mathrm{T}}$$

其特征值

$$\hat{\lambda}\approx q+1/\max\{\boldsymbol{v}^{(5)}\}=9.000001272$$

5.3 Jacobi 方法

对于 n 阶实对称矩阵 $\boldsymbol{A}$，总存在一个正交矩阵 $\boldsymbol{P}$，使得

$$\boldsymbol{P}^{\mathrm{T}}\boldsymbol{A}\boldsymbol{P}=\begin{bmatrix}\lambda_1 & & & \\ & \lambda_2 & & \\ & & \ddots & \\ & & & \lambda_n\end{bmatrix}$$

即 $\lambda_1, \lambda_2, \cdots, \lambda_n$ 是矩阵 $\boldsymbol{A}$ 的特征值，$\boldsymbol{P}$ 的第 i 列是特征值 λ_i 所对应的特征向量. Jacobi 方法就是通过一系列的正交相似变换将矩阵 $\boldsymbol{A}$ 对角化，从而得到矩阵 $\boldsymbol{A}$ 的全部特征值和特征向量.

5.3.1　旋转变换

设 $\boldsymbol{x} = (x_1, x_2, \cdots, x_n)^{\mathrm{T}}, \boldsymbol{y} = (y_1, y_2, \cdots, y_n)^{\mathrm{T}} \in \mathbb{R}^n$，向量的变换

$$\boldsymbol{y} = \boldsymbol{P}\boldsymbol{x}$$

其中变换矩阵 $\boldsymbol{P}$ 形如

$$\boldsymbol{P} \equiv \boldsymbol{P}(i,j,\theta) = \begin{bmatrix} 1 & & & & & & & & & & \\ & \ddots & & & & & & & & & \\ & & 1 & & & & & & & & \\ & & & \cos\theta & & \cdots & & \sin\theta & & & \\ & & & & 1 & & & & & & \\ & & & \vdots & & \ddots & & \vdots & & & \\ & & & & & & 1 & & & & \\ & & & -\sin\theta & & \cdots & & \cos\theta & & & \\ & & & & & & & & 1 & & \\ & & & & & & & & & \ddots & \\ & & & & & & & & & & 1 \end{bmatrix} \begin{matrix} \\ \\ \\ -i \\ \\ \\ \\ -j \\ \\ \\ \\ \end{matrix}$$

称为 $\mathbb{R}^n$ 中平面 $\{x_i, x_j\}$ 的 **Givens 变换**，也称为**旋转变换**. $\boldsymbol{P} \equiv \boldsymbol{P}(i,j,\theta)$ 称为 **Givens 变换矩阵**，也称为**平面旋转矩阵**.

旋转变换矩阵 $\boldsymbol{P} = \boldsymbol{P}(i,j,\theta)$ 具有如下性质.

(1) $\boldsymbol{P}$ 为正交矩阵，即 $\boldsymbol{P}^{-1} = \boldsymbol{P}^{\mathrm{T}}$；

(2) $\boldsymbol{P}(i,j,\theta)\boldsymbol{A}$(左乘) 只需计算第 i 行与第 j 行元素，即对 $\boldsymbol{A} = (a_{ij})_{m\times n}$ 有

$$\begin{bmatrix} \tilde{a}_{il} \\ \tilde{a}_{jl} \end{bmatrix} = \begin{bmatrix} \cos\theta & \sin\theta \\ -\sin\theta & \cos\theta \end{bmatrix} \begin{bmatrix} a_{il} \\ a_{jl} \end{bmatrix}, \quad l = 1, 2, \cdots, n \tag{5.3.1}$$

(3) $\boldsymbol{B}\boldsymbol{P}(i,j,\theta)$(右乘) 只需计算第 i 列与第 j 列元素，即对 $\boldsymbol{B} = (b_{ij})_{n\times m}$ 有

$$\begin{bmatrix} \tilde{b}_{ki} & \tilde{b}_{kj} \end{bmatrix} = \begin{bmatrix} b_{ki} & b_{kj} \end{bmatrix} \begin{bmatrix} \cos\theta & \sin\theta \\ -\sin\theta & \cos\theta \end{bmatrix}, \quad k = 1, 2, \cdots, m \tag{5.3.2}$$

利用旋转变换矩阵，有如下定理.

定理 5.9(约化定理) 设 $\boldsymbol{x}=(x_1,\cdots,x_i,\cdots,x_j,\cdots,x_n)^{\mathrm{T}}$，其中 x_i,x_j 不全为零，则存在一个旋转变换矩阵 $\boldsymbol{P}(i,j,\theta)$，使得

$$\boldsymbol{Px}=\boldsymbol{y}:=(y_1,\cdots,y_i,\cdots,y_j,\cdots,y_n)^{\mathrm{T}}$$

其中 $\theta=\arctan(x_j/x_i)$，并且

$$\begin{aligned}&y_i=\sqrt{x_i^2+x_j^2}\\&y_j=0\\&y_k=x_k,\quad k\neq i,j\end{aligned}$$

证明 设 $\boldsymbol{Px}=\boldsymbol{y}:=(y_1,\cdots,y_i,\cdots,y_j,\cdots,y_n)^{\mathrm{T}}$，由旋转变换性质 (5.3.1) 式，有

$$\begin{aligned}&y_i=x_i\cos\theta+x_j\sin\theta\\&y_j=-x_i\sin\theta+x_j\sin\theta\\&y_k=x_k,\quad k\neq i,j\end{aligned}\tag{5.3.3}$$

由 $\theta=\arctan(x_j/x_i)$，得

$$\cos\theta=\frac{x_i}{\sqrt{x_i^2+x_j^2}},\quad \sin\theta=\frac{x_j}{\sqrt{x_i^2+x_j^2}}$$

由 (5.3.3) 式直接计算可得结论.

类似于向量的旋转变换，可定义矩阵间的旋转变换. 设 $\boldsymbol{A}=(a_{ij})_{n\times n},\boldsymbol{B}=(b_{ij})_{n\times n}\in\mathbb{R}^{n\times n}$，记变换

$$\boldsymbol{B}=\boldsymbol{P}^{\mathrm{T}}\boldsymbol{AP}$$

为矩阵间的旋转变换. 由 (5.3.1) 式及 (5.3.2) 式知，矩阵 $\boldsymbol{A}$ 与矩阵 $\boldsymbol{B}$ 除了第 i,j 行和第 i,j 列外，其他元保持不变，且矩阵 $\boldsymbol{B}$ 的第 i,j 行和第 i,j 列为

$$\begin{aligned}&\left.\begin{aligned}&b_{ik}=b_{ki}=a_{ik}\cos\theta-a_{jk}\sin\theta\\&b_{jk}=b_{kj}=a_{ik}\sin\theta+a_{jk}\cos\theta\end{aligned}\right\}\quad k\neq i,j\\&b_{ii}=a_{ii}\cos^2\theta+a_{jj}\sin^2\theta-2a_{ij}\sin\theta\cos\theta\\&b_{jj}=a_{ii}\sin^2\theta+a_{jj}\cos^2\theta+2a_{ij}\sin\theta\cos\theta\\&b_{ij}=b_{ji}=\frac{1}{2}(a_{ii}-a_{jj})\sin2\theta+a_{ij}\cos2\theta\end{aligned}\tag{5.3.4}$$

则有

$$\begin{aligned}&b_{ik}^2+b_{jk}^2=a_{ik}^2+a_{jk}^2,\quad k\neq i,j\\&b_{ii}^2+b_{jj}^2+2b_{ij}^2=a_{ii}^2+a_{jj}^2+2a_{ij}^2\end{aligned}\tag{5.3.5}$$

记非对角元平方和

$$\sigma(\boldsymbol{A})=\sum_{\substack{i,j=1\\i\neq j}}^{n}a_{ij}^2,\quad \sigma(\boldsymbol{B})=\sum_{\substack{i,j=1\\i\neq j}}^{n}b_{ij}^2$$

由 (5.3.5) 式，有

$$\sum_{i,j=1}^{n}a_{ij}^2=\sum_{i,j=1}^{n}b_{ij}^2$$

从而有

$$\sigma(\boldsymbol{B})=\sigma(\boldsymbol{A})-2a_{ij}^2+2b_{ij}^2 \tag{5.3.6}$$

为了通过旋转变换直接得到矩阵特征值及特征向量，可选取适当的 θ，使得旋转变换后非对角线元素转换为 0，那么就清除了非对角元. 由 (5.3.4) 式，取

$$\theta=\begin{cases}\dfrac{1}{2}\arctan\left(\dfrac{2a_{ij}}{a_{jj}-a_{ii}}\right), & a_{ii}\neq a_{jj},\\ \dfrac{\pi}{4}\mathrm{sgn}(a_{ij}), & a_{ii}=a_{jj}\end{cases} \tag{5.3.7}$$

即可清除第 i 行第 j 列及第 j 行第 i 列元素. 以此类推，即可清除所有非对角线元素.

5.3.2　Jacobi 方法

记 $\boldsymbol{A}^{(0)}=\boldsymbol{A}$，依照上一节思想依次对矩阵作旋转变换

$$\boldsymbol{A}^{(m)}=(\boldsymbol{P}^{(m)})^{\mathrm{T}}\boldsymbol{A}^{(m-1)}\boldsymbol{P}^{(m)},\quad m=1,2,\cdots$$

为选适当的 θ 使 $a_{ij}^{(m)}=0(i\neq j)$，并选择矩阵 $\boldsymbol{A}^{(m-1)}$ 中绝对值最大的非对角元 $a_{ij}^{(m-1)}$ 作为清除元素对象，由 (5.3.6) 式可得

$$\sigma(\boldsymbol{A}^{(m)})=\sigma(\boldsymbol{A}^{(m-1)})-2(a_{ij}^{(m-1)})^2$$

由于矩阵 $\boldsymbol{A}^{(m-1)}$ 有 $n(n-1)$ 个非对角元，由非对角元平方和定义式，有

$$\begin{aligned}\sigma(\boldsymbol{A}^{(m)})&\leqslant\sigma(\boldsymbol{A}^{(m-1)})-\frac{2}{n(n-1)}\sigma(\boldsymbol{A}^{(m-1)})=\left(1-\frac{2}{n(n-1)}\right)\sigma(\boldsymbol{A}^{(m-1)})\\&\leqslant\cdots\leqslant\left(1-\frac{2}{n(n-1)}\right)^m\sigma(\boldsymbol{A}^{(0)})\end{aligned}$$

当 $m\to+\infty$ 时，得 $\sigma(\boldsymbol{A}^{(m)})\to 0$，即

$$\boldsymbol{A}^{(m)}\to\begin{bmatrix}\lambda_1 & & & \\ & \lambda_2 & & \\ & & \ddots & \\ & & & \lambda_n\end{bmatrix}$$

令

$$\boldsymbol{P}=\boldsymbol{P}^{(m)}\cdot\boldsymbol{P}^{(m-1)}\cdot\cdots\cdot\boldsymbol{P}^{(1)}$$

则矩阵 $\boldsymbol{P}$ 的第 i 列是特征值 λ_i 所对应的特征向量.

例 5.6 利用 Jacobi 方法求解下列矩阵

$$\boldsymbol{A}=\begin{bmatrix}7&4&6&1\\4&8&3&5\\6&3&7&2\\1&5&2&9\end{bmatrix}$$

的特征值和特征向量.

解 首先求矩阵特征值. 记 $\boldsymbol{A}^{(0)}=\boldsymbol{A}$. 选择矩阵 $\boldsymbol{A}^{(0)}$ 中绝对值最大的非对角元作清除元素对象，即 $a_{13}^{(0)}=6$. 因 $a_{11}^{(0)}=a_{33}^{(0)}=7$，由 (5.3.7) 式，取 $\theta=\pi/4$，则

$$\boldsymbol{P}^{(1)}=\boldsymbol{P}\left(1,3,\frac{\pi}{4}\right)=\begin{bmatrix}\frac{1}{\sqrt{2}}&0&\frac{1}{\sqrt{2}}&0\\0&1&0&0\\-\frac{1}{\sqrt{2}}&0&\frac{1}{\sqrt{2}}&0\\0&0&0&1\end{bmatrix}$$

从而，得

$$\boldsymbol{A}^{(1)}=(\boldsymbol{P}^{(1)})^{\mathrm{T}}\boldsymbol{A}^{(0)}\boldsymbol{P}^{(1)}=\begin{bmatrix}1&\frac{1}{\sqrt{2}}&0&-\frac{1}{\sqrt{2}}\\\frac{1}{\sqrt{2}}&8&\frac{7}{\sqrt{2}}&5\\0&\frac{7}{\sqrt{2}}&13&\frac{3}{\sqrt{2}}\\-\frac{1}{\sqrt{2}}&5&\frac{3}{\sqrt{2}}&9\end{bmatrix}$$

重复上述步骤，取绝对值最大的非对角元 $a_{24}^{(1)}=5$ 作为清除对象. 由 (5.3.7) 式，计算出

$$\theta=\frac{1}{2}\arctan(10)$$

则得

$$\boldsymbol{P}^{(2)}=\boldsymbol{P}\left(2,4,\frac{1}{2}\arctan(10)\right)$$

计算

$$\boldsymbol{A}^{(2)}=(\boldsymbol{P}^{(2)})^{\mathrm{T}}\boldsymbol{A}^{(1)}\boldsymbol{P}^{(2)}$$

重复上述步骤继续计算，当迭代 20 次时，旋转矩阵

$$
\boldsymbol{P}^{(20)}=\begin{bmatrix} 1 & 0 & 0 & 1.621\times 10^{-18} \\ 0 & 1 & 0 & 0 \\ 0 & 0 & 1 & 0 \\ -1.621\times 10^{-18} & 0 & 0 & 1 \end{bmatrix}
$$

在不考虑系统误差的情况下已经十分接近于单位阵. 从而，得出对应的矩阵 $\boldsymbol{A}^{(20)}$ 为

$$
\begin{aligned}
\boldsymbol{A}^{(20)} &= (\boldsymbol{P}^{(20)})^{\mathrm{T}}\boldsymbol{A}^{(19)}\boldsymbol{P}^{(20)} \\
&= \begin{bmatrix} 0.588\,878\,153 & -0.000\,000\,000 & -0.000\,000\,000 & -0.000\,000\,000 \\ -0.000\,000\,000 & 3.235\,998\,710 & -0.000\,004\,695 & -0.000\,000\,000 \\ -0.000\,000\,000 & -0.000\,004\,695 & 8.847\,420\,425 & -0.000\,000\,000 \\ -0.000\,000\,000 & -0.000\,000\,000 & -0.000\,000\,000 & 1.832\,770\,271 \end{bmatrix}
\end{aligned}
$$

得到其特征值分别为 0.588 878 153，3.235 998 710，8.847 420 425，1.832 770 271.

其次求矩阵特征向量. 计算

$$
\begin{aligned}
\boldsymbol{P} &= \boldsymbol{P}^{(20)}\cdot\boldsymbol{P}^{(19)}\cdot\cdots\cdot\boldsymbol{P}^{(1)} \\
&= \begin{bmatrix} 0.596\,251\,413 & 0.176\,472\,217 & 0.706\,268\,354 & 0.338\,418\,116 \\ -0.374\,307\,580 & 0.473\,710\,532 & -0.175\,021\,706 & 0.777\,727\,182 \\ -0.484\,118\,693 & -0.696\,101\,967 & 0.443\,317\,042 & 0.290\,759\,597 \\ 0.519\,622\,150 & -0.509\,801\,863 & -0.523\,471\,504 & 0.442\,800\,707 \end{bmatrix}
\end{aligned}
$$

矩阵 $\boldsymbol{P}$ 对应的列向量就是对应特征值的特征向量.

5.4 Householder 方法

矩阵正交变换是计算特征值最有效的工具之一，其最大的优点是矩阵经正交变换后可将特征值显式地表达出来. 矩阵分解可以提高计算速度及计算效率，在高维矩阵计算中可以将其分解为三角矩阵，从而避免机器运算产生的浪费. 本节主要讨论实矩阵及实向量.

5.4.1 Householder 变换

定义 5.4　设向量 $\boldsymbol{w}\in\mathbb{R}^n$，满足 $\boldsymbol{w}^{\mathrm{T}}\boldsymbol{w}=1$. 称矩阵

$$
\boldsymbol{H}(\boldsymbol{w})=\boldsymbol{I}-2\boldsymbol{w}\boldsymbol{w}^{\mathrm{T}}
$$

为 **Householder 变换矩阵**.

定理 5.10 设向量 $\boldsymbol{w} \in \mathbb{R}^n$，满足 $\boldsymbol{w}^{\mathrm{T}}\boldsymbol{w} = 1$，则 Householder 变换矩阵 $\boldsymbol{H} = \boldsymbol{I} - 2\boldsymbol{w}\boldsymbol{w}^{\mathrm{T}}$ 有如下性质.

(1) $\boldsymbol{H}$ 是对称矩阵，即 $\boldsymbol{H}^{\mathrm{T}} = \boldsymbol{H}$；

(2) $\boldsymbol{H}$ 是正交矩阵，即 $\boldsymbol{H}^{-1} = \boldsymbol{H}$；

(3) 设 $\boldsymbol{A}$ 是对称矩阵，则 $\tilde{\boldsymbol{A}} = \boldsymbol{H}^{-1}\boldsymbol{A}\boldsymbol{H} = \boldsymbol{H}\boldsymbol{A}\boldsymbol{H}$ 也是对称矩阵.

证明 记 $\boldsymbol{w} = (w_1, w_2, \cdots, w_n)^{\mathrm{T}}$.

(1)

$$\boldsymbol{H} = \begin{pmatrix} 1-2w_1^2 & -2w_1w_2 & \cdots & -2w_1w_n \\ -2w_2w_1 & 1-2w_2^2 & \cdots & -2w_2w_n \\ \vdots & \vdots & & \vdots \\ -2w_nw_1 & -2w_nw_2 & \cdots & 1-2w_n^2 \end{pmatrix}$$

即 $\boldsymbol{H}$ 是对称矩阵.

(2)

$$\begin{aligned} \boldsymbol{H}^{\mathrm{T}}\boldsymbol{H} = \boldsymbol{H}^2 &= (\boldsymbol{I} - 2\boldsymbol{w}\boldsymbol{w}^{\mathrm{T}})(\boldsymbol{I} - 2\boldsymbol{w}\boldsymbol{w}^{\mathrm{T}}) \\ &= \boldsymbol{I} - 4\boldsymbol{w}\boldsymbol{w}^{\mathrm{T}} + 4\boldsymbol{w}\boldsymbol{w}^{\mathrm{T}}\boldsymbol{w}\boldsymbol{w}^{\mathrm{T}} = \boldsymbol{I} \end{aligned}$$

即 $\boldsymbol{H}$ 是正交矩阵.

(3)

$$\tilde{\boldsymbol{A}}^{\mathrm{T}} = (\boldsymbol{H}\boldsymbol{A}\boldsymbol{H})^{\mathrm{T}} = \boldsymbol{H}^{\mathrm{T}}\boldsymbol{A}^{\mathrm{T}}\boldsymbol{H}^{\mathrm{T}} = \boldsymbol{H}\boldsymbol{A}\boldsymbol{H} = \tilde{\boldsymbol{A}}$$

Householder 变换矩阵也称为**初等反射矩阵**. 如图 5.3 所示，向量在经 Householder 变换矩阵作用后，作用前后向量关于以 $\boldsymbol{w}$ 为法向量的超平面对称. 记以向量 $\boldsymbol{w}$ 为法向量且过其起点 $\boldsymbol{O}$ 的超平面为 $\boldsymbol{S}$，对于任意向量 $\boldsymbol{v} \in \mathbb{R}^n$，记其在超平面 $\boldsymbol{S}$ 上投影为向量 $\boldsymbol{x}$，则 $\boldsymbol{x} \in \boldsymbol{S}$. 设 $\boldsymbol{y} = \boldsymbol{v} - \boldsymbol{x} \in \boldsymbol{S}^{\perp}$，即

$$\boldsymbol{v} = \boldsymbol{x} + \boldsymbol{y}$$

由正交性质 $\boldsymbol{w}^{\mathrm{T}}\boldsymbol{x} = 0$，对向量 $\boldsymbol{x}$ 及向量 $\boldsymbol{y}$，

$$\begin{aligned} \boldsymbol{H}\boldsymbol{x} &= (\boldsymbol{I} - 2\boldsymbol{w}\boldsymbol{w}^{\mathrm{T}})\boldsymbol{x} = \boldsymbol{x} - 2\boldsymbol{w}\boldsymbol{w}^{\mathrm{T}}\boldsymbol{x} = \boldsymbol{x} \\ \boldsymbol{H}\boldsymbol{y} &= (\boldsymbol{I} - 2\boldsymbol{w}\boldsymbol{w}^{\mathrm{T}})\boldsymbol{y} = \boldsymbol{y} - 2\boldsymbol{w}\boldsymbol{w}^{\mathrm{T}}\boldsymbol{y} = -\boldsymbol{y} \end{aligned}$$

从而，考虑 Householder 变换矩阵对向量 $\boldsymbol{v}$ 的作用，有

$$\boldsymbol{H}\boldsymbol{v}=\boldsymbol{H}(\boldsymbol{x}+\boldsymbol{y})=\boldsymbol{H}\boldsymbol{x}+\boldsymbol{H}\boldsymbol{y}=\boldsymbol{x}-\boldsymbol{y}:=\boldsymbol{v}'$$

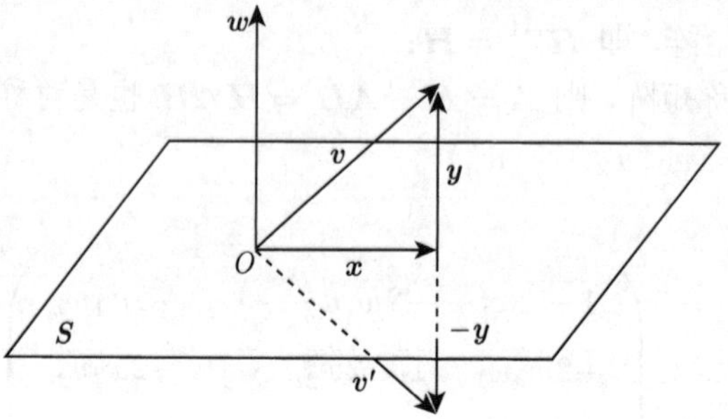

图 5.3　Householder 变换矩阵示意图

Householder 变换矩阵可以用来约化矩阵，即将矩阵约化成利于计算的对角矩阵或三角矩阵 (如 (5.2.10) 式). Householder 变换矩阵对向量的约化有如下定理.

定理 5.11　设 $\boldsymbol{x}\in\mathbb{R}^n$，给定 $\boldsymbol{y}\in\mathbb{R}^n,\boldsymbol{y}\neq\boldsymbol{x}$，满足 $\|\boldsymbol{y}\|_2=\|\boldsymbol{x}\|_2$，则存在一个 Householder 变换矩阵 $\boldsymbol{H}$，使得 $\boldsymbol{H}\boldsymbol{x}=\boldsymbol{y}$.

证明　设 $\boldsymbol{H}=\boldsymbol{I}-2\boldsymbol{w}\boldsymbol{w}^{\mathrm{T}}$，其中 $\|\boldsymbol{w}\|_2=1$，则对任意 $\boldsymbol{x}\in\mathbb{R}^n$，有

$$\boldsymbol{H}\boldsymbol{x}=(\boldsymbol{I}-2\boldsymbol{w}\boldsymbol{w}^{\mathrm{T}})\boldsymbol{x}=\boldsymbol{x}-2\boldsymbol{w}\boldsymbol{w}^{\mathrm{T}}\boldsymbol{x}$$

若给定 $\boldsymbol{y}\in\mathbb{R}^n$ 满足 $\boldsymbol{H}\boldsymbol{x}=\boldsymbol{y}$，则有

$$2\boldsymbol{w}\boldsymbol{w}^{\mathrm{T}}\boldsymbol{x}=\boldsymbol{x}-\boldsymbol{y}$$

由 $\|\boldsymbol{w}\|_2=\boldsymbol{w}^{\mathrm{T}}\boldsymbol{w}=1$，两端经 $\boldsymbol{w}^{\mathrm{T}}$ 作用，得

$$\boldsymbol{w}^{\mathrm{T}}(\boldsymbol{x}+\boldsymbol{y})=\boldsymbol{0}$$

因此，可知向量 $\boldsymbol{w}$ 是与向量 $\boldsymbol{x}+\boldsymbol{y}$ 正交的单位向量. 取

$$\boldsymbol{w}=\frac{\boldsymbol{x}-\boldsymbol{y}}{\|\boldsymbol{x}-\boldsymbol{y}\|_2}\tag{5.4.1}$$

则 $\boldsymbol{w}$ 为单位向量，且有

$$\boldsymbol{w}^{\mathrm{T}}(\boldsymbol{x}+\boldsymbol{y})=\frac{(\boldsymbol{x}-\boldsymbol{y})^{\mathrm{T}}(\boldsymbol{x}+\boldsymbol{y})}{\|\boldsymbol{x}-\boldsymbol{y}\|_2}=\frac{\boldsymbol{x}^{\mathrm{T}}\boldsymbol{x}+\boldsymbol{x}^{\mathrm{T}}\boldsymbol{y}-\boldsymbol{y}^{\mathrm{T}}\boldsymbol{x}-\boldsymbol{y}^{\mathrm{T}}\boldsymbol{y}}{\|\boldsymbol{x}-\boldsymbol{y}\|_2}=\boldsymbol{0}$$

所以，取向量 $\boldsymbol{w}$ 满足 (5.4.1) 式，对应的 Householder 变换矩阵即满足条件.

下证向量 $\boldsymbol{w}$ 唯一 (不计符号)，即 $\boldsymbol{w}_1=\boldsymbol{w}_2$ 或 $\boldsymbol{w}_1=-\boldsymbol{w}_2$. 若存在单位向量 $\boldsymbol{w}_1,\boldsymbol{w}_2$，满足 $\boldsymbol{w}_1\neq-\boldsymbol{w}_2$，对应 Householder 变换矩阵 $\boldsymbol{H}_1,\boldsymbol{H}_2$，满足对任意 $\boldsymbol{x}\in\mathbb{R}^n$ 以及给定 $\boldsymbol{y}\in\mathbb{R}^n$，有

$$\boldsymbol{H}_1\boldsymbol{x}=\boldsymbol{y},\quad \boldsymbol{H}_2\boldsymbol{x}=\boldsymbol{y}$$

两式相减，得对任意 $\boldsymbol{x}\in\mathbb{R}^n$，

$$(\boldsymbol{H}_1-\boldsymbol{H}_2)\boldsymbol{x}=\boldsymbol{0}$$

即

$$(\boldsymbol{w}_1\boldsymbol{w}_1^{\mathrm{T}}-\boldsymbol{w}_2\boldsymbol{w}_2^{\mathrm{T}})\boldsymbol{x}=\boldsymbol{0}$$

由 $\boldsymbol{x}$ 的任意性，得

$$\boldsymbol{w}_1\boldsymbol{w}_1^{\mathrm{T}}-\boldsymbol{w}_2\boldsymbol{w}_2^{\mathrm{T}}=\boldsymbol{0}$$

即

$$\boldsymbol{w}_1\boldsymbol{w}_1^{\mathrm{T}}=\boldsymbol{w}_2\boldsymbol{w}_2^{\mathrm{T}} \tag{5.4.2}$$

因 $\boldsymbol{w}_1\neq-\boldsymbol{w}_2$，将 (5.4.2) 式两端右乘向量 $\boldsymbol{w}_1+\boldsymbol{w}_2$，得

$$\boldsymbol{w}_1\boldsymbol{w}_1^{\mathrm{T}}\boldsymbol{w}_1+\boldsymbol{w}_1\boldsymbol{w}_1^{\mathrm{T}}\boldsymbol{w}_2=\boldsymbol{w}_2\boldsymbol{w}_2^{\mathrm{T}}\boldsymbol{w}_1+\boldsymbol{w}_2\boldsymbol{w}_2^{\mathrm{T}}\boldsymbol{w}_2$$

即

$$\boldsymbol{w}_1+\boldsymbol{w}_1\boldsymbol{w}_1^{\mathrm{T}}\boldsymbol{w}_2=\boldsymbol{w}_2\boldsymbol{w}_2^{\mathrm{T}}\boldsymbol{w}_1+\boldsymbol{w}_2$$

因 $\boldsymbol{w}_1^{\mathrm{T}}\boldsymbol{w}_2=\boldsymbol{w}_2^{\mathrm{T}}\boldsymbol{w}_1$，合并同类项，得

$$(\boldsymbol{w}_1-\boldsymbol{w}_2)(1-\boldsymbol{w}_1^{\mathrm{T}}\boldsymbol{w}_2)=0$$

又因 $\boldsymbol{w}_1^{\mathrm{T}}\boldsymbol{w}_1=1$，知

$$1-\boldsymbol{w}_1^{\mathrm{T}}\boldsymbol{w}_2=\boldsymbol{w}_1^{\mathrm{T}}\boldsymbol{w}_1-\boldsymbol{w}_1^{\mathrm{T}}\boldsymbol{w}_2=\boldsymbol{w}_1^{\mathrm{T}}(\boldsymbol{w}_1-\boldsymbol{w}_2)\neq 0$$

即得 $\boldsymbol{w}_1=\boldsymbol{w}_2$. 唯一性得证.

定理 5.12 (约化定理) 设 $\boldsymbol{x}=(x_1,x_2,\cdots,x_n)^{\mathrm{T}}\in\mathbb{R}^n$ 为非零向量，则存在 Householder 变换矩阵 $\boldsymbol{H}$，使得

$$\boldsymbol{H}\boldsymbol{x}=\gamma_i\boldsymbol{e}_i$$

其中，

$$\boldsymbol{H}=\boldsymbol{I}-\theta_i^{-1}\boldsymbol{\xi}\boldsymbol{\xi}^{\mathrm{T}}$$
$$\gamma_i=-\operatorname{sgn}(x_i)\left\|\boldsymbol{x}\right\|_2$$
$$\boldsymbol{\xi}=\boldsymbol{x}-\gamma_i\boldsymbol{e}_i$$
$$\theta_i=\frac{1}{2}\left\|\boldsymbol{\xi}\right\|_2=\gamma_i(\gamma_i-x_i)$$

证明 记 $\boldsymbol{y}=\gamma_i\boldsymbol{e}_i$，不妨设 $\boldsymbol{x}\neq\boldsymbol{y}$，取 $\gamma_i=\pm(\boldsymbol{x},\boldsymbol{x})^{\frac{1}{2}}$ 满足定理 5.11 条件，则存在 Householder 变换矩阵 $\boldsymbol{H}=\boldsymbol{I}-2\boldsymbol{w}\boldsymbol{w}^{\mathrm{T}}$，满足 $\boldsymbol{H}\boldsymbol{x}=\gamma_i\boldsymbol{e}_i$，其中

$$\boldsymbol{w}=\frac{\boldsymbol{x}-\gamma_i\boldsymbol{e}_i}{\left\|\boldsymbol{x}-\gamma_i\boldsymbol{e}_i\right\|_2}$$

记 $\boldsymbol{\xi}=\boldsymbol{x}-\gamma_i\boldsymbol{e}_i:=(\xi_1,\xi_2,\cdots,\xi_n)^{\mathrm{T}}$，则

$$\boldsymbol{H}=\boldsymbol{I}-2\frac{\boldsymbol{\xi}\boldsymbol{\xi}^{\mathrm{T}}}{\left\|\boldsymbol{\xi}\right\|_2}=\boldsymbol{I}-\theta_i^{-1}\boldsymbol{\xi}\boldsymbol{\xi}^{\mathrm{T}}$$

其中 $\boldsymbol{\xi}=(x_1,\cdots,x_{i-1},x_i-\gamma_i,x_{i+1},\cdots,x_n)^{\mathrm{T}}$，$\theta_i=\dfrac{1}{2}\left\|\boldsymbol{\xi}\right\|_2$. 直接计算可得

$$\begin{aligned}\theta_i&=\frac{1}{2}\left\|\boldsymbol{\xi}\right\|_2=\frac{1}{2}(x_1^2+\cdots+x_{i-1}^2+(x_i-\gamma_i)^2+x_{i+1}^2+\cdots+x_n^2)\\&=\frac{1}{2}(x_1^2+\cdots+x_{i-1}^2+x_i^2+x_{i+1}^2+\cdots+x_n^2-2x_i\gamma_i+\gamma_i^2)\\&=\gamma_i(\gamma_i-x_i)\end{aligned}$$

若 γ_i 与 x_i 同号，则会在计算 γ_i-x_i 时出现 “正负相抵” 的情形，导致计算精度不够准确. 因此，取 γ_i 与 x_i 异号，即

$$\gamma_i=-\operatorname{sgn}(x_i)\left\|\boldsymbol{x}\right\|_2=-\operatorname{sgn}(x_i)(x_1^2+x_2^2+\cdots+x_n^2)^{\frac{1}{2}}$$

在计算 γ_i 时，为避免上溢或下溢导致计算精度下降，可将向量 $\boldsymbol{x}$ 规范化，即对非零向量 $\boldsymbol{x}$，取

$$\tilde{\boldsymbol{x}}=\frac{\boldsymbol{x}}{\left\|\boldsymbol{x}\right\|_\infty}$$

则存在 $\tilde{\boldsymbol{H}}$ 使得 $\tilde{\boldsymbol{H}}\tilde{\boldsymbol{x}}=\tilde{\gamma}_i\boldsymbol{e}_i$，其中

$$\tilde{\boldsymbol{H}}=\boldsymbol{I}-\tilde{\theta}_i^{-1}\tilde{\boldsymbol{\xi}}\tilde{\boldsymbol{\xi}}^{\mathrm{T}}$$
$$\tilde{\gamma}_i=\frac{\gamma_i}{\left\|\boldsymbol{x}\right\|_\infty},\quad\tilde{\boldsymbol{\xi}}=\frac{\boldsymbol{\xi}}{\left\|\boldsymbol{x}\right\|_\infty},\quad\tilde{\theta}_i=\frac{\theta_i}{\left\|\boldsymbol{x}\right\|_\infty^2}$$
$$\boldsymbol{H}=\tilde{\boldsymbol{H}}$$

例 5.7 设 $\boldsymbol{x}=(4,5,2,2)^{\mathrm{T}}$，则 $\|\boldsymbol{x}\|_2=7$. 取 $\gamma_i\equiv\gamma=-7$, $i=1,2,3,4$，有

$$\boldsymbol{\xi}_1=\boldsymbol{x}-\gamma\boldsymbol{e}_1=(11,5,2,2)^{\mathrm{T}},\quad \theta_1=\frac{1}{2}\|\boldsymbol{\xi}_1\|_2^2=77$$

$$\boldsymbol{\xi}_2=\boldsymbol{x}-\gamma\boldsymbol{e}_2=(4,12,2,2)^{\mathrm{T}},\quad \theta_2=\frac{1}{2}\|\boldsymbol{\xi}_2\|_2^2=84$$

$$\boldsymbol{\xi}_3=\boldsymbol{x}-\gamma\boldsymbol{e}_3=(4,5,9,2)^{\mathrm{T}},\quad \theta_3=\frac{1}{2}\|\boldsymbol{\xi}_3\|_2^2=63$$

$$\boldsymbol{\xi}_4=\boldsymbol{x}-\gamma\boldsymbol{e}_4=(4,5,2,9)^{\mathrm{T}},\quad \theta_4=\frac{1}{2}\|\boldsymbol{\xi}_4\|_2^2=63$$

则对应的 Householder 矩阵分别为

$$\boldsymbol{H}_1=\boldsymbol{I}-\theta_1^{-1}\boldsymbol{\xi}_1\boldsymbol{\xi}_1^{\mathrm{T}}=\frac{1}{77}\begin{bmatrix}-44&-55&-22&-22\\-55&52&-10&-10\\-22&-10&73&-4\\-22&-10&-4&73\end{bmatrix}$$

$$\boldsymbol{H}_2=\boldsymbol{I}-\theta_2^{-1}\boldsymbol{\xi}_2\boldsymbol{\xi}_2^{\mathrm{T}}=\frac{1}{84}\begin{bmatrix}68&-48&-8&-8\\-48&-60&-24&-24\\-8&-24&80&-4\\-8&-24&-4&80\end{bmatrix}$$

$$\boldsymbol{H}_3=\boldsymbol{I}-\theta_3^{-1}\boldsymbol{\xi}_3\boldsymbol{\xi}_3^{\mathrm{T}}=\frac{1}{63}\begin{bmatrix}47&-20&-36&-8\\-20&38&-45&-10\\-36&-45&-18&-18\\-8&-10&-18&59\end{bmatrix}$$

$$\boldsymbol{H}_4=\boldsymbol{I}-\theta_4^{-1}\boldsymbol{\xi}_4\boldsymbol{\xi}_4^{\mathrm{T}}=\frac{1}{63}\begin{bmatrix}47&-20&-8&-36\\-20&38&-10&-45\\-8&-10&59&-18\\-36&-45&-18&-18\end{bmatrix}$$

验证可得 $\boldsymbol{H}_i\boldsymbol{x}=-7\boldsymbol{e}_i$, $i=1,2,3,4$.

5.4.2 对称三对角矩阵的特征值计算

对于对称三对角矩阵

$$\boldsymbol{B}=\begin{bmatrix}\alpha_1&\beta_1&&\\\beta_1&\alpha_2&\ddots&\\&\ddots&\ddots&\beta_{n-1}\\&&\beta_{n-1}&\alpha_n\end{bmatrix}$$

如果某个 $\beta_i=0$，则矩阵可分成阶数低的子块进行处理，故不妨设 $\beta_i\neq 0$.

记函数 $f_i(\lambda)$ 为矩阵 $\boldsymbol{B}-\lambda\boldsymbol{I}$ 的前 i 阶主子式，即

$$f_i(\lambda)=\begin{vmatrix}\alpha_1-\lambda & \beta_1 & & \\ \beta_1 & \alpha_2-\lambda & \ddots & \\ & \ddots & \ddots & \beta_{i-1} \\ & & \beta_{i-1} & \alpha_i-\lambda\end{vmatrix}$$

并记 $f_0(\lambda)=1$，按函数 $f_i(\lambda)$ 行列式最后一行展开，得到如下递推关系：

$$\begin{aligned}&f_0(\lambda)=1\\&f_1(\lambda)=\alpha_1-\lambda\\&\quad\cdots\cdots\\&f_i(\lambda)=(\alpha_i-\lambda)f_{i-1}(\lambda)-\beta_{i-1}^2 f_{i-2}(\lambda),\quad i=2,3,\cdots,n\end{aligned}\tag{5.4.3}$$

于是得到一个特征多项式序列 $\{f_0(\lambda),f_1(\lambda),\cdots,f_n(\lambda)\}$，其中 $f_n(\lambda)=|\boldsymbol{B}-\lambda\boldsymbol{I}|$ 为矩阵 $\boldsymbol{B}$ 的特征方程.

由 (5.4.3) 式递推得到的特征多项式序列具有如下结论.

定理 5.13　特征多项式序列 $\{f_0(\lambda),f_1(\lambda),\cdots,f_n(\lambda)\}$ 具有如下性质：

(1) 当 $\lambda>0$ 充分大时，$f_i(-\lambda)>0$；而 $f_i(\lambda)$ 的首项系数为 $(-1)^i$，$i=1,2,\cdots,n$.

(2) 序列 $f_i(\lambda)$ 中两个相邻多项式没有相同的零点.

(3) 若存在 λ_0 使得 $f_i(\lambda_0)=0$，则有

$$f_{i-1}(\lambda_0)\cdot f_{i+1}(\lambda_0)<0,\quad i=1,2,\cdots,n.$$

(4) 将 $f_{i-1}(\lambda)$ 与 $f_i(\lambda)$ 的实零点分别按大小顺序排列，并取 $f_{i-1}(\lambda)$ 的前 $i-1$ 个实零点 $r_1<r_2<\cdots<r_{i-1}$，$f_i(\lambda)$ 的前 i 个实零点 $s_1<s_2<\cdots<s_i$，则它们之间互相分隔地排列如下：

$$-\infty<s_1<r_1<s_2<r_2<\cdots<r_{i-1}<s_i<+\infty\tag{5.4.4}$$

从而 $f_i(\lambda)$ 的每个根都是单重的.

证明　下面分别证明如上结论.

(1) 由 (5.4.3) 式多项式 $f_i(\lambda)$ 的表达式，知其符号由首项 $(-\lambda)^i$ 确定，证毕；

(2) 反证法. 假设多项式 $f_i(\lambda)$ 与 $f_{i+1}(\lambda)$ 有一个相同的零点 λ^*，则由 (5.4.3) 式递推式，有

$$f_{i+1}(\lambda^*)=(\alpha_{i+1}-\lambda^*)f_i(\lambda^*)-\beta_i^2 f_{i-1}(\lambda^*)$$

由假设 $\beta_i \neq 0$，可得 $f_{i-1}(\lambda^*)=0$，即 λ^* 也为多项式 $f_{i-1}(\lambda)$ 的零点. 依次向下递推，可得

$$f_{i-2}(\lambda^*)=\cdots=f_2(\lambda^*)=f_1(\lambda^*)=0$$

由 (5.4.3) 式递推式，有

$$f_2(\lambda^*)=(\alpha_2-\lambda^*)f_1(\lambda^*)-\beta_1^2 f_0(\lambda^*)$$

同样可得 $f_0(\lambda^*)=0$，与 (5.4.3) 式假设 $f_0(\lambda^*)=1$ 矛盾!

(3) 因

$$f_{i+1}(\lambda_0)=(\alpha_{i+1}-\lambda_0)f_i(\lambda_0)-\beta_i^2 f_{i-1}(\lambda_0)$$

且 $f_i(\lambda_0)=0$，得

$$f_{i+1}(\lambda_0)=-\beta_i^2 f_{i-1}(\lambda_0)$$

从而

$$f_{i-1}(\lambda_0)\cdot f_{i+1}(\lambda_0)=-\beta_i^2 f_{i-1}^2(\lambda_0)$$

由 (2) 知当 $f_i(\lambda_0)=0$ 时，$f_{i-1}(\lambda_0)\neq 0$，因此结论得证.

(4) 利用数学归纳法证明此结论.

由于当 $i=1$ 时结论是平凡的，故从 $i=2$ 时进行数学归纳. 当 $i=2$ 时，因 $f_1(\lambda)=\alpha_1-\lambda$ 的零点是 α_1，$f_2(\alpha_1)=-\beta_1^2$，由 (1) 知，当 $\lambda\to\pm\infty$ 时，$f_2(\lambda)\to+\infty$，从而 $f_2(\lambda)$ 在 $(-\infty,\alpha_1)$ 和 $(\alpha_1,+\infty)$ 上各有一个零点，$i=2$ 时结论成立.

假设 (5.4.4) 式对某一个指标 i 成立，由 (3) 知 $f_{i+1}(\lambda)$ 与 $f_{i-1}(\lambda)$ 在每个 s_j 处异号. 同时，当 λ 在 $f_i(\lambda)$ 相邻零点变化时，$f_{i+1}(\lambda)$ 与 $f_{i-1}(\lambda)$ 均变号，这样在 s_1 和 s_i 之间 $f_{i+1}(\lambda)$ 有 $i-1$ 个零点位于 $f_i(\lambda)$ 的零点之间. 由 (1) 知，$\lambda\to\pm\infty$ 时 $f_{i+1}(\lambda)$ 与 $f_{i-1}(\lambda)$ 符号相同，而在 s_1 与 s_i 处 $f_{i+1}(\lambda)$ 与 $f_{i-1}(\lambda)$ 符号相反，故而 $f_{i+1}(\lambda)$ 在 $(-\infty,s_1)$ 和 $(s_i,+\infty)$ 上各有一个零点，结论得证.

根据定理 5.13 的结论以及特征多项式序列 $\{f_0(\lambda),f_1(\lambda),\cdots,f_n(\lambda)\}$ 在某一点处 $\lambda=\alpha$ 的符号状况，可以判断 $f_n(\lambda)$ 的零点分布情况. 因此引进一个整值函数 $V(\alpha)$，用它表示序列 $\{f_0(\lambda),f_1(\lambda),\cdots,f_n(\lambda)\}$ 在 $\lambda=\alpha$ 处相邻两项符号相同的次数，并规定：若 $f_i(\alpha)$ 与 $f_{i-1}(\alpha)$ 同号，则称 $f_i(\alpha)$ 与 $f_{i-1}(\alpha)$ 有一个同号；若 $f_i(\alpha)=0$，则用 $f_{i-1}(\alpha)$ 符号作为 $f_i(\alpha)$ 的符号，整值函数 $V(\alpha)$ 表示特征多项式序列 $\{f_0(\lambda),f_1(\lambda),\cdots,f_n(\lambda)\}$ 在 $\lambda=\alpha$ 处的同号数. 称上述满足定理 5.13 性质的多项式序列 $\{f_0(\lambda),f_1(\lambda),\cdots,f_n(\lambda)\}$ 为 **Sturm 序列**.

例 5.8　设有三对角矩阵

$$\boldsymbol{B}=\begin{bmatrix}-4 & 1 & 0 & 0\\ 1 & -4 & 1 & 0\\ 0 & 1 & -4 & 1\\ 0 & 0 & 1 & -4\end{bmatrix}$$

由 (5.4.3) 式，得

$$\begin{aligned}&f_0(\lambda)=1\\&f_1(\lambda)=-4-\lambda\\&f_2(\lambda)=(-4-\lambda)^2-1\\&f_3(\lambda)=(-4-\lambda)[(-4-\lambda)^2-2]\\&f_4(\lambda)=(-4-\lambda)^4-3(-4-\lambda)^2+1\end{aligned}$$

由

$$(f_0(0),f_1(0),f_2(0),f_3(0),f_4(0))=(1,-4,15,-56,209)$$

得 $V(0)=0$. 而

$$(f_0(-4),f_1(-4),f_2(-4),f_3(-4),f_4(-4))=(1,0,-1,0,1)$$

故得 $V(-4)=2$.

整值函数 $V(\alpha)$ 与特征方程 $f_n(\lambda)=0$ 有如下重要性质：整值函数 $V(\alpha)$ 的值是特征方程 $f_n(\lambda)=0$ 在区间 $[\alpha,+\infty)$ 上根的个数 (证明略). 根据这个性质，可以用二分法求出对称三对角矩阵 $\boldsymbol{B}$ 的任何一个特征值 λ_m. 设对称三对角矩阵 $\boldsymbol{B}$ 有特征值 $\lambda_1,\lambda_2,\cdots,\lambda_n$，满足

$$\lambda_1>\lambda_2>\cdots>\lambda_n$$

假设 $\lambda_m\in[a_0,b_0]$，有

$$V(a_0)\geqslant m,\quad V(b_0)\leqslant m$$

取区间 $[a_0,b_0]$ 的中点 $c_0=(a_0+b_0)/2$，计算 $V(c_0)$. 若 $V(c_0)\geqslant m$，则 $\lambda_m\in[c_0,b_0]$，记 $a_1=c_0$, $b_1=b_0$. 反之，若 $V(c_0)<m$，得 $\lambda_m\in[a_0,c_0]$，则记 $a_1=a_0$, $b_1=c_0$. 重复上述二分法过程，经过 k 次二分后，得到特征值 $\lambda_m\in[a_k,b_k]$，且目标区间长度

$$b_k-a_k=\frac{1}{2^k}(b_0-a_0)\to 0,\quad k\to+\infty$$

即当 k 充分大时，有 $\lambda_m\approx a_k\approx b_k$.

5.4.3 特征向量的计算

5.4.2 节给出了求对称三对角矩阵 $\boldsymbol{B}$ 的特征值 λ 的近似值 λ^*. 为增加特征值的精确性，可以利用反幂法求矩阵 $\boldsymbol{B}-\lambda^*\boldsymbol{I}$ 绝对值最小的特征值 λ_0 及相应的特征向量 $\boldsymbol{x}$，即

$$(\boldsymbol{B}-\lambda^*\boldsymbol{I})\boldsymbol{x}=\lambda_0\boldsymbol{x}$$

则有

$$\boldsymbol{B}\boldsymbol{x}=(\lambda^*+\lambda_0)\boldsymbol{x}$$

即可求得对称三对角矩阵 $\boldsymbol{B}$ 对应于特征值 λ 的特征向量 $\boldsymbol{x}$，以及特征值 λ 更精确的近似值 $\lambda^*+\lambda_0$.

由于对称三对角矩阵 $\boldsymbol{B}$ 是由实对称矩阵 $\boldsymbol{A}$ 经 Householder 变换得到的，即存在一个 Householder 变换矩阵 $\boldsymbol{H}$，使得

$$\boldsymbol{B}=\boldsymbol{H}\boldsymbol{A}\boldsymbol{H}$$

从而由定理 5.4，得对称三对角矩阵 $\boldsymbol{B}$ 的特征值就是矩阵 $\boldsymbol{A}$ 的特征值. 若向量 $\boldsymbol{x}$ 为对称三对角矩阵 $\boldsymbol{B}$ 对应于特征值 λ 的特征向量，即

$$\boldsymbol{B}\boldsymbol{x}=\boldsymbol{H}\boldsymbol{A}\boldsymbol{H}\boldsymbol{x}=\lambda\boldsymbol{x}$$

由 Householder 变换矩阵 $\boldsymbol{H}$ 的正交性 (见定理 5.10)，得

$$\boldsymbol{H}\boldsymbol{H}\boldsymbol{A}\boldsymbol{H}\boldsymbol{x}=\boldsymbol{A}\boldsymbol{H}\boldsymbol{x}=\boldsymbol{H}\lambda\boldsymbol{x}=\lambda\boldsymbol{H}\boldsymbol{x}$$

则可得向量 $\boldsymbol{H}\boldsymbol{x}$ 为矩阵 $\boldsymbol{A}$ 相对于特征值 λ 的特征向量.

5.5 LR 和 QR 算法

本节所述方法的本质是对某一矩阵序列施以逐次的分解，借助于相似矩阵有相同特征值这一性质，化复杂矩阵形式为简单矩阵乘积. 上三角矩阵是形式简单的矩阵，且其对角元就是它的特征值.

将矩阵 $\boldsymbol{A}^{(0)}=\boldsymbol{A}$ 分解为因式矩阵的乘积 $\boldsymbol{F}^{(0)}\boldsymbol{G}^{(0)}$，其中 $\boldsymbol{F}^{(0)}$ 是非奇异的. 那么，将因式矩阵反序相乘，并记其为 $\boldsymbol{A}^{(1)}$，则

$$\boldsymbol{A}^{(1)}=\boldsymbol{G}^{(0)}\boldsymbol{F}^{(0)}=(\boldsymbol{F}^{(0)})^{-1}\boldsymbol{A}^{(0)}\boldsymbol{F}^{(0)}$$

再对 $\boldsymbol{A}^{(1)}$ 进行矩阵分解为 $\boldsymbol{A}^{(1)}=\boldsymbol{F}^{(1)}\boldsymbol{G}^{(1)}$，$\boldsymbol{F}^{(1)}$ 非奇异，并记其反序相乘的矩阵为 $\boldsymbol{A}^{(2)}$，则

$$\boldsymbol{A}^{(2)}=\boldsymbol{G}^{(1)}\boldsymbol{F}^{(1)}=(\boldsymbol{F}^{(1)})^{-1}\boldsymbol{A}^{(1)}\boldsymbol{F}^{(1)}$$

如果继续，得出如下矩阵序列：

$$
\begin{aligned}
&\boldsymbol{A}^{(0)} = \boldsymbol{A}, \\
&\boldsymbol{A}^{(k)} = \boldsymbol{F}^{(k)}\boldsymbol{G}^{(k)}, \qquad k = 0, 1, 2, \cdots \\
&\boldsymbol{A}^{(k+1)} = \boldsymbol{G}^{(k)}\boldsymbol{F}^{(k)},
\end{aligned} \tag{5.5.1}
$$

序列中任意矩阵均与 $\boldsymbol{A}^{(0)}$ 相似且有如下两个基本性质：

(1)

$$
\begin{aligned}
\boldsymbol{A}^{(k+1)} &= (\boldsymbol{F}^{(k)})^{-1}\boldsymbol{A}^{(k)}\boldsymbol{F}^{(k)} \\
&= (\boldsymbol{F}^{(k)})^{-1}(\boldsymbol{F}^{(k-1)})^{-1}\boldsymbol{A}^{(k-1)}\boldsymbol{F}^{(k-1)}\boldsymbol{F}^{(k)} \\
&= \cdots \\
&= (\boldsymbol{F}^{(k)})^{-1}(\boldsymbol{F}^{(k-1)})^{-1}\cdots(\boldsymbol{F}^{(0)})^{-1}\boldsymbol{A}^{(0)}\boldsymbol{F}^{(0)}\cdots\boldsymbol{F}^{(k-1)}\boldsymbol{F}^{(k)}
\end{aligned}
$$

若令 $\boldsymbol{E}^{(k)} = \boldsymbol{F}^{(0)}\boldsymbol{F}^{(1)}\cdots\boldsymbol{F}^{(k)}$，则上式可写为

$$
\boldsymbol{A}^{(k+1)} = (\boldsymbol{E}^{(k)})^{-1}\boldsymbol{A}^{(0)}\boldsymbol{E}^{(k)}
$$

$$
\boldsymbol{E}^{(k)}\boldsymbol{A}^{(k+1)} = \boldsymbol{A}^{(0)}\boldsymbol{E}^{(k)}
$$

(2) 若令 $\boldsymbol{H}^{(k)} = \boldsymbol{G}^{(k)}\boldsymbol{G}^{(k-1)}\cdots\boldsymbol{G}^{(0)}$，则有

$$
\begin{aligned}
\boldsymbol{E}^{(k)}\boldsymbol{H}^{(k)} &= \boldsymbol{F}^{(0)}\boldsymbol{F}^{(1)}\cdots\boldsymbol{F}^{(k)}\boldsymbol{G}^{(k)}\boldsymbol{G}^{(k-1)}\cdots\boldsymbol{G}^{(0)} \\
&= \boldsymbol{E}^{(k-1)}\boldsymbol{A}^{(k)}\boldsymbol{H}^{(k-1)} = \boldsymbol{A}^{(0)}\boldsymbol{E}^{(k-1)}\boldsymbol{H}^{(k-1)} \\
&= (\boldsymbol{A}^{(0)})^2\boldsymbol{E}^{(k-2)}\boldsymbol{H}^{(k-2)} = \cdots = (\boldsymbol{A}^{(0)})^k \\
&= \boldsymbol{A}^k
\end{aligned}
$$

下述 LR 算法或 QR 算法源于 $\boldsymbol{A}$ 的两种分解.

LR 算法 若对于每个 $\boldsymbol{A}^{(k)}$，均能得到唯一的三角分解 $\boldsymbol{A}^{(k)} = \boldsymbol{L}^{(k)}\boldsymbol{R}^{(k)}$，其中 $\boldsymbol{L}^{(k)}$ 为单位下三角矩阵，$\boldsymbol{R}^{(k)}$ 为上三角矩阵，令 (5.5.1) 式中 $\boldsymbol{F}^{(k)} = \boldsymbol{L}^{(k)}$, $\boldsymbol{G}^{(k)} = \boldsymbol{R}^{(k)}$，便得到所谓 LR 算法.

QR 算法 若假定对于任一实矩阵 $\boldsymbol{A}$ 可将其分解成一个正交矩阵 $\boldsymbol{Q}$ 与一个上三角矩阵 $\boldsymbol{R}$ 乘积的形式，其中矩阵 $\boldsymbol{R}$ 是一个具有非负对角线元素的上三角矩阵，并且当 $\boldsymbol{A}$ 是非奇异时，这个分解是唯一的. 令 (5.5.1) 式中 $\boldsymbol{F}^{(k)} = \boldsymbol{Q}^{(k)}$, $\boldsymbol{G}^{(k)} = \boldsymbol{R}^{(k)}$，便得到所谓 QR 算法，可通过构造性方法证明 $\boldsymbol{A}$ 的 QR 分解总是存在的.

为了获得 $\boldsymbol{A}$ 的 QR 分解，对 $\boldsymbol{A}$ 施以一系列的 Householder 变换 $\{\boldsymbol{H}^{(k)}\}$，且在每一步，使矩阵的对角线元素保持非负，利用定理 5.11，这总是可能的. 于是求得

$$
\boldsymbol{H}^{(n-1)}\boldsymbol{H}^{(n-2)}\cdots\boldsymbol{H}^{(1)}\boldsymbol{A} = \boldsymbol{R}.
$$

因每个 $\boldsymbol{H}^{(j)}$ 都是正交阵，故有 $\boldsymbol{A}=\boldsymbol{QR}$，其中

$$\boldsymbol{Q}=(\boldsymbol{H}^{(n-1)}\boldsymbol{H}^{(n-2)}\cdots\boldsymbol{H}^{(1)})^{\mathrm{T}}.$$

由于每个 $\boldsymbol{H}^{(j)}$ 都是由非负性条件唯一确定的，故分解 $\boldsymbol{A}=\boldsymbol{QR}$ 是唯一确定的.

值得注意的是，如果 $\boldsymbol{A}^{(0)}$ 是奇异矩阵，其秩为 r 且前 r 行线性无关，则 $\boldsymbol{R}^{(0)}$ 的后 $n-r$ 行应为零，故 QR 算法中 $\boldsymbol{A}^{(1)}$ 的后 $n-r$ 行必为零，其左上角 r 阶主子块将唯一确定. 于是，可以仅对此子块施行 QR 算法. 因而在以上对 $\boldsymbol{A}$ 的 QR 分解中 $\boldsymbol{A}$ 奇异与否并不重要.

显然，用 LR 方法或 QR 方法近似求解，要有收敛性作保证. 我们要求序列 $\{\boldsymbol{A}^{(k)}\}$ 收敛于一种简单形式的矩阵，例如三角阵，并且对角线上元素有确定的极限. 为此有如下定理.

定理 5.14 如果当 $k\to+\infty$ 时，$\{\boldsymbol{E}^{(k)}\}$ 收敛于一个非奇异矩阵 $\boldsymbol{E}^{*}$，并且每一个 $\boldsymbol{G}^{(k)}$ 均为上三角矩阵，则 $\boldsymbol{A}^{*}=\lim\limits_{k\to+\infty}\boldsymbol{A}^{(k)}$ 存在且为一个上三角矩阵.

证明 因 $\{\boldsymbol{E}^{(k)}\}$ 收敛，则下列极限存在

$$\lim_{k\to+\infty}\boldsymbol{F}^{(k)}=\lim_{k\to+\infty}(\boldsymbol{E}^{(k-1)})^{-1}\boldsymbol{E}^{(k)}=\boldsymbol{I}$$

以及

$$\begin{aligned}\boldsymbol{G}^{*}&=\lim_{k\to+\infty}\boldsymbol{G}^{(k)}=\lim_{k\to+\infty}\boldsymbol{A}^{(k+1)}(\boldsymbol{F}^{(k)})^{-1}\\&=\lim_{k\to+\infty}(\boldsymbol{E}^{(k)})^{-1}\boldsymbol{A}^{(0)}\boldsymbol{E}^{(k)}(\boldsymbol{F}^{(k)})^{-1}=(\boldsymbol{E}^{*})^{-1}\boldsymbol{A}^{(0)}\boldsymbol{E}^{*}\end{aligned}$$

进一步，因每一个 $\boldsymbol{G}^{(k)}$ 均为上三角矩阵，故 $\boldsymbol{G}^{*}$ 为一个上三角矩阵，因此

$$\boldsymbol{A}^{*}=\lim_{k\to+\infty}\boldsymbol{A}^{(k)}=\lim_{k\to+\infty}\boldsymbol{F}^{(k)}\boldsymbol{G}^{(k)}=\boldsymbol{G}^{*}$$

存在且为上三角矩阵，证毕.

对于各种具体问题，很难给出 $\boldsymbol{E}^{(k)}$ 收敛的条件. 如果约定：只要 $\{\boldsymbol{A}^{(k)}\}$ 收敛于三角 (或分块三角) 阵，其对角线元 (或子块) 有确定极限，无论其对角线外元素 (或子块) 是否有确定的极限，都叫做**算法是收敛的或本质收敛的**.

定理 5.15 假定

(1) $\boldsymbol{A}^{(0)}=\boldsymbol{A}=\boldsymbol{XDX}^{-1}$，其中

$$\boldsymbol{D}=\begin{bmatrix}\lambda_1&&&\\&\lambda_2&&\\&&\ddots&\\&&&\lambda_n\end{bmatrix};$$

(2) $|\lambda_1| > |\lambda_2| > \cdots > |\lambda_n| > 0$;

(3) $\boldsymbol{Y} = \boldsymbol{X}^{-1}$ 有三角分解式 $\boldsymbol{Y} = \boldsymbol{L}^{(y)}\boldsymbol{U}^{(y)}$.

则 LR 算法是本质收敛的.

此外，若再假定

(4) $\boldsymbol{X}$ 有三角分解式 $\boldsymbol{X} = \boldsymbol{L}^{(x)}\boldsymbol{U}^{(x)}$,

则 LR 算法也是收敛的.

证明略.

根据定理 5.15 的条件 (3)，有

$$\boldsymbol{A}^k = \boldsymbol{X}\boldsymbol{D}^k\boldsymbol{X}^{-1} = \boldsymbol{X}\boldsymbol{D}^k\boldsymbol{L}^{(y)}\boldsymbol{U}^{(y)} = \boldsymbol{X}(\boldsymbol{D}^k\boldsymbol{L}^{(y)}\boldsymbol{D}^{-k})(\boldsymbol{D}^k\boldsymbol{U}^{(y)})$$

令 $\boldsymbol{D}^k\boldsymbol{L}^{(y)}\boldsymbol{D}^{-k} = \boldsymbol{I} + \boldsymbol{B}^{(k)}$，上式可写成

$$\boldsymbol{A}^k = \boldsymbol{X}(\boldsymbol{I} + \boldsymbol{B}^{(k)})(\boldsymbol{D}^k\boldsymbol{U}^{(y)})$$

显然，$\boldsymbol{B}^{(k)}$ 为对角线元素等于零的下三角矩阵，其元素

$$b_{ij}^{(k)} = l_{ij}^{(y)}\left(\frac{\lambda_i}{\lambda_j}\right)^k, \quad i > j$$

再根据条件 (2)，$|\lambda_i/\lambda_j| < 1,\ i > j$，故

$$\lim_{k\to+\infty} \boldsymbol{B}^{(k)} = \boldsymbol{O}$$

其中 $\boldsymbol{O}$ 表示零矩阵.

以上分析可以大致说明，QR 方法的收敛速度取决于 $|\lambda_i/\lambda_j|^k$，$i > j$. 为此，可以使用类似于幂法加速中的 Wilikinson 方法，使这些比率显著下降，从而起到加速收敛的作用. 由于进行不选主元的三角分解往往具有不稳定倾向，所以对于 LR 算法，由于没有稳定性方面的保证而限制了它的使用，对于 QR 法却不成问题. 然而，这两种方法即使采用加速形式，为了获得一个满秩阵的全部特征值，作为一般应用其效率是不够高的. 真正使用它们的场合，常常是对称三对角矩阵或者是 Hessenberg 矩阵.

例 5.9　用 LR 方法求对称正定阵

$$\boldsymbol{A} = \begin{bmatrix} 6 & 2 & 5 & 4 \\ 2 & 8 & 3 & 1 \\ 5 & 3 & 9 & 0 \\ 4 & 1 & 0 & 7 \end{bmatrix}$$

的特征值.

解 令 $\boldsymbol{A}^{(0)}=\boldsymbol{A}$，由于 $\boldsymbol{A}^{(0)}$ 对称正定，故可应用 Cholesky 分解，得

$$\boldsymbol{L}^{(0)}=\begin{bmatrix} 2.449\,489\,743 & 0 & 0 & 0 \\ 0.816\,496\,581 & 2.708\,012\,802 & 0 & 0 \\ 2.041\,241\,452 & 0.492\,365\,964 & 2.142\,640\,682 & 0 \\ 1.632\,993\,162 & -0.123\,091\,491 & -1.527\,427\,021 & 1.408\,952\,985 \end{bmatrix}$$

从而

$$\boldsymbol{A}^{(1)}=(\boldsymbol{L}^{(0)})^{\mathrm{T}}\boldsymbol{L}^{(0)}=\begin{bmatrix} 13.500000000 & 3.015113446 & 1.879369097 & 2.300810590 \\ 3.015113446 & 7.590909091 & 1.242976614 & -0.173430124 \\ 1.879369097 & 1.242976614 & 6.923942394 & -2.152072861 \\ 2.300810590 & -0.173430124 & -2.152072861 & 1.985148515 \end{bmatrix}$$

由于 $\boldsymbol{A}^{(1)}$ 与 $\boldsymbol{A}^{(0)}$ 相似，所以 $\boldsymbol{A}^{(1)}$ 也是正定阵，也可以进行 Cholesky 分解. 重复上述步骤，得第 100 次迭代结果

$$\boldsymbol{A}^{(100)}=\begin{bmatrix} 15.510886693 & 0.000000000 & 0.000000000 & 0.000000000 \\ 0.000000000 & 7.937206162 & 0.000003794 & -0.000000000 \\ 0.000000000 & 0.000003794 & 6.009944127 & -0.000000000 \\ 0.000000000 & -0.000000000 & -0.000000000 & 0.541963017 \end{bmatrix}$$

此过程显然收敛，并且已十分接近对角阵，由此得出的特征值按递减顺序分布于主对角线上. 到这一步，实际上已经相当精确地得到了特征值，其特征值是 15.510886693，7.937206162，6.009944127 和 0.541963017.

习 题 5

1. 设矩阵

$$\boldsymbol{A}=\begin{bmatrix} 2 & -2 & 3 \\ 1 & 1 & 1 \\ 1 & 3 & -1 \end{bmatrix}$$

(1) 应用定理 5.6 求出 $\boldsymbol{A}$ 的特征值所在区域；

(2) 以 $\boldsymbol{A}^{\mathrm{T}}$ 代替 $\boldsymbol{A}$ 重复做 (1)；

(3) 设 $\boldsymbol{D}=\mathrm{diag}(1,2,3)$，计算 $\boldsymbol{B}=\boldsymbol{DAD}^{-1}$，并应用定理 5.6 于 $\boldsymbol{B}$；

(4) 若 $\boldsymbol{D}=\mathrm{diag}(1,a,a)$，如何选择 a 才能使由定理 5.6 求出的 $\boldsymbol{A}$ 的实特征值所在区间长度最小.

2. 求出下列矩阵按模最大的特征值及其对应的特征向量，当结果有 3 位小数稳定时迭代

终止.

(1) $\boldsymbol{A}_1=\begin{bmatrix}2&8&9\\8&3&4\\9&4&7\end{bmatrix}$; (2) $\boldsymbol{A}_2=\begin{bmatrix}2&3&8\\3&9&4\\8&4&1\end{bmatrix}$.

3. 假设 n 阶方阵 $\boldsymbol{A}$ 有 n 个线性无关的特征向量，如果 $\boldsymbol{A}$ 按模最大的特征值是 $k>1$ 重的，证明此时乘幂法仍然收敛.

4. 用 Rayleigh 商的方法来加速乘幂法，求出下面矩阵按模最大的特征值. 该矩阵是例 5.2 中的矩阵

$$\boldsymbol{A}=\begin{bmatrix}1.8&0.7&0.1&0\\0.7&1&1.2&1\\0.1&1.2&2&0.6\\0&1&0.6&1.5\end{bmatrix}$$

5. 用反幂法求出 2 题中 $\boldsymbol{A}_2$ 按模最小的特征值.

6. 设对称矩阵 $\boldsymbol{A}$ 的特征值依序排列为

$$|\lambda_1|>|\lambda_2|>\cdots>|\lambda_n|$$

对应的特征向量 $\boldsymbol{x}_1,\boldsymbol{x}_2,\cdots,\boldsymbol{x}_n$ 线性无关. 作下式

$$\boldsymbol{D}_1=\boldsymbol{A}-\frac{\lambda_1(\boldsymbol{x}_1\boldsymbol{x}_1^{\mathrm{T}})}{\boldsymbol{x}_1^{\mathrm{T}}\boldsymbol{x}_1}$$

证明除 λ_1 已用零代替外，$\boldsymbol{D}_1$ 其余特征值和特征向量都与 $\boldsymbol{A}$ 相同. 将乘幂法用于 $\boldsymbol{D}_1$，它将收敛于 λ_2 与 $\boldsymbol{x}_2$. 如果继续对

$$\boldsymbol{D}_2=\boldsymbol{D}_1-\frac{\lambda_2(\boldsymbol{x}_2\boldsymbol{x}_2^{\mathrm{T}})}{\boldsymbol{x}_2^{\mathrm{T}}\boldsymbol{x}_2}$$

应用乘幂法，它将收敛于 λ_3 与 $\boldsymbol{x}_3$. 这一方法一直继续进行到所需要的特征值，此法叫 Hotelling 压缩法. 利用此法计算 4 题中矩阵的 λ_2 特征值.

7. 用 Jacobi 方法求下面矩阵的全部特征值和特征向量

$$\boldsymbol{A}=\begin{bmatrix}5&4&2&3\\4&8&3&2\\2&3&10&1\\3&2&1&13\end{bmatrix}$$

在每一步取按模最大的非对角线元素消零.

8. 对矩阵

$$\boldsymbol{A}=\begin{bmatrix}6&2&3&1\\2&5&4&8\\3&4&9&1\\1&8&1&7\end{bmatrix}$$

用 Householder 方法求出 $\boldsymbol{A}$ 的特征值与特征向量.

9. 设 $\boldsymbol{y}$ 是由 Householder 变换约化成的三对角矩阵 $\boldsymbol{A}_{n-1}$ 的一个特征向量. 证明矩阵 $\boldsymbol{A}$ 对应的特征向量是 $\boldsymbol{x}=\boldsymbol{U}_1\boldsymbol{U}_2\cdots\boldsymbol{U}_{n-2}\boldsymbol{y}$.

10. 证明将 LR 方法应用于带状矩阵所产生的矩阵序列 $\boldsymbol{A}_k$，均为具同样带宽的带状矩阵；将 QR 方法应用于对称带状矩阵所产生的矩阵序列 $\boldsymbol{A}_k$，均为具相同带宽的对称带状矩阵.

11. 分别用 LR 与 QR 方法求下列三对角阵的全部特征值.

(1) $\boldsymbol{A}_1=\begin{bmatrix}2 & -1 & 0\\ -1 & 2 & -1\\ 0 & -1 & 2\end{bmatrix}$; (2) $\boldsymbol{A}_2=\begin{bmatrix}7 & 3 & 0 & 0 & 0\\ 3 & 4 & 8 & 0 & 0\\ 0 & 8 & 5 & 2 & 1\\ 0 & 0 & 2 & 6 & 8\\ 0 & 0 & 1 & 8 & 9\end{bmatrix}$.

第 6 章　常微分方程数值解法

CHAPTER

6.1　引　　言

科学技术中很多问题都可用常微分方程的定解问题来描述，常微分方程初值问题中最简单的例子是人口模型. 设某特定区域在 t_0 时刻人口 $y(t_0)=y_0$ 为已知的，该区域的人口自然增长率为 λ，人口增长与人口总数成正比，所以 t 时刻的人口总数 $y(t)$ 满足以下微分方程：

$$y'(t)=\lambda y(t), \quad y(t_0)=y_0$$

很多物理系统与时间有关，从卫星运行轨道到单摆运动，从化学反应到物种竞争都是随时间的延续而不断变化的，常微分方程是描述连续变化的数学语言. 微分方程的求解就是确定满足给定方程的可微函数 $y(t)$，研究它的数值方法是本章的主要目的. 考虑一阶常微分方程的初值问题

$$\begin{aligned} &y'=f(x,y), \quad x\in[a,b] \\ &y(a)=\eta \end{aligned} \tag{6.1.1}$$

如果存在实数 $L>0$，使得

$$|f(x,y_1)-f(x,y_2)|\leqslant L|y_1-y_2|, \quad y_1,y_2\in\mathbb{R} \tag{6.1.2}$$

则称 f 关于 y 满足**利普希茨**(Lipschitz)**条件**，L 称为 f 的 **Lipschitz 常数**.

由常微分方程理论的基本内容可知：当 f 在区域 $D=\{(x,y)|a\leqslant x\leqslant b, y\in\mathbb{R}\}$ 上连续，且关于 y 满足 Lipschitz 条件时，对任意 η，常微分方程初值问题 (6.1.1) 当 $x\in[a,b]$ 时存在唯一的连续可微解 $y(x)$.

虽然初值问题 (6.1.1) 对很大一类右端函数有解，但求出所需的解绝非易事. 事实上，除了极特殊情形外，人们不可能求出它的精确解，只能用各种近似方法得到满足一定精度的近似解. 我们已经熟悉的级数解法和 Picard 逐步逼近法，可以给出解的近似表达式，称为近似解析方法. 另一类近似方法只给出解在一些离散点上的近似值，称为数值方法. 由于后一类方法的应用范围更广，特别适合用计算机计算，所以本章只讨论初值问题的数值解法.

所谓数值解法，就是通过某种离散化方法，将微分方程转化为差分方程来求解，寻求解 $y(x)$ 在一系列离散节点

$$a = x_0 < x_1 < \cdots < x_n < x_{n+1} < \cdots$$

上的近似值 $y_0, y_1, \cdots, y_n, y_{n+1}, \cdots$. 即建立求 $y(x_n)$ 的近似值 y_n 的递推格式，由此求得解 $y(x)$ 在各节点上的近似值. 相邻两个节点的间距 $h = x_{n+1} - x_n$ 称为步长，本章总是假定 h 为定数，这时节点 $x_n = x_0 + nh, n = 0, 1, 2, \cdots$. 因此，这样得到的数值解法也称为**差分方法**.

解初值问题 (6.1.1) 的数值解法，其特点是都采取步进式的方法，即求解过程顺着节点排列的次序一步一步地向前推进. 这种数值解法可区分为两大类.

(1) 单步法：此类方法在计算 x_{n+1} 上的近似值 y_{n+1} 时只用到了前一点 x_n 上的信息. 如 Euler 法、Runge-Kutta 法、Taylor 级数法就是这类方法的典型代表.

(2) 多步法：此类方法在计算 y_{n+1} 时，除了需要 x_n 点的信息外，还需要前面若干个点 $x_{n-1}, x_{n-2}, \cdots$ 上的信息，线性多步法是这类方法的典型代表.

构造有实用价值的数值解法主要研究以下问题.

(1) 方法的推导：即考虑通过什么样的离散化方法来导出递推计算格式 (亦即差分方程). 这就涉及逼近准则、逼近精度等基本问题. 重要的是，要构造出有实用价值的方法还需考虑下面若干问题.

(2) 收敛性：即差分方程的解能否充分逼近微分方程初值问题的解.

(3) 误差的传播：在递推计算过程中，每步都将产生截断误差和舍入误差，并且这个误差对以后各步的结果将会产生影响. 这种误差传播现象是非常重要的，这就是稳定性问题的讨论，一个稳定的方法一般不会把某一步上引入的误差在以后各步上放大.

作为方法的实际应用，还需考虑下面的问题.

(1) 误差估计：这是一个重要而且困难的问题. 一方面，从理论上我们需要了解哪些因素影响计算结果；另一方面，从实际计算上考虑，只有给出误差估计，才可能调整计算以便达到所希望的精度. 而误差本身依赖于每步上的截断误差和舍入误差，并且严重地依赖于误差积累的方式.

(2) 解的启动：因为 (6.1.1) 仅给出了 $y(x)$ 在 $x = x_0$ 上的初始条件，而多步法需要更多点上 y_i 的值才能开始启动计算，这就需要其他的方法帮助启动计算. 与此相关的问题还有计算过程中要改变相继节点的间距问题，即变步长问题.

为了保证初值问题 (6.1.1) 解存在并且唯一，今后总假设函数 $f(x, y)$ 关于 y 满足 Lipschitz 条件：

$$|f(x, y_1) - f(x, y_2)| \leqslant L|y_1 - y_2|, \quad y_1, y_2 \in \mathbb{R}$$

6.2 Euler 方法

一般说来，对方程 (6.1.1) 实施不同的离散化会导致不同的数值方法，然而一种数值方法也可以通过不同的离散化方法得到. 下面假设 $y(x)$ 是方程 (6.1.1) 的精确解，介绍导出 Euler 方法的三种途径. 实际上，几乎所有的差分方法均可由这三种离散化途径中的一种导出.

6.2.1 Taylor 展开方法

在 x_n 点展开 $y(x_{n+1})$ 为

$$y(x_{n+1}) = y(x_n) + hy'(x_n) + \frac{h^2}{2!}f''(\xi_n), \quad \xi_n \in (x_n, x_{n+1}) \tag{6.2.1}$$

当 h 充分小时，略去误差项

$$T_n = \frac{h^2}{2!}y''(\xi_n) \tag{6.2.2}$$

得微分方程 (6.1.1) 精确解的近似关系式 (注意：$y'(x_n) = f(x_n, y(x_n))$)

$$y(x_{n+1}) \approx y(x_n) + hf(x_n, y(x_n)) \tag{6.2.3}$$

设 y_i 为 $y(x_i)$ 的近似值, $i = 1, 2, \cdots, n$，在上式中用 y_n 代替 $y(x_n)$，并用等号 "=" 代替近似等号 "≈"，则得到差分方程初值问题

$$\begin{cases} y_{n+1} = y_n + hf(x_n, y_n), \quad n = 0, 1, \cdots, N-1, \quad h = \dfrac{b-a}{N} \\ y_0 = \eta \end{cases} \tag{6.2.4}$$

这种求解微分方程 (6.1.1) 的数值方法称为**Euler 法**.

6.2.2 化导数为差商的方法

由导数的定义知，对于充分小的 h

$$\frac{y(x_{n+1}) - y(x_n)}{h} \approx y'(x_n) = f(x_n, y(x_n)),$$

由此可得

$$y(x_{n+1}) \approx y(x_n) + hf(x_n, y(x_n))$$

于是推出 Euler 法 (6.2.4).

6.2.3 数值积分方法

在 $[x_n, x_{n+1}]$ 上对 $y'(x) = f(x, y(x))$ 积分得

$$y(x_{n+1}) = y(x_n) + \int_{x_n}^{x_{n+1}} f(x, y(x))\mathrm{d}x \tag{6.2.5}$$

对于积分项，利用数值积分的左矩形公式

$$\int_a^{a+h} g(x)\mathrm{d}x \approx hg(a)$$

得

$$y(x_{n+1}) \approx y(x_n) + hf(x_n, y(x_n))$$

于是推出 Euler 法 (6.2.4).

如果在 (6.2.5) 式中右端积分用右矩形公式 $hf(x_{n+1}, y(x_{n+1}))$ 近似，则得另一公式

$$y(x_{n+1}) \approx y(x_n) + hf(x_{n+1}, y(x_{n+1})) \tag{6.2.6}$$

称为**后退的 Euler 法**. 它也可以通过均差近似导数 $y'(x_{n+1})$，即

$$\frac{y(x_{n+1}) - y(x_n)}{x_{n+1} - x_n} \approx y'(x_{n+1}) = f(x_{n+1}, y(x_{n+1}))$$

直接得到.

后退的 Euler 公式与 Euler 公式有着本质的区别，后者是关于 y_{n+1} 的一个直接计算公式，这类公式称作是**显式的**；然而 (6.2.6) 式的右端含有未知的 y_{n+1}，它实际上是关于 y_{n+1} 的一个函数方程，这类公式称作是隐式的. 显式与隐式两类方法各有特点，考虑到数值稳定性等其他因素，有时需要选用隐式方法，但使用显式方法远比隐式方法方便. 隐式方法 (6.2.6) 通常用迭代法求解，而迭代过程的实质是逐步显式化. 设用 Euler 公式

$$y_{n+1}^{(0)} = y_n + hf(x_n, y_n)$$

给出迭代初值 $y_{n+1}^{(0)}$，用它代入 (6.2.6) 式的右端，使之转化为显式，直接计算得

$$y_{n+1}^{(1)} = y_n + hf(x_{n+1}, y_{n+1}^{(0)})$$

然后用 $y_{n+1}^{(1)}$ 代入 (6.2.6) 式，又有

$$y_{n+1}^{(2)} = y_n + hf(x_{n+1}, y_{n+1}^{(1)})$$

如此反复进行得

$$y_{n+1}^{(k+1)} = y_n + hf(x_{n+1}, y_{n+1}^{(k)}), \quad k = 0, 1, \cdots \tag{6.2.7}$$

由于 $f(x,y)$ 对 y 满足 Lipschitz 条件 (6.1.2). 由 (6.2.7) 式减 (6.2.6) 式得

$$|y_{n+1}^{(k+1)} - y_{n+1}| = h|f(x_{n+1}, y_{n+1}^{(k)}) - f(x_{n+1}, y_{n+1})| \leqslant hL|y_{n+1}^{(k)} - y_{n+1}|$$

由此可知，只要 $hL < 1$, 迭代法 (6.2.7) 就收敛到解 y_{n+1}.

Euler 法有明显的几何意义，见图 6.1. 设 $y(x)$ 是初值问题 (6.1.1) 的解曲线，那么 $P_1(x_1, y_1)(x_1 = x_0 + h, y_1 = y_0 + hf(x_0, y_0))$ 就是解曲线 $y(x)$ 在点 P_0 的切线上的一个点. 而点 $P_2(x_2, y_2)$ 则是通过 P_1 与解曲线过 $(x_1, y(x_1))$ 的切线平行的直线上的点. 依此类推，这样推得的 $y_n(n = 0, 1, 2, \cdots, N)$ 就取作初值问题 (6.1.1) 在点列 $x_n(n = 0, 1, 2, \cdots, N)$ 上的数值解. 可以把点 $P_0, P_1, \cdots, P_N$ 连成的折线看作是方程 (6.1.1) 的解曲线 $y(x)$ 的近似曲线. 因此，Euler 方法又称为**Euler 折线法**.

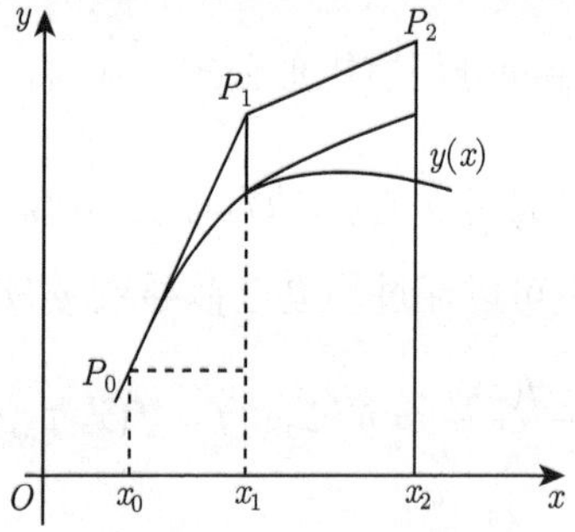

图 6.1　Euler 法示意图

例 6.1　用 Euler 法求解初值问题

$$\begin{cases} y' = y - \dfrac{2x}{y}, & 0 < x < 1 \\ y(0) = 1 \end{cases}$$

解　求解这个初值问题的 Euler 法公式为

$$y_{n+1} = y_n + h\left(y_n - \frac{2x_n}{y_n}\right)$$

取步长 $h = 0.1$ 计算结果见表 6.1.

表 6.1

x_n	y_n	$y(x_n)$	x_n	y_n	$y(x_n)$
0.1	1.1000	1.0954	0.6	1.5090	1.4832
0.2	1.1918	1.1832	0.7	1.5803	1.5492
0.3	1.2774	1.2649	0.8	1.6498	1.6125
0.4	1.3582	1.3416	0.9	1.7178	1.6733
0.5	1.4351	1.4142	1.0	1.7848	1.7321

我们将解 $y=\sqrt{1+2x}$ 的精确值 $y(x_n)$ 同近似值 y_n 一起列在表 6.1 中，两者比较可以看出 Euler 法的精度很低.

6.3 Runge-Kutta 法

在导出 Euler 法公式 (6.2.4) 时只用到了 Taylor 展开式的前二项，如果想获得求问题 (6.1.1) 更高阶的方法，可以采用更多的项，如用 $r+1$ 项，就可得到 **r 阶 Taylor 级数法**

$$y_{n+1}=y_n+hy_n'+\frac{h^2}{2!}y_n''+\cdots+\frac{h^r}{r!}y_n^{(r)} \tag{6.3.1}$$

局部截断误差为

$$T_n=\frac{h^{r+1}}{(r+1)!}y^{(r+1)}(\zeta_n),\quad \zeta_n\in(x_n,x_{n+1}) \tag{6.3.2}$$

Taylor 级数法不仅可以作为一个独立的方法来使用，也可用来求多步法的启动值. 这个方法是单步法，因而容易改变步长且能达到较高的精度. 但由于它是直接使用 Taylor 展开式，需要计算右端函数的高阶导数，不适于程序计算和一般性的应用. 因此，一个自然的改进思想是：保留其单步法具有高精度的优点，同时又避免计算 $f(x,y)$ 的导数. Runge 首先提出了间接使用 Taylor 展开式的方法，即用在若干点上函数值 f 的线性组合来代替 f 的导数，然后按 Taylor 公式展开，确定其中的系数，以提高方法的阶数. 这一过程的实现产生了 Runge-Kutta(龙格-库塔) 方法，简称 RK 法. 这类方法不仅是多步法启动求解和改变步长的一般途径，当函数 $f(x,y)$ 比较简单时，它们也可以作为一个独立的方法使用，其速度可与预测校正法相抗衡.

6.3.1 RK 法的一般形式

显式 RK 法的一般形式为

$$\begin{cases} y_{n+1}=y_n+h\displaystyle\sum_{i=1}^{s}b_iK_i \\ K_i=f\left(x_n+c_ih,y_n+h\displaystyle\sum_{j=1}^{i-1}\alpha_{ij}K_j\right),\quad i=1,2,\cdots,s \end{cases} \tag{6.3.3}$$

其中，b_i,c_i,α_{ij} 都是常数，$c_1=0,\alpha_{1j}=0,j=1,2,\cdots,s-1$.

由 K_i 的表示式显见，(6.3.3) 式是显式单步法，称为 **s 级 RK 法**.

s 级 RK 方法的局部截断误差定义为

$$T_n = y(x_{n+1}) - y(x_n) - h\sum_{i=1}^{s} b_i K_i \tag{6.3.4}$$

其中 $y(x)$ 是 (6.1.1) 的解，假设 $K_i(i=1,2,\cdots,s)$ 中的 $y_n = y(x_n)$. 则

$$T_n = y(x_{n+1}) - y_{n+1} \tag{6.3.5}$$

常数 b_i, c_i, α_{ij} 可用待定系数法确定. 确定的原则是将局部截断误差按 Taylor 级数展开，选取系数使它关于 h 的阶数尽可能高一些，即尽量使方法达到最高阶. 下面以二级 RK 法为例来说明如何确定 RK 法中的系数.

6.3.2　二级 RK 法

当 $s=2$ 时，(6.3.3) 式为

$$\begin{cases} y_{n+1} = y_n + hb_1K_1 + hb_2K_2 \\ K_1 = f(x_n, y_n) \\ K_2 = f(x_n + c_2h, y_n + h\alpha_{21}K_1) \end{cases} \tag{6.3.6}$$

将 K_2 在 (x_n, y_n) 点 Taylor 展开得

$$\begin{aligned} K_2 = {} & f(x_n,y_n) + c_2hf'_x(x_n,y_n) + h\alpha_{21}K_1f'_y(x_n,y_n) \\ & + \frac{1}{2!}[c_2^2h^2f''_{xx}(x_n,y_n) + 2c_2h^2\alpha_{21}K_1f''_{xy}(x_n,y_n) \\ & + h^2\alpha_{21}^2K_1^2f''_{yy}(x_n,y_n)] + O(h^3) \end{aligned}$$

此时利用了二元函数 Taylor 级数

$$f(x+a, y+b) = \sum_{j=0}^{q} \frac{1}{j!}\left(a\frac{\partial}{\partial x} + b\frac{\partial}{\partial y}\right)^j f(x,y) + \cdots \tag{6.3.7}$$

其中

$$\left(a\frac{\partial}{\partial x} + b\frac{\partial}{\partial y}\right)^j f(x,y) = \sum_{i=0}^{j} \begin{pmatrix} j \\ i \end{pmatrix} a^{j-i}b^i \frac{\partial^j f}{\partial x^{j-i}\partial y^i}$$

为书写方便，把 $f(x_n, y_n)$ 及其偏导数中的 x_n, y_n 省略不写，并注意 $K_1 = f$，代入 (6.3.6) 式得

$$\begin{aligned} y_{n+1} = {} & y_n + h(b_1+b_2)f + b_2h^2(c_2f'_x + \alpha_{21}ff'_y) \\ & + \frac{1}{2}b_2h^3(c_2^2f''_{xx} + 2c_2\alpha_{21}f''_{xy}f + \alpha_{21}^2f''_{yy}f^2) + O(h^4) \end{aligned} \tag{6.3.8}$$

再将 $y(x_{n+1})$ 在 x_n 点 Taylor 展开得

$$y(x_{n+1})=y(x_n)+hy'(x_n)+\frac{h^2}{2!}y''(x_n)+\frac{h^3}{3!}y'''(x_n)+O(h^4)$$

将 $y(x)$ 的高阶导数用 f 的偏导数来表示，即得

$$\begin{aligned}y(x_{n+1})=&y(x_n)+hf+\frac{h^2}{2!}(f'_x+f'_yf)+\frac{h^3}{3!}[f''_{xx}+2f''_{xy}f+f''_{yy}f^2\\&+f'_y(f'_x+f'_yf)]+O(h^4)\end{aligned} \tag{6.3.9}$$

其中 f 及其偏导数均在点 $(x_n,y(x_n))$ 处取值. 于是当 $y_n=y(x_n)$ 时，由 (6.3.8) 式和 (6.3.9) 式得

$$\begin{aligned}T_n=&y(x_{n+1})-y_{n+1}\\=&h(1-b_1-b_2)f+h^2\left[\left(\frac{1}{2}-b_2c_2\right)f'_x\right.\\&\left.+\left(\frac{1}{2}-\alpha_{21}b_2\right)f'_yf\right]+h^3\left[\left(\frac{1}{6}-\frac{1}{2}b_2c_2^2\right)f'_{xx}\right.\\&+\left(\frac{1}{3}-c_2\alpha_{21}b_2\right)f''_{xy}f+\left(\frac{1}{6}-\frac{1}{2}b_2\alpha_{21}^2\right)f''_{yy}f^2\\&\left.+\frac{1}{6}f'_y\left(f'_x+f'_yf\right)\right]+O(h^4)\end{aligned} \tag{6.3.10}$$

显然，要使 T_n 的阶数尽可能地高，应选取 b_1,b_2,c_1,α_{21} 使上式右边的 h 和 h^2 的系数为零，即满足方程

$$\begin{cases}b_1+b_2=1\\b_2c_2=\dfrac{1}{2}\\b_2\alpha_{21}=\dfrac{1}{2}\end{cases} \tag{6.3.11}$$

这是四个未知数的三个方程，有无穷多解. 以 c_2 为自由参数得

$$\begin{cases}b_2=\dfrac{1}{2c_2}\\\alpha_{21}=c_2\\b_1=1-\dfrac{1}{2c_2}\end{cases} \tag{6.3.12}$$

此时

$$T_n=h^3\left[\left(\frac{1}{6}-\frac{c_2}{4}\right)(f''_{xx}+2f''_{xy}f+f''_{yy}f^2)+\frac{1}{6}f'_y(f'_x+f'_yf)\right]+O(h^4) \tag{6.3.13}$$

对于一般函数 $f(x,y)$，由于 $f_y'(f_x'+f_y'f)\neq 0$，由上式可见，即使选取 $c_2=\dfrac{2}{3}$，使 $\dfrac{1}{6}-\dfrac{c_2}{4}=0$, 也只能有

$$T_n=O(h^3)$$

这说明二级 RK 法最高只能达到二阶.

对于满足 (6.3.12) 式的 b_1,b_2,c_1,α_{21}，(6.3.6) 式构成了一族二级二阶 RK 法. 选取不同的 c_2 可得各种二级二阶 RK 法. 下面给出几个常用的二级二阶 RK 法.

(1) 中点方法 $\left(\text{取}c_2=\dfrac{1}{2}\right)$

$$y_{n+1}=y_n+hf\left[x_n+\frac{h}{2},y_n+\frac{h}{2}f(x_n,y_n)\right] \tag{6.3.14}$$

(2) Heun 方法 $\left(\text{取}c_2=\dfrac{2}{3}\right)$

$$y_{n+1}=y_n+\frac{h}{4}\left[f(x_n,y_n)+3f\left(x_n+\frac{2}{3}h,y_n+\frac{2}{3}hf(x_n,y_n)\right)\right] \tag{6.3.15}$$

(3) 改进的 Euler 方法 (取 $c_2=1$)

$$y_{n+1}=y_n+\frac{h}{2}[f(x_n,y_n)+f(x_n+h,y_n+hf(x_n,y_n))] \tag{6.3.16}$$

其中 Heun 公式是选择参数 c_2，使 (6.3.4) 式中 h^3 项系数的累积达到极小化得到的.

6.3.3 四级 RK 法

类似于二级二阶方法的推导，可以得到其他级的 RK 法，只是推导更繁琐一些. 在此就不推导了. 只给出结论:

s 级 RK 法的阶，当 $s\leqslant 4$ 时，最高可达四阶；当 $s>4$ 时，情况则不同，当 $s=5,6,7$ 时，最高阶可达 $s-1$；当 $s=8,9$ 时，最高阶可达 $s-2$；当 $s=10$ 时，最高阶可达 7; 当 $s=11$ 时，最高阶可达 8. 可见，四级以上公式，计算函数值 f 的工作量是增加较快的，而精度即阶提高较慢. 因此，在实际应用中，最常用的是四级 RK 法，现给出四级四阶 RK 法的经典方法公式

$$\begin{cases}y_{n+1}=y_n+\dfrac{h}{6}(K_1+2K_2+2K_3+K_4)\\ K_1=f(x_n,y_n),\quad K_2=f\left(x_n+\dfrac{h}{2},y_n+\dfrac{h}{2}K_1\right)\\ K_3=f\left(x_n+\dfrac{h}{2},y_n+\dfrac{h}{2}K_2\right),\quad K_4=f(x_n+h,y_n+hK_3)\end{cases} \tag{6.3.17}$$

例 6.2 分别用改进的 Euler 法 (取 $h = 0.1$) 和经典四级四阶 RK 法 (取 $h = 0.2$) 求解初值问题

$$\begin{cases} y' = y - \dfrac{2x}{y}, & 0 \leqslant x \leqslant 1 \\ y(0) = 1 \end{cases}$$

解 (1) 改进的 Euler 法公式为

$$\begin{cases} y_p = y_n + h\left(y_n - \dfrac{2x_n}{y_n}\right) \\ y_c = y_n + h\left(y_p - \dfrac{2x_{n+1}}{y_p}\right) \\ y_{n+1} = \dfrac{1}{2}(y_p + y_c) \end{cases}$$

取 $h = 0.1$，计算结果见表 6.2.

表 6.2

x_n	y_n	$y(x_n)$	x_n	y_n	$y(x_n)$
0.1	1.0959	1.0954	0.6	1.4860	1.4832
0.2	1.1841	1.1832	0.7	1.5525	1.5492
0.3	1.2662	1.2649	0.8	1.6153	1.6125
0.4	1.3434	1.3416	0.9	1.6782	1.6733
0.5	1.4164	1.4142	1.0	1.7379	1.7321

(2) 经典四级四阶 RK 公式为

$$\begin{cases} y_{n+1} = y_n + \dfrac{h}{6}(K_1 + 2K_2 + 2K_3 + K_4) \\ K_1 = y_n - \dfrac{2x_n}{y_n}, \quad K_2 = y_n + \dfrac{h}{2}K_1 - \dfrac{2x_n + h}{y_n + \dfrac{h}{2}K_1} \\ K_3 = y_n + \dfrac{h}{2}K_2 - \dfrac{2x_n + h}{y_n + \dfrac{h}{2}K_2}, \quad K_4 = y_n + hK_3 - \dfrac{2(x_n + h)}{y_n + hK_3} \end{cases}$$

取 $h = 0.2$，计算结果见表 6.3.

比较这两个结果，显然是四阶 RK 法的精度高. 但是，由于 RK 法的导出是基于 Taylor 级数法，因此在使用 RK 法时，要求解具有较好的光滑性. 若解的光滑性差，使用四阶 RK 法求得的数值解，其精度可能反而不如用改进的 Euler 法取较小的步长来计算. 因此在实际计算时，我们应针对问题的具体特点选择合适的数值方法.

表 6.3

x_n	y_n	$y(x_n)$
0.2	1.1832	1.1832
0.4	1.3417	1.3416
0.6	1.4833	1.4832
0.8	1.6125	1.6125
1.0	1.7321	1.7321

6.3.4　变步长的 RK 方法

单从每一步看，步长越小，截断误差就越小，但随着步长的缩小，在一定求解范围内所要完成的步数就增加了. 步数的增加不但引起计算量的增大，而且可能导致舍入误差的严重积累. 因此同积分的数值计算一样，微分方程的数值解法也有个选择步长的问题.

在选择步长时，需要考虑两个问题:

(1) 怎样衡量和检验计算结果的精度?

(2) 如何依据所获得的精度处理步长?

考察经典的四阶 RK 公式 (6.3.17)，从节点 x_n 出发，先以 h 为步长求出一个近似值，记为 $y_{n+1}^{(h)}$，由于公式的局部截断误差为 $O(h^5)$，故有

$$y(x_{n+1}) - y_{n+1}^{(h)} \approx ch^5 \tag{6.3.18}$$

然后将步长折半，即取 $\dfrac{h}{2}$ 为步长从 x_n 跨两步到 x_{n+1}，再求得一个近似值 $y_{n+1}^{(\frac{h}{2})}$，每跨一步的截断误差是 $c\left(\dfrac{h}{2}\right)^5$，因此有

$$y(x_{n+1}) - y_{n+1}^{(\frac{h}{2})} \approx 2c\left(\frac{h}{2}\right)^5 \tag{6.3.19}$$

比较两式我们看到，步长折半后，误差大约减少到 $\dfrac{1}{16}$，即有

$$\frac{y(x_{n+1}) - y_{n+1}^{(\frac{h}{2})}}{y(x_{n+1}) - y_{n+1}^{(h)}} \approx \frac{1}{16}$$

由此易得下列事后估计式:

$$y(x_{n+1}) - y_{n+1}^{(\frac{h}{2})} \approx \frac{1}{15}\left[y_{n+1}^{(\frac{h}{2})} - y_{n+1}^{(h)}\right]$$

这样我们可以通过检查步长折半前后两次计算结果的偏差

$$\Delta = \left|y_{n+1}^{(\frac{h}{2})} - y_{n+1}^{(h)}\right|$$

来判定所选的步长是否合适，具体地说，将区分以下两种情况处理：

(1) 对于给定的精度 ε，如果 $\Delta > \varepsilon$，我们反复将步长折半进行计算，直至 $\Delta < \varepsilon$ 为止，这时取最终得到的 $y_{n+1}^{\left(\frac{h}{2}\right)}$ 作为结果；

(2) 如果 $\Delta < \varepsilon$，我们将反复将步长加倍，直到 $\Delta > \varepsilon$ 为止，这时再将步长折半一次，就得到所要的结果.

这种通过加倍或折半处理步长的方法称为**变步长方法**，表面上看，为了选择步长，每一步的计算量增加了，但总体考虑往往是合算的.

6.4 单步法的收敛性与相容性

数值解法的基本思想是，通过某种离散化手段将微分方程 (6.1.1) 化为差分方程，如单步法，即

$$y_{n+1} = y_n + h\varphi(x_n, y_n, h) \tag{6.4.1}$$

它在 x_n 处的解为 y_n，而初值问题在 x_n 处的精确解为 $y(x_n)$，记 $e_n = y(x_n) - y_n$ 称为**整体截断误差**. 收敛性就是讨论当 $x = x_n$ 固定且 $h = \dfrac{x_n - x_0}{n} \to 0$ 时 $e_n \to 0$ 的问题.

定义 6.1 若一种数值方法 (如单步法 (6.4.1)) 对于固定的 $x_n = x_0 + nh$，当 $h \to 0$ 时有 $y_n \to y(x_n)$，其中 $y(x)$ 是初值问题 (6.1.1) 的准确解，则称该方法是收敛的. 显然数值方法收敛是指 $e_n = y(x_n) - y_n \to 0$，对单步法 (6.4.1) 有下述收敛性定理.

定理 6.1 假设单步法 (6.4.1) 具有 p 阶精度，且增量函数 $\varphi(x, y, h)$ 关于 y 满足 Lipschitz 条件

$$|\varphi(x, y, h) - \varphi(x, \bar{y}, h)| \leqslant L_\varphi |y - \bar{y}| \tag{6.4.2}$$

又设初值 y_0 是准确的，即 $y_0 = y(x_0)$，则其整体截断误差

$$y(x_n) - y_n = O(h^p) \tag{6.4.3}$$

证明 设以 $\bar{y}_{n+1}$ 表示取 $y_n = y(x_n)$ 用公式 (6.4.1) 求得的结果，即

$$\bar{y}_{n+1} = y(x_n) + h\varphi(x_n, y(x_n), h) \tag{6.4.4}$$

则 $y(x_{n+1}) - \bar{y}_{n+1}$ 为局部截断误差，由于所给方法具有 p 阶精度，因此存在常数 C，使得

$$|y(x_{n+1}) - \bar{y}_{n+1}| \leqslant Ch^{p+1}$$

又由 (6.4.1) 式与 (6.4.4) 式，得

$$|\bar{y}_{n+1} - y_{n+1}| \leqslant |y(x_n) - y_n| + h|\varphi(x_n, y(x_n), h) - \varphi(x_n, y_n, h)|$$

利用假设条件 (6.4.2)，有

$$|y(x_{n+1}) - y_{n+1}| \leqslant (1 + hL_\varphi)|y(x_n) - y_n|$$

从而有

$$\begin{aligned}|y(x_{n+1}) - y_{n+1}| &\leqslant |\bar{y}_{n+1} - y_{n+1}| + |y(x_{n+1}) - \bar{y}_{n+1}| \\ &\leqslant (1 + hL_\varphi)|y(x_n) - y_n| + Ch^{p+1}\end{aligned}$$

即对整体截断误差 $e_n = y(x_n) - y_n$ 成立下列递推关系式:

$$|e_{n+1}| \leqslant (1 + hL_\varphi)|e_n| + Ch^{p+1}$$

据此不等式反复递推可得

$$|e_n| \leqslant (1 + hL_\varphi)^n|e_0| + \frac{Ch^p}{L_\varphi}[(1 + hL_\varphi)^n - 1]$$

再注意到当 $x_n - x_0 = nh \leqslant T$ 时

$$(1 + hL_\varphi)^n \leqslant (e^{hL_\varphi})^n \leqslant e^{TL_\varphi}$$

最终得下列估计式:

$$|e_n| \leqslant |e_0|e^{TL_\varphi} + \frac{Ch^p}{L_\varphi}(e^{TL_\varphi} - 1)$$

由此可断定，如果 $e_n = 0$，则定理成立.

依据这一定理，判断单步法 (6.4.1) 的收敛性，归结为验证增量函数 φ 能否满足 Lipschitz 条件 (6.4.2). 对于 Euler 方法，由于其增量函数 φ 就是 $f(x, y)$，故当 $f(x, y)$ 关于 y 满足 Lipschitz 条件时它是收敛的.

再考察改进的欧拉方法，其增量函数为

$$\varphi(x_n, y_n, h) = \frac{1}{2}[f(x_n, y_n) + f(x_n + h, y_n + hf(x_n, y_n))]$$

此时有

$$\begin{aligned}|\varphi(x, y, h) - \varphi(x, \bar{y}, h)| \leqslant \frac{1}{2}[&|f(x, y) - f(x, \bar{y})| + |f(x + h, y + hf(x, y)) \\ &- f(x + h, \bar{y} + hf(x, \bar{y}))|]\end{aligned}$$

假设 $f(x, y)$ 关于 y 满足 Lipschitz 条件，记 Lipschitz 常数为 L，则由上式推得

$$|\varphi(x, y, h) - \varphi(x, \bar{y}, h)| \leqslant L\left(1 + \frac{h}{2}L\right)|y - \bar{y}|$$

假定 $h \leqslant h_0$(h_0 为定数)，上式表明 φ 关于 y 的 Lipschitz 常数

$$L_\varphi = L\left(1 + \frac{h_0}{2}L\right)$$

因此改进的 Euler 方法也是收敛的. 类似地，不难验证其他 RK 法的收敛性.

定理 6.1 表明 $p \geqslant 1$ 时单步法收敛，并且当 $y(x)$ 是初值问题 (6.1.1) 的解，式 (6.4.1) 具有 p 阶精度时，则有展开式

$$\begin{aligned}T_{n+1} &= y(x+h) - y(x) - h\varphi(x, y(x), h)\\&= y'(x)h + \frac{y''(x)}{2}h^2 + \cdots - h[\varphi(x, y(x), 0) + \varphi'_x(x, y(x), 0)h + \cdots]\\&= h[y'(x) - \varphi(x, y(x), 0)] + O(h^2)\end{aligned}$$

所以 $p \geqslant 1$ 的充要条件是 $y'(x) - \varphi(x, y(x), 0) = 0$，而 $y'(x) = f(x, y(x))$，于是可给出如下定义.

定义 6.2　若单步法 (6.4.1) 的增量函数 φ 满足

$$\varphi(x, y, 0) = f(x, y)$$

则称**单步法 (6.4.1) 与初值问题 (6.1.1) 相容**.

相容性是指数值方法逼近微分方程 (6.1.1)，即微分方程 (6.1.1) 离散化得到的数值方法，当 $h \to 0$ 时可得到 $y'(x) = f(x, y)$.

于是有下面定理.

定理 6.2　p 阶方法 (6.4.1) 与初值问题 (6.1.1) 相容的充分必要条件是 $p \geqslant 1$.

由定理 6.1 可知单步法 (6.4.1) 收敛的充分必要条件是方法 (6.4.1) 是相容的.

6.5　线性多步法

6.5.1　线性多步法的一般形式

在下列讨论中仍记 $y(x)$ 是问题 (6.1.1) 的精确解，y_i 是 $y(x_i)$ 的近似值，$y'_i = f(x_i, y_i)$ 是 $y'(x_i) = f(x_i, y(x_i))$ 的近似. 假设步长 $h = x_{i+1} - x_i$ 为常数.

线性多步法的基本思想，是利用前面若干个节点上 $y(x)$ 及其一阶导数的近似值的线性组合来逼近下一个节点上 $y(x)$ 的值. 当然，也可以使用 $y(x)$ 的高阶导数的近似值，但由于计算二阶及其二阶以上的导数值比较困难，因此，我们仅采用下列形式

$$y_{n+1} = \sum_{i=0}^{p} a_i y_{n-i} + h\sum_{i=-1}^{p} b_i y'_{n-i}, \quad n = p, p+1, \cdots \tag{6.5.1}$$

来逼近 $y(x_{n+1})$，其中 a_i, b_i 为待定常数，p 为非负整数. (6.5.1) 式就是线性多步法的一般形式. 关于 (6.5.1) 式有下列几点说明.

(1) (6.5.1) 式在某些特殊情形中允许任何 a_i 或 b_i 为零，但恒假设 a_p 和 b_p 不能同时全为零，此时称 (6.5.1) 式为 $p+1$ 步法，它需要 $p+1$ 个初始值 $y_0, y_1, \cdots, y_p$. 当 $p=0$ 时，(6.5.1) 式定义了一类 1 步法，即单步法.

(2) 若 $b_{-1}=0$，此时 (6.5.1) 式的右端都是已知的，能够直接计算出 y_{n+1}，故此时称 (6.5.1) 式为显式方法；若 $b_{-1}\neq 0$，则 (6.5.1) 式的右端含有未知项 $y'_{n+1} = f(x_{n+1}, y_{n+1})$，(6.5.1) 式实际上是一个函数方程，此时称其为隐式方法. 这类方法在递推计算的每一步都需迭代求解关于 y_{n+1} 的隐式方程，直接使用很困难，但同时也带来人们所期望的优越性，如数值计算的稳定性较好.

(3) 利用 (6.5.1) 式来求解 (6.1.1) 式，其实质是用 $p+1$ 阶差分方程来逼近一阶微分方程. 就差分方程本身来说其理论分析并不比微分方程来得容易，但是只要提供了起始值往往就可以计算出我们所需要的序列 $\{y_n\}$.

(4) 从 (6.5.1) 式可以看出，当 $b_{-1}=0$ 时，能推算出由 $x_{n-i}(i=0,1,\cdots,p)$ 所张成的区间外的点 x_{n+1} 上的 y_{n+1} 的值，所以 (6.5.1) 式为一个外推过程；当 $b_{-1}\neq 0$ 时，式 (6.5.1) 仍定义了 y_{n+1} 为 $y_n, \cdots, y_{n-p}$; $y'_{n+1}, \cdots, y'_{n-p}$ 的某一函数，故 (6.5.1) 式仍是一个外推过程. 因此常微分方程初值问题的数值解法实质上是相继外推的过程.

6.5.2　线性多步法的逼近准则

考虑线性多步法的逼近准则，想法相仿于数值积分中的代数精度的概念，为此需要给出所谓 “准确成立” 的概念.

设 $y(x)$ 是 (6.1.1) 式的解，我们称 (6.5.1) 式对 $y(x)$ 准确成立，是指将 $y(x)$ 代入 (6.5.1) 式时两端相等，即

$$y(x_{n+1}) = \sum_{i=0}^{p} a_i y(x_{n-i}) + h\sum_{i=-1}^{p} b_i y'(x_{n-i}), \quad n = p, p+1, \cdots$$

定义 6.3　如果对任意 $y(x)\in M_r$，(6.5.1) 式准确成立，而当 $y(x)$ 为某一个 $r+1$ 次多项式时，(6.5.1) 式不准确成立，则称线性多步法 (6.5.1) 式是 $\boldsymbol{r}$ **阶的**.

显然方法的阶越高，逼近效果越好. 按上述定义，不难看出 Euler 法为一步一阶方法.

6.5.3　线性多步法阶与系数的关系

设 $y(x)$ 是 (6.1.1) 式的解，由于 (6.5.1) 式对一般的 $y(x)$ 不能准确成立，所以当把 $y(x)$ 代入 (6.5.1) 式两端时，一般并不相等，记两端的差为 T_n，称 T_n 为线性

多步法 (6.5.1) 式从 x_n 到 x_{n+1} 这一步的**局部截断误差**. 即

$$T_n = y(x_{n+1}) - \sum_{i=0}^{p} a_i y(x_{n-i}) - h \sum_{i=-1}^{p} b_i y'(x_{n-i}), \quad n = p, p+1, \cdots \tag{6.5.2}$$

若假设 $y(x)$ 充分连续可微，就可以将 $y(x_{n-i}), y'(x_{n-i}), i = -1, 0, 1, \cdots, p$ 在 x_n 点 Taylor 展开，合并整理可得

$$T_n = C_0 y(x_n) + C_1 h y'(x_n) + \cdots + C_q h^q y^{(q)}(x_n) + \cdots \tag{6.5.3}$$

其中

$$\begin{cases} C_0 = 1 - \sum\limits_{i=0}^{p} a_i \\ C_1 = 1 - \left[\sum\limits_{i=0}^{p} (-i) a_i + \sum\limits_{i=-1}^{p} b_i\right] \\ \qquad \cdots\cdots \\ C_q = \dfrac{1}{q!}\left\{1 - \left[\sum\limits_{i=0}^{p} (-i)^q a_i + q \sum\limits_{i=-1}^{p} (-i)^{q-1} b_i\right]\right\}, \quad q = 2, 3, \cdots \end{cases} \tag{6.5.4}$$

若 $C_0 = C_1 = \cdots = C_r = 0$, $C_{r+1} \neq 0$，则

$$T_n = C_{r+1} h^{r+1} y^{(r+1)}(x_n) + C_{r+2} h^{r+2} y^{(r+2)}(x_n) + \cdots \tag{6.5.5}$$

由此可知，当 $y(x) \in M_r$ 时，$T_n \equiv 0$，即 (6.5.1) 式对 $y(x) \in M_r$ 准确成立，而当 $y(x) = x^{r+1}$ 时，$T_n = C_{r+1} h^{r+1} (r+1)! \neq 0$，即 (6.5.1) 式对 $y(x) \in M_{r+1}$ 不准确成立. 所以，由定义知，此时 (6.5.1) 式是 r 阶的方法. 称 $C_{r+1} h^{r+1} y^{(r+1)}(x_n)$ 为**局部截断误差 $\boldsymbol{T_n}$ 的首项**. 称 C_{r+1} 为**误差常数**.

反之，若 (6.5.1) 式是 r 阶的，利用定义和 (6.5.3) 式可证明，$C_0 = C_1 = \cdots = C_r = 0, C_{r+1} \neq 0$. 于是有以下定理.

定理 6.3 线性多步法 (6.5.1) 式是 r 阶的充分必要条件是由 (6.5.4) 式定义的 $C_i (i = 0, 1, 2, \cdots)$ 满足关系式

$$C_0 = C_1 = \cdots = C_r = 0, \quad C_{r+1} \neq 0 \tag{6.5.6}$$

定义 6.4 称满足条件 $C_0 = C_1 = 0$，即

$$\begin{cases} \sum\limits_{i=0}^{p} a_i = 1, \\ \sum\limits_{i=0}^{p} (-i) a_i + \sum\limits_{i=-1}^{p} b_i = 1 \end{cases}$$

的线性多步法 (6.5.1) 是**相容的**.

6.5.4　线性多步法的构造方法

1. *基于 Taylor 展开的构造方法*

令 $C_0 = C_1 = \cdots = C_r = 0$, 由 (6.5.4) 式得到

$$\begin{cases} \sum_{i=0}^{p} a_i = 1 \\ \sum_{i=0}^{p} (-i)a_i + \sum_{i=-1}^{p} b_i = 1 \\ \cdots\cdots \\ \sum_{i=0}^{p} (-i)^q a_i + q\sum_{i=-1}^{p} (-i)^{q-1} b_i = 1, \quad q = 2, 3, \cdots, r \end{cases} \tag{6.5.7}$$

(6.5.7) 式是关于 $2p+3$ 个未知数 $a_i(i = 0, 1, \cdots, p)$, $b_i = (i = -1, 0, 1, \cdots, p)$ 的 $r+1$ 个方程的线性方程组. 可以证明: 当 $r = 2p + 2$ 时, (6.5.7) 式解存在唯一, 即 $p+1$ 步法 (6.5.1) 式的阶最高可达 $r = 2p + 2$. 然而, 在实际应用中, 一般取 $r < 2p + 2$, 即在线性方程组 (6.5.7) 中允许保留一些自由参数使方法满足: 收敛性; 误差常数尽量小; 稳定性; 有好的计算性质, 例如零系数.

这种确定 a_i, b_i 的思想方法, 称为**待定系数法**. 在此通过两个例子, 介绍待定系数法.

例 6.3　试求线性多步法 (6.5.1) 中, 当 $p = 0$ 时, 达到最高阶的方法.

解　当 $p = 0$ 时, (6.5.1) 式为

$$y_{n+1} = a_0 y_n + h(b_{-1} y'_{n+1} + b_0 y'_n) \tag{6.5.8}$$

(6.5.8) 式中有三个待定系数, 是一类单步法. 为了使这类方法达到最高阶 r, 应取 $r = 2p + 2 = 2$. 于是在 (6.5.7) 式中令 $p = 0, r = 2$, 即得到线性方程组

$$\begin{cases} a_0 = 1 \\ b_{-1} + b_0 = 1 \\ 2b_{-1} = 1 \end{cases}$$

解出 $a_0 = 1, b_{-1} = \dfrac{1}{2}, b_0 = \dfrac{1}{2}$. 相应的方法为

$$y_{n+1} = y_n + \frac{h}{2}(y'_{n+1} + y'_n) \tag{6.5.9}$$

此方法称为梯形法. 误差常数 $C_3 = -\dfrac{1}{12}$, 阶 $r = 2$.

例 6.4 当 $p = 1$ 时, (6.5.1) 式为

$$y_{n+1} = a_0 y_n + a_1 y_{n-1} + h(b_{-1} y'_{n+1} + b_0 y'_n + b_1 y'_{n-1}) \tag{6.5.10}$$

是一类 2 步法. (1) 以 a_1 为自由参数, 确定其他系数, 使 (6.5.10) 式有尽可能高的阶; (2) 讨论 a_1 取何值时, 线性 2 步法 (6.5.10) 式能达到最高阶.

解 (1)(6.5.10) 式中共有 5 个待定系数, 把 a_1 作为自由参数, 其他四个参数可用 4 个方程确定. 所以令 $C_0 = C_1 = C_2 = C_3 = 0$ 得线性方程组

$$\begin{cases} 1 - (a_0 + a_1) = 0 \\ 1 + a_1 - (b_{-1} + b_0 + b_1) = 0 \\ 1 - a_1 - 2(b_{-1} - b_1) = 0 \\ 1 + a_1 - 3(b_{-1} + b_1) = 0 \end{cases}$$

解得 $a_0 = 1 - a_1$, $b_{-1} = (5 - a_1)/12$, $b_0 = 2(1 + a_1)/3$, $b_1 = (5a_1 - 1)/12$. 相应的方法为

$$y_{n+1} = (1 - a_1) y_n + a_1 y_{n-1} + \frac{h}{12}[(5 - a_1) y'_{n+1} + 8(1 + a_1) y'_n + (5a_1 - 1) y'_{n-1}] \tag{6.5.11}$$

由定义知此线性 2 步法至少是三阶的.

(2) 利用 (6.5.4) 式容易求得

$$C_4 = (a_1 - 1)/24, \quad C_5 = -(1 + a_1)/180$$

所以当 $a_1 \neq 1$ 时, 误差常数 $C_4 = (a_1 - 1)/24 \neq 0$, (6.5.11) 式是三阶方法; 当 $a_1 = 1$ 时, $C_4 = 0$, 误差常数 $C_5 = -1/90 \neq 0$, (6.5.11) 式是四阶方法, 这就是 (6.5.10) 式达到最高阶的方法, 其具体形式为

$$y_{n+1} = y_{n-1} + \frac{h}{3}(y'_{n+1} + 4y'_n + y'_{n-1}) \tag{6.5.12}$$

此方法称为 Simpson 方法.

类似地, 用待定系数法可导出 Milne 方法

$$y_{n+1} = y_{n-3} + \frac{4}{3} h(2y'_n - y'_{n-1} + 2y'_{n-2}) \tag{6.5.13}$$

$$T_n = \frac{14}{45} h^5 y^{(5)}(x_n) + \cdots$$

Hamming 方法

$$y_{n+1} = \frac{1}{8}(9y_n - y_{n-2}) + \frac{3}{8} h(y'_{n+1} + 2y'_n - y'_{n-1}) \tag{6.5.14}$$

$$T_n = -\frac{1}{40}h^5 y^{(5)}(x_n) + \cdots$$

显然，Milne 方法是显式方法，Hamming 方法是隐式方法，它们的阶均为 4. 误差常数分别为 $\frac{14}{45}$，$-\frac{1}{40}$. 可见隐式方法的误差常数绝对值比隐式方法小.

2. 基于数值积分的构造方法

在 $[x_n, x_{n+1}]$ 上对 $y'(x) = f(x, y(x))$ 积分得

$$y(x_{n+1}) = y(x_n) + \int_{x_n}^{x_{n+1}} f(x, y(x))\mathrm{d}x \tag{6.5.15}$$

对于积分 $\int_{x_n}^{x_{n+1}} f(x, y(x))\mathrm{d}x$，将被积函数 $f(x, y(x))$ 用插值多项式来逼近进行数值积分，则得一类线性多步法 ——Adams 方法.

1)显式 Adams 方法

用 $p+1$ 个数据点 $(x_n, f_n), (x_{n-1}, f_{n-1}), \cdots, (x_{n-p}, f_{n-p})$ 构造 $f(x, y(x))$ 的 Newton 向后 p 次插值多项式

$$N_p(x) = \sum_{i=0}^{p} (m+i-1)_i \nabla^i f_n$$

其中，令 $x = x_n + mh$, $0 \leqslant m \leqslant 1$.

用 $N_p(x)$ 代替 $f(x, y(x))$ 在 $[x_n, x_{n+1}]$ 上作数值积分，令 $y_{n-i} = y(x_{n-i})$，则得 (6.5.15) 式的离散化形式

$$\begin{aligned} y_{n+1} &= y_n + \int_{x_n}^{x_{n+1}} N_p(x)\mathrm{d}x \\ &= y_n + h\sum_{i=0}^{p}\left[\int_0^1 (m+i-1)_i \mathrm{d}m\right]\nabla^i f_n \end{aligned} \tag{6.5.16}$$

此时 $f_{n-i} = f(x_{n-i}, y_{n-i})(i = 0, 1, \cdots, p)$.

记

$$a_i = \int_0^1 (m+i-1)_i \mathrm{d}m$$

它不依赖于 p 与 n. 部分数据如表 6.4 所示. 于是 (6.5.16) 式可写成

$$y_{n+1} = y_n + h\sum_{i=0}^{p} a_i \nabla^i f_n \tag{6.5.17}$$

由于 (6.5.15) 式右端不含有 y_{n+1}，故称其为显式 Adams 公式，是 $p+1$ 步法.

表 6.4 Adams 显式方法

i	0	1	2	3	4	5	6	$\cdots$
a_i	1	$\frac{1}{2}$	$\frac{5}{12}$	$\frac{3}{8}$	$\frac{251}{720}$	$\frac{95}{288}$	$\frac{19087}{60480}$	$\cdots$

显然 $a_0 = 1$，于是 $p = 0$ 时，(6.5.17) 式就是 Euler 法公式

$$y_{n+1} = y_n + hf_n$$

$a_1 = \dfrac{1}{2}$，于是 $p = 1$ 时，(6.5.17) 式为

$$y_{n+1} = y_n + hf_n + \frac{h}{2}\nabla f_n = y_n + \frac{h}{2}(3f_n - f_{n-1}) \tag{6.5.18}$$

为了将 (6.5.17) 式写成易于在计算机上运算的形式，由

$$\nabla^i f_n = \sum_{j=0}^{i} (-1)^j \begin{pmatrix} i \\ j \end{pmatrix} f_{n-j}$$

可将 (6.5.17) 式改写成

$$y_{n+1} = y_n + h\sum_{j=0}^{p} b_{pj} f_{n-j} \tag{6.5.19}$$

其中

$$b_{pj} = (-1)^j \sum_{i=j}^{p} a_i \begin{pmatrix} i \\ j \end{pmatrix}, \quad p = 0, 1, \cdots; \ j = 0, 1, \cdots, p \tag{6.5.20}$$

依赖于 p 与 j，p 一经确定后，对于 $j = 0, 1, \cdots, p$ 便可得到一组系数，在表 6.5 中给出部分 b_{pj} 的值.

表 6.5 显式 Adams 方法 b_{pj} 的部分数据表

j	0	1	2	3	4	5
b_{0j}	1					
$2b_{1j}$	3	−1				
$12b_{2j}$	23	−16	5			
$24b_{3j}$	55	−59	37	−9		
$720b_{4j}$	1901	−2774	2616	−1274	251	
$1440b_{5j}$	4277	−7923	9982	−7298	2877	−475

由数值积分代数精度的概念知，当 $f(x,y(x)) \in M_p$ 时，(6.5.17) 式是准确成立的. 故当 $y(x) \in M_{p+1}$ 时，(6.5.17) 式是准确成立的，由线性多步法方法阶的定义知，(6.5.17) 式是 $p+1$ 阶方法.

当 $p=3$ 时，我们得到非常有用的显式 4 步四阶 Adams 方法

$$y_{n+1} = y_n + \frac{h}{24}(55f_n - 59f_{n-1} + 37f_{n-2} - 9f_{n-3}) \tag{6.5.21}$$

2) 隐式 Adams 方法

与显式 Adams 方法的公式推导同理，过数据点 (x_{n-i}, f_{n-i})，$i=-1,0,1,\cdots,p$ 作 $f(x,y(x))$ 的 Newton 向后 $p+1$ 次插值多项式

$$N_{p+1}(x) = \sum_{i=0}^{p+1}(m+i-1)_i \nabla^i f_{n+1}$$

用 $N_{p+1}(x)$ 代替 $f(x,y(x))$ 在 $[x_n, x_{n+1}]$ 上作数值积分，经过类似于显式 Adams 公式的一系列推导得

$$y_{n+1} = y_n + h\sum_{j=-1}^{p} b_{pj}^* f_{n-j} \tag{6.5.22}$$

其中

$$b_{pj}^* = (-1)^{j+1}\sum_{i=j+1}^{p+1} a_i^* \begin{pmatrix} i \\ j+1 \end{pmatrix} \tag{6.5.23}$$

$$a_i^* = \int_{-1}^{0}(m+i-1)_i \mathrm{d}m \tag{6.5.24}$$

由于 (6.5.22) 式右端含有 y_{n+1} 项，故 (6.5.22) 式称为 $p+1$ 步隐式 Adams 方法，易知它是 $p+2$ 阶方法.

易求得 $a_0^*=1$, $a_1^*=-\frac{1}{2}$, 于是 $p=0$ 时，公式 (6.5.22) 成为

$$y_{n+1} = y_n + \frac{h}{2}[f_{n+1} + f_n]$$

这就是梯形法.

a_i^*，b_{pj}^* 的部分数据见表 6.6 和表 6.7.

表 6.6　隐式 Adams 方法 a_i^* 的部分数据表

i	0	1	2	3	$\cdots$
a_i^*	1	$-\frac{1}{2}$	$-\frac{1}{12}$	$-\frac{1}{24}$	$\cdots$

表 6.7 隐式 Adams 方法 b_{pj}^* 的部分数据表

p	-1	0	1	2	3	4
$2b_{0j}^*$	1	1				
$12b_{1j}^*$	5	8	-1			
$24b_{2j}^*$	9	19	-5	1		
$720b_{3j}^*$	251	646	-264	106	-19	
$1440b_{4j}^*$	475	1427	-798	482	-173	27

特别 $p=2$ 时，我们得到了隐式 3 步四阶方法

$$y_{n+1}=y_n+\frac{h}{24}(9f_{n+1}+19f_n-5f_{n-1}+f_{n-2}) \tag{6.5.25}$$

(6.5.25) 式经常与 (6.5.21) 式一起被广泛应用.

3. 基于导数近似的构造方法

设 $\{x_i\}$ 为等距节点，用 $p+2$ 个数据点 $(x_{n-i},y(x_{n-i}))(i=-1,0,1,\cdots,p)$ 作 $y(x)$ 的 Newton 插值多项式

$$\begin{aligned}N_{p+1}(x)=&\,y(x_{n+1})+\frac{\nabla y(x_{n+1})}{h}(x-x_{n+1})\\&+\frac{\nabla^2 y(x_{n+1})}{2!h^2}(x-x_{n+1})(x-x_n)\\&+\cdots+\frac{\nabla^{p+1}y(x_{n+1})}{(p+1)!h^{p+1}}(x-x_{n+1})(x-x_n)\cdots(x-x_{n+1-p})\end{aligned}$$

对 $N_{p+1}(x)$ 求导，然后再令 $x=x_{n+1}$，则得

$$N'_{p+1}(x_{n+1})=\frac{\nabla y(x_{n+1})}{h}+\frac{\nabla^2 y(x_{n+1})}{2h}+\cdots+\frac{\nabla^{p+1}y(x_{n+1})}{(p+1)h}$$

用 y_{n-i} 代替 $y(x_{n-i})$，y'_{n+1} 代替 $N'_{p+1}(x_{n+1})$ 得

$$hy'_{n+1}=\nabla y_{n+1}+\frac{1}{2}\nabla^2 y_{n+1}+\cdots+\frac{1}{(p+1)}\nabla^{p+1}y_{n+1} \tag{6.5.26}$$

当 $p=0$ 时，(6.5.26) 式成为

$$y_{n+1}=y_n+hy'_{n+1} \tag{6.5.27}$$

即后退的 Euler 方法或隐式 Euler 方法，当 $p=1$ 时，(6.5.26) 式为

$$y_{n+1}=\frac{4}{3}y_n-\frac{1}{3}y_{n-1}+\frac{2}{3}hy'_{n+1} \tag{6.5.28}$$

由差分性质易见，(6.5.26) 式是关于 $y_{n-i}(i=-1,0,\cdots,p)$ 及 y'_{n+1} 的线性组合，故 (6.5.26) 式是隐式的 $p+1$ 步法，且具有 $p+1$ 阶精度.

6.6 预测–校正方法

6.6.1 基本思想

当 $b_{-1} \neq 0$ 时，线性多步法 (6.5.1) 式是隐式的，可写成

$$y_{n+1} = b_{-1}hf(x_{n+1}, y_{n+1}) + \sum_{i=0}^{p} (a_i y_{n-i} + b_i h y'_{n-i})$$

它在应用中，递推计算的每一步都需求解关于 y_{n+1} 的函数方程. 通常需运用迭代过程求解满足一定精度的 y_{n+1} 的近似值. 即预测或设法估计 y_{n+1} 的一个初值，记为 $y_{n+1}^{(0)}$，然后计算 $f(x_{n+1}, y_{n+1}^{(0)})$, 代入上式右端得到 $y_{n+1}^{(1)}$，再计算 $f(x_{n+1}, y_{n+1}^{(1)})$，并由此求得 $y_{n+1}^{(2)}$，于是得到一个迭代格式

$$y_{n+1}^{(j+1)} = b_{-1}hf(x_{n+1}, y_{n+1}^{(j)}) + \sum_{i=0}^{p} (a_i y_{n-i} + b_i y'_{n-i}), \quad j = 0, 1, 2, \cdots \tag{6.6.1}$$

其中 $y_{n+1}^{(j+1)}$ 为 y_{n+1} 的 $j+1$ 次近似值.

继续这个过程直至达到预定的精度. 这类公式实际上是类显式公式，对于校正次数也可以做 1 次、2 次或多次，由精度要求来确定. 可以证明，在一定条件下，迭代公式 (6.6.1) 是收敛的.

显然，与显式方法相比，隐式方法在应用上增加了计算难度. 但隐式方法在精度和稳定性上比显式方法要好得多. 且步数相同的方法隐式比显式要高一阶. 下面我们将看到同阶的 Adams 显式与隐式方法比较，隐式方法的误差常数按绝对值比显式的小，绝对稳定区间比显式的大. 隐式方法的这些优越性质，使得其被广泛应用于实际计算.

用一个显式方法来作预测值 $y_{n+1}^{(0)}$，然后使用一个同阶的隐式方法迭代校正一次得 $y_{n+1}^{(1)}$. 按这种方式构成的方法称为**预测–校正法**. 用于作预测的显式公式称为**预测式**，进行迭代校正的隐式公式称为**校正式**.

例如，用 Euler 公式作为预测式，用梯形公式作为校正式就可得到一个预测–校正法

$$\begin{cases} y_{n+1}^{(0)} = y_n + hf(x_n, y_n) \\ y_{n+1}^{(1)} = y_n + \dfrac{h}{2}[f(x_n, y_n) + f(x_{n+1}, y_{n+1}^{(0)})] \end{cases}$$

这就是改进的 Euler 公式 (6.3.16).

隐式方法通常是以预测–校正的方式来应用的，下面介绍几个实践中常用的预测–校正法.

6.6.2 基本方法

1. 四阶 Adams 预测–校正方法

对于公式 (6.5.21)，若假设 $y_{n-i}=y(x_{n-i})(i=0,1,2,3)$，则有

$$f_{n-i}=f(x_{n-i},y_{n-i})=f(x_{n-i},y(x_{n-i}))=y'(x_{n-i}),\quad i=0,1,2,3$$

代入 (6.5.21) 式有

$$y_{n+1}=y(x_n)+h[55y'(x_n)-59y'(x_{n-1})+37y'(x_{n-2})-9y'(x_{n-3})]/24$$

将上式右端各项在点 x_n 展开得

$$\begin{aligned}y_{n+1}=&y(x_n)+hy'(x_n)+\frac{h^2}{2}y''(x_n)+\frac{h^3}{6}y'''(x_n)+\frac{h^4}{24}y^{(4)}(x_n)\\&-\frac{49}{144}h^5y^{(5)}(x_n)+\cdots\end{aligned}$$

另一方面，对于准确解 $y(x_{n+1})$，有 Taylor 展开

$$y(x_{n+1})=y(x_n)+hy'(x_n)+\frac{h^2}{2}y''(x_n)+\frac{h^3}{6}y'''(x_n)+\frac{h^4}{24}y^{(4)}(x_n)+\frac{h^5}{120}y^{(5)}(x_n)+\cdots$$

于是显式 Adams 方法 (6.5.21) 的局部截断误差

$$y(x_{n+1})-y_{n+1}\approx\frac{251}{720}h^5y^{(5)}(x_n)\tag{6.6.2}$$

类似地可以导出隐式 Adams 公式 (6.5.25) 的局部截断误差

$$y(x_{n+1})-y_{n+1}\approx-\frac{19}{720}h^5y^{(5)}(x_n)\tag{6.6.3}$$

显然，(6.5.21) 式与 (6.5.25) 式均具有四阶精度. 我们将这两个公式匹配成下列 Adams 预测–校正方法

$$\begin{cases}P: y_{n+1}^{(0)}=y_n+h(55y'_n-59y'_{n-1}+37y'_{n-2}-9y'_{n-3})/24\\E: (y_{n+1}^{(0)})'=f(x_{n+1},y_{n+1}^{(0)})\\C: y_{n+1}^{(1)}=y_n+h(9(y_{n+1}^{(0)})'+19y'_n-5y'_{n-1}+y'_{n-2})/24\\E: (y_{n+1}^{(1)})'=f(x_{n+1},y_{n+1}^{(1)})\end{cases}\tag{6.6.4}$$

其中 P 表示先用显式公式 (6.5.21) 计算初始近似值 $y_{n+1}^{(0)}$，这个步骤称为预测，E 表示计算一次函数 f 的值，C 表示用简单迭代法，用隐式公式 (6.5.25) 计算 $y_{n+1}^{(1)}$

的值，这个步骤称为校正，最后的步骤是用 $y_{n+1}^{(1)}$ 计算一次函数 f 的值，为下一步计算做准备，公式 (6.6.3) 称为**四阶 Adams 预测–校正格式 (PECE 模式)**.

如果格式 (6.6.3) 的精度较低，则可以添加修正项以提高精度. 为此先估计 P，C 式的局部截断误差，由式 (6.6.2) 和式 (6.6.3) 知

$$y(x_{n+1})-y_{n+1}^{(0)}\approx\frac{251}{720}h^5y^{(5)}(x_n)$$

$$y(x_{n+1})-y_{n+1}^{(1)}\approx-\frac{19}{720}h^5y^{(5)}(x_n)$$

可见同阶 Adams 隐式方法比显式方法误差常数绝对值小，把上两式中 $y^{(5)}(x_n)$ 消去，于是有误差估计式

$$\begin{aligned}y(x_{n+1})-y_{n+1}^{(0)}&\approx-\frac{251}{270}(y_{n+1}^{(0)}-y_{n+1}^{(1)})\\ y(x_{n+1})-y_{n+1}^{(1)}&\approx\frac{19}{270}(y_{n+1}^{(0)}-y_{n+1}^{(1)})\end{aligned}\tag{6.6.5}$$

这种估计误差的方法称为**事后误差估计方法**. 在实际数值计算中通常采用这种方式来做误差分析. 利用 (6.6.5) 式，可将格式 (6.6.4) 进一步改成如下修正的格式：

$$\begin{cases}P:y_{n+1}^{(0)}=y_n+\dfrac{h}{24}(55y_n'-59y_{n-1}'+37y_{n-2}'-9y_{n-3}')\\ M:\bar{y}_{n+1}^{(0)}=y_{n+1}^{(0)}+\dfrac{251}{270}(y_n-y_n^{(0)})\\ E:(y_{n+1}^{(0)})'=f(x_{n+1},\bar{y}_{n+1}^{(0)})\\ C:y_{n+1}^{(1)}=y_n+\dfrac{h}{24}(9(y_{n+1}^{(0)})'+19y_n'-5y_{n-1}'+y_{n-2}')\\ M:\bar{y}_{n+1}^{(1)}=y_{n+1}^{(1)}-\dfrac{19}{270}(y_{n+1}^{(1)}-y_{n+1}^{(0)})\\ E:(y_{n+1}^{(1)})'=f(x_{n+1},\bar{y}_{n+1}^{(1)})\end{cases}\tag{6.6.6}$$

其中 M 表示修正项，它们可以带来更好的近似以提高精度，格式 (6.6.6) 称为 **PMECME 模式**.

这种预测–校正方法是 4 步四阶的方法，它在计算 y_{n+1} 时要用到前面点 x_n, x_{n-1},x_{n-2},x_{n-3} 上的信息. 因此该方法不是自启动的，在实际计算时，必须借助于某种与它同阶的单步法 (如四阶 RK 法)，为它提供启动值 $y_n,y_{n-1},y_{n-2},y_{n-3}$.

通过对局部截断误差的估计，也为步长的选取提供了条件，把 $\dfrac{19}{270}|y_{n+1}^{(1)}-y_{n+1}^{(0)}|$ 作为误差控制量，就可用来确定合适的步长.

例 6.5 用四阶 Adams PECE 模式解初值问题

$$\begin{cases} y' = -y + x + 1, & 0 \leqslant x \leqslant 1 \\ y(0) = 1 \end{cases}$$

取 $h = 0.1$. 初始启动值用 4 阶 RK 法求出，计算结果与精确值比较见表 6.8，精确解 $y = y(x) = x + \mathrm{e}^{-x}$.

表 6.8 计算结果

x_i	$y(x_i)$	y_i	$\vert y(x_i) - y_i\vert$
0.0	1.0000000000	1.0000000000	
0.1	1.0048374180	1.0048375000	8.200×10^{-8}
0.2	1.0187307531	1.0187309014	1.483×10^{-7}
0.3	1.0408182207	1.0408184220	2.013×10^{-7}
0.4	1.0703200460	1.0703199182	1.278×10^{-7}
0.5	1.1065306597	1.1065302684	3.923×10^{-7}
0.6	1.1488116360	1.1488110326	6.035×10^{-7}
0.7	1.1965853038	1.1965845314	7.724×10^{-7}
0.8	1.2493289641	1.2493280604	9.043×10^{-7}
0.9	1.3065696597	1.3065686568	1.003×10^{-6}
1.0	1.3678794412	1.3678783660	1.075×10^{-6}

上面例子是用四阶的 RK 方法计算四阶 Adams PECE 模式的初始启动值. 既然两个方法有相同的精度阶数，为什么要用单步法提供初始启动值，又用多步法继续计算解的近似值，而不只用单步法？一般来说，解初值问题的数值方法的大部分计算工作量是计算函数 f 的值，四阶 RK 方法每前进一步需要计算 4 个函数值，然而当 $n > 3$ 时，四阶显式 Adams 方法每前进一步只需计算一个函数值，因此，当求解区间 $[a, b]$ 较大，计算步数很多时，多步法则更显示出节省计算量的这种优点.

2. Milne-Hamming 预测-校正方法

另一个常用的四阶 PECE 方法，是用 Milne 公式 (6.5.13) 作预测式，用 Hamming 公式 (6.5.14) 作校正式，即

$$\begin{cases} P: y_{n+1}^{(0)} = y_{n-3} + \dfrac{4}{3}h(2y_n' - y_{n-1}' + 2y_{n-2}') \\ E: (y_{n+1}^{(0)})' = f(x_{n+1}, y_{n+1}^{(0)}) \\ C: y_{n+1}^{(1)} = \dfrac{1}{8}(9y_n - y_{n-2}) + \dfrac{3}{8}h[(y_{n+1}^{(0)})' + 2y_n' - y_{n-1}'] \\ E: (y_{n+1}^{(1)})' = f(x_{n+1}, y_{n+1}^{(1)}) \end{cases} \tag{6.6.7}$$

同格式 (6.6.6) 的推导类似，由 (6.5.13) 式和 (6.5.14) 式，可得格式 (6.6.7) 的修正格式，即

$$\begin{cases} P: y_{n+1}^{(0)} = y_{n-3} + \dfrac{4}{3}h(2y_n' - y_{n-1}' + 2y_{n-2}') \\ M: \bar{y}_{n+1}^{(0)} = y_{n+1}^{(0)} + \dfrac{112}{121}(y_n - y_n^{(0)}) \\ E: (y_{n+1}^{(0)})' = f(x_{n+1}, \bar{y}_{n+1}^{(0)}) \\ C: y_{n+1}^{(1)} = \dfrac{1}{8}(9y_n - y_{n-2}) + \dfrac{3}{8}h[(y_{n+1}^{(0)})' + 2y_n' - y_{n-1}'] \\ M: \bar{y}_{n+1}^{(1)} = y_{n+1}^{(1)} - \dfrac{9}{121}(y_{n+1}^{(1)} - y_{n+1}^{(0)}) \\ E: (y_{n+1}^{(1)})' = f(x_{n+1}, \bar{y}_{n+1}^{(1)}) \end{cases} \tag{6.6.8}$$

6.7　线性多步法的收敛性和数值稳定性

6.7.1　收敛性

定义 6.5　设用来解差分方程 (6.5.1) 的初始条件 $y_k = y_k(h)$，$k = 0, 1, 2, \cdots, p$，满足

$$\lim_{h \to 0} y_k(h) = \eta, \quad k = 0, 1, 2, \cdots, p \tag{6.7.1}$$

其中 η 为微分方程 (6.1.1) 的初始条件. 若对 $f(x, y)$ 满足解的存在唯一性条件的任何初值问题 (6.1.1)，(6.5.1) 式的解对任意固定的 $x \in [a, b]$ 满足

$$\lim_{\substack{h \to 0 \\ n \to \infty}} y_n = y(x), \quad nh = x - a \tag{6.7.2}$$

则称线性多步法 (6.5.1) 是收敛的.

为了研究线性多步法 (6.5.1) 的收敛性，考察方程

$$\begin{cases} y' = \lambda y \\ y(a) = \eta \end{cases} \tag{6.7.3}$$

称此方程为**试验方程**. 它的解为

$$y(x) = \eta \mathrm{e}^{\lambda(x-a)} \tag{6.7.4}$$

应用线性多步法 (6.5.1) 求解 (6.7.3) 式时，有

$$(1 - h\lambda b_{-1})y_{n+1} = \sum_{i=0}^{p}(a_i + h\lambda b_i)y_{n-i} \tag{6.7.5}$$

这是一个 $p+1$ 阶线性常系数差分方程. 设其解为

$$y_n = r^n \tag{6.7.6}$$

则有

$$(1-h\lambda b_{-1})r^{n+1} = \sum_{i=0}^{p}(a_i + h\lambda b_i)r^{n-i}$$

其等价形式为

$$(1-h\lambda b_{-1})r^{p+1} = \sum_{i=0}^{p}(a_i + h\lambda b_i)r^{p-i} \tag{6.7.7}$$

(6.7.7) 式称为线性多步法 (6.5.1) 的特征方程.

记

$$\rho(r) = r^{p+1} - \sum_{i=0}^{p} a_i r^{p-i} \tag{6.7.8}$$

$$\sigma(r) = \sum_{i=-1}^{p} b_i r^{p-i} \tag{6.7.9}$$

分别称其为线性多步法 (6.5.1) 的**第一、第二特征多项式**.

记

$$\pi(r;h\lambda) = (1-h\lambda b_{-1})r^{p+1} - \sum_{i=0}^{p}(a_i + h\lambda b_i)r^{p-i} = \rho(r) - h\lambda\sigma(r) \tag{6.7.10}$$

称其为线性多步法 (6.5.1) 的特征多项式. 记 $\pi(r;h\lambda)=0$ 的根为

$$r_0(h\lambda), r_1(h\lambda), \cdots, r_p(h\lambda)$$

可以证明，它们连续地依赖于 $h\lambda$ 的值，这里假设它们是互不相同的 (若 $\pi(r;h\lambda)=0$ 有重根，将会影响讨论的细节，但不影响推演的实质). 则特征方程 (6.7.7) 的通解为

$$y_n = \sum_{i=0}^{p} d_i[r_i(h\lambda)]^n \tag{6.7.11}$$

其中 d_i 是任意常数.

我们研究收敛性问题，就是研究解 (6.7.11) 是否满足 (6.7.2) 式.

定理 6.4 假设 (6.5.1) 式是相容的，则 (6.7.11) 式确定的 y_n 有三个性质:

(1) $\pi(r;h\lambda)=0$ 有一个根，记为 $r_0(h\lambda)$，具有形式

$$r_0(h\lambda) = 1 + h\lambda + O(h^2), \quad h\to 0 \tag{6.7.12}$$

(2) 若 $h \to 0$ 时，$y_k \to \eta$，$k=0,1,\cdots,p$，则 $h \to 0$ 时，

$$d_0 \to y_0,\ d_i \to 0, \quad i=1,2,\cdots,p \tag{6.7.13}$$

(3) 若 $h \to 0$ 时，$y_k \to \eta(k=0,1,\cdots,p)$，则当 $h \to 0, n \to +\infty(nh=x-a)$时，

$$d_0[r_0(h\lambda)]^n \to \eta \mathrm{e}^{\lambda(x-a)} = y(x) \tag{6.7.14}$$

证明　(1) 由 (6.5.1) 式的相容性知 $\rho(1)=0$，不妨记 $r_0=1$. 由于 $r_0(h\lambda) \to r_0(h\to 0)$，于是可设

$$r_0(h\lambda) = 1 + \sum_{i=1}^{+\infty} \beta_i h^i$$

将此式代入 (6.7.10) 式并利用相容性的第二个条件 $C_1=0$，即可推出 $\beta_1=\lambda$，于是 (6.7.12) 式成立.

(2) d_i 可由 $p+1$ 个起始值 $y_0,y_1,\cdots,y_p$ 确定. 即由 (6.7.11) 式可得线性方程组

$$\begin{cases} y_0 = d_0 + d_1 + \cdots + d_p \\ y_1 = d_0 r_0(h\lambda) + d_1 r_1(h\lambda) + \cdots + d_p r_p(h\lambda) \\ \qquad\qquad \cdots\cdots \\ y_p = d_0[r_0(h\lambda)]^p + d_1[r_1(h\lambda)]^p + \cdots + d_p[r_p(h\lambda)]^p \end{cases}$$

利用 Cramer 法则得

$$d_0 = \frac{\begin{vmatrix} y_0 & 1 & \cdots & 1 \\ y_1 & r_1(h\lambda) & \cdots & r_p(h\lambda) \\ \vdots & \vdots & & \vdots \\ y_p & [r_1(h\lambda)]^p & \cdots & [r_p(h\lambda)]^p \end{vmatrix}}{\begin{vmatrix} 1 & 1 & \cdots & 1 \\ r_0(h\lambda) & r_1(h\lambda) & \cdots & r_p(h\lambda) \\ \vdots & \vdots & & \vdots \\ [r_0(h\lambda)]^p & [r_1(h\lambda)]^p & \cdots & [r_p(h\lambda)]^p \end{vmatrix}} \tag{6.7.15}$$

于是当 $h \to 0$ 时，$y_i \to \eta, r_0(h\lambda)^i \to 1, i=0,1,\cdots,p$，即可推出 $d_0 \to \eta(h \to 0)$.

(3) 因为

$$1 + h\lambda = \mathrm{e}^{h\lambda} + O(h^2)$$

所以

$$\begin{aligned}[r_0(h\lambda)]^n &= [1 + h\lambda + O(h^2)]^n = (1+h\lambda)^n + O(h^2) \\ &= \mathrm{e}^{\lambda nh} + O(h^2) = \mathrm{e}^{\lambda(x-a)} + O(h^2)\end{aligned}$$

再结合 (2) 即可证得 (6.7.14) 式.

定义 6.6 若 $\rho(r)$ 的所有根的模均不大于 1，且模为 1 的根是单根，则称 $\rho(r)$ 以及相应的线性多步法 (6.5.1) 满足根条件.

定理 6.5 若线性多步法 (6.5.1) 收敛，则其满足根条件.

证明 若线性多步法是收敛的，则对任何初值问题 (6.1.1) 满足 (6.7.2). 故可考虑特别简单的初值问题

$$\begin{cases} y' = 0 \\ y(0) = 0 \end{cases} \tag{6.7.16}$$

其准确解为 $y(x) \equiv 0$.

将 (6.5.1) 式应用于 (6.7.16) 式得

$$y_{n+1} = \sum_{i=0}^{p} a_i y_{n-i}, \quad n = p, p+1, \cdots \tag{6.7.17}$$

其特征多项式即为第一特征多项式 $\rho(r)$.

若 $\rho(r)$ 有 $p+1$ 个互不相同的根 $r_0, r_1, \cdots, r_p$，则

$$y_n = h \sum_{i=0}^{p} d_i r_i^n \tag{6.7.18}$$

是满足初始条件：$y_k \to y(0) = 0 (h \to 0, k = 0, 1, \cdots, p)$ 的 (6.7.17) 式的解，其中 d_i 为任意常数. 因此，若收敛性成立，则应有：$n \to +\infty, h \to 0 (nh = x)$ 时，$y_n \to y(x) \equiv 0$，即

$$\lim_{h \to 0} h \sum_{i=0}^{p} d_i r_i^n = \lim_{n \to \infty} x \sum_{i=0}^{p} d_i \frac{r_i^n}{n} = 0 \tag{6.7.19}$$

由 d_i 的任意性，以及 $x \neq 0$，应有

$$\lim_{n \to +\infty} \frac{r_i^n}{n} = 0, \quad i = 0, 1, \cdots, p$$

上式成立的充要条件为 $|r_i| \leqslant 1$, $i = 0, 1, \cdots, p$.

若 $\rho(r)$ 有 s 个互异的根 $r_0, r_1, \cdots, r_{s-1}$，设 r_j 是 m_j 重根 $(j = 0, 1, \cdots, s-1)$，并且 $m_0 + m_1 + \cdots + m_{s-1} = p+1$，则满足初始条件：$y_k \to y(0) = 0 (h \to 0, k = 0, 1, \cdots, p)$ 的 (6.7.17) 式的解为

$$y_n = h \sum_{i=0}^{s-1} \sum_{l=1}^{m_i} d_{il} n^{l-1} r_i^n$$

其中 d_{il} 为任意常数. 类似于前面的讨论，若收敛性成立，则有

$$\lim_{n \to +\infty} n^{q_i - 2} r_i^n = 0, \quad 2 \leqslant q_i \leqslant m_i \tag{6.7.20}$$

上式成立的充要条件是 $|r_i| < 1$.

综上所述，若 (6.5.1) 式是收敛的，则其必满足根条件.

定理 6.6 线性多步法 (6.5.1) 相容的充分必要条件是

$$\rho(1) = 0, \quad \rho'(1) = \sigma(1)$$

事实上，若 (6.5.1) 是相容的，则 $C_0 = C_1 = 0$，于是由式 (6.5.4) 知，$\rho(1) = 0$ 及 $\rho'(1) = \sigma(1)$. 反之亦然.

因相容性对 $\rho(r)$ 的其他根没有控制，所以，仅满足相容性的方法是不一定收敛的，但反之却是成立的，即有以下定理.

定理 6.7 若线性多步法 (6.5.1) 是收敛的，则其一定是相容的.

证明 考虑初值问题 $y' = 0, y(0) = 1$，它的准确解是 $y(x) \equiv 1$. 对这个初值问题线性多步法 (6.5.1) 为

$$y_{n+1} = \sum_{i=0}^{p} a_i y_{n-i}$$

设初始值均为真值，即 $y_0 = y_1 = \cdots = y_p = 1$. 若方法是收敛的，令 $x = x_n = nh$，当 $n \to \infty$ 时，则应有 $y_{n-i} \to y(x) = 1(i = -1, 0, 1, \cdots, p)$，于是推出相容性的第一个条件 $C_0 = 0$，即 $\sum\limits_{i=0}^{p} a_i = 1$.

现在再考虑初值问题 $y' = 1, y(0) = 0$，它的精确解是 $y(x) = x$. 对此问题线性多步法 (6.5.1) 为

$$y_{n+1} = \sum_{i=0}^{p} a_i y_{n-i} + h \sum_{i=-1}^{p} b_i \tag{6.7.21}$$

考察由

$$y_n = nhA, \quad n = 0, 1, \cdots \tag{6.7.22}$$

所定义的序列，这个序列满足对初始条件的约束条件.

将序列 (6.7.22) 代入差分方程 (6.7.21) 并利用 $\sum\limits_{i=0}^{p} a_i = 1$，于是有

$$(n+1)hA = \sum_{i=0}^{p} a_i (n-i)hA + h \sum_{i=-1}^{p} b_i$$

即

$$A = \frac{\sum\limits_{i=-1}^{p} b_i}{1 + \sum\limits_{i=0}^{p} i a_i} \tag{6.7.23}$$

因为方法 (6.5.1) 是收敛的，所以固定 $x = nh$，当 $h \to 0$ 时 (同时 $n \to \infty$)(6.7.22) 式应趋于真解 x，于是必有 $A = 1$. 再由 (6.7.23) 式即可推得相容性的第二个条件，即 $C_1 = 0$. 证毕.

前面给出了收敛性的两个必要条件：相容性和根条件. 这两个条件的任何一个对收敛性来说都不是充分的. 所以，定理 6.5 和定理 6.7 只能用来判断线性多步法是不收敛的.

例 6.6 用线性 2 步法

$$\begin{cases} y_{n+2} - 3y_{n+1} + 2y_n = h(f_{n+1} - 2f_n) \\ y_0 = s_0(h), \quad y_1 = s_1(h) \end{cases} \tag{6.7.24}$$

解初值问题 $y' = 2x$, $y(0) = 0$.

解 此问题精确解为 $y(x) = x^2$，由 (6.7.8) 式和 (6.7.9) 式知

$$\rho(r) = r^2 - 3r + 2, \quad \sigma(r) = r - 2$$

而 $\rho(1) = 0$, $\sigma(1) = \rho'(1) = -1$，故方法 (6.7.24) 是相容的.

但 (6.7.24) 式解并不收敛，在 (6.7.24) 式中若取初始条件

$$y_0 = 0, \quad y_1 = h \tag{6.7.25}$$

由于 $\rho(r) = 0$ 的根 $r_1 = 1$ 及 $r_2 = 2$，所以满足初始条件 (6.7.25) 的解为

$$y_n = 2^n h + n(n-1)h^2 - h, \quad x = x_0 + nh = nh$$

显然有

$$\lim_{h\to 0} y_n = \lim_{n\to\infty} \left(\frac{2^n - 1}{n} x + \frac{n-1}{n} x^2 \right) = \infty$$

故方法不收敛.

从这个例子可以看到，多步法是否收敛与 $\rho(r)$ 的根有关.

如果把定理 6.5 和定理 6.7 的两个条件合在一起就可得到收敛性的充分必要条件. 从而, 我们就能够容易地判别方法的收敛性.

定理 6.8 线性多步法 (6.5.1) 收敛的充分必要条件是该方法是相容的且满足根条件 (证明略).

定性地说, 相容性控制计算每一阶段局部截断误差的大小, 而根条件控制这个误差在计算过程中的传播方式.

显然，一个方法如果可以应用于实际，收敛性是必备性质. 因此，以后的讨论均假设 (6.5.1) 是收敛的.

例 6.7 确定 a_1 的范围，使例 6.5.5 中的方法 (6.5.11) 收敛.

解 由例 6.5.5 知，当 $a_1 \neq 1$ 时，(6.5.11) 是 3 阶方法；当 $a_1 = 1$ 时，(6.5.11) 是 4 阶方法. 所以对任意的 a_1 方法是相容的.

方法 (6.5.11) 的第一特征多项式为

$$\rho(r) = r^2 - (1-a_1)r - a_1 = (r-1)(r+a_1)$$

其根 $r_0 = 1,\ r_1 = -a_1$. 所以当 $-1 < a_1 \leqslant 1$ 时，方法 (6.5.11) 满足根条件. 由定理 6.7.8 知，方法 (6.5.11) 收敛的充要条件是 $-1 < a_1 \leqslant 1$.

6.7.2 数值稳定性

收敛性概念涉及 $h \to 0$ 的极限过程，而实际计算必须用有限的固定的步长来计算. 因此，我们关心的是，对于非零 h 产生的误差的大小. 而且我们还要知道每一步所引起的截断和舍入误差在结果上产生影响的大小. 这就是稳定性概念的原始思想. 研究数值方法是否稳定，不可能也不需要对每个不同的方程右端函数 $f(x,y)$ 进行讨论，一般只需对试验方程 (6.7.3) 进行讨论，即研究将数值方法用于解试验方程 (6.7.3) 得到的差分方程是否数值稳定.

由收敛性的讨论我们已经知道，若 $h \to 0$ 时，$y_k \to \eta(k = 0, 1, \cdots, p)$，则在 $h \to 0,\ n \to +\infty(nh = x - a)$ 时，(6.7.11) 式趋于 (6.7.4) 式. 由 (6.7.11) 及其三个性质知，(6.7.5) 的解 y_n 中的 $p+1$ 个分量仅有一项 $d_0[r_0(h\lambda)]^n$ 逼近真解，其他分量 $d_i[ri(h\lambda)]^n(i = 1, 2, \cdots, p)$ 是用 $p+1$ 阶差分方程代替一阶微分方程所引起的寄生解. 只有当 $h \to 0$ 时才能趋于零. 当我们以非零的步长 h 计算时，就必须使这 p 个寄生解相对于 $d_0[r_0(h\lambda)]^n$ 项是小的，否则将得不到有意义的结果. 可见，要使差分方程的解 y_n 对微分方程的解 $y(x)$ 成为一个有用的逼近，必须使选定的 h 满足

$$|r_i(h\lambda)| \leqslant |r_0(h\lambda)|, \quad i = 1, 2, \cdots, p \tag{6.7.26}$$

那么对收敛的方法是否存在 h 的一个范围，使 (6.7.26) 式成立呢?

考虑方法

$$y_{n+1} = y_{n-1} + 2hy_n'$$

(6.7.5) 式的具体形式为

$$y_{n+1} = y_{n-1} + 2h\lambda y_n$$

其第一特征多项式为

$$\rho(r) = r^2 - 1$$

$\rho(r) = 0$ 的根为 $r_0 = 1,\ r_1 = -1$, 显然满足根条件. 进一步容易得出 $C_0 = C_1 = 0$, 即此方法是相容的，再由定理 6.7.8 知此方法收敛. 此时其特征多项式为

$$\pi(r;h\lambda)=r^2-2h\lambda r-1$$

于是求得

$$r_0(h\lambda)=h\lambda+\sqrt{(h\lambda)^2+1},\quad r_1(h\lambda)=h\lambda-\sqrt{(h\lambda)^2+1}$$

当 $\lambda<0$ 时，无论 h 多么小，总有 $|r_1(h\lambda)|>|r_0(h\lambda)|$，即 (6.7.26) 式不成立. 这说明尽管中点法是收敛的，但对于 $\lambda<0$ 的方程 $y'=\lambda y$，用固定的步长 h，随着数值求解递推过程的进行，误差的增长是不可避免的. 这个例子也说明稳定性讨论的必要性.

再注意到 Adams 方法的第一特征多项式 $\rho(r)$ 只有一个根为 1，其他根皆为零，于是总保证有 h 的一个区间使 (6.7.26) 式成立.

以上讨论是对具体的方程 (6.7.3) 进行的. 对于一般的问题 (6.1.1)，因为有导数项，就不能把 (6.5.1) 显式地解出来. 但从差分方程的形式上可以看出，当 $h\to 0$ 时，(6.5.1) 的解必趋于 (6.7.3) 式的解. 于是对充分小的 h，将会得到类似于上述的结果.

假设数值方法是收敛的，积累误差 ε_n 所满足的差分方程为

$$[1-b_{-1}hf_y'(x_{n+1},\eta_{n+1})]\varepsilon_{n+1}=\sum_{i=0}^{p}[a_i+b_ihf_y'(x_{n-i},\eta_{n-i})]\varepsilon_{n-i}+E_n \tag{6.7.27}$$

其中 E_n 是局部误差，η_{n-i} 介于 y_{n-i} 与 $y(x_{n-i})$ 之间，$i=-1,0,\cdots,p$.

这个差分方程求解较难，所以我们只对试验方程 (6.7.3) 进行讨论. 此时 $f_y'=\lambda$，并假设 E_n 为常数 E，则 (6.7.27) 就变为

$$[1-h\lambda b_{-1}]\varepsilon_{n+1}=\sum_{i=0}^{p}[a_i+h\lambda b_i]\varepsilon_{n-1}+E \tag{6.7.28}$$

除了齐次项 E 以外，它与 (6.7.5) 具有相同的形式，其特征多项式为 $\pi(r;h\lambda)$.

(6.7.28) 式有一特解

$$\psi_n=\frac{E}{1-h\lambda b_{-1}-\sum\limits_{i=0}^{p}[a_i+h\lambda b_i]}=-\frac{E}{h\lambda\sum\limits_{i=-1}^{p}b_i} \tag{6.7.29}$$

因此当 $\pi(r;h\lambda)$ 有 $p+1$ 个互不相同的根时，(6.7.28) 式的解为

$$\varepsilon=\sum_{i=0}^{p}k_i[r_i(h\lambda)]^n-\frac{E}{h\lambda\sum\limits_{i=-1}^{p}b_i} \tag{6.7.30}$$

其中 k_i 依赖于 $n=0,1,\cdots,p$ 时初始条件产生的误差. 例如 k_0 由类似于 (6.7.15) 式的方程给出, 只是分子上的行列式的第一列用初始误差代替. 一般情况下, 当 h 充分小且初始误差较小时, 将有 $|k_i| \ll |k_0|$. 进一步, 假设初始误差能使 $|k_0| \ll |d_0|$, 否则计算的解将无用, 由寄生解产生的误差会使它发生很大的偏离.

当 $\lambda > 0$ 时, (6.7.3) 式的解是一个按模递增的指数函数. 对于小的 h, 由 (6.7.12) 式知, 有 $|r_0(h\lambda)| > 1$, 所以 (6.7.5) 的解 (6.7.11) 式当 $n \to \infty$ 时是无界的. 由 (6.7.30) 式知, 误差也是无界的. 所以在这种情况下, 如果误差相对于真解是小的, 就称数值求解的方法是相对稳定的. 因为 $|k_0| \ll |d_0|$, 若 (6.7.30) 式中 $[r_i(h\lambda)]^n (i=1,2,\cdots,p)$ 这些项相对于 $[r_0(h\lambda)]^n$ 项要小, 即 (6.7.26) 式满足, 则上述事实成立. 这就是说, 初始条件引入的误差或上一阶段计算中的误差不会以相对于真解大小那样传播增长.

若 $\lambda < 0$, 则 (6.7.3) 式的解是一个按模递减的指数函数. 这就要求 (6.7.5) 式的解 (6.7.11), 当 $n \to +\infty$ 时也是递减到零的. 同时要求误差也是递减的. 显然, 这需要条件 $|r_i(h\lambda)| < 1,\ i=0,1,\cdots,p$ 来保证. 此时就称求解的方法是绝对稳定的.

积累误差的性态与所求解的问题有关. 就问题 (6.7.3) 而言, 将依赖于 λ 的值. 绝对稳定性感兴趣的不是对 ε_n 大小的估计, 而是判定当 n 增大时, ε_n 是随之增大还是减少或是振荡. 若 ε_n 减少, 则说明每步计算所产生的舍入误差对以后计算结果的影响减弱, 即误差得到控制.

上述讨论已基本上刻画出了方法是稳定的条件, 下面给出稳定性定义.

记 $\bar{h}=h\lambda$, 由于方法的稳定性质取决于特征多项式 $\pi(r;\bar{h})$ 的根的性质, 因此又称 $\pi(r;\bar{h})$ 为线性多步法 (6.5.1) 的**稳定多项式**.

定义 6.7 设 (6.5.1) 式是收敛的, $r_i(\bar{h})$ 是稳定多项式 $\pi(r;\bar{h})$ 的根 $(i=0,1,\cdots,p)$, $r_0(\bar{h})$ 是满足 (6.7.12) 的根.

(1) 若对任意 $\bar{h} \in [\alpha,\beta] \subset \mathbb{R}$, 有

$$|r_i(\bar{h})| \leqslant |r_0(\bar{h})|, \quad i=1,2,\cdots,p \tag{6.7.31}$$

且当 $|r_i(\bar{h})| = |r_0(\bar{h})|$ 时, $r_i(\bar{h})$ 是单根, 则称方法 (6.5.1) 在 $[\alpha,\beta]$ 上为**相对稳定的**, 称 $[\alpha,\beta]$ 是此方法的**相对稳定区间**.

(2) 若对任意的 $\bar{h} \in (\sigma,\delta) \subset \mathbb{R}$, 有

$$|r_i(\bar{h})| < 1, \quad i=1,2,\cdots,p \tag{6.7.32}$$

则称方法在 (σ,δ) 上为**绝对稳定的**, 称 (σ,δ) 是**绝对稳定区间**.

实轴上所有使方法是相对或绝对稳定的 $\bar{h}$ 的集合, 称为方法的相对或绝对稳

定集. 若一个方法的绝对稳定区间是 $(-\infty, 0)$，则称此方法是 ***A*-稳定**的. 不难验证，后退的 Euler 方法和梯形方法都是 ***A*-稳定**的.

注 (1) 因为讨论稳定的前提是数值方法收敛，故满足根条件，所以 $0 \in [\alpha, \beta]$，这说明收敛的方法相对稳定区间不空.

(2) 由 (6.7.12) 式可以看出，只有对 $\lambda < 0$ 的情况考虑绝对稳定性才有意义. 即在负实轴上的绝对稳定区间是有意义的.

(3) 从绝对稳定定义及式 (6.7.30) 知，当取步长 h，使数值方法绝对稳定时，ε_n 随 n 的增大而减少，所以，从误差分析的观点看，稳定的方法是理想的，稳定区域越大，方法的适用性越广.

(4) 为了使线性多步法对尽可能大的一类微分方程是稳定的，就希望方法的相对稳定区间和绝对稳定区间越大越好. 由于 $\pi(r; \bar{h})$ 的根是其系数的连续函数，所以若 $\rho(r)$ 的根除 $r_0 = 1$ 以外均在单位圆内，则方法的相对和绝对稳定区间都不会是空集. 而且，$\rho(r)$ 的根 $r_i(i = 1, 2, \cdots, p)$ 的模越小，使 (6.7.32) 式成立的范围就越大. 因此，希望使 $r_i(i = 1, 2, \cdots, p)$ 的最大模极小化. 由于 Adams 方法的第一特征多项式为 $\rho(r) = r^{p+1} - r^p = r^p(r-1)$，其根 $r_0 = 1, r_i = 0(i = 1, 2, \cdots, p)$. 因此，Adams 方法从这个观点上看是最优的.

例 6.8 求梯形方法的相对和绝对稳定区间.

解 梯形方法为

$$y_{n+1} = y_n + \frac{h}{2}(y'_{n+1} + y'_n)$$

对于试验方程 (6.7.3)，由梯形方法得到

$$y_{n+1} = y_n + \frac{\bar{h}}{2}(y_{n+1} + y_n)$$

即

$$\left(1 - \frac{\bar{h}}{2}\right) y_{n+1} = \left(1 + \frac{\bar{h}}{2}\right) y_n$$

其稳定多项式为

$$\pi(r; \bar{h}) = \left(1 - \frac{\bar{h}}{2}\right) r - \left(1 + \frac{\bar{h}}{2}\right)$$

它只有一个根，记为

$$r_0(\bar{h}) = \frac{1 + \dfrac{\bar{h}}{2}}{1 - \dfrac{\bar{h}}{2}}$$

且 $r_0(0) = r_0 = 1$.

因为只有一个根，显然对任何 $\bar{h}$，(6.7.31) 式总能成立. 所以梯形方法的相对稳定区间为 $(-\infty, +\infty)$.

当 $\bar{h} \geqslant 0$ 时，$|r_0(\bar{h})| \geqslant 1$；当 $\bar{h} < 0$ 时，$|r_0(\bar{h})| < 1$. 于是，梯形方法的绝对稳定区间为 $(-\infty, 0)$. 可见，梯形方法是 A-稳定的.

例 6.9　讨论 Simpson 方法的相对和绝对稳定区间.

解　Simpson 方法为

$$y_{n+1} = y_{n-1} + \frac{h}{3}(y'_{n+1} + 4y'_n + y'_{n-1})$$

其稳定多项式为

$$\pi(r;\bar{h}) = \left(1 - \frac{\bar{h}}{3}\right) r^2 - \frac{4}{3}\bar{h}r - \left(1 + \frac{\bar{h}}{3}\right)$$

它有两个根

$$r_{0,1}(\bar{h}) = \frac{\frac{2}{3}\bar{h} \pm \sqrt{1 + \frac{1}{3}\bar{h}^2}}{1 - \frac{1}{3}\bar{h}}$$

因为 $h \to 0$ 时，对应于加号的根趋于 1，所以记

$$r_0(\bar{h}) = \frac{\frac{2}{3}\bar{h} + \sqrt{1 + \frac{1}{3}\bar{h}^2}}{1 - \frac{1}{3}\bar{h}}, \quad r_1(\bar{h}) = \frac{\frac{2}{3}\bar{h} - \sqrt{1 + \frac{1}{3}\bar{h}^2}}{1 - \frac{1}{3}\bar{h}}$$

考察

$$\left|\frac{r_1(\bar{h})}{r_0(\bar{h})}\right| = \left|\frac{\frac{2}{3}\bar{h} - \sqrt{1 + \frac{1}{3}\bar{h}^2}}{\frac{2}{3}\bar{h} + \sqrt{1 + \frac{1}{3}\bar{h}^2}}\right|$$

当 $\bar{h} \geqslant 0$ 时，上式小于等于 1; 当 $\bar{h} < 0$ 时，上式大于 1. 所以由式 (6.7.32) 式知，Simpson 方法的相对稳定区间为 $[0, +\infty)$.

当 $\bar{h} \geqslant 0$ 时

$$|r_0(\bar{h})| = \left|\frac{\sqrt{1 + \frac{1}{3}\bar{h}^2} + \frac{2}{3}\bar{h}}{1 - \frac{1}{3}\bar{h}}\right| \geqslant \left|\frac{1 + \frac{2}{3}\bar{h}}{1 - \frac{1}{3}\bar{h}}\right| \geqslant 1$$

当 $\bar{h} < 0$ 时

$$|r_1(\bar{h})| = \frac{\sqrt{1 + \frac{1}{3}\bar{h}^2} - \frac{2}{3}\bar{h}}{1 - \frac{1}{3}\bar{h}} > \frac{1 - \frac{2}{3}\bar{h}}{1 - \frac{1}{3}\bar{h}} > 1$$

所以 Simpson 方法不存在绝对稳定区间.

可见，对问题 (6.1.1)，如果 f'_y 为负的，Simpson 方法显示出坏的误差性态. 一般来说，如果微分方程使 f'_y 既取正值又取负值，则应避免使用 Simpson 方法.

6.8 方程组和高阶方程

6.8.1 一阶方程组

前面我们研究了单个方程 $y' = f$ 的数值解法，只要把 y 和 f 理解为向量，所提供的各种计算公式即可应用到一阶方程组的情形.

考察一阶方程组

$$\boldsymbol{y}_i' = \boldsymbol{f}_i(x, y_1, y_2, \cdots, y_N), \quad i = 1, 2, \cdots, N$$

的初值问题，初始条件为

$$\boldsymbol{y}_i(x_0) = y_i^0, \quad i = 1, 2, \cdots, N$$

若采用向量的记号，记

$$\boldsymbol{y} = (y_1, y_2, \cdots, y_N)^{\mathrm{T}}, \quad \boldsymbol{y}_0 = (y_1^0, y_2^0, \cdots, y_N^0)^{\mathrm{T}}, \quad \boldsymbol{f} = (f_1, f_2, \cdots, f_N)^{\mathrm{T}}$$

则上述方程组的初值问题可表示为

$$\begin{cases} \boldsymbol{y}' = \boldsymbol{f}(x, \boldsymbol{y}) \\ \boldsymbol{y}(x_0) = \boldsymbol{y}_0 \end{cases} \tag{6.8.1}$$

求解这一初值问题的四阶 RK 公式为

$$\boldsymbol{y}_{n+1} = \boldsymbol{y}_n + \frac{h}{6}(\boldsymbol{k}_1 + 2\boldsymbol{k}_2 + 2\boldsymbol{k}_3 + \boldsymbol{k}_4)$$

其中

$$\begin{cases} \boldsymbol{k}_1 = \boldsymbol{f}(x_n, \boldsymbol{y}_n) \\ \boldsymbol{k}_2 = \boldsymbol{f}\left(x_n + \dfrac{h}{2}, \boldsymbol{y}_n + \dfrac{h}{2}\boldsymbol{k}_1\right) \\ \boldsymbol{k}_3 = \boldsymbol{f}\left(x_n + \dfrac{h}{2}, \boldsymbol{y}_n + \dfrac{h}{2}\boldsymbol{k}_2\right) \\ \boldsymbol{k}_4 = \boldsymbol{f}(x_n + h, \boldsymbol{y}_n + h\boldsymbol{k}_3) \end{cases}$$

为了帮助理解这一公式的计算过程，我们考察两个方程的特殊情形

$$\begin{cases} y' = f(x, y, z) \\ z' = g(x, y, z) \\ y(x_0) = y_0 \\ z(x_0) = z_0 \end{cases}$$

这时四阶 RK 公式具有形式

$$\begin{cases} y_{n+1} = y_n + \dfrac{h}{6}(K_1 + 2K_2 + 2K_3 + K_4) \\ z_{n+1} = z_n + \dfrac{h}{6}(L_1 + 2L_2 + 2L_3 + L_4) \end{cases} \tag{6.8.2}$$

其中

$$\begin{cases} K_1 = f(x_n, y_n, z_n) \\ K_2 = f\left(x_n + \dfrac{h}{2}, y_n + \dfrac{h}{2}K_1, z_n + \dfrac{h}{2}L_1\right) \\ K_3 = f\left(x_n + \dfrac{h}{2}, y_n + \dfrac{h}{2}K_2, z_n + \dfrac{h}{2}L_2\right) \\ K_4 = f(x_n + h, y_n + hK_3, z_n + hL_3) \\ L_1 = g(x_n, y_n, z_n) \\ L_2 = g\left(x_n + \dfrac{h}{2}, y_n + \dfrac{h}{2}K_1, z_n + \dfrac{h}{2}L_1\right) \\ L_3 = g\left(x_n + \dfrac{h}{2}, y_n + \dfrac{h}{2}K_2, z_n + \dfrac{h}{2}L_2\right) \\ L_4 = g(x_n + h, y_n + hK_3, z_n + hL_3) \end{cases} \tag{6.8.3}$$

这是单步法，利用节点 x_n 上的值 y_n, z_n，由 (6.8.3) 式顺序计算 $K_1, L_1, K_2, L_2, K_3, L_3, K_4, L_4$，然后代入 (6.8.2) 式即可求得节点 x_{n+1} 上的 y_{n+1}，z_{n+1}.

6.8.2 化高阶方程为一阶方程组

关于高阶微分方程 (或方程组) 的初值问题，原则上总可以归结为一阶方程组来求解. 例如，考察下列 m 阶微分方程

$$y^{(m)} = f(x, y, y', \cdots, y^{(m-1)}) \tag{6.8.4}$$

初始条件为

$$y(x_0) = y_0, \quad y'(x_0) = y'_0, \quad \cdots, \quad y^{(m-1)}(x_0) = y_0^{(m-1)} \tag{6.8.5}$$

只要引进新的变量

$$y_1 = y, \quad y_2 = y', \quad \cdots, \quad y_m = y^{(m-1)}$$

即可将 m 阶微分方程 (6.8.4) 化为如下的一阶微分方程组

$$\begin{cases} y_1' = y_2 \\ y_2' = y_3 \\ \cdots\cdots \\ y_{m-1}' = y_m \\ y_m' = f(x, y_1, y_2, \cdots, y_m) \end{cases} \tag{6.8.6}$$

初始条件 (6.8.5) 则相应地化为

$$y_1(x_0) = y_0,\ y_2(x_0) = y_0',\ \cdots,\ y_m(x_0) = y_0^{(m-1)} \tag{6.8.7}$$

不难证明初值问题 (6.8.4)~(6.8.5) 和初值问题 (6.8.6)~(6.8.7) 是彼此等价的.

特别地，对于下列二阶微分方程的初值问题

$$\begin{cases} y'' = f(x, y, y') \\ y(x_0) = y_0 \\ y'(x_0) = y_0' \end{cases}$$

引入新的变量 $z = y'$，即可化为下列一阶微分方程组的初值问题

$$\begin{cases} y' = z \\ z' = f(x, y, z) \\ y(x_0) = y_0 \\ z(x_0) = y_0' \end{cases}$$

应用四阶 RK 公式 (6.8.2) 解决这个问题，则有

$$\begin{cases} y_{n+1} = y_n + \dfrac{h}{6}(K_1 + 2K_2 + 2K_3 + K_4) \\ z_{n+1} = z_n + \dfrac{h}{6}(L_1 + 2L_2 + 2L_3 + L_4) \end{cases}$$

由 (6.8.3) 式可得

$$K_1 = z_n, \quad L_1 = f(x_n, y_n, z_n)$$

$$K_2 = z_n + \frac{h}{2}L_1, \quad L_2 = f\left(x_n + \frac{h}{2}, y_n + \frac{h}{2}K_1, z_n + \frac{h}{2}L_1\right)$$

$$K_3 = z_n + \frac{h}{2}L_2, \quad L_3 = f\left(x_n + \frac{h}{2}, y_n + \frac{h}{2}K_2, z_n + \frac{h}{2}L_2\right)$$

$$K_4 = z_n + hL_3, \quad L_4 = f(x_n + h, y_n + hK_3, z_n + hL_3)$$

如果消去 K_1, K_2, K_3, K_4, 则上述格式可表示为

$$\begin{cases} y_{n+1} = y_n + hz_n + \dfrac{h^2}{6}(L_1 + L_2 + L_3) \\ z_{n+1} = z_n + \dfrac{h}{6}(L_1 + 2L_2 + 2L_3 + L_4) \end{cases}$$

这里

$$\begin{aligned} L_1 &= f(x_n, y_n, z_n) \\ L_2 &= f\left(x_n + \frac{h}{2}, y_n + \frac{h}{2}z_n, z_n + \frac{h}{2}L_1\right) \\ L_3 &= f\left(x_n + \frac{h}{2}, y_n + \frac{h}{2}z_n + \frac{h^2}{4}L_1, z_n + \tfrac{h}{2}L_2\right) \\ L_2 &= f\left(x_n + h, y_n + hz_n + \frac{h^2}{2}L_2, z_n + hL_3\right) \end{aligned}$$

6.9 Stiff 方程简介

6.9.1 Stiff 方程

用差分方法解如下微分方程初值问题:

$$\begin{cases} \dfrac{\mathrm{d}y}{\mathrm{d}x} = \lambda y \\ y(a) = y_0 \end{cases}$$

步长 h 的选取应受稳定性限制, 其 h 大小取决于值 $|\lambda|$ 的大小. 例如, 用 Euler 法

$$y_{n+1} = y_n + hf(x_n, y_n)$$

求解时, h 的选取应满足 $|1 + \lambda h| < 1$, 才是绝对稳定的. 故对方程

$$\frac{\mathrm{d}y}{\mathrm{d}x} = -2y$$

必须有 $h < 1$. 而对方程

$$\frac{\mathrm{d}y}{\mathrm{d}x} = -200y$$

选取的 h 必须很小, 即满足 $h < \dfrac{1}{100}$, 才能保证稳定性要求.

对非线性常微分方程初始问题

$$\begin{cases} \dfrac{\mathrm{d}y}{\mathrm{d}x} = f(x, y) \\ y(a) = 0 \end{cases}$$

若初值问题是稳定的，即 $\dfrac{\partial f}{\partial y} < 0$. 用 Euler 法进行数值求解时，$h$ 应满足 $\left|1+\dfrac{\partial f}{\partial y}h\right|$ < 1. 若设 $M = \max\left|\dfrac{\partial f}{\partial y}\right|$，则 h 应满足 $h < \dfrac{2}{M}$.

在方程组的情况，例如一阶常系数线性方程组

$$\begin{cases} \dfrac{\mathrm{d}\boldsymbol{y}}{\mathrm{d}x} = \boldsymbol{A}\boldsymbol{y} \\ \boldsymbol{y}(a) = \boldsymbol{y}_0 \end{cases} \tag{6.9.1}$$

这里 $\boldsymbol{A} = (a_{ij})_{s\times s}$，$\boldsymbol{y} = (y_1, y_2, \cdots, y_s)^{\mathrm{T}}$. 记 $\boldsymbol{A}$ 的特征值为 $\lambda_1, \lambda_2, \cdots, \lambda_s$，对稳定的初值问题，应满足 $\mathrm{Re}\lambda_i < 0$. 用 Euler 法数值求解时，为了保证计算的稳定性，h 的选取应满足

$$h < \frac{2}{\max\limits_{1\leqslant i\leqslant s} |\lambda_i|}$$

当比值 $\max\limits_{1\leqslant i\leqslant s} |\mathrm{Re}\lambda_i| / \min\limits_{1\leqslant i\leqslant s} |\mathrm{Re}\lambda_i|$ 很大时，h 很小，计算步数很多耗时很长，给实际计算带来极大的困难.

例如，某一物理现象可归结为一个线性方程组

$$\begin{cases} \dfrac{\mathrm{d}\boldsymbol{y}}{\mathrm{d}x} = \boldsymbol{A}\boldsymbol{y} \\ \boldsymbol{y}(0) = (1, 0, -1)^{\mathrm{T}} \end{cases} \tag{6.9.2}$$

其中 x 为时间变量，而

$$\boldsymbol{A} = \begin{bmatrix} -21 & 19 & -20 \\ 19 & -21 & 20 \\ 40 & -40 & -40 \end{bmatrix}$$

则 $\boldsymbol{A}$ 的特征值分别为 $\lambda_1 = -1$, $\lambda_2 = -40(1+\mathrm{i})$, $\lambda_3 = -40(1-\mathrm{i})$. (6.9.2) 式的解为

$$\begin{cases} y_1(x) = \dfrac{1}{2}\mathrm{e}^{-2x} + \dfrac{1}{2}\mathrm{e}^{-40x}(\cos 40x + \sin 40x) \\ y_2(x) = \dfrac{1}{2}\mathrm{e}^{-2x} - \dfrac{1}{2}\mathrm{e}^{-40x}(\cos 40x + \sin 40x) \\ y_3(x) = -\mathrm{e}^{-40x}(\cos 40x - \sin 40x) \end{cases} \tag{6.9.3}$$

这组解在开始时刻变化激烈，随后逐渐进入稳态，对应于 λ_2, λ_3 的分量在解中的作用随时间 x 的推移越来越显得无足轻重，解 (6.9.2) 的曲线如图 6.1 所示.

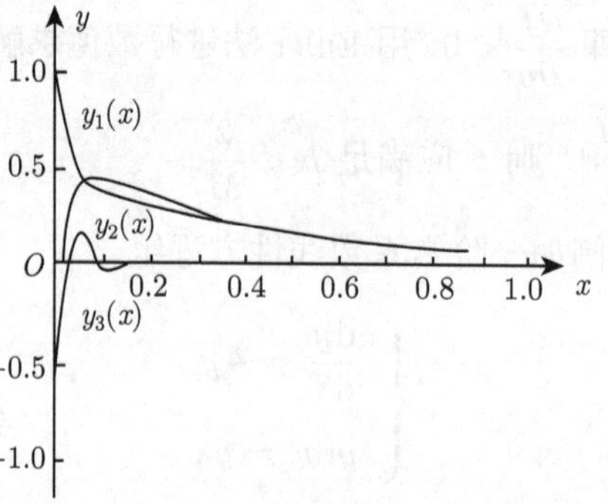

图 6.1

由于在开始的一段时间量 x，解曲线变化激烈，对方程进行数值求解时，自然要求数值解有较高的精度. 而对较大的时间量 x，解曲线变化缓慢，因此，对数值方法的精度不必有苛刻的要求. 但就数值方法稳定性而言，它并不随时间量 x 的大小而改变. 例如对 (6.9.2) 式用 Euler 折线法，步长必须满足 $\dfrac{2}{\max|\lambda_i|}=\dfrac{\sqrt{2}}{40}\approx 0.035$，这样小的步长对于较大的求解区间是难以接受的. 我们看到，步长主要受特征值 $|\lambda_2|=|\lambda_3|=40\sqrt{2}$ 的限制，如前所述，正是这两个特征值，在微分方程解中随时间量 x 的增大而显得作用越小，这种矛盾完全是由比值 $\max\limits_{1\leqslant i\leqslant s}|\mathrm{Re}\lambda_i|/\min\limits_{1\leqslant i\leqslant s}|\mathrm{Re}\lambda_i|$ 过大造成的. 对于非线性问题 (6.8.1)，也存在同样的问题，其中 λ_i 表示 Jacobi 矩阵 $\dfrac{\partial \boldsymbol{f}}{\partial \boldsymbol{y}}$ 的第 i 个特征值.

定义 6.8　若线性系统 (6.9.1) 中 $\boldsymbol{A}$ 的特征值 λ_i 满足条件:

(1) $\mathrm{Re}\lambda_i<0,\ i=0,\ 1,\ \cdots,\ m$;

(2) $R=\max\limits_{1\leqslant i\leqslant s}|\mathrm{Re}\lambda_i|/\min\limits_{1\leqslant i\leqslant s}|\mathrm{Re}\lambda_i|\gg 1\cdots$.

则称 (6.9.1) 式为**刚性方程**，比值 R 称为**刚性比**.

从计算的角度讲，刚性方程表现为病态方程. R 越大刚性越严重. 通常 $R=O(10^p)$, $p\geqslant 1$ 就认为是刚性方程，化学反应、自动控制、电子网络、生物学等方面出现的微分方程组，经常表现为刚性方程组.

6.9.2　$A(\alpha)$-稳定，刚性稳定

对于刚性方程，如果用通常的求解方法，如 RK 法，由于误差的积累，往往会淹没真解. 因此，对刚性方程应采用稳定性好的方法. 如 A-稳定的后退 Euler 公式、梯形公式. 但是 Dahlquist 证明，A-稳定格式只能是隐式格式，并且至多有二阶精度. 因此，这种格式往往不能满足方程在变化激烈的时间段内的数值精度要求.

我们需要提出适合刚性方程，而又有别于一般稳定性的定义.

定义 6.9 如果一个数值方法的绝对稳定区域包含着

$$W_\alpha = \{\lambda h | -\alpha < \pi - \arg(\lambda h) < \alpha,\ \lambda \neq 0\}$$

其中 $\alpha \in \left(0, \dfrac{\pi}{2}\right)$，则称该数值方法为 **$A(\alpha)$-稳定的**.

可以看出 $A(\alpha)$-稳定区域比 A-稳定区域小. 因此，若一个方法 A 稳定，则一定 $A(\alpha)$-稳定. 当 $\lambda < 0,\ h > 0$ 时，λh 不是处在 W_α 中就是处在它的外面. 因此，如果能预先断定刚性系统的全部特征值都落在某个 W_α^* 之中，那么就采用 $A(\alpha^*)$-稳定的数值方法求解，对步长 h 没有任何稳定性的限制. 所以从理论上讲，$A(\alpha)$-稳定部分地解决了刚性方程的数值求解问题. 例如前面讨论的例子，若能建立满足 $A\left(\dfrac{\pi}{4}\right)$-稳定的格式，就可用这个格式不受步长限制地进行数值求解了.

Gear 进一步减弱稳定性要求，提出刚性稳定概念.

定义 6.10 一个收敛的数值方法，若存在正常数 a, b, θ，使得在区域

$$R_1 = \{\lambda h | \mathrm{Re}(\lambda h) < -a\}$$

上绝对稳定. 而在区域

$$R_2 = \{\lambda h | -a < \mathrm{Re}(\lambda h) < b,\ |\mathrm{Im}(\lambda h)| < \theta\}$$

上具有高精度且相对稳定. 则称该数值方法为**刚性稳定的**.

如图 6.2 是刚性稳定的稳定区域，恰好适用于解刚性方程，因为当 $|\lambda h|$ 很小时，为保证解的精度，步长 h 必须很小，而对区域 R_1，由于是绝对稳定的，故步长 h 没有限制，计算时可任意选取.

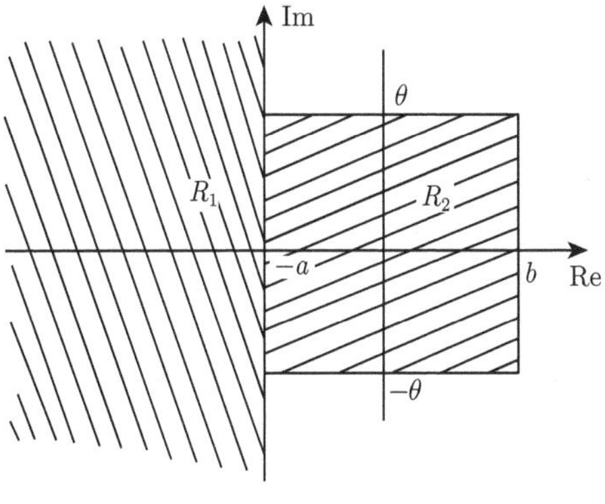

图 6.2 刚性稳定域

Gear 还提出了一个解初值问题，具有刚性稳定的差分方法 ——Gear 方法：

$$\sum_{j=0}^{k} \alpha_j y_{n+j} = h\beta_k f(x_{n+k}, y_{n+k}) \tag{6.9.4}$$

它是隐式 k 步 k 阶方法. 当 $k=1$ 时就是后退的 Euler 法，方法 (6.9.4) 只有当 $k \leqslant 6$ 时，才满足收敛性及稳定性条件，此方法也有 $A(\alpha)$-稳定性. Gear 方法的系数如表 6.9 所示.

表 6.9　Gear 方法的系数

k	β_k	α_6	α_5	α_4	α_3	α_2	α_1	α_0	a	α
1	1						1	-1	0	90°
2	$\frac{2}{3}$					1	$-\frac{3}{4}$	$\frac{1}{3}$	0	90°
3	$\frac{6}{11}$				1	$-\frac{18}{11}$	$\frac{9}{11}$	$-\frac{2}{12}$	0.1	88°
4	$\frac{12}{25}$			1	$-\frac{48}{25}$	$\frac{36}{25}$	$-\frac{16}{25}$	$\frac{3}{25}$	0.7	73°
5	$\frac{60}{137}$		1	$-\frac{300}{137}$	$\frac{300}{137}$	$-\frac{200}{137}$	$\frac{75}{137}$	$-\frac{12}{138}$	2.4	51°
6	$\frac{60}{147}$	1	$-\frac{360}{147}$	$\frac{450}{147}$	$-\frac{400}{147}$	$\frac{225}{147}$	$-\frac{72}{147}$	$\frac{10}{147}$	6.1	18°

Gear 方法绝对稳定区域见图 6.3.

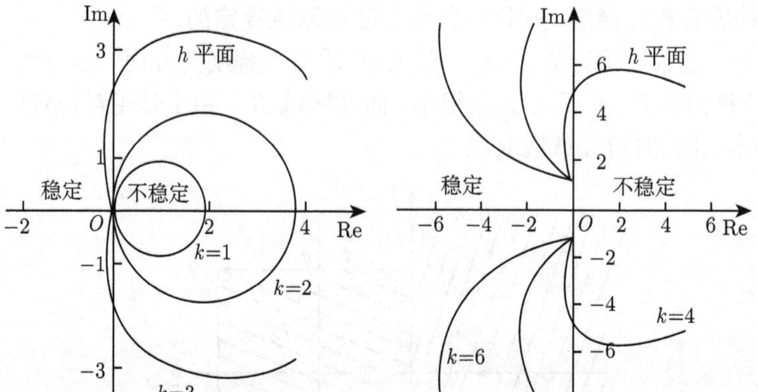

图 6.3　$k=1 \sim 6$ 的 Gear 方法绝对稳定区域

习　题　6

1. 用梯形法求解初值问题

$$\begin{cases} y' = -y \\ y(0) = 1 \end{cases}$$

证明其数值解为

$$y_n = \left(\frac{2-h}{2+h}\right)^n$$

固定 x，取 $h = \frac{x}{n}$，求证：$h \to 0$ 时，y_n 收敛于原初值问题的精确解.

2. 导出用 Euler 法求解

$$\begin{cases} y' = \lambda y \\ y(0) = 1 \end{cases}$$

的公式，并证明它收敛于初值问题的精确解.

3. 对 2 步法

$$y_{n+1} = (1+\alpha)y_n - \alpha y_{n-1} + \frac{h}{2}[(3-\alpha)y_n - (1+\alpha)y_{n-1}]$$

其中 $-1 \leqslant \alpha \leqslant 1$，确定它的绝对稳定区间. 当 $\alpha = 0.9$，且试验方程中 $\lambda = -20$ 时，步长 h 如何选取才能保证此方法是绝对稳定的.

4. 用待定系数法确定如下公式的系数，使其阶数尽可能高. 并写出局部截断误差的表达式，求出方法的阶.

(1) $y_{n+1} = a_0 y_n + a_1 y_{n-1} + b_{-1} h y'_{n+1}\ (n \geqslant 1)$;

(2) $y_{n+1} = a y_n + h(b y'_{n+1} + c y'_n + d y'_{n-1})\ (n \geqslant 1)$.

5. 证明 2 步法

$$y_{n+1} = \frac{1}{2}(y_n + y_{n-1}) + \frac{h}{4}(4y'_{n+1} - y'_n + 3y'_{n-1}), \quad n \geqslant 1$$

是个 2 阶方法，并求出局部截断误差首项.

6. 对于显式方法

$$y_{n+1} = a_0 y_n + a_1 y_{n-1} + h(b_0 y'_n + b_1 y'_{n-1})$$

问：(1) 取 a_0 为自由参数，确定 a_1, b_0, b_1，以使方法至少是几阶的?

(2) 当 a_0 取何值时，方法满足根条件?

(3) 分别取 $a_0 = 0$ 和 $a_0 = 1$ 时，得到哪种特殊方法?

(4) 能否选择 a_1，使所得方法是 3 阶的，且满足根条件?

7. 证明：改进的 Euler 法能准确地解初值问题 $\begin{cases} y' = ax + b, \\ y(0) = 0. \end{cases}$

8. 对于线性 2 步法

$$y_{n+1} = (1-b)y_n + b y_{n-1} + \frac{h}{4}[(b+3)y'_{n+1} + (3b+1)y'_{n-1}]$$

(1) 证明：当 $b \neq -1$ 时，方法为二阶的：当 $b = -1$ 时，方法是三阶的；

(2) 证明：当 $b = -1$ 时，方法不收敛，问 b 在什么范围内取值时方法是收敛的?

(3) 将 $b = -1$ 的方法应用于初值问题

$$\begin{cases} y' = y \\ y(0) = 1 \end{cases}$$

求出关于初始值 $y_0 = 1$, $y_1 = 1$ 的差分方程的解来验证方法是不收敛的.

9. 证明: 若线性多步法收敛, 则必有

$$\sum_{i=-1}^{p} b_i \neq 0, \quad 1 + \sum_{i=0}^{p} i a_i \neq 0$$

10. 对于初值问题

$$\begin{cases} y' = y, & 0 \leqslant x \leqslant 1 \\ y(0) = 1 \end{cases}$$

用 Euler 法、梯形法及经典四阶 RK 法进行计算, 分别取步长 $h = 0.1$, 0.2, 0.5, 试比较: (1) 用同样的步长, 哪个方法的精度最好; (2) 对同一种方法取不同的步长计算, 哪个结果最好?

11. 用四阶 RK 方法计算 $y'(x) = -20y(x)$, $0 \leqslant x \leqslant 1$, $y(0) = 1$, 当步长 h 分别取 0.1, 0.2 时, 它们计算稳定吗?

12. 用 Euler 法解如下初值问题:

$$\begin{cases} y' = 10(\mathrm{e}^x - y) + \mathrm{e}^x \\ y(0) = 1 \end{cases}$$

步长 h 应如何选取才有意义?

13. 证明

$$y_{n+1} = y_n + \frac{h}{3}(2y'_{n+1} + y'_n) - \frac{h^2}{6} y''_{n+1}$$

是三阶公式且是 A-稳定的.

14. 讨论具有最高阶的 3 步方法的绝对稳定性.

15. 用四阶 Adams 预测-校正公式的 PECE 模式计算初值问题

$$\begin{cases} y' = x + y, & 0 \leqslant x \leqslant 1 \\ y'(0) = 1 \end{cases}$$

16. 仿照四阶 Adams 预测-校正系统的修正公式, 详细推导建立下面预测-校正系统 PMECME 模式的过程.

预测公式: Milne 公式.

校正公式: Hamming 公式.

17. 求下列方程的刚性比, 如用四阶 RK 法求解, 问步长 h 如何选取才能保证计算是绝对稳定的?

(1) $\begin{cases} y_1' = -10y_1 + 9y_2, \\ y_2' = 10y_1 - 11y_2; \end{cases}$ (2) $\begin{cases} y_1' = 998y_1 = 1998y_2, \\ y_2' = -999y_1 - 1999y_2. \end{cases}$

18. 取 $h=0.02$，用 4 阶经典 RK 法求解单摆问题.

$$\begin{cases} \dfrac{\mathrm{d}^2\theta}{\mathrm{d}x^2}+\sin\theta=0, \quad x\in(0,6] \\ \theta(0)=\dfrac{\pi}{3} \\ \dfrac{\mathrm{d}\theta}{\mathrm{d}x}(0)=-\dfrac{1}{2} \end{cases}$$

19. 取 $h=0.05$，用有限差分法求解

$$\begin{cases} y''=-(x+1)y'+2y+(1-x^2)\mathrm{e}^{-x}, \quad x\in(0,1) \\ y(0)=y(1)=0 \end{cases}$$

并将结果与精确解 $y=(x-1)\mathrm{e}^{-x}$ 比较.

参 考 文 献

巴赫瓦洛夫, 热依德科夫, 柯别里科夫, 2014. 数值方法. 5 版. 陈阳舟, 译. 北京：高等教育出版社.

封建湖, 车刚明, 聂玉峰, 2001. 数值分析原理. 北京：科学出版社.

冯果忱, 黄明游，2007. 数值分析. 北京：高等教育出版社.

李庆扬, 王能超, 易大义, 2008. 数值分析. 5 版. 北京：清华大学出版社.

李荣华, 刘播，2009. 微分方程数值解法. 北京：高等教育出版社.

施妙根, 顾丽珍, 1999. 科学和工程计算基础. 北京：清华大学出版社.

王能超, 王学东, 2017. 简易数值分析. 武汉: 华中科技大学出版社.

吴勃英, 王德明, 丁效华, 等, 2003. 数值分析原理. 北京：科学出版社.

许峰, 2017. 数值分析. 合肥：中国科学技术大学出版社.

严庆津, 1992. 数值分析. 北京：北京航空航天大学出版社.

杨大地, 谈俊渝, 2002. 实用数值分析. 重庆: 重庆大学出版社.

张杰, 2017. 数值分析. 北京：中国电力出版社.

钟尔杰, 黄廷祝，2004. 数值分析. 北京：高等教育出版社.

Burden R L, Faires J D, 2010. Numerical Analysis. 9th ed. Books/Cole Cengage Learning.

Quarteroni A, Sacco R, Saleri F, 2010. Numerical Mathematics. New York:Springer-Verlag.

Sauer T, 2014. 数值分析. 2 版. 裴玉茹, 马赓宇, 译. 北京：机械工业出版社.